A Ciência da Magnitude Extensiva

A lineal Ausdehnungslehre

Textuniversitários 25

Comissão editorial:
*Thiago Augusto Silva Dourado
Francisco César Polcino Milies
Carlos Gustavo T. de A. Moreira
Ana Luiza da Conceição Tenório
Gerardo Barrera Vargas*

Hermann Günther Grassmann

A Ciência da Magnitude Extensiva
•
A lineal Ausdehnungslehre

Tradução de
Thiago Augusto S. Dourado
Dominique Flament
Valéria O. Jannis Luchetta
César Polcino Milies

LF Editorial
São Paulo — 2024

Copyright © 2024 Editora Livraria da Física

1a. Edição

Editor: Victor Pereira Marinho e José Roberto Marinho
Projeto gráfico e diagramação: Thiago Augusto Silva Dourado
Capa: Fabrício Ribeiro

Texto em conformidade com as novas regras ortográficas do Acordo da Língua Portuguesa.

Dados Internacionais de Catalogação na Publicação (CIP)
(Câmara Brasileira do Livro, SP, Brasil)

Grassmann, Hermann Günther, 1809–1877
    A ciência da magnitude extensiva : a lineal Ausdehnungslehre / Hermann Günther Grassmann. -- 1. ed. -- São Paulo : LF Editorial, 2024.

    Vários tradutores.
    Título original: Die lineale ausdehnungslehre.
    ISBN 978-65-5563-421-1

    1. Matemática – História I. Título.

24-193043   CDD-510.9

Índices para catálogo sistemático:

1. Matemática : História   510.9

Aline Graziele Benitez – Bibliotecária – CRB-1/3129

ISBN 978-65-5563-420-4

Todos os direitos reservados. Nenhuma parte desta obra poderá ser reproduzida sejam quais forem os meios empregados sem a permissão da Editora. Aos infratores aplicam-se as sanções previstas nos artigos 102, 104, 106 e 107 da Lei n. 9.610, de 19 de fevereiro de 1998.

Impresso no Brasil
Printed in Brazil

www.lfeditorial.com.br
Visite nossa livraria no Instituto de Física da USP
www.livrariadafisica.com.br
Telefones:
(11) 39363413 - Editora
(11) 26486666 - Livraria

Introdução

Hermann Günther Grassmann (1809–1877) é mais conhecido hoje; seu trabalho é muito menos. Muitos autores remetem-nos para os seus escritos, mas estes são muitas vezes usados para fazer afirmações que se revelam arriscadas, por vezes muito longe das intenções originais do seu pretenso criador.

A obra de Grassmann é de uma riqueza rara, muito diversificada e ao mesmo tempo singular, ele será conhecido e celebrado por seus escritos em física*, por suas pesquisas em linguística**, por sua atividade como reformador da língua alemã, por sua tradução do *Rig Veda****, etc. Muitos campos estão envolvidos, incluindo cristalografia [73], eletromagnetismo, cinemática, fisiologia, filologia, botânica, música, etc. Acrescente a isso que também foi jornalista[†] por um tempo e que ensinou alemão[††], latim [76], matemática,

---

* Vários de seus trabalhos tratam de eletrodinâmica [78, 109], teoria da cor [87, 112], acústica e óptica elementar [88]; em particular sua *Vokaltheorie* [113]. Suas publicações lhe abriram as portas da *Leopoldina* (fundada em 1652).

** [96, 98, 96, 101, 102, 114]. Veja também o artigo de K. Elfering, [56]. Lembremos que ainda hoje falamos de "lei(s) de Grassmann".

*** [108]. Esta obra foi reimpressa várias vezes, a última vez foi em 1999, ainda hoje se escreve que: "mesmo depois de mais de 120 anos da sua publicação em Leipzig, em 1873, mantém-se como uma das mais importantes ferramentas para quem deseja estudar o texto indiano mais antigo no original" (cf. www.vedamsbooks.com/no14539.htm). Em 1876, Grassmann foi eleito membro da *American Oriental Society* (fundada em 1842).

† Fundou com seu irmão Robert o *Deutsche Wochenschrift für Staat, Kirche und Volksleben* (20 de maio de 1848). Era uma revista semanal, substituída em julho de 1848 pelo *Norddeutsche Zeitung*, no qual Grassmann estava interessado principalmente em problemas de direito constitucional; mas do qual ele se retirará após a restauração.

†† [72, 75, 118, 117, 103]. Veja também o artigo de E. Hültenschmidt [139].

aritmética prática, física e religião em várias escolas antes de se tornar em 1852 professor de matemática e física no *Gymnasium* de Estetino (Szczecin), sucedendo a seu pai, Justus Grassmann (1779-1852); ele permanecerá nesta posição até o fim de sua vida.

Grassmann procurará por muito tempo um posto universitário que o liberte desse cargo no *Gymnasium* tão exigente e lhe permita prosseguir com sua pesquisa matemática mais ativamente; mas em vão. Ele escreveu no final do prefácio da obra que ora apresentamos:

> *Mas devo pedir ainda mais indulgência por tudo o que é meu trabalho nesta ciência. Pois estou consciente, apesar de todo esforço colocado em sua apresentação, de toda a imperfeição deste trabalho. [...] Mas convencido de que não haverá satisfação total e de que a apresentação será sempre deficiente em relação à simplicidade, à verdade, resolvi publicar na forma que me pareceu atualmente a melhor. Eu espero indulgência mais particularmente, porque minha profissão me deixou pouquíssimo tempo de execução e não me deu a possibilidade de fazer comunicações proveniente desta ciência ou ao menos de matérias semelhantes, e de ganhar assim o frescor vivo que deve inspirar e vivificar o conjunto, se deve aparecer como um elemento vivo do organismo do conhecimento. Embora eu aspire vivamente uma atividade profissional que seja essencialmente baseada nessas comunicações científicas, ainda não acredito poder retomar a elaboração desta ciência até que atinja este objetivo, especialmente desde que poderia esperar que a publicação desta parte possa me aproximar desse objetivo.* [págs. XI-XII]

É o matemático autodidata que nos interessa, ainda mais a introdução de sua obra principal, a *Ausdehnungslehre*. Se nos referirmos mais uma vez aos numerosos recursos que lhe são atribuídos, às citações ou evocações desde o último terço do século XIX até hoje, devemos concordar que se trata de um acontecimento matemático fundamental e essencial. Paradoxalmente, não foi até o início da década de 1870 que finalmente foi dado a lhe reconhecer um certo valor*: Alfred Clebsch, Felix Klein, Victor Schlegel** estão entre eles e, em menor grau, Sophus Lie***; podemos ainda associar a este primeiro reconhecimento os nomes de Arthur Cayley [24, vol. XII, págs. 459-489], James Joseph Sylvester, William K. Clifford† e Josiah Willard Gibbs, antes da obra de Giuseppe Peano (1858-1932) [172, 173], Cesare Burali-Forti (1861-1931)††, de Élie Cartan (1869-1951) [18, 16] e muitos outros†††.

---

* Naturalmente, nesta lista de exemplos significativos, deve aparecer acima de todos August Ferdinand Möbius; desde a publicação da primeira *Ausdehnungslehre* (1844) e depois disso ele fará muito por Grassmann, mas sem sucesso real. A primeira recepção, limitada, deve-se principalmente ao livro de Hermann Hankel [130].

** Clebsch escreve em uma nota de 1872: *"Infelizmente, as belas obras deste importantíssimo geômetra ainda são pouco conhecidas; isso provavelmente se deve principalmente ao fato de que na apresentação de Grassmann, seus resultados geométricos aparecem como corolários de investigações muito mais gerais e muito abstratas, que em sua forma incomum causam consideráveis dificuldades ao leitor."* [30, pág. 8]. Por volta de 1890, Felix Klein sugeriu a produção de uma edição das obras matemáticas e físicas de Grassmann, que seria feita entre 1894 e 1911 pela Academia de Ciências da Saxônia sob a direção de Friedrich Engel [71]. Quanto a Schlegel, veja [187]. Sua bibliografia [188] e seu artigo [189] terão uma grande influência. Da mesma forma, mencionemos o artigo de R. Sturm, E. Schröder e I. Sohncke, ([196], com uma bibliografia de suas obras).

*** Sophus Lie irá repetidamente aludir às "pesquisas profundas de Grassmann", notadamente em [154]. Ele também visitará Grassmann no outono de 1872.

† Clifford escreve em [31, pág. 266]: *"Talvez me seja permitido, portanto, expressar minha profunda admiração por essa obra extraordinária e minha convicção de que seus princípios exercerão uma vasta influência sobre o futuro da ciência matemática."*

†† Veja [12], onde ele escreve em particular (Prefácio, pág. VIII): *"Hoje, o método de Grassmann não precisa ser recomendado; ele só precisa ser conhecido e aplicado por todos: é pela aplicação constante a todas as partes da Matemática que se pode compreender o poder e a simplicidade do método de Grassmann."* Veja também, [13]. Em particular, lemos na pág. VII: *"[. . .] provamos como o cálculo de quatérnios de Hamilton, embora perfeito como conceito e como notações (o original, é claro), é insuficiente em todos os sentidos e, consequentemente, deve ser excluído, devido à complicação supérflua de seu algoritmo; também mostramos o quanto o cálculo de Grassmann, na forma concreta dada por Peano (e não em sua forma original), é ao contrário necessário; e, finalmente, como os outros sistemas, incluindo o de Gibbs, devem ser absolutamente rejeitados porque são logicamente defeituosos nos conceitos fundamentais e nas notações."*

††† J. Crowe [43, pág. 258] observa que por volta de 1900 de aproximadamente 1000 publicações relacionadas a vetores, 594 eram "quaterniônicas" e 217 "Grassmanianas". Mas, como nos lembra Jean

A situação matemática e filosófica à época de Grassmann pode justificar, ou ao menos explicar, a opinião desfavorável expressa no relatório de Ernst Kummer (1810-1893) contra a obra matemática de Grassmann, quando este se candidatou pela primeira vez a um cargo de professor universitário em 1847.

1. **Uma "tragédia"* a reconsiderar; dados, observações.** O contexto (*Zeitgeist*) matemático, filosófico e científico é propício para uma abordagem como a de Grassmann: os predecessores notáveis, contemporâneos ou não, e escolhas que fazem parte de uma tradição efetiva, deixam claro que Grassmann não é um homem de "ruptura" ou um sábio totalmente incompreendido que transcenderia sua época, como uma história recorrente nos leva naturalmente a acreditar; ele é um modesto *Lehrer***, que se tornou um *Profeßor**** do Liceu, que, à sua maneira, apresenta respostas para problemas e obstáculos que já existem e em parte já são compreendidos.

1.1 **Existência algébrica.** A *realização* geométrica do imaginário tornou-se no início do século XIX uma *representação* geométrica. Essa pesquisa, iniciada alguns séculos antes, experimentou uma notável mudança; os matemáticos que trabalham são de "segunda plano", cujo sucesso não tem o sucesso esperado próximo aos mestres (Gauss, Cauchy, Hamilton, etc.).

Dieudonné, "foi somente depois de 1930, quando o trabalho de Elie Cartan começou a ser compreendido, que o de Grassmann recuperou seu legítimo lugar central em todas as aplicações da álgebra linear e multilinear" [51, vol. I, pág. 111].

* Veja J. Dieudonné [52], A. E. Heath [133] e G. Schubring [194, págs. ix–xxix].

** Sob o título de *Lehrer*, na *Friedrich-Wilhelms-Schule* em Estetino, ele publicou sua primeira *Ausdehnungslehre* em 1844; em 5 de maio de 1847 ele se tornou *Oberlehrer no Vereinigstem Königlichen und Stadt-Gymnasium*.

*** Em 1852 obteve este título, cujo uso havia caído em desuso por proposta de E. Kummer, quando após a morte de seu pai (9 de março) ingressou definitivamente no Liceu de Estetino. Essa mudança permite que ele tenha um nível de remuneração mais considerável: é muito mais do que o salário normal de um professor do ensino médio, mais do que a maioria dos salários dos professores universitários!

Para explicá-lo, falamos de um "retorno ao rigor"* provocado em grande parte pelos excessos do século XVIII. Com efeito, a geometria euclidiana também tem muito a ver com isso: a sua perfeição exclusiva é posta em questão e naturalmente suscita dúvidas sobre o seu estatuto de critério de existência, de critério de verdade, de objeto algébrico; o que ela pode "dar a ver", "revelar", não pode mais bastar para a "realidade" da entidade algébrica.

O que deve ser colocado sob a bandeira de um "retorno ao rigor" é essa necessidade de critérios de existência de natureza "algébrica" que se afirma e que, por exemplo, nos faz ouvir melhor do que um Cauchy pode ao mesmo tempo denunciar as "quantidades imaginárias", transformá-las em "expressões simbólicas", e criar um cálculo de resíduos que não seria possível conceber sem essas entidades e sua representação geométrica. E tem lugar igualmente estes trabalhos pelos quais Hamilton procura "fundar" em "tempo puro" uma teoria de pares algébricos que lhe permitiria encontrar sem pressuposições ou conhecimento prévio as "quantidades imaginárias": ele concebe assim a existência de uma *Ciência do Tempo Puro*, que ele faz coincidir e depois identifica com a *Álgebra*. Bem para além da simples evocação de uma "ciência sugestiva", este recurso a uma *ordem em progresso* encontra a sua justificativa na reconhecida falha da referência à *magnitude* e permite a Hamilton assegurar a *existência* de "números complexos" identificando-os com "pares algébricos". Também cabem aqui as questões de Gauss sobre a "natureza metafísica de $\sqrt{-1}$", assim como as de muitos outros autores que seria tedioso relembrar aqui.

---

* Esta expressão não é muito lisonjeira para os matemáticos dos séculos XVII e XVIII (em particular para aquelas que estão sob a influência da "aplicação da álgebra à geometria", etc.). Segundo Giorgio Israel [141], por movimento de "rigor" entendemos a corrente de pesquisa matemática no século XIX que começou com o "programa de aritmetização da Análise" de A. L. Cauchy e que o trabalho de K. Weierstrass desenvolveu posteriormente. Com razão, Israel refuta a tese defendida por uma parte da historiografia da matemática (principalmente inspirada na axiomática) que estabelece uma estreita ligação de continuidade entre o movimento de "rigor" e o movimento "axiomático", sendo o segundo apresentado como o cumprimento do primeiro.

1.2 Novo cálculo. Nesse período surgem, portanto, novos "cálculos"; pelo menos é assim que percebemos depois as representações geométricas de quantidades imaginárias. Com efeito, estes revelam "segmentos" (C. Wessel*), "linhas dirigidas", quantidades "principais", "medianas", "intermediárias", "linhas retas de magnitude e direção" (J. F. Français [65], J. R. Argand [1], etc.), "linhas de magnitude e posição" (J. Warren [200]), "caminhos", "quantidades diretivas", "números diretivos" (C. V. Mourey**), etc., que estão sujeitos as regras previamente atribuídas a somente "número"***.

Grassmann não é o primeiro, nem o único, a criar um novo *cálculo*: cálculos anteriores podem ser associados aos de natureza diferente e mais conhecidos de August Ferdinand Möbius (cálculo baricêntrico, 1823-1827), Giusto Bellavitis (cálculo de equipolência, 1832-), William Rowan Hamilton (pares algébricos, triplos, n-uplas, 1830-35; quatérnions, 1843-; bem como sua *geometria simbólica*†, 1846-), Augustin-Louis Cauchy (equivalências algébricas, quantidades geométricas, chaves algébricas 1844-1853), etc., que atestam a importância das mudanças sofridas pela álgebra e a evolução das relações complexas mantidas entre este domínio e sua "exata contraparte"††, a geometria euclidiana.

---

* Wessel escreve em seu *Ensaio* [201, pág. 7]: *"Existem outras quantidades além dos segmentos que são suscetíveis das relações que acabo de indicar. Não seria inútil explicar essas relações de maneira geral e introduzir a noção geral delas na definição das operações. Mas como a opinião dos conhecedores, por um lado, e por outro, a estrutura desta Memória e, por fim, a clareza da exposição, exigem que o leitor não se embarace com noções tão abstratas, vou me colocar apenas geometricamente."*

** Mourey escreve em [163, Prefácio, pág. VIII]: *"[...] com um novo sistema de Álgebra que procurava, encontrei um novo sistema de Geometria, que não esperava. No entanto, não são duas ciências: é apenas uma ciência, uma teoria, que tem duas faces, uma algébrica e outra geométrica. É uma Álgebra emanada da Geometria, é uma Geometria generalizada e tornada algébrica."*

*** Desta forma, notamos a importância da passagem do "número", referindo-se estritamente à quantidade e à medida, ao "número" tomado como o objeto sobre o qual se relaciona o "cálculo".

† Em seu artigo "On Symbolical Geometry" [127], Hamilton desenvolve notavelmente uma álgebra em linhas direcionadas, sem fazer uso de coordenadas cartesianas ou trigonometria.

†† De acordo com Hamilton em uma carta datada de 2 de junho de 1835 e endereçada a Francis Edgeworth (veja R. P. Graves, [126, vol. II, pág. 147]).

Os esforços de Martin Ohm (1828-1829)* que se referem a um primeiro esboço de axiomatização**, bem como o trabalho da *Escola algébrica inglesa**** sobre as diferentes versões de *álgebra simbólica, álgebra técnica, álgebra lógica, álgebra aritmética*, sobre as *álgebras dupla, e tripla* sobre os fundamentos da álgebra, conduzidos por G. Peacock[†], A. De Morgan [44-49] ou G. Boole [5-8], também devem ser consideradas aqui.

1.3 Geometria sintética — geometria analítica. O que foi descrito como um "retorno à geometria pura", o debate entre geometria sintética e geometria analítica (esta última ainda será amplamente identificada com o método das coordenadas no final do século XIX), também constitui outro elemento de interesse, próximo dos aspectos anteriores.

Durante o século XVIII, a introdução das coordenadas foi acompanhada por um grande progresso na análise, bem como na mecânica e na geometria. Mas, no final desse período, um número crescente de pessoas deplora os cálculos demasiado longos, muitas vezes desajeitados, impostos pelo método das coordenadas para provar resultados geométricos de natureza muito simples[††]. É justamente essa insatisfação analítica com a geometria que vai precipitar o retorno ao "puramente geométrico". No entanto, voltar à velha geometria "cheia de figuras"[†††] não é uma opção:

---

* [167]. Veja H. N. Jahnke [143] e B. Bekemeier [2].

** Contemporâneo de Grassmann, não reconhece como ele a necessidade de uma teoria geral das formas nem o papel que lhe é atribuído. Contrariamente a Grassmann, faz uma diferença entre escrever para estudantes e escrever para matemáticos.

*** Veja L. Novy [165], D. Clock [33], E. Koppelman [148] (em particular, §5: "The Idea of Abstract Algebra in Great Britain", pág. 217-).

[†] [169, 170, 171]. Devemos mencionar ainda a tese de 3º ciclo defendida a 26 de junho de 1985 pela Sra. M.-J. Durand na EHESS: *George Peacock (1791-1858): La synthèse algébrique comme loi symbolique dans l'Angleterre des réformes (1830)*.

[††] Veja G. Bouligand e G. Rabaté [9, pág. 3].

[†††] Veja [26]. Por ocasião de um concurso de novas doutrinas geométricas, este trabalho foi apresentado em 1830 à Academia de Ciências de Bruxelas.

> *Este defeito da Geometria antiga é uma das vantagens relativas da Geometria Analítica, onde é felizmente contornado. Era de se perguntar, depois disso, se não haveria também, na Geometria pura e especulativa, um modo de raciocinar sem o auxílio contínuo de figuras, das quais uma desvantagem real [...] é no mínimo cansar a mente e desacelerar o pensamento. [26, pág. 208]*

O primeiro sucesso da Geometria Descritiva [162] de Gaspar Monge (1746–1818), que fez muito mais do que reencontrar a geometria da perspectiva dos seus antecessores, foi oferecer uma alternativa: a de libertar a "Geometria" da influência excessiva da Análise. Michel Chasles extrai de seu ensino que a Geometria poderia "contribuir poderosamente para o progresso da Análise"; que Monge foi capaz de "fazer álgebra com Geometria" [26, pág. 210] e que devemos a ele e a seus discípulos um "estilo sem figuras [...] adequado para acelerar o progresso da Geometria" [26, pág. 208].

Grassmann, mas outros já o haviam experimentado antes dele, vai além de uma apresentação paralela de resultados sintéticos e suas contrapartes analíticas, sua pesquisa opera em um único "cálculo" a fusão "íntima" de sintético e analítico (então sempre apresentados, sem dúvida com um exagero deliberado, como radicalmente oposto). No prefácio de *Ausdehnungslehre*, ele se coloca abertamente nesse ir além:

> *Com o método usual, a ideia era completamente obscurecida pela introdução de coordenadas arbitrárias que nada tinham a ver com o assunto, e o cálculo consistia em um desenvolvimento mecânico de fórmulas que nada traziam ao espírito e, por consequência, o sepultavam. Aqui, no entanto, onde a ideia não era perturbada por qualquer coisa estranha, transparecia em toda sua clareza através das fórmulas, o espírito era captado, mesmo depois de cada desenvolvimento*

*de fórmulas pelo desenvolvimento progressivo da ideia.
— Agora, por este sucesso pareceu-me justificado a esperança de ter encontrado nesta nova análise, o único método natural, segundo o qual deveria progredir toda aplicação da matemática à natureza e segundo o qual era igualmente necessário tratar a geometria, se ele devesse conduzir a resultados gerais e frutíferos.*

1.4 Cálculo direto. Entre a análise e a síntese, impôs-se assim uma "terceira via", a de poder processar diretamente objetos geométricos sem recorrer a "coordenadas" consideradas estranhas ao problema posto, incongruentes, mas também de libertar-se dos "entraves euclidianos" (*dixit* J. Dieudonné).

Como vimos, a coisa está parcialmente presente em Monge, Möbius, Hamilton, etc.; acompanha a emergência do "intrínseco" — que é próprio do objeto geométrico, indiferente do sistema de coordenadas utilizado —, a ideia de "invariância" aí se inscreve naturalmente e, a um nível mais abstrato ainda não verdadeiramente expresso, a ideia de invariância sob a ação de um determinado "grupo". A este desenvolvimento já está ligada a consideração cada vez mais significativa do "qualitativo" (ou do "modal") na geometria.

Nesse sentido, outra certeza deve ser repensada em relação ao cálculo direto sobre objetos geométricos: a da suposta realização por Grassmann da *Characteristica Universalia* de Leibniz. O problema foi abordado por vários de nossos contemporâneos e foi parcialmente resolvido por Javier Echeverría [55]. Embora não se possa negar uma influência indireta da *Escola combinatória**, não se tem na atualidade certeza sobre o conhecimento que Grassmann teve ou não desta parte da obra de Leibniz**; mais

---

* Veja a obra: Ph. Séguin, *"La recherche d'un fondement absolu des mathématiques par l'Ecole combinatoire de C. F. Hindenburg (1741-1808)"*.

** Veja [138, vol. I, págs. 7-22] para a correspondência com Leibniz (incluindo a famosa carta de Leibniz de 8 de setembro de 1679) e [138, vol. II, págs. 6-13] para o *Ensaio* de Leibniz. Echeverría está convencido de que Grassmann desconhecia o conteúdo do Ensaio de Leibniz; ele escreve a este

tarde, encontrará sua justificativa mais como um argumento para a *Análise geométrica* [81] apresentado por ocasião de um prêmio* que Grassmann ganhou em 4 de julho de 1846. Após alguma hesitação, por ocasião do segundo centenário do nascimento de Leibniz, o *Fürstlich Jablonowski'schen Gesellschaft* em Leipzig oferecerá o tema "Reconstituindo e desenvolvendo o cálculo geométrico inventado por Leibniz, ou instituindo um cálculo similar". Informado por Möbius, seu primeiro defensor, Grassmann ficará muito feliz em encontrar em Leibniz um ilustre predecessor para garantir sua própria criação que, entretanto, já havia cedido muito ao estilo da moda: seu *Ausdehnungslehre*, uma nova disciplina matemática cuja primeira aplicação é a "teoria do espaço" (*Raumlehre*), já havia sido reduzida a um modesto "cálculo geométrico"**.

Ao nos referirmos à carta de Leibniz de 8 de setembro de 1679 dirigida a Huygens, e à "Anmerkungen zur geometrischen Analyse" [71, vol. I, pág. 415–420], estamos convencidos de que a *Análise geométrica* de Grassmann não é realmente a *Característica* imaginada por Leibniz que tornaria possível

> *fazer com caracteres, que serão apenas letras do alfabeto, a descrição de uma máquina, por mais composta que seja, que daria à mente um meio de conhecê-la distinta e facilmente com todas as partes e até mesmo com seu uso e movimento sem usar figuras ou modelos e sem estorvar a imaginação, e não deixaria de ter a figura presente na mente tanto quanto se gostaria de interpretar os personagens. Pode-se também fazer por este meio descrições exatas de coisas naturais, como por exemplo de plantas e a estrutura de animais, e aqueles que não*

---

propósito que Grassmann está "surpreso ao encontrar, com quase dois séculos de antecedência, um precursor tão brilhante de suas próprias concepções geométricas" [55, pág. 224].

* Anunciado no *Leipziger Zeitung*, em 9 de março de 1844, pág. 977.

** As exigências de clareza de seu editor, que lhe pediu para apresentar sua obra de 1844, e o desejo de melhor transmitir sua nova teoria, foram sem dúvida responsáveis por isso.

têm a conveniência de fazer figuras, desde que tenham a coisa presente diante de si ou em sua mente, poderão explicar perfeitamente e transmitir seus pensamentos ou experiências à posteridade, o que não pode ser feito hoje, pois as palavras de nossas línguas não são fixas o suficiente nem limpas o suficiente para se explicar bem sem figuras.

Claro, a *Análise Geométrica* de Grassmann, uma mera parte de seu *Ausdehnungslehre*, não é estranha à *Característica* de Leibniz; pretende, como ela, "dar ao mesmo tempo a solução e a construção e a demonstração geométrica, tudo de forma natural e por análise", mas ainda não consegue — e longe de o fazê-lo — "representar no espírito e no natural, embora sem figuras, tudo isso que depende da imaginação."

1.5 A influência cruzada de um pai e um irmão. A obra de Hermann, e mais precisamente a parte que nos interessa aqui, foi fortemente influenciada pela obra de Justus e Robert Grassmann. As reflexões comuns, tanto matemáticas quanto filosóficas, são numerosas*, culminando na *Ausdehnungslehre* de 1844. Nos últimos anos, vários autores concentraram seus esforços nessa influência de Justus e Robert: é o caso de A. C. Lewis [152], M. Otte [168], M.-L. Heuser [135], E. Scholz [191], M. Radù**, P. Cantù [15] e G. Schubring [195].

1.5.1 Robert Grassmann (1815-1901). Já sabíamos do próprio Hermann que seu irmão Robert havia participado ativamente de seu trabalho, mas ele não descreve nada ou quase nada sobre a

---

* A este respeito, entre os escritos de Justus, podemos destacar particularmente [119, 120, 122, 123]. Sem esquecer claro [121], ao qual voltaremos mais adiante.
 ** Um de seus temas de pesquisa diz respeito à transformação da axiomática, de Kant a Hilbert. Ele insiste particularmente nas contribuições de Justus, Hermann e Robert Grassmann. Veja suas publicações [179, 180, 181].

colaboração deles. Acrescentemos que os principais biógrafos de Hermann realmente não levaram isso em consideração*.

A situação mudou desde a década de 1990, em particular graças aos autores mencionados anteriormente. A contribuição de Gert Schubring (1996) é particularmente significativa: ele retoma a influência excessivamente exclusiva de Schleiermacher**, analisada por Albert C. Lewis [década de 1977], e a traz de volta a proporções mais justas; detalha a colaboração entre Hermann e Robert, tentando tanto justificar a atribuição do conteúdo filosófico da primeira *Ausdehnungslehre* a este último quanto mostrar que outras fontes de inspiração para Hermann eram concebíveis: é assim que ele apresenta as obras do filósofo Jacob Friedrich Fries (1773-1843), "o único filósofo contemporâneo que estudou de forma intensa e competentemente a matemática e a sua análise e interpretação filosófica" [195, págs. 65-66], e que recorda a existência de *Grundlinien des typischen Kalküls* (1823) do inglês, membro da Academia de São Petersburgo, Eduard Collins (1791-1840). Na verdade, essas duas referências notáveis estão entre aquelas que são apropriadas para nossos propósitos. Fries, profundamente influenciado pela escola combinatória de Hindenburg, foi o primeiro a desenvolver em seu livro *Die Nathematische Naturphilosophie* [67]

---

* O matemático Friedrich Engel (1861-1941), editor do *Mathematische und physikalische Werke* de Grassmann, no qual inseriu também seu *Grassmanns Leben* [71, vol. III, pág. 2], faz pouco mais do que modestas alusões ao trabalho de Robert.

** Do qual Hermann escreveu em 1831: *"Mas só no ano passado Schleiermacher realmente me atraiu; e embora naquela época eu já estivesse mais preocupado com a filologia, foi só agora que reconheci como se pode aprender com Schleiermacher em todas as ciências, porque ele nos dá menos coisas positivas do que habilmente, atacando todas as investigações do lado certo e de forma independente a fim de que continuemos e sejamos capazes de encontrar o positivo por si mesmo. — Ao mesmo tempo, suas próprias ideias me estimularam, seus sermões despertaram meu espírito, e isso não poderia deixar de influenciar meus princípios e toda minha maneira de pensar."* (Cit. Engel, [58, pág. 22]). Entre 1841 e 1842, Hermann e Robert Grassmann trabalharão juntos na *Dialektik, Aus Schleiermachers handschriftlichem Nachlasse* (ed. L. Jonas, Berlin, G. Reimer, 1839); ver [186]; este trabalho resultou em uma publicação de Hermann [75], publicado em março de 1842 em Estetino e colocado no programa da *Ottoschule*.

(1822), um ramo autônomo da *matemática pura**, a *Syntaktik*; é independente dos outros ramos e constitui o seu fundamento: "A *sintática* contém a abstração mais geral que pode ser alcançada no conhecimento matemático."**

> *Pode-se concluir que a concepção sintática de Fries não apenas constituiu a primeira forma de uma lógica matemática, mas também pode ser vista como um modelo para a parte introdutória filosófica de H. Grassmann do A_1. [195, pág. 67]*

Embora convincente, a ligação estabelecida por Schubring entre Hermann Grassmann e Fries permanece hipotética: baseia-se por um lado na eficácia da colaboração entre os dois irmãos desde o final do ano de 1839, relaciona-se principalmente com a matemática*** e estenderá às relações entre matemática e filosofia; por outro lado, no fato de que ao mesmo tempo em que Hermann empreendeu o desenvolvimento matemático de suas ideias sobre a teoria da extensão, ao mesmo tempo Robert se comprometeu em Greifswald, para sua dissertação de filosofia, de "especificar e criticar as razões da afirmação de que a matemática não é uma ciência filosófica" [195, pág. 64]; assunto difícil diz Robert que se reduzirá à realização de uma apresentação histórica das relações entre filosofia

---

* Já em 1811, em seu *System der Logik*, Fries concebeu uma "filosofia da matemática pura" e abordou o estudo de *Verknüpfungsformen*.

** [67, pág. 70] (nota Schubring). Ainda segundo Schubring, notamos na obra de Fries que a matemática é "o sistema completo das formas matemáticas"; "Entre todos os processos de abstração, a matemática pura encontra seu sucesso final em detectar 'as formas puras da composição das coisas' para a mente [67, pág. 49–50]." [195, pág. 66]

*** O objeto de seu primeiro estudo comum é a *Mécanique analytique* (1788) de Joseph Louis Lagrange (1736–1813). Ao observar a maneira de Hermann, Robert abordou os escritos matemáticos de seu pai, continuou sua formação com trabalhos que havia sido recomendado para estudo por J. A. Grunert (que então ocupava uma cadeira de matemática na Universidade de Greifswald), entre estes já figuraca a *Théorie des fonctions analytiques* (1797) de Lagrange. Acrescente a isso, para apreciar suas habilidades matemáticas, que Grunert (tornou-se reitor da universidade) concedeu em 1840 a Robert Grassmann, depois de ter passado modestamente nos exames, o pleno direito de ensinar matemática e física. Recordemos que foi em 1841 que Grunert fundou a revista *Archiv der Mathematik und Physik em Greifswald*.

e matemática e à explicação das posições de cada filósofo, ao mesmo tempo que associa a sua própria exposição desta relação*. Schubring deduz disso que no volumoso manuscrito de Robert, resultado hoje destruído deste trabalho, naturalmente também deve ter havido uma análise da obra de Fries.

Um outro elemento para apoiar essa hipótese é fornecido por Justus Grassmann: em seu artigo de 1827, ele se distancia explicitamente de Fries. Por outro lado, não há até o momento nada que comprove a existência de uma influência do trabalho de E. Collins**, ao contrário do *System der Mathematik* (1822–) de Martin Ohm (1828–1829), cuja obra figurou na escassa biblioteca de Hermann.

No entanto, não se pode negar que esta obra de Schubring abre muitas novas perspectivas para a análise da *Ausdehnungslehre*: sabe-se, por exemplo, que Robert Grassmann escreve que se a invenção da teoria da extensão deve-se de fato a seu irmão Hermann, a primeira apresentação "filosófica" desta deve muito a ele. Sabemos também que ele participou ativamente a partir de 1847 com seu irmão em uma nova versão dela:

> *No ano de 1847, os irmãos Hermann e Robert Grassmann uniram forças para deduzir rigorosamente o Ausdehnungslehre, independentemente da geometria, como um ramo autônomo da matemática pura pelo desenvolvimento da forma e desenvolvê-lo até os limites de seu domínio de validade. O livreto manuscrito de 132 páginas que elaboramos ainda está na posse do autor****.

---

* Carta de Grunert, de 24 de julho de 1840.

** Entre essas influências não comprovadas, poderíamos incluir também a de Franz Benedict von Baader (1765–1841): Gilles Châtelet (vide [28, págs. 186–188]), quase dez anos antes de Hermann Grassmann, fez penetrantes alusões (notadamente sobre o significado da adição e o que se tornará com Hermann o produto regressivo): "[...] *a multiplicação é uma 'penetração recíproca de fatores' [Wechselseitiger Ingress der Factoren]; produz uma 'interiorização' [Innerung], uma 'intensificação' [Intensirung]. Inversamente, a divisão produz uma 'exteriorização'.*" [28, pág. 187].

*** Robert Grassmann fala longamente sobre essa colaboração no prefácio da terceira parte: *Die Ausdehnungslehre oder die Wissenschaft von die extensiven Größen. Der niedere Zweig der*

Coube a Robert Grassmann apenas ter trabalhado para a generalidade da concepção e para o rigor da forma e ter contribuído para a solução das dificuldades. [125, pág. VI]

Essa colaboração entre os irmãos ficará mais distante, mas não deixará de existir. Segundo Schubring, esse desenvolvimento explicaria em parte a mudança de natureza da segunda *Ausdehnungslehre* (A_2) de 1862 e a ausência de considerações filosóficas. No entanto, o fato de Hermann Grassmann não dizer nada sobre seu irmão nesta obra permanece um problema*.

1.5.2 Justus Grassmann (1779-1852). Não voltaremos à obra de Justus já mencionada acima. Isso significa que deixaremos de lado aqui uma parte da matemática enterrada na primeira *Ausdehnungslehre* (A_1) em dívida com Justus, tudo que se refere ao produto geométrico, à ideia de *combinações geométricas* (em cristalografia [122]**), à geração e à analogia (dois conceitos que perpassam as obras de Justus e Hermann), à noção de dimensão*** e ao que Hermann encontra nas considerações de Justus que lhe abrirão caminho para pensar a "geometria" de outra forma, em particular para considerar "espaços" de "dimensão" qualquer†. Também não voltaremos à importância do recorrente conceito de *construção* (síntese) constantemente em funcionamento em Justus e que Hermann assumirá por conta própria, inicialmente para projetar seu produto exterior:

Synthesis. Das Gebäude des Wissens. 23. Volume : *Die Formenlehre oder Mathematik, in strenger Formelentwicklung. Dritter Zweig* (Estetino: R. Grassmann 1895).

* Especialmente porque ele não hesita em reconhecer que seu *Lehrbuch* [97] é o resultado de uma estreita colaboração com seu irmão Robert (vide Prefácio). Sobre esta obra ver também o texto de J.-C. Pont [177].

** Veja também [191, págs. 40-43]. Note-se em particular que a noção de extensão de n-ésimo escalão de um espaço vetorial linear [*Gebiet*], e as noções de independência linear e de base, definidas por Hermann Grassmann (A_1), correspondem à combinatória geométrica de Justus desenvolvida em seu texto de 1829.

*** Veja [144, págs. 116-118].

† A razão para esta extensão é discutida por Albert C. Lewis [153].

> *É essencialmente o retângulo ele mesmo que é o verdadeiro produto geométrico [...]. Em seu sentido mais puro e geral, o conceito de produto refere-se ao resultado de uma construção* [Construktion], *que vem de algo já gerado (construído)* [schon Erzeugten (Construirten)], *da mesma forma que o último foi gerado a partir do gerador original; portanto, a multiplicação é apenas uma construção de um poder superior.* [120, pág. 194]

Justus limitará mais tarde o alcance dessas palavras, dizendo que "o ponto é o elemento, a síntese é o deslocamento do ponto segundo tal ou qual direção, o resultado, o caminho do ponto, a linha [...] Se a superfície é colocada no lugar do ponto, nasce o corpo geométrico, como produto de três fatores"[*], mas acrescentando que não podemos ir além "pois o espaço contém apenas três dimensões", enquanto na aritmética "o número de fatores é não limitado" [123, págs. 9–10].

Também deixaremos de lado, insistindo em sua importância, as comparações feitas por A. C. Lewis[**] entre as declarações de Justus e as de Hermann; assim, a título de ilustração, apreciaremos a precisão da comparação entre a declaração de Justus:

> *A mesma relação também se mantém na aritmética. Aqui, o gerador original é a unidade que, para o número, deve ser simplesmente tomada como dada. A partir daí, pela contagem (a construção aritmética), resulta o número. Se o número assim produzido for tomado como base para uma nova contagem [...] em vez da unidade, então a ligação aritmética com a multiplicação é feita; não é, portanto, senão um número de escalão mais elevado, um número cuja unidade é também um número. Pode-se,*

---

[*] Por outro lado, Hermann Grassmann destaca o gesto que o faz captar a extensão e não ignorar as três dimensões do espaço; esse salto para a abstração não tem comparação com o anterior e inspirador de seu pai, o da "construção" (geração).

[**] Veja por exemplo seu artigo [152].

portanto, dizer que o retângulo é uma linha (limitada) na qual o lugar do ponto gerador é ocupado por uma linha (limitada). [120, pág. 195]

E o seguinte, retirado de nossa obra, a primeira Ausdehnungslehre:

> *maneira dessa geração resulta imediatamente, por analogia, da maneira como a extensão de primeiro escalão foi gerada do elemento, submetendo agora da mesma forma todos os elementos de um segmento à uma outra geração; para precisar, a simplicidade da magnitude, que vai ser gerada de novo, exige a igualdade da maneira de gerar para todos os elementos, isto é, ele exige que todos os elementos desse segmento a descrevam um mesmo segmento b. O segmento a se apresenta aqui como aquele que gera, o outro segmento b como a medida da geração, e o resultado da geração é, se a e b são de espécies diferentes, uma parte do sistema de segundo escalão, determinado por a e b, deve então ser compreendido como uma extensão de segundo escalão.* [pág. 61]

O *Programmschrift* de 1827 [121] ainda não é bem conhecido[*]; Justus desenvolve ideias que estão intimamente relacionadas ao sistema filosófico-matemático de H. G. Grassmann. Vários dos autores já citados esclareceram amplamente as influências recebidas por Justus; alguns foram mencionados, vindos da Escola combinatória de Hindenburg[**] e mais geralmente do

---

[*] E isso apesar do artigo de A. C. Lewis [152] e da recente contribuição muito detalhada de M. Radu [179].

[**] Foi em 1776 que Hindenburg produziu seus primeiros artigos matemáticos (sobre o estudo de séries); seus primeiros escritos sobre matemática combinatória (probabilidade, séries e fórmulas para diferenciais de graus superiores) datam de 1778. Em 1781 ele foi professor de filosofia na Universidade de Leipzig (no mesmo ano ele publicou seu famoso *Novi systematis permutationum...* [136]. Em 1785 (depois de uma dissertação sobre bombas d'água) tornou-se professor de física na Universidade de Leipzig, cargo que ocupou até o fim de sua vida.

Naturphilosophen (em particular J. G. Fichte (1762-1814) e F. W. J. Schelling (1775-1854)), a maioria deles está concentrada neste escrito e em sua obra *Zur Mathematik und Naturkunde**.

As ideias de Hindenburg, particularmente aquelas de basear a matemática na *análise combinatória*, foram bem recebidas entre os matemáticos no início do século XIX; deixaram marcas duradouras nos currículos escolares (até as reformas empreendidas por Felix Klein no final do século XIX).

Essa crença de Hindenburg, de que as operações sobre combinações poderiam ter a mesma importância que aquelas sobre números, influenciará Justus, depois Hermann, a fazer da teoria das combinações uma disciplina de *matemática pura* igual à *aritmética*. Pai e filho, os Grassmanns queriam que todos os ramos da matemática tivessem "analogias"** entre si, definidas entre suas relações ou operações, daí a ideia de conceber a existência de uma disciplina cujo papel seria o da futura "teoria das formas".

Como sabemos, tal ideia não era nova: já está presente em Fries, diretamente inspirada na *Escola combinatória* de Hindenburg, ela própria inscrita na tradição do *De arte combinatoria* de Leibniz; encontramos, portanto, com a mesma naturalidade, em Justus que seguiu na Universidade de Halle entre 1799 e 1801, além dos cursos de teologia, os cursos de matemática ministrados por Georg Simon Klügel (1739-1812), um convicto divulgador das ideias de Hindenburg. Durante este curto período, testemunhamos um desenvolvimento considerável da *Naturphilosophie*, que também será muito bem recebido nas universidades alemãs***.

---

* Ver [122]; é o primeiro e único volume publicado de sua obra *Zur Mathematik und Naturkunde*.

** É assim que eles os chamam. Justus já usou a analogia em seu *Raumlehre* de 1817 (págs. x–xi); ele compara a geometria com a teoria das combinações [*Combinationslehre* "ou" *Verbindungslehre*]; em seu prefácio para o professor, ele considera este último como a base mais geral para seu ensino de geometria elementar. De acordo com Scholz [190], suas ideias básicas e a terminologia de seu tratado de 1829 podem definitivamente ser vistas como "ramificações" da escola de *Naturphilosophie* "dinamista" de Schelling, que foi a força dominante no pensamento filosófico na Alemanha.

*** Pelo menos obviamente na Turíngia, onde, na Universidade de Jena, Fichte, Schelling, G. W. Hegel (1770-1831), etc., ensinaram filosofia. Halle, a poucos quilômetros de distância, estava completamente

Na reforma do sistema educacional prussiano, amplamente inspirada nas ideias de Pestalozzi e realizada a partir de 1809 por Wilhelm von Humboldt (1767–1835)*, Justus foi um reformador muito ativo; é com esse espírito que o texto de 1827 deve ser interpretado como a continuação de reflexões já amplamente avançadas em seus primeiros escritos, em particular em seu *Raumlehre***.

> *Quanto mais a ciência aumenta, mais é necessário organizar a massa de seus dados, não apenas para facilitar a entrada do iniciante, mas sim, e mais importante, elevar a informação bruta a um conhecimento verdadeiramente ordenado, na qual a posição, as conexões, a função de cada parte é percebida distintamente em relação ao todo, e assim este último pode aparecer como um organismo, como a manifestação de um intelecto infinito conforme se torna claro para nós em uma esfera particular.* [121, pág. 1]

As observações introdutórias do artigo de 1827 destinam-se principalmente à "ciência pura", e particularmente à matemática, da qual notamos o considerável crescimento e desenvolvimento nas mais diversas direções. Acima de tudo, Justus teme que o número excessivo de suas apresentações faça com que a matemática corra o risco de não ser mais do que "instrumentos cegos", apenas bons para aplicações. A falta de organização não é apenas notável pelas

---

dentro da zona de influência desses novos sistemas filosóficos. Ver [135], que, além disso, admite querer mostrar neste artigo que a "teoria combinatória" de Justus Grassmann tem algo a ver com a filosofia especulativa da escola de pensamento de Schelling [135, pág. 57].

* Em 28 de fevereiro de 1809 foi nomeado diretor do departamento de cultura e educação do Ministério do Interior. Fichte ("Deduzierter Plan einer zu Berlin, zu errichtenden höhern Lehranstalt", 1807) e Schleiermacher ("Gelegentliche Gedanken über Universitäten in deutschem Sinn. Nebst einem Anhang über eine zu errichtende", 1808) contribuíram para o projeto de criação da Universidade de Berlim, mas é Wilhelm von Humboldt quem merece o crédito: hoje Universidade Humboldt, foi fundada pelo rei da Prússia Friedrich Wilhelm segundo os planos de Humboldt (1809-10); Fichte será seu primeiro reitor. O projeto educacional elaborado por Humboldt não terá sucesso real em seu tempo; a sua reforma do ensino secundário não viu a luz do dia: "Eu tinha traçado um plano geral que abrangia desde a mais pequena escola até à universidade e em que tudo estava interligado [. . .]" (Ver [66, pág. 662 e sgs.]). Veja também [140].

** [119] e, mais particularmente, no prefácio da segunda parte (1824).

relações que as disciplinas matemáticas têm entre si, mas também existe dentro de cada uma dessas disciplinas.

> *A matemática engendra seus conceitos por uma síntese que lhe é característica (que se chama* construção *em sentido amplo) na qual renunciam totalmente ao conteúdo daqueles que estão ligados. Mas seu objeto não é a forma dessa síntese, mas o próprio produto, e assim ela se distingue da lógica, que de fato pressupõe um conteúdo em geral, mas do qual ela se abstrai, ao passo que na construção matemática resulta um conteúdo do fato de que aqueles a serem unidos são considerados como vazios.* [121, pág. 3; 179, pág. 18]

Tal definição o levará a afirmar que

> *A matemática é a ciência da síntese de acordo com as relações externas, isto é, como igual ou como desigual.*

Justus se recusa a justificar totalmente essa visão da matemática, porque isso o levaria longe demais; ele se apega à sua aplicação à geometria. Ademais:

> *O fato de que, uma vez removidos os conteúdos daqueles a serem ligados, podemos considerá-los não apenas como iguais, mas também como desiguais, e então vinculá-los, imediatamente parece claro, pois a desigualdade é dada ao mesmo tempo como igualdade. Só que não devemos pensar aqui em qualquer desigualdade qualitativamente definida, mas apenas em uma diferença em geral, desprovida de conteúdo. Mas a conexão, considerada o desigual, produz a teoria das combinações. Geralmente, onde as coisas são desiguais, elas podem ser usadas como elementos de uma combinação e podem ser ligadas em complexos; na teoria das combinações*

puras, os elementos são considerados desiguais, mas sem conteúdo definido. [121, págs. 4-5; 179, pág. 19]

Uma "circunstância feliz" para a matemática, diz ele, é que seu conteúdo é completamente independente da expressão do conceito e é definido pelo próprio campo [121, pág. 3]. Não há definição de matemática que, segundo ele, não leve em conta em sua "total pureza" a teoria das combinações, "isolada da mistura de outras disciplinas matemáticas"; no entanto, "nenhum matemático duvida que seja uma parte perfeitamente própria e integrante da matemática pura, embora a teoria pura das combinações não assuma absolutamente nada de magnitude como tal" [121, pág. 3]. Pior ainda do que a falta de definição satisfatória para a matemática, é a falta de distinções precisas entre as diferentes disciplinas que a constitui:

> [...] *a aritmética, a geometria, a teoria das combinações, todas têm uma parte completamente definida que é completamente independente de todo o resto; esta parte deve ser precisamente definível, e é necessário que seja definida de modo que se tenha uma percepção geral clara em que domínio se encontra, onde estão suas fronteiras e onde são cruzadas.* [121, pág. 5]

A abordagem metodológica de Justus permite-lhe assim não só incluir a teoria das combinações dentro da matemática pura, mas também caracterizar cada uma das suas disciplinas:

> *A matemática como ciência da síntese de acordo com as relações externas, isto é, como igual e desigual, decompõe-se de acordo com esta definição na teoria das magnitudes* [Größenlehre] *e na teoria das combinações* [Combinationslehre]. *A síntese dos semelhantes nos dá magnitude; ele é discreto se com seu engendramento de ser unido (por esta síntese resulta a magnitude) é considerado como dado; por outro lado, é contínuo*

se o que deve ser unido só é produzido pela própria síntese. A matemática das quantidades contínuas é geometria, não apenas porque as quantidades espaciais só podem ser produzidas como quantidades contínuas, uma vez que o mesmo é claramente verdadeiro tanto para as quantidades temporais quanto para as quantidades intensivas; é antes porque já inclui todos os outros e se estende muito além deles. [121, págs. 5-6]

No entanto, esta abordagem não supera todas as dificuldades, o sistema não é totalmente satisfatório para Justus que reconhece que "a combinação não pode ser decomposta em discreta e contínua da mesma forma que a magnitude", que "as combinações são essencialmente discretas" [121, pág. 6]. Ao fazê-lo, a caracterização disciplinar da matemática pura segundo a divisão

igual	distinto
discreto	contínuo

é defeituosa, na medida em que destaca a possibilidade de uma quarta disciplina resultante das sínteses "contínuas" e "desiguais"; uma quarta disciplina que Justus não contempla e não pode contemplar. Além disso, ele observa a parte "arbitrária" de sua abordagem: dependendo se dividimos a matemática em "teoria das magnitudes" e "teoria das combinações", onde a primeira é dividida em aritmética e geometria, ou se dividimos a matemática em "matemática discreta" e "matemática contínua", "onde a teoria das combinações aparece então como uma subdivisão da matemática discreta" [121, pág. 4]. No entanto, em ambos os casos, o resultado é uma classificação razoavelmente satisfatória das disciplinas matemáticas. Além disso, o que parece essencial para Justus, em qualquer uma das divisões é que a "teoria das combinações" está no mesmo nível da "aritmética".

Em uma longa nota em sua defesa, ele escreve que:

A teoria das combinações ainda está em sua infância, como se na aritmética não houvesse outro processo além da adição. [...] Mas chegará o dia em que a nora aparecerá em sua beleza sem véu, e será reconhecida, e enquanto nada lhe foi pedido, nenhum dever atribuído a ela, de sua presença inocente ela lançará seus raios sobre toda a ciência. [...] Estou convencido de que um dia a teoria das combinações será para a história natural e a química o que a teoria das quantidades é para a física.
[121, pág. 6]

1.5.3 Um balanço contrastado. Pode-se entender, a partir desses poucos elementos dispersos extraídos dos escritos de Justus, que se houve de fato uma influência direta e notável do sistema proposto por ele sobre o de seu filho Hermann, não há como reduzir este último ao anterior; assim como seria ir longe demais dizer que Hermann Grassmann "completa" o sistema de Justus. A abordagem de Hermann certamente está relacionada à de Justus, mas difere muito dela. Assim, por exemplo, podemos observar que:

- Justus e Hermann em tudo não consideram da mesma maneira as "oposições" contínuo–discreto, igual–distinto;

- a geometria não tem o mesmo papel; no sistema de Hermann, ela desaparece da matemática pura para aparecer apenas como aplicação de uma ciência formal, a *Ausdehnungslehre*, que será justamente essa quarta disciplina que Justus não pode conceber;

- a teoria das combinações é certamente um ramo da matemática pura que aparece em ambos os sistemas, mas seu status não é mais um problema no sistema de Hermann, onde a matemática pura é identificada com um *Formenlehre*;

- não há lugar reconhecido no sistema de Justus para uma "teoria geral das formas".

As evocações precedentes ajudam-nos a compreender melhor a atitude de Kummer, ou de outros ainda menos favoráveis. Elas também nos permitem colocar em perspectiva essa "tragédia" denunciada por Dieudonné no final dos anos 1970 e retomada desde então sem mais discernimento por muitos autores.

É claro que a "mensagem" da obra magistral de Grassmann que a história reteve difere muito daquela esperada e recebida em seu tempo, como mostram os seguintes trechos do "relatório pericial" de Kummer (12 de junho de 1847):

> *A primeira obra do Sr. Grassmann: a Ciência da magnitude extensiva ou Ausdehnungslehre, 1ª parte, é anunciada como uma nova disciplina matemática que quer ocupar seu lugar entre a análise e a geometria sem ser um elo entre essas duas disciplinas matemáticas, como a geometria analítica. A ideia básica para isso — saber que em geometria tanto a magnitude quanto a posição das formações espaciais devem ser levadas em consideração, e que surge a necessidade de representar a posição não apenas como de costume, com a ajuda de quantidades, mas também imediatamente por meio de fórmulas simbólicas — já foi muitas vezes expresso antes e foi aplicado de várias maneiras, sem que para isso tenha sido necessário criar uma nova disciplina matemática. A tentativa de elaborar um sistema de tais expressões simbólicas — como fez o autor dos tratados — não pode ser considerada* a priori *bem-sucedida ou fracassada [...] No que diz respeito primeiro à forma ou à representação do tratado, deve-se geralmente admitir o fracasso; pois, embora o estilo seja bom e espirituoso, há em toda parte faltando um agrupamento adequado do assunto,*

onde os pontos principais seriam claramente distinguidos das coisas menores [...] Após consideração cuidadosa de vários pontos, descobri que este tratado realmente oferecia alguns pontos de vista novos e interessantes, então posso elogiar o valor científico do conteúdo, embora os métodos do autor ainda não tenham passado pelo teste mais alto e seguro de seu valor, ou seja, que quaisquer problemas de geometria, não resolvidos até agora, teriam encontrado uma solução satisfatória. O segundo tratado do mesmo autor: Análise Geométrica [...] trata quase dos mesmos objetos que o citado acima, e também deve ser julgado da mesma forma, ou seja, que seu conteúdo é digno de reconhecimento e sua forma insuficiente.

Kummer reterá desfavoravelmente os "esclarecimentos" [161] trazidos por August Ferdinand Möbius (1790–1868) a este último texto:

Se compararmos agora o trabalho de Grassmann com a exposição de motivos [...] de Möbius, então a forma obscura e abstrusa de Grassmann contrasta notavelmente com a representação simples e clara de Möbius.

Esse julgamento, semelhante ao de um mestre sobre um aluno superdotado, é negativo: Kummer desaconselha o ministro a conceder a Grassmann o cargo de professor universitário; Grassmann carece de clareza e seu conhecimento matemático é muito restrito a um único campo, aliás, outros jovens matemáticos são muito mais bem preparados e mais merecedores.

2. A "lineal* Ausdehnungslehre". Embora possamos falar aqui da elaboração de uma "teoria da extensão", manteremos a

---

* É de fato o adjetivo "lineal" que Grassmann usa, não "linear". Esta primeira relaciona-se com a palavra latina "Lineal" ("régua"), e sugere a existência de uma segunda parte futura que se relacionará com a "rotação" e o ângulo. Essa referência aos métodos clássicos de construção, "por régua" e

expressão *Ausdehnungslehre* para evocar a "disciplina matemática" proposta por Grassmann*. Esta escolha é ditada pela "novidade" da mesma, mas acima de tudo para salientar que desta forma respeitamos a abordagem particular do autor que, além de criar palavras precisas, deseja purificar a língua alemã tanto quanto possível de suas raízes estrangeiras. Essa exigência, manifestada na primeira versão de sua teoria (A_1), perderá todo o rigor na segunda versão (A_2); a título de exemplo, as expressões "Ausdehnungsgröße", "eingeordnet" e "eingewandtes Produkt" presentes em A_1, serão substituídas respectivamente em A_2 por "extensive Größe", "incident" e "regressives Produkt".

De acordo com Grassmann, os primeiros elementos significativos do esboço de tal teoria remontam à 1832:

> *Ao ler o trecho de suas memórias sobre somas e diferenças geométricas publicadas nos* Comptes rendus *[Tomo 21, 1845], fiquei impressionado com a maravilhosa semelhança que existe entre os resultados que ali são comunicados e as descobertas feitas por mim desde o ano de 1832; [...] concebi a primeira ideia da soma geométrica e da diferença de duas ou mais linhas e o produto geométrico de duas ou três linhas no ano nomeado, ideia em todos os aspectos idêntica àquela que está representada no extrato de seu resumo. [...] Foi também por volta de 1832 que me veio a ideia de estender o uso dos sinais algébricos àquelas operações geométricas*

"compasso", é amplamente obscurecida pelas traduções em inglês e espanhol desta obra de Grassmann, nas quais o adjetivo "linear" foi preferido; erroneamente, parece-nos, por causa de sua conotação atual muito específica. Hoje, a palavra lineal neste sentido preciso praticamente caiu em desuso.

* O título geral desta obra é *Die Wissenschaft der extensiven Größe oder die Ausdehnungslehre, eine neue mathematische Disciplin dargestellt und durch Anwendungen erläutert*, incluindo *Die lineale Ausdehnungslehre ein neuer Zweig der Mathematik dargestellt und durch Anwendungen auf die übrigen Zweige der Mathematik, wie auch auf die Statik, Mechanik, die Lehre vom Magnetismus und die Krystallonomie erläutert* constitui a primeira parte. Felix Müller [164] oferece a seguinte tradução mais comum para "Ausdehnungslehre" (Grassmann 1844): *álgebra extensiva, teoria das magnitudes extensivas.*

que se trata de realizar em mecânica sobre linhas ou áreas, mas não publiquei nada antes de 1845.*

Encontramos vestígios dela em 1839 em seu artigo [73], mas esta pesquisa será retomada sobretudo por ocasião de seu estudo sobre a teoria das marés. De fato, em sua *Theorie der Ebbe und Flut*** ele usa métodos e muitas noções que só serão totalmente explicadas e justificadas no *Ausdehnungslehre* de 1844. A razão dada por Grassmann para não ter feito isso neste primeiro escrito, é que se devia a um *Prüfungsarbeit*: não se poderia, portanto, ultrapassar os limites do dever deste aluno e apresentar resultados utilizando um método próprio, deduzido de sua *análise geométrica* e de acordo com princípios definidos apenas por ele. Embora saiba que seu cálculo é muito mais simples de aplicar e completamente independente das leis da análise algébrica usual, ele confiará nelas para desenvolver seus resultados. No prefácio de A_1, ele vê este trabalho como um passo decisivo no desenvolvimento de suas ideias matemáticas, onde seu "velho cálculo geométrico" de 1832 finalmente se tornou uma análise geométrica que não só reduziu consideravelmente a exposição da mecânica analítica de Lagrange***, mas que também permite simplificar os resultados obtidos por Laplace sobre a teoria das marés.

As ideias de soma geométrica e produto de linhas não são suficientes para submeter toda a mecânica ao cálculo geométrico, e apliquei no tratado citado [Theorie der Ebbe und Flut] *duas outras ideias não menos frutíferas, estas são a ideia do produto linear e da análise dos ângulos* [...]. [58, págs. 121-122]

---

* Carta a Adhémar Barré de Saint-Venant, datada de 18 de abril de 1847 (Ver [58, págs. 121-122].

** Este texto, já muito rico e praticamente desconhecido, e cuja análise se revelaria muito instrutiva, está escrito num estilo mais em conformidade com a dos matemáticos do seu tempo; não será publicado até 1911 (ver [74]).

*** "Graças aos princípios desta nova análise, os desenvolvimentos desta obra se transformaram de uma forma tão simples que, frequentemente, o cálculo era dez vezes mais curto do que fora naquela obra." [pág. X]

Este primeiro sucesso fará com que ele se afaste da teologia, em favor da matemática.

Após esses primeiros trabalhos, foi imposta a ele a necessidade de definir rigorosamente uma "nova disciplina matemática", que se tornaria sua *Ausdehnungslehre*.

Vários textos seguem esta primeira publicação; devem ser tomadas como tentativas de dar a conhecer sua teoria por meio de aplicações e esclarecimentos. Muitas concessões os acompanham, feitas contra requisitos iniciais de abstração e rigor e em benefício de um estilo mais comumente aceito; no entanto, no final, eles não lhe renderam mais sucesso do que seus primeiros escritos, que foram quase unanimemente negligenciados, tanto por matemáticos quanto por filósofos (cujas críticas ele temia muito menos): suas expectativas foram realmente frustradas; o único resultado será uma quase total ausência de reação, em particular por parte daqueles que serão abordados.

As razões para esta rejeição são múltiplas; a introdução "filosófica" e a natureza da matemática desenvolvida não poderiam, por si só, explicar uma recepção tão ruim do trabalho. Como vimos anteriormente, seu tempo, já educado nessa direção, não é surdo a esse tipo de publicação que, pensando bem, não é tão radicalmente excepcional quanto parece.

As dificuldades que se juntam às duas anteriores tornam, sem dúvida, melhor compreendida esta relativa falha: nomeadamente uma superabundância de novas palavras, novas definições, escolhas muitas vezes instáveis, mas ainda mais uma forma de exposição "euclidiana", descrita como "rigorosamente científica", que obriga o leitor, página após página, a acompanhar passo a passo cada etapa da obra para apreender plenamente toda a legitimidade e exatidão de seu conteúdo; um modo de fazer que quase condena qualquer possibilidade de acesso direto apenas às partes que despertam o real interesse do leitor. Procedendo desta forma, sem dúvida percebe-se melhor o caráter "natural" das sequências e proposições, e pode-se mesmo eventualmente ser levado a aceitar a ideia de que tal teoria pode ser objeto de um "ensino elementar". No entanto, compreendemos ao mesmo tempo que a "mensagem" assim transmitida por um matemático "autodidata", num estilo que não é o consensual, exige demasiado de um leitor potencial que não vê *a priori* por que motivo teria que se envolver em tal teste, com resultados incertos que não os de pura simplificação do conhecimento*!

Trata-se, portanto, de uma obra abstrata da qual parte da originalidade real também está imediatamente onde não a esperamos; é um trabalho mal percebido. As falas a seguir ilustram bem essa situação:

> [...] *Vejo que para descobrir a quintessência de sua Obra, será necessário primeiro se familiarizar com sua terminologia característica.* [Carta de C. F. Gauss a H. G. Grassmann (Göttingen, 14 de dezembro de 1844).]

> *Você leu a bizarra Ausdehnungslehre de Grassmann?* [...] *parece-me que uma falsa filosofia da matemática está na raiz. O caráter essencial do conhecimento matemático, a intuição, parece ter sido completamente banido. Tal Ausdehnungslehre 'abstrata', como ele buscava, só poderia ser desenvolvida a partir de conceitos. Mas a fonte do conhecimento matemático não se baseia em conceitos, mas na intuição.* [Carta de 3 de setembro de 1845 endereçada a A. F. Möbius por Ernst Friedrich Apelt (1812–1859), professor de filosofia na Universidade de Jena.]

Apesar do parentesco reconhecido por ambos os lados, entre o cálculo baricêntrico e A_l, Möbius recusará o pedido de revisão de Grassmann: embora defensor do trabalho de Grassmann, não quer se pronunciar; ele reconhece que depois de várias tentativas se ateve

---

* Tanto Kummer quanto Möbius denunciam a falta de novas e relevantes aplicações dessa teoria.

às primeiras páginas do livro e ao "reconhecimento" de conceitos e generalizações verdadeiramente promissores, mas continua muito consciente de sua falta de competência filosófica para fazer um julgamento relevante*. Ele sugerirá que Grassmann entre em contato com Drobisch, tanto matemático quanto filósofo erudito, mas este último não dirá uma palavra. Baltzer confidencia a Möbius sua incapacidade de penetrar nas ideias de Grassmann e de ser tomado de "vertigem"**. Grunert o informará de sua incompetência no assunto, tanto matemática quanto filosoficamente, mas o convidará a escrever ele mesmo um resumo de sua teoria.***

Já pudemos apreciar o que Kummer escreveu em seu relatório de 1847; acrescentemos que ele também critica neste relatório o hábito de Grassmann de inventar novas palavras: a leitura torna-se assim difícil e pode-se esperar, portanto, que o trabalho seja ignorado pelos matemáticos.

Em carta posterior, datada de 14 de junho de 1853, Baltzer informou a Möbius da existência do artigo de Cauchy sobre "chaves algébricas", apontou-lhe sua semelhança com as magnitudes de Grassmann e voltou novamente à "representação maldita" escolhida por este último para expor sua teoria†.

---

* No entanto, em seu artigo "Die Graßmannsche Lehre von den Punktgrößen und den davon abhängigen Größenformen" [161] publicado como "erläuternden Abhandlung de la Geometrische Analyze" [81] de Grassmann, ele aponta que as dificuldades se devem essencialmente ao fato de *"o autor tenta justificar a sua nova análise geométrica de uma forma bastante distante do curso habitual das considerações matemáticas, e que, seguindo analogias com operações aritméticas, trata os objetos como magnitudes que não são magnitudes em si e algumas das quais não se pode formular qualquer ideia"* [pág. 63]. Möbius quer esclarecer a parte do texto de Grassmann que vai do §14 até o fim, e mostrar *"como essas magnitudes aparentes podem ser vistas como expressões abreviadas de magnitudes reais"* [pág. 63].

** Carta de 26 de outubro de 1846: "[...] *Não é possível para mim, neste momento, entrar em seus pensamentos; minha cabeça dá reviravoltas e diante dos meus olhos fica um azul-celeste quando leio."* (Veja [58, pág. 102]).

*** Que será precisamente o seu *Kurze Uebersicht über das Wesen der Ausdehnungslehre* [78].

† [58, pág. 231]. Sobre a "apresentação" feita por Grassmann da segunda *Ausdehnungslehre* (A_2), Engel falará de uma "Kodifikation"; ele dirá da "forma euclidiana" ainda presente que foi um "erro fatal" do qual ele não poderia explicar por que Grassmann persistiu em fazer tal escolha.

No início da década de 1850, enquanto preparava em colaboração com A. De Morgan o prefácio de suas *Lectures on Quaternions* (Dublin, 1853), Hamilton conheceu o trabalho de Grassmann; através de algumas cartas podemos acompanhar a evolução do seu apreço:

> [...] Ausdehnungslehre *de Grassmann, uma obra muito original,* [...] — *obra que, se houver, os alemães, se me acharem digno de nota, talvez se coloquem em rivalidade com a minha* [...] [26 outubro de 1852]

> *Recentemente, tenho lido* [...] *mais de cem páginas do Ausdehnungslehre de Grassmann, com grande admiração e interesse. Anteriormente, eu tinha apenas o conhecimento mais superficial e geral do livro e pensei que ele exigiria que eu aprendesse a fumar para poder lê-lo. Se eu pudesse esperar ser colocado em rivalidade com Des Cartes, por um lado, e com Grassmann, por outro, minha ambição científica seria realizada! Mas é curioso ver quão estreitamente, e quão completamente, Grassmann falhou em acertar os Quatérnios. Publicou em 1844, um pouco depois de mim, mas com a mais óbvia e perfeita independência.* [28 de janeiro de 1853]

> *Não estou tão entusiasmado hoje com Grassmann como estava na última vez que escrevi. Mas li quase tudo o que pude obter de seus escritos, incluindo um comentário subsequente (em alemão) de Möbius. Grassmann é um grande e maior gênio alemão; sua visão do espaço é pelo menos tão nova e abrangente quanto a minha do tempo,* [...] *devo dizer que não devo temer a comparação.* [2 de fevereiro de 1853]

[Cartas a A. De Morgan (Veja [126, vol. III, pág. 442]).]

Em sua carta datada de 9 de fevereiro de 1853*, ele seguiu o humor de De Morgan** e estreitou ainda mais o significado da contribuição de Grassmann:

> Para o público, provavelmente direi pouco sobre Grassmann no momento; pois acho que, além da regra para adicionar linhas, que ele parece ter elaborado independentemente, [...] dificilmente temos um resultado em comum, exceto uma coisa que é (a meu ver) importante, a saber, a interpretação de B – A, onde A e B denotam pontos, como a linha reta AB. Ele chega a isso, na página 139 de seu Ausdehnungslehre, após longos preparativos e doses anteriores de ferro que precisam de estômago de avestruz.

Finalmente, em duas cartas posteriores, Hamilton novamente se refere a Grassmann; a primeira é dirigida em 30 de setembro de 1856 a seu amigo John Graves:

> [...] Ausdehnungslehre [...] aquele trabalho obscuro, mas altamente original [...]. Eu sei que você tem o livro quase igualmente interessante, e para mim muito mais agradável, o [Der Barycentrische Calcul] de Möbius [...] [126, vol. III, pág. 70]

A segunda carta, datada de 23 de junho de 1857, é endereçada a George Salmon:

> É justo dizer que (quando muito tarde) descobri que Grassmann havia independentemente (mas talvez não tão cedo — ainda não é uma questão digna de contestação) chegado à mesma concepção e notação, respeitando a diferença de dois pontos (b – a), considerado como sua

---

* Carta a A. De Morgan (veja [126, vol. III, pág. 444]).
** Carta de 29 de outubro de 1852 (veja [126, vol. III, pág. 425]).

> *distância direcionada — o que ele chama de 'strecke' e eu 'vetor'. Mas isso é apenas uma preparação para os quatérnios, e ainda não é em nenhum grau a Doutrina dos próprios quatérnios. Admiro muito Möbius, de fato, mas ele (acho que em seu* Barycentric Calculus, *etc.) se aproximou menos dos quatérnios do que Grassmann em seu* Ausdehnungslehre.*

Pode-se estranhar que Hamilton não tenha percebido toda a riqueza da obra de Grassmann que, em muitos pontos, supera consideravelmente a sua; o estilo "obscuro" e a forma de exposição "euclidiana" condenada não podem por si só justificar sua atitude!

Mais adiante, ainda reencontraremos opiniões semelhantes às anteriores, mas desta vez muito mais surpreendentes:

> *Grassmann, como se quisesse desencorajá-lo, procede do abstrato ao concreto, da convenção ao fato natural. Ele emprega um volume de esforços poderosos para estabelecer um cálculo aparentemente arbitrário sobre símbolos desprovidos de significado, e com que luxo de novas palavras! Milagrosamente, esse cálculo se aplica à Geometria.* [19, págs. 8-9]

> *A forma de exposição escolhida por Grassmann é um mal-entendido que deve ser atribuído a seus estudos anteriores em filosofia. É um erro, [...] reconheceu-o tarde demais [...] Deveria ter dado nas aplicações de primeira linha, explicações por exemplos, novos resultados a que conduz o seu cálculo; mas ele não resolveu indicá-los até alguns anos depois.* [142, pág. 419]

Já em 1844, Grassmann estava ciente das dificuldades. O prefácio de A_1 é eloquente: ele não apenas reconhece as imperfeições de seu

---

* Veja [126, vol. III, pág. 87]. É interessante ver Hamilton, quando admite ter lido o *Ausdehnungslehre*, identificar o "Strecke" de Grassmann com seu "vetor", ainda mais com uma "distância dirigida" entre dois pontos!

trabalho, mas também sabe que sua introdução "filosófica" pode representar um problema para o leitor matemático. Conciliador, ele antecipa a reação desse leitor, convidando-o a não levá-la em consideração: ela pode muito bem ser pulada, diz ele, "sem muitos danos a compreensão do todo" [pág. X]. Claro que este convite não é totalmente legítimo do ponto de vista da inteligibilidade do texto, mas explica-se quando recorda a desconfiança que o matemático pode ter para com o filósofo que lida com a sua arte:

> *Pela natureza das coisas, ela é bastante filosófica, e se eu a isolei do conjunto da obra, é para não assustar os matemáticos imediatamente pela forma filosófica. Há de fato sempre, e em parte por causa, dentre os matemáticos uma certa relutância em relação aos estudos filosóficos de assuntos matemáticos e físicos; de fato, a maioria desses estudos, notadamente os de Hegel e sua escola, sofrem de fato de uma falta de clareza e de uma arbitrariedade que destrói o resultado de tais pesquisas.* [pág. X]

No entanto, Grassmann manterá essa abordagem de forma imposta pela necessidade de atribuir à "nova ciência" seu lugar no campo do conhecimento, dentro da matemática pura.

De fato, a introdução "filosófica" denunciada por seus contemporâneos, filósofos e matemáticos, não poderia ser negligenciada impunemente; veja-se a "segunda" *Ausdehnungslehre* de 1862 (A_2) que já não agradará aos seus raros leitores, ao passo que foi concebida como uma nova versão escrita num estilo condizente com o "desejado" para o seu tempo, e esvaziado de qualquer referência filosófica.

No entanto, o crescente interesse pela *Ausdehnungslehre* imporá a necessidade de uma reedição do A1, que entretanto havia sido descartado*; aparecerá em 1878: é uma versão praticamente inalterada** da de 1844.

No novo prefácio, Grassmann retoma mais uma vez as dificuldades da sua teoria e as razões do seu insucesso, reconhecendo, no entanto, como sempre justificada a forma de a tratar, que diz que "atrairá certamente mais leitores com uma formação bastante filosófica do que a apresentação da *Ausdehnungslehre* de 1862, que era mais adequado para matemáticos". Ele espera que desta vez eles finalmente encontrem a "calma" e o "lazer" para entrar nesta "construção coerente".

Qualquer leitor experiente reconhecerá que A_2 não pode ser totalmente compreendido sem os esclarecimentos necessários de A_1.

Referências bibliográficas

[1] ARGAND, J.R. *Essai sur une manière de représenter les quantités imaginaires dans les constructions géométriques*, 2ª ed., Paris: Gauthier-Villars, 1874; nova tiragem da 2ª ed., Paris: A. Blanchard, 1971.

[2] BEKEMEIER, B. *Martin Ohm (1792–1872): Universitäts- und Schulmathematik in der neuhumanistischen Bildungsreform*, Göttingen: Vandenhoeck & Ruprecht, *Studien zur Wissenschafts-, Sozial- und Bildungsgeschichte der Mathematik*, 4, 1987.

[3] BELL, E.T. *The Development of Mathematics*, New York – London, 1945.

---

* Otto Wigang escreveu em uma carta a Preyer pedindo uma cópia de A_1: "Como a obra quase não foi vendida, em 1864 seiscentas cópias foram esmagadas; o restante de algumas cópias já foram vendidas, com exceção de uma cópia mantida em nossa biblioteca de publicação."

** "Zweite im Text unveränderte Auflage", acrescido de alguns apêndices, incluindo três apêndices ocasionais: "Über das Verhältnis der nichteuklidischen Geometrie zur Ausdehnungslehre", "Über das eingewandte Produkt" e seu "Kurze Uebersicht über das Wesen der Ausdehnungslehre" de 1845.

[4] BOI, L., FLAMENT, D., SALANSKIS, J.-M. *1830–1930: A Century of Geometry*, Lectures Notes in Physics, Berlin – Heidelberg: Springer–Verlag, 1992.

[5] BOOLE, G. *The Mathematical Analysis of Logic. Being an Essay Towards a Calculus of Deductive Reasoning*, Cambridge Macmillan, Barclay, and Macmillan – London: George Bell, 1847.

[6] BOOLE, G. The Calculus of Logic, *The Cambridge and Dublin Mathematical Journal*, 3 (1848), 183–198.

[7] BOOLE, G. *An Investigation of Laws of Though, on which are Founded the Mathematical Theories of Logic and Probabilities*, London: Walton & Maberly, 1854.

[8] BOOLE, G. On a General Method in Analysis, *Philosophical Transactions of the Royal Society of London for the Year MDCCCXLIV*, 1 (1854), 225–282.

[9] BOULIGAND, G., RABATÉ, G. *Initiation aux méthodes vectorielles et aux applications géométriques et dynamiques de l'analyse*, Paris: Librairie Vuibert, 1926 (1ª ed.); 1953 (6ª ed.).

[10] BOURBAKI, N. *Eléments de mathématique*, Livre II, (Algèbre), Chapitre II: "Algèbre linéaire", *Actualités scientifiques et industrielles*, 1032–1236; (2ª ed. revista e acrescida de dois apêndices), Paris: Hermann, 1953.

[11] BOURBAKI, N. *Eléments de mathématiques*, Livre II, (Algèbre), Chapitre II: "Algèbre multilinéaire", *Actualités scientifiques et industrielles*, 1044, Paris: Hermann, 1948.

[12] BURALI-FORTI, C. *Introduction à la géométrie différentielle suivant la méthode de H. Grassmann*, Paris: Gauthier-Villars, 1897.

[13] BURALI-FORTI, C., MARCOLONGO, R. *Analyse vectorielle générale, II, Applications à la mécanique et à la physique*, Pavie: Mattei, 1913.

[14] BURAU, W., SCRIBA, C.J. Grassmann, Hermann Günther, *Dictionary of Scientific Biography*, 192-199, New York, 1970-1990.

[15] CANTÙ, P. *La Matematica da Scienza delle grandezze a teoria delle forme. L'Ausdehnungshlehre di H. Graßmann*; tesi di dottorato di Ricerca in Filosofia (Filosofia della Scienza), Università degli Studi di Genova, 2003.

[16] CARTAN, E. *Œuvres complètes*, 6 vol's., Paris: Gauthier-Villars, 1952.

[17] CARTAN, E. *Leçons sur les invariants intégraux*, Paris: Hermann, 1922.

[18] CARTAN, E. Les nombres complexes. Exposé d'après l'article allemand de E. Study, *Encyclopédie des sciences mathématiques*, t. 1, vol. I, fascicule 3, 5 (1908), 329-468.

[19] CARVALLO, M.E. La méthode de Grassmann, *Nouvelles Annales de Mathématiques*, 3ª série (1892), 8-37.

[20] CASPARY, F. Über der Erzeugung algebraischer Raumkurven durch veranderliche Figuren, *Journal für die reine und angewandte Mathematik*, 100 (1887), 405-412.

[21] CASPARY, F. Sur une méthode générale de la géométrie, qui forme le lien entre la géométrie synthétique et la géométrie analytique, *Bulletin des sciences mathématiques et astronomiques*, 2ª série, 13 (1889), 202-240.

[22] CAUCHY, A.L. *Œuvres complètes*, 27 vol's. (2 séries), Paris: Gauthier-Villars, 1882-1974. (Em particular, veja: o vol. XII (1ª série, 1899), 439-445, o vol. XII (1ª série, 1900), 12-30; 46-63, e o vol. XIV (2ª série, 1938), 417-466.

[23] CAUCHY, A.L. Sur les clefs algébriques, *Comptes Rendus de l'Académie des Sciences*, 36 (1853), 70-75, 129-136, 161-169.

[24] CAYLEY, A. *Collected Mathematical Papers*, 13 vol's., New-York: Cambridge University Press, 1889-98.

[25] CHABOUD, M. *Girard Desargues, bourgeois de Lyon, Mathématicien, Architecte*, Irem de Lyon, Lyon: Aléas, 1996.

[26] CHASLES, M. *Aperçu historique sur l'origine et le développement des méthodes en géométrie*, Bruxelles: M. Bayez, imprimeur de l'Académie royale, 1837; Sceaux: Editions Jacques Gabay, 1989.

[27] CHÂTELET, G. Capture de l'Extension comme Dialectique Géométrique: Dimension et Puissance selon l'Ausdehnung de Grassmann. In [4], 222-244.

[28] CHÂTELET, G. *Les enjeux du mobile. Mathématique, physique, philosophie*, Paris: Vrin, 1993.

[29] CHÂTELET, G. Ambiguïté et engendrement des dimensions selon Grassmann; balances dialectiques. In [63], 257-286.

[30] CLEBSCH, A. Zum Gedächniss an Julius Plücker, *Abhandlungen der Königlichen Gesellschaft der Wissenschaften in Göttingen*, vol. 16 (1872).

[31] CLIFFORD, W.K. *Mathematical Papers*, London: Macmillan and Co., 1882; New York: Chelsea, 1968.

[32] CLIFFORD, W.K. Application of Grassmann's Extensive Algebra, *American Journal of Mathematics*, 1 (1878), 350-358.

[33] CLOCK, D. *A New Concept of Algebra: 1825-1850*, Ph.D. Dissertation; University of Wisconsin, 1964.

[34] COLLINS, J.V. An Elementary Exposition of Grassmann's 'Ausdehnungslehre', or Theory of Extension, *The American Mathematical Monthly*, VI, 10, 193-198 (October, 1899).

[35] COLLINS, J.V. An Elementary Exposition of Grassmann's 'Ausdehnungslehre', or Theory of Extension, *The American Mathematical Monthly*, VI, 11, 261-266 (November, 1899).

[36] COLLINS, J.V. An Elementary Exposition of Grassmann's 'Ausdehnungslehre', or Theory of Extension, *The American Mathematical Monthly*, VI, 12, 297-301 (December, 1899).

[37] COLLINS, J.V. An Elementary Exposition of Grassmann's 'Ausdehnungslehre', or Theory of Extension, *The American Mathematical Monthly*, VII, 2, 31-35 (February, 1900).

[38] COLLINS, J.V. An Elementary Exposition of Grassmann's 'Ausdehnungslehre', or Theory of Extension, *The American Mathematical Monthly*, VII, 6-7, 163-166 (June-July, 1900).

[39] COLLINS, J.V. An Elementary Exposition of Grassmann's 'Ausdehnungslehre', or Theory of Extension, *The American Mathematical Monthly*, VII, 8-9, 181-187 (August-September, 1900).

[40] COLLINS, J.V. An Elementary Exposition of Grassmann's 'Ausdehnungslehre', or Theory of Extension, *The American Mathematical Monthly*, VII, 10, 207-214 (October, 1900).

[41] COLLINS, J.V. An Elementary Exposition of Grassmann's 'Ausdehnungslehre', or Theory of Extension, *The American Mathematical Monthly*, VII, 11, 281-285 (November, 1900).

[42] COUTURAT, L. *La logique de Leibniz d'après des documents inédits*, Hildesheim: Georg Olms Verlagsbuchhandlung, 1969.

[43] CROWE, M.J. *A History of Vector Analysis. The Evolution of the Idea of a Vectorial System*, New York: Dover Publications, University of Notre Dame Press, Indiana, 1967 (reed. 1985).

[44] DE MORGAN, A. On the Foundation of Algebra, 1, *Transactions of the Cambridge Philosophical Society*, VII, part. II (1841), 173–188.

[45] DE MORGAN, A. On the Foundation of Algebra, 2, *Transactions of the Cambridge Philosophical Society*, II, part. III (1841), 267–300.

[46] DE MORGAN, A. On the Foundation of Algebra, 3, *Transactions of the Cambridge Philosophical Society*, VIII, part. I (1844), 139–143.

[47] DE MORGAN, A. On the Foundation of Algebra, 4, On the triple Algebra, *Transactions of the Cambridge Philosophical Society*, VIII, part. III (1847), 241-254.

[48] DE MORGAN, A. *Formal Logic*, London, 1847.

[49] DE MORGAN, A. *Trigonometry and double Algebra*, London, 1849.

[50] DHOMBRES, J., SAKAROVITCH, J. *Desargues en son temps*, Paris: A. Blanchard, 1994.

[51] DIEUDONNÉ, J. *Abrégé d'histoire des mathématiques, 1700–1900*, 2 vol's., Paris: Hermann, 1978.

[52] DIEUDONNÉ, J. The Tragedy of Grassmann [Séance du 19 février 1979 du *Séminaire de Philosophie et Mathématiques*, Ecole Normale Supérieure], *Philosophie et Mathématiques*, 65, Paris: I.R.E.M. Paris-Nord, Université Paris XIII, *Linear and Multilinear Algebra* 8, 1, 1-14, 1979–80.

[53] DIXON, E.T. *The Foundations of Geometry*, Cambridge, 1891.

[54] DOURADO, T., FLAMENT, D., LUCHETTA, V., POLCINO MILIES, C. "Die Lineale Ausdehnungslehre" de H. G. Grassmann, *Revista Brasileira de História da Matemática*, 21 (2021), 275–293.

[55] ECHEVERRÍA, J. L'Analyse géométrique de Grassmann et ses rapports avec la Caractéristique Géométrique de Leibniz, *Studia Leibnitiana*, vol. XI-2, 223-273.

[56] ELFERING, K. Über die sprachwissenschaftlichen Forschungen und das Aspiratengesetz von Hermann Günther Grassmann, in *Hermann Grassmann*, Greifswald, 1995, 33-36.

[57] ENGEL, F. H. Grassmann, *Jahresberichte der Deutschen Mathematikervereinigung*, 18 (1909), 344-356.

[58] ENGEL, F. Grassmanns Leben. In [71, Livro II, parte 3].

[59] FLAMENT, D. H. G. Grassmann et l'introduction d'une nouvelle discipline mathématique: l'Ausdehnungslehre, *Philosophia Scientiæ*, cahier spécial 5 (2005), 81-141.

[60] FLAMENT, D. La 'lineale Ausdehnungslehre' (1844) de Hermann Günther Grassmann. In [4], 205-221.

[61] FLAMENT, D. *Le nombre une hydre à n visages; entre nombres complexes et vecteurs*, Paris: Ed. Maison des Sciences de l'Homme, 1997.

[62] FLAMENT, D. *Hermann Günther Grassmann. La science de la grandeur extensive. La lineale Ausdehnungslehre*, Paris: Blanchard, 1994.

[63] FLAMENT, D., GARMA, S., NAVARRO, V. (eds.) *Contra los titanes de la rutina / Contre les titans de la routine*, Madrid: Comunidad de Madrid / C.S.I.C, 1994.

[64] FORDER, H.G. *Calculus of Extension*, Cambridge, 1941; reed., New York: Chelsea, 1960.

[65] FRANÇAIS, J.F. Nouveaux principes de géométrie de position, et interprétation géométrique des symboles imaginaires, *Annales de Mathématiques*, IV (1813-1814), 61-71 (veja também [1], 63-74).

[66] FREESE, R. *Wilhem von Humboldt, Sein Leben und Wirken dargestellt in Briefen, Tagebüchern und Dokumenten seiner Zeit*, 1953.

[67] FRIES, J.F. *Die mathematische Naturphilosophie, nach philosophischer Methode bearbeitet*, Heidelberg: Mohr, 1822.

[68] GRANGER, G.G. *Essai d'une philosophie du style*, Paris: Armand Colin, 1968.

[69] GRASSMANN, H. (filho) *Projektive Geometrie der Ebene, unter Verwendung der Punktrechnung dargestellt*, 2 vol's., Leipzig, 1909-1923.

[70] GRASSMANN, H.G. (filho) Über die Verwertung der Streckenrechnung in der Kreiseltheorie, *Sitzungsberichte der Berliner mathematischen Gesellschaft*, 8 (1909), 100-114.

[71] GRASSMANN, H.G. *Gesammelte mathematische und physikalische Werke*, 3 vol's., Leipzig: B. G. Teubner, 1894-1911; reed., New York: Chelsea Publ. Comp., 1969; New York: Johnson Reprint Corporation, 1972.

[72] GRASSMANN, H.G. *Die Lehre vom Satze*, 1831.

[73] GRASSMANN, H.G. *Ableitung der Krystallgestalten aus dem allgemeinen Gesetze der Krystallbildung*, Programm der Ottoschule, Stettin, 1839; [71], vol. II, 2, 115-146.

[74] GRASSMANN, H.G. *Theorie der Ebbe und Flut*, 1840; [71], vol. III, 1, 1-238.

[75] GRASSMANN, H.G. *Grundriß der deutschen Sprachenlehre*, Programm der Ottoschule, Stettin: H. G. Effenbart's Ebinn, 1842.

[76] GRASSMANN, H.G. *Leitfaden für den ersten Unterricht in der lateinischen Sprache*, Stettin, 1842; 2ª ed., Stettin: H. G. Effenbart's Ebinn, 1846.

[77] GRASSMANN, H.G. *Die lineale Ausdehnungslehre, eine neuer Zweig der Mathematik, dargestellt und durch Anwendungen auf*

die übrigen Zweige der Mathematik, wie auch auf die Statik, Mechanik, die Lehre vom Magnetismus und die Krystallonomie erläutert, Leipzig: Verlag von Otto Wigand, 1844; reed. Leipzig: Otto Wigand, 1878; [71], vol. I, 1, 2–292.

[78] GRASSMANN, H.G. Kurze Uebersicht über das Wesen der Ausdehnungslehre, *Archiv der Mathematik und Physik*, 6 (1845), 337–350; [71], vol. I, 1, 297–312.

[79] GRASSMANN, H.G. Neue Theorie der Elektrodynamik, *Annalen der Physik und Chemie*, 64 (1845), 1–18; [71], vol. II, 2, 147–160.

[80] GRASSMANN, H.G. Grunzüge zu einer rein geometrischen Theorie der Kurven, mit Anwendung einer rein geometrischen Analyse (15 de abril 1845), *Journal fûr die reine und angewandte Mathematik*, 31 (1846), 11–132; [71], vol. II, 1, 49–72.

[81] GRASSMANN, H.G. *Die Geometrische Analyse geknüpft an die von Leibniz erfundene geometrische Charakteristik*, Leipzig, 1847; [71], vol. I, 1, 322–399.

[82] GRASSMANN, H.G. Über die Erzeugung der Kurven dritter Ordnung durch gerade Linien und über geometrische Definitionen dieser Kurven, *Journal für die reine und angewandte Mathematik*, 36 (1848), 177–184; [71], vol. II, 1, 73–79.

[83] GRASSMANN, H.G. Der allgemeine Satz über die Erzeugung aller algebraischer Kurven durch Bewegung gerader Linien, *Journal für die reine und angewandte Mathematik*, 42 (1851), 187–192; [71], vol. II, 1, 80–85.

[84] GRASSMANN, H.G. Die höhere Projektivität und Perspektivität in der Ebene; dargestellt durch geometrische Analyse, *Journal für die reine und angewandte Mathematik*, 42 (1851), 193–203; [71], vol. II, 1, 86–98.

[85] GRASSMANN, H.G. Die höhere Projektivität in der Ebene; dargestellt durch Funktionsverknüpfungen, *Journal für die reine und angewandte Mathematik*, 42 (1851), 204-212; [71], vol. II, 1, 99-108.

[86] GRASSMANN, H.G. Erzeugung der Kurven vierter Ordnung durch Bewegung gerader Linien, *Journal für die reine und angewandte Mathematik*, 44 (1852), 1-26; [71], vol. II, 1, 109-135.

[87] GRASSMANN, H.G. Zur Theorie der Farbenmischung (19 de fevereiro 1853), *Poggendorff's Annalen der Physik und Chemie*, 89 (1853), 69-84.

[88] GRASSMANN, H.G. Übersicht der Akustik und der niedern Optik, *Programm des Königlichen und Stadtgymnasiums zu Stettin*, Stettin, 1854.

[89] GRASSMANN, H.G. Allgemeiner Satz über die lineale Erzeugung aller algebraischen Oberflächen, *Journal für die reine und angewandte Mathematik*, 49 (1855), 1-9; [71], vol. II, 1, 136-144.

[90] GRASSMANN, H.G. Grundsätze der stereometrischen Multiplikation, *Journal für die reine und angewandte Mathematik*, 49 (1855), 10-20; [71], vol. II, 1, 145-154.

[91] GRASSMANN, H.G. Über die verschiedenen Arten der linealen Erzeugung algebraischer Oberflächen, *Journal für die reine und angewandte Mathematik*, 49 (1855), 21-36; [71], vol. II, 1, 155-169.

[92] GRASSMANN, H.G. Die stereometrische Gleichung zweiten Grades und die dadurch erzeugten Oberflächen, *Journal für die reine und angewandte Mathematik*, 49 (1855), 37-46; [71], vol. II, 1, 170-179.

[93] GRASSMANN, H.G. Die stereometrischen Gleichungen dritten Grades und die dadurch erzeugten Oberflächen, *Journal für die reine und angewandte Mathematik*, 49 (1855), 47-65; [71], vol. II, 1, 180-198.

[94] GRASSMANN, H.G. Sur les différents genres de multiplication, *Journal für die reine und angewandte Mathematik*, 44 (1855), 123–141; [71], vol. II, 1, 199–217.

[95] GRASSMANN, H.G. Die lineale Erzeugung von Kurven dritter Ordnung, *Journal für die reine und angewandte Mathematik*, 52 (1856), 254–275; [71], vol. II, 1, 218–238.

[96] GRASSMANN, H.G. Ueber die Verbindung der stummen Konsonanten mit folgenden v und die davon abhängigen Erscheinungen, *Zeitschrift für vergleichende Sprachforschung*, 9 (1860), 1–35.

[97] GRASSMANN, H.G. *Lehrbuch der Arithmetik für höhereLehranstalten*, Berlin: Verlag von Th. Chr. Fr. Enslin (Adolph Enslin), 1861.

[98] GRASSMANN, H.G. Ueber die Verbindung der Konsonanten mit folgenden j und die davon abhängigen Erscheinungen, *Zeitschrift für vergleichende Sprachforschung*, 11 (1862), 1–52; 81–103.

[99] GRASSMANN, H.G. *Die Ausdehnungslehre. Vollständig und in strender Form bearbeitet*, Berlin, 1862; [71], vol. II, 1–382.

[100] GRASSMANN, H.G. Ueber die Aspiraten und ihr gleichzeitiges Vorhandensein im An- und Auslaute der Wurzeln, *Zeitschrift für vergleichende Sprachforschung*, 12 (1863), 81–138.

[101] GRASSMANN, H.G. Die italischen Götternamen, *Zeitschrift für vergleichende Sprachforschung*, 16 (1867), I. Namen, die auf italischem Boden neugebildet sind, 101–119; II. Lateinische und oskische Namen, die aus der indogermanischen Urzeit stammen, 161–182; III. Die Götternamen des umbrischen Gebietes, 182–196.

[102] GRASSMANN, H.G. Feihoss, τοιχοσ, dehas, *Zeitschrift für vergleichende Sprachforschung*, 19 (1870), 309–310.

[103] GRASSMANN, H.G. *Deutsche Pflanzennamen*, Stettin, 1870.

[104] GRASSMANN, H.G. Zur Theorie der Kurven dritter Ordnung, *Göttinger Nachrichten*, 26 (18 nov. 1872), 505-509; [71], vol. II, 1, 247-249.

[105] GRASSMANN, H.G. Über zusammengehörige Pole und ihre Darstellung durch Produkte, *Göttinger Nachrichten*, 28 (25 dez. 1872), 567-576; [71], vol. II, 1, 250-255.

[106] GRASSMANN, H.G. *Wörterbuch zum Rig-Veda*, Leipzig, 1873.

[107] GRASSMANN, H.G. Die neuere Algebra und Ausdehnungslehre, *Mathematischen Annalen*, 7 (1874), 538-548; [71], vol. II, 1, 258-267.

[108] GRASSMANN, H.G. *Rig-Veda, Übersetzt und mit kritischen und erläuternden Anmerkungen*, Leipzig: F. A. Brockhaus, 2 vol's., 1876-7.

[109] GRASSMANN, H.G. Zur Elektrodynamik, *Journal für die reine und angewandte Mathematik*, 83 (1877), 57-64; [71], vol. II, 2, 203-210.

[110] GRASSMANN, H.G. Die Mechanik nach den Prinzipien der Ausdehnungslehre, *Mathematischen Annalen*, 12 (1877), 222-240; [71], vol. II, 2, 46-72.

[111] GRASSMANN, H.G. Der Ort der amiltonschen Quaternionen in der Ausdehnungslehre, *Mathematischen Annalen*, 12, 375-386; [71], vol. II, 1, 268-282.

[112] GRASSMANN, H.G. Bemerkungen zur theorie der Farbenempfindungen, en annexe aux *Elementen der reinen Empfindungslehre* de W. Preyer, Jena: Dufft, 1877.

[113] GRASSMANN, H.G. Über die physikalische Natur der Sprachlaute, *Wiedemanns Ann.*, 1 (1877), 606-629.

[114] GRASSMANN, H.G. Ursprung der Präpositionen im Indogermanischen, *Zeitschrift für vergleichende Sprachforschung*, 23 (1877), 559-579.

[115] GRASSMANN, H.G. Verwendung der Ausdehnungslehre für die allgemeine Theorie der Polaren und den Zussammenhang algebraischer Gebilde, *Journal für die reine und angewandte Mathematik*, 84 (1878), 273-283; [71], vol. II, 1, 283-294.

[116] GRASSMANN, H.G., GRASSMANN, R. *Leitfaden für den ersten Unterricht in der deutschen Sprache*, Stettin, 1843; 2ª ed. 1848.

[117] GRASSMANN, H.G., GRASSMANN. R. *Leitfaden der deutschen Sprache, mit zahlenreichen Übungen versehen*, Stettin, 1852.

[118] GRASSMANN, H.G., LANGBEIN, W. *Deutsches Lesebuch für Schüler von 8-12 Jahren*, Berlin: L. Oehmigke, 1846.

[119] GRASSMANN, J.G. *Raumlehre fuer Volksschulen, Ebene raeumliche Verbindungslehre*, Berlin, 1817.

[120] GRASSMANN, J.G. *Raumlehre fuer die untern Klassen der Gymnasien, und fuer Volksschulen, Ebene raeumliche Groessenlehre*, Berlin, 1824.

[121] GRASSMANN, J.G. *Über den Begriff und Umfang des reinen Zahlenlehre, Programmschrift*, Stettin, 1827.

[122] GRASSMANN, J.G. *Zur physischen Krystallonomie und geometrischen Combinationslehre*, Stettin: bei Friedr. Heinr. Morin, 1829.

[123] GRASSMANN, J.G. *Lehrbuch der ebenen und sphärischen Trigonometrie*, Berlin, 1835.

[124] GRASSMANN, J.G. Combinatorische Entwicklung der Krystallgestalten, *Annalen der Physik und Chemie*, 30 (1836), 1-43.

[125] GRASSMANN, R. *Die Formenlehre oder Mathematik*, Stettin, 1872; reed. Hildesheim: Georg Olms.

[126] GRAVES, R.P. *Life of Sir William Rowan Hamilton*, 3 vol's., Dublin, 1882-1889; *Addendum to the life Sir W. R. Hamilton*, Dublin, 1891.

[127] HAMILTON, W.R. On Symbolical Geometry, *Cambridge and Dublin Mathematical Journal*, 1849, 1846-1849.

[128] HAMILTON, W.R. *Lectures on Quaternions*, Dublin, 1853.

[129] HAMILTON, W.R. *Elements of Quaternions*, Dublin, 1866.

[130] HANKEL, H. *Theorie der complexen Zahlensysteme, insbesondere der gemeinen imaginären Zahlen und der Hamilton'schen Quaternionen nebst ihrer geometrischen Darstellung*, Leipzig: Leopold Voss, 1867.

[131] HANKEL, H. *Vorlesungen über die complexen Zahlen und ihre Functionen*, Leipzig, 1867.

[132] HANKEL, H. *Esquisse historique sur la marche du développement de la nouvelle géométrie*, (Tradução francesa de M. Dervuff), Paris: Gauthier-Villars, 1855.

[133] HEATH, A.E. Hermann Grassmann. The Neglect of His Work. The Geometric Analysis and Its Connection with Leibniz 'Characteristic', *The Monist*, 27 (1917), 1-56.

[134] HESTENES, D. Grassmann's Vision. In [194], 243-254.

[135] HEUSER, M.-L. Geometrical Product — Exponentiation-Evolution. Justus Günther Grassmann and Dynamist *Naturphilosophie*. In [194], 47-58.

[136] HINDENBURG, F. *Novi systematis permutationum combinationum ac variationum primae lineae et logisticae serierum formulis*

analytico-combinatoriis per tabulas exhibendae conspectus et specimina, Leipzig, 1781.

[137] HOÜEL, J.T. *Théorie élémentaire des quantités complexes*, Paris, 1874.

[138] HUYGENS, Ch. *Christian Hugenii aliorumque seculi XVII virorum celebrium exercitationes mathematicae et philosophicae*, Uylenbroek, 2 vol's., Hagae comitum 1833.

[139] HÜLTENSCHMIDT, E. Hermann Grassmann's Contribution to the Construction of a German "Kulturation". Scientific School Grammar between Latin Tradition and French Conceptions. In [194], 87–113.

[140] VON HUMBOLDT, W. *Gesammelte Schriften. Ausgabe der Preußischen Akademie der Wissenschaften. Werke*, 17 vol's., 1903–1936, Berlin, 1936.

[141] ISRAËL, G. 'Rigor' and 'Axiomatics' in Modern Mathematics, *Fundamenta Scientia*, 2 (1981), 205–219.

[142] JAHNKE, H.N. La science extensive de Grassmann (*Ausdehnungslehre*), trad. fr. de J. Rose, *l'enseignement mathématique*, (1909), 417–429.

[143] JAHNKE, H.N. Motive und Probleme der Arithmetisierung der Mathematik in der ersten Hälfte des 19. Jahrhunderts — Cauchys Analysis in der Sicht des Mathematikers Martin Ohm, *Archive for History of Exact Sciences*, 37 (1987), 101–182.

[144] JOHNSON, D. The Problem of the Invariance of Dimension in the Growth of Modern Topology. I, *Archive for History of Exact Sciences*, 20, 2, (1979) 97-188.

[145] KANNENBERG, L.C. *Hermann Grassmann. A New Branch of Mathematics; The* Ausdehnungslehre *of 1844, and Other Works*, Chicago and La Salle: Open Court, 1995.

[146] KANNENBERG, L.C. *Extension Theory. Hermann Grassmann* (Translated by Lloyd C. Kannenberg), *History of mathematics Sources*, 19, American Mathematical Society, London Mathematical Society, 2000.

[147] KLEIN, F. *Vorlesungen über nicht-euklidische Geometrie*, Berlin: Springer, 1928.

[148] KOPPELMAN, E. Calculus of Operations and Abstract Algebra, *Archive for History of Exact Sciences*, 8 (1972) (Em particular, § 5, The Idea of Abstract Algebra in Great Britain).

[149] KRAFT, F. *Abriss des geometrischen Calculs nach H. G. Grassmann*, Leipzig, 1893.

[150] LANIER, D., LE GOFF, J.-P. L'héritage arguésien, *Les Cahiers de la Perspective, points de vue*, (1991) 43–116.

[151] LEWIS, A.C. Grassmann's 1844 Ausdehnungslehre and Schleiermacher's Dialektik, *Annals of Science*, 34 (1977), 103–162.

[152] LEWIS, A.C. Justus Grassmann's school programms as mathematical antecedents of Hermann Grassmann's 1844, in *Ausdehnungslehre, Epistemological and Social Problems of the Sciences in the early 19th Century*, Jahnke, N. and Otte, M. (eds.), Dordrecht – Boston – London: Kluwer, (1981) 255–267.

[153] LEWIS, A.C. Graßmann's *n*-dimensional Vector Concept. In [61], 139–148.

[154] LIE, S. Theorie des Pfaffschen Problems, *Arch. for Math. og Nat.*, II (1877), 338–379.

[155] LOTZE, A. *Die Grundgleichungen der Mechanik, neu entwickelt mit Grassmanns Punktrechnung*, Leipzig, 1922.

[156] LOTZE, A. *Punkt- und Vektorenrechnung*, Berlin-Leipzig, 1929.

[157] MEHMKE, B. *Anwendung der Grassmann'schen Ausdehnungslehre auf die Geometrie der Kreise in der Ebene*, Stuttgart, 1880.

[158] MEHMKE, B. *Vorlesungen über Punkt- und Vektorenrechnung*, I. Leipzig-Berlin, 1913.

[159] MÖBIUS, A.F. *Gesammelte Werke*, 4 vol's., Leipzig, 1885-1887.

[160] MÖBIUS, A.F. *Der Barycentrische Calcul*, Leipzig: Verlag von Johann Ambrosius Barth, 1827; reed. Hildesheim-New York: Georg Olms, 1976.

[161] MÖBIUS, A.F. Die Grassmann'sche Lehre von Punktgrößen und den davon abhängigen Größenformen. In [71], vol. I, 2, 613-633.

[162] MONGE, G. *Géométrie descriptive. Leçons données aux écoles normales, an III de la République*, Paris: Baudouin, Imprimeur du Corps législatif et de l'Institut national, 1799.

[163] MOUREY, C.V. *La vraie théorie des quantités négatives et des quantités pré-tendues imaginaires dédiée aux amis de l'évidence*, 1828; 2ª ed., Paris: Bachelier, 1861.

[164] MÜLLER, F. *Mathematisches Vokabularium. Französisch-Deutsch und Deutsch-Französisch*, Leipzig: Verlag von B. G. Teubner et Paris: Gauthier-Villars, 1900; 2ª ed. 1901.

[165] NOVY, L. L'Ecole algébrique anglaise, *Revue de synthèse*, 3e série, 49-52 (janv-déc. 1968), 211-221.

[166] NOVY, L. *Origins of Modern Algebra*, Leyden: Noordhoff International Publishing, 1973.

[167] OHM, M. *Versuch eines vollkommen consequenten Systems der Mathematik, 1: Arithmetik und Algebra enthaltend, 2: Algebra und Analysis des Endlichen enthaltend*, Berlin: Reimer, 1822; Berlin: Jonas: (1822) 1828-1829.

[168] OTTE, M. The Ideas of Hermann Grassmann in the Context of the Mathematical and Philosophical Tradition since Leibniz, *Historia Mathematica*, 16 (1989), 1–35.

[169] PEACOCK, G. Report on the Recent Progress and Present State of Certain Branches of Analysis, *Report on the Third Meeting of the British Association for the Advancement of Science* (1833), 185–352.

[170] PEACOCK, G. *A Treatise on Algebra, vol. I: Arithmetical Algebra*, Cambridge, 1842; reimp. New York, 1940.

[171] PEACOCK, G. *A Treatise on Algebra, vol. II: On symbolical Algebra and its applications to the geometry of Position*, Cambridge, 1845; reimp. New York, 1940.

[172] PEACOCK, G. *Calcolo geometrico secondo l'Ausdehnungslehre di Grassmann, preceduto dalle operazioni della logica deduttiva*, Torino, 1888.

[173] PEACOCK, G. Gli elementi di calcolo geometrico, *Opere Scelte*, vol. III, opuscolo 30 (1891), 41–69.

[174] PEACOCK, G. Elenco bibliografico sull 'Ausdehnungslehre' di H. Grassmann, *Rivista di matematica*, 5 (1895), 179–182.

[175] PEANO, G. Saggio di calcolo geometrico, *Opere Scelte*, vol. III (1896), opuscolo 90, 167–186.

[176] PEANO, G. *Œuvres*, 11 vol's., Paris: Gauthier-Villars, 1916–1956.

[177] PONT, J.-C. Le nombre et son statut vers le milieu du XIXe siècle à la lumière de quelques traités, *Actes du Colloque de Peyresq, 7–10 septembre 1999*, Carlos Alvarez, Jean Dhombres, Jean-Claude Pont (eds.), 2002.

[178] PREYER, W. *Elementen der reinen Empfindungslehre*, Jena: Dufft, 1877.

[179] RADU, M. *The Concept of Construction in Justus Grassmann's Mathematical Writings: Between Kant and Schelling*, Occasional Paper 172, Bielefeld: Institut für Didaktik der Mathematik, 1998.

[180] RADU, M. Justus Grassmann's Contributions to the Foundations of Mathematics: Mathematical and Philosophical Aspects, *Historia Mathematica*, 27 (2000), 4–35.

[181] RADU, M. *Nineteenth Century Contributions to the Axiomatization of Arithmetic — A Historical Reconstruction and Comparison of the Mathematical and Philosophical Ideas of Justus Graßmann, Hermann and Robert Graßmann, and Otto Hölder*, Dissertation, Bielefeld, 2000.

[182] ROTA, G.-C., BARNABEI, M., BRINI, A. On the Exterior Calculus of Invariant Theory, *Journal of Algebra*, 96, 1 (1895), 120–160.

[183] ROWE, D. On the Reception of Grassmann's Work in Germany during the 1870's. In [194] 131–145.

[184] SAINT VENANT, B. Mémoire sur les sommes et les différences géométriques et sur leur usage pour simplifier la mécanique, *Comptes Rendus de l'Académie des Sciences*, XXI (1845), 620–625..

[185] SARTON, G. Grassmann–1844, *Isis*, 35 (1944), 326–330.

[186] SCHLEIERMACHER, F.D.E. *Dialectique*, présentation, traduction de l'allemand et notes par Christian Berner et Denis Thouard avec la collaboration scientifique de Jean-Marc Tétaz, Paris: Les Editions du Cerf, 1997.

[187] SCHLEGEL, V. *System der Raumlehre. Nach den Prinzipien der Graßmannschen Ausdehnungslehre*, 2 vol's., Leipzig: Teubner, 1872–75.

[188] SCHLEGEL, V. *Hermann Grassmann, sein Leben und seine Werke*, Leipzig, 1878.

[189] SCHLEGEL, V. *Die Graßmannsche Ausdehnungslehre. Ein Beitrag zur Geschichte der Mathematik in den letzen 50 Jahren*, Leipzig, 1896.

[190] SCHOLZ, E. Schelling und die dynamische Kristallographie, *Selbstorganisation. Jahrbuch für Komplexität in der Natur- Sozial- und Geisteswissenschaften*, 5 (1994), 219-230.

[191] SCHOLZ, E. The influence of Justus Grassmann's crystallographic works on Hermann Grassmann. In [194], 37-45.

[192] SCHRÖDER, E. *Lehrbuch der Arithmetik und Algebra*, Leipzig: Teubner, 1873.

[193] SCHRÖDER, E. *Die Algebra der Logik*, 3 vol's., New York: Chelsea, 1966.

[194] SCHUBRING, G. *Hermann Günther Grassmann (1809-1877): Visionary Mathematician, Scientist and Neohumanist Scholar*, Dordrecht – Boston – London: Kluwer, 1996.

[195] SCHUBRING, G. The cooperation between Hermann and Robert Grassmann on the foundations of mathematics. In [194], 59-70.

[196] STURM, R., SCHRÖDER, E., SOHNCKE, I. H. Grassmann. Sein Leben und seine mathematisch-physikalischen Arbeiten, *Mathematische Annalen*, 14 (1879), 1-45.

[197] TATON, R. *l'Œuvre de G. Desargues*, Paris: J. Vrin, 1988.

[198] TORRETTI, R. *Philosophy of Geometry from Riemann to Poincaré*, Dordrecht: D. Reidel, 1984.

[199] VAN DER WAERDEN, B. L. *Modern Algebra*, 2 vol's., Berlin: Springer, 1930-31.

[200] WARREN, J. *Treatise on the geometrical interpretation of the square roots of negative quantities*, Cambridge, 1828.

[201] WESSEL, C. *Om Direktionens analytiske betegning, et forsög anvendt formemmelig til plane og sphaeriske polygoners oplösning. Nye Samling af det Kongelige Danske Videnskabernes Selskabs Skrifter, Femte Del Kjobenhavn*, 1799; trad. fr. de Zeuthen, *Essai sur la représentation analytique de la direction*, préfaces de H. Valentiner et T. N. Thiele, Copenhagen, 1897.

[202] WHITEHEAD, A.N. *A Treatise on Universal Algebra with Applications*, Cambridge: Cambridge Univ. Press, 1897; reed. New York: Hafner, 1960.

[203] WILSON, E.B. *Vector Analysis Founded Upon the Lectures of J. Willard Gibbs*, New York, 1901.

[204] ZADDACH, A. *Grassmanns algebra in der Geometrie, mit Seitenblicken auf verwandte Strukturen*, Mannheim-Leipzig-Wien-Zürich: BI Wissenschaftsverlag, 1994.

[205] ZIWET, A. A Brief Account of H. Grassmann's Geometrical Theories, *Annals of Mathematics*, II, 1 (1885), 1–11.

[206] ZIWET, A. A Brief Account of H. Grassmann's Geometrical Theories, *Annals of Mathematics*, II, 2 (1886), 25–34.

Sumário

Introdução   ix

A CIÊNCIA DA MAGNITUDE EXTENSIVA OU A AUSDEHNUNGS-LEHRE   I

Prefácio   I

Introdução   XIII
     A.   Dedução do Conceito da Matemática Pura XIII
     B.   Dedução do Conceito da Ausdehnungslehre XV
     C.   Exposição do Conceito da Ausdehnungslehre XX
     D.   Forma de Apresentação XXIII

Esboço da Teoria Geral das Formas   1
     § 1.   *Conceito de igualdade.* 1
     § 2.   *Conceito de ligação.* 2
     § 3.   *Concordância dos termos.* 3
     § 4.   *Permutabilidade dos termos, conceito de ligação simples.* . 4
     § 5.   *Ligações sintética e analítica.* 5
     § 6.   *Unicidade da análise, adição e subtração.* 7
     § 7.   *Formas indiferente e analítica.* 9
     § 8.   *Adição e subtração de formas de mesma espécie.* 9

§ 9.	Ligações de escalões diferentes, multiplicação.	11
§ 10.	Leis gerais da multiplicação.	12
§ 11.	Leis da divisão.	13
§ 12.	Conceito real de multiplicação.	14

SEÇÃO PRIMEIRA. MAGNITUDE DE EXTENSÃO 19

Capítulo Primeiro — *Adição e Subtração de Extensões Simples de Primeiro Escalão ou de Segmentos* 19

A. *Desenvolvimento teórico* 19

§ 13-14.	Estrutura extensiva, deslocamento e o sistema de primeira escalão.	19
§ 15.	Adição e subtração de deslocamentos de mesma espécie. .	23
§ 16.	Sistemas de escalão superior.	25
§ 17-19.	Adição e subtração de deslocamentos de espécies diferentes.	26
§ 20.	Independência dos sistemas de escalão superior.	36

B. *Aplicações* 39

§ 21-23.	Insustentabilidade dos anteriores fundamentos da geometria e a tentativa de estabelecer uma nova fundamentação.	39
§ 24.	Exercícios e teoremas geométricos, o centro de vários pontos.	46
§ 25.	Leis fundamentais da mecânica de Newton.	50
§ 26.	Movimento total, movimento do centro de gravidade. . .	53
§ 27.	Observações acerca da aplicabilidade da nova análise. . .	55

Capítulo Segundo — *Multiplicação Exterior de Segmentos* 57

§ 28-30.	Geração do desenvolvimento em geometria, consideração preparatória.	57

A. *Desenvolvimento teórico* 61

§ 31.	Geração de extensões de escalões superiores.	61
§ 32.	Extensões de escalões superiores como produtos.	62
§ 33, 34.	Lei fundamental da multiplicação exterior.	65

	§ 35, 36.	Leis principais da multiplicação exterior.	68
B.	*Aplicações*		73
	§ 37–40.	Lei da mudança de sinal em permutando os fatores espaciais.	73
	§ 41.	Momento estático.	80
	§ 42, 43.	Teoremas sobre o momento total, equilíbrio de corpos sólidos.	81
	§ 44.	Lei da permutação confirmada pela estática.	83
	§ 45, 46.	Solução das equações algébricas de primeira grau com várias incógnitas.	84

Capítulo Terceiro — *Ligação de Magnitudes de Extensão de Escalões Mais Elevados*   89

A.	*Desenvolvimento teórico*		89
	§ 47, 48.	Soma de extensões em um domínio de escalão imediatamente superior.	89
	§ 49, 50.	Validade das leis de adição para esta nova soma.	92
	§ 51.	Soma formal ou magnitude de soma.	97
	§ 52, 53.	Multiplicação das magnitudes de extensão.	98
	§ 54, 55.	Leis principais da multiplicação exterior.	101
B.	*Aplicações*		104
	§ 56.	Geração do desenvolvimento no espaço.	104
	§ 57.	Conceito geral de momento total.	105
	§ 58.	Dependência dos momentos.	107

Capítulo Quarto — *Divisão Exterior, Magnitude de Número*   111

A.	*Desenvolvimento teórico*		111
	§ 60.	Conceito de divisão exterior.	111
	§ 61, 62.	Realidade e ambiguidade do quociente.	112
	§ 63, 64.	Expressão para o quociente único.	115
	§ 65, 66.	Conceito do quociente de duas magnitudes de mesma espécie.	121
	§ 67.	Proporção.	125

	§ 68.	Magnitude de número, produto desta por uma magnitude de extensão.	126
	§ 69, 70.	Produto de várias magnitudes de número.	128
	§ 71.	Validade de todas as leis da multiplicação e da divisão aritmética para magnitudes de número.	131
	§ 72.	Adição de magnitudes de número.	132
	§ 73.	Relação desta adição com a multiplicação. Lei geral.	135
B.	*Aplicações*		136
	§ 74.	Magnitude de número em geometria.	136
	§ 75–79.	Representação puramente geométrica de proporções em geometria.	137

Capítulo Quinto — *Equações, Projeções*   143

	A.	*Desenvolvimento teórico*	143
	§ 80.	Dedução de novas equações via multiplicação a partir de uma dada.	143
	§ 81.	Restituição da equação original.	144
	§ 82.	Projeção ou degradação, degradação de uma soma.	145
	§ 83.	Degradação, quando se anula e quando se torna impossível.	147
	§ 84.	Degradação do produto e do quociente, lei geral.	148
	§ 85.	Expressão analítica da degradação.	150
	§ 86.	Dedução de uma associação de equações que substitui a equação original.	151
	§ 87.	Sistemas de direções (sistemas de coordenadas), domínio de direção, medida de direção, medida principal.	154
	§ 88.	Partes de direção, índice.	155
	§ 89.	Equações entre os partes de direção e entre os índices.	155
	§ 90.	Degradação de uma equação no sentido de um sistema de direção. Expressão do índice.	156
B.	*Aplicações*		157
	§ 91.	Degradação em geometria.	157
	§ 92.	Mudança de coordenadas.	158

§ 93.   Eliminação de uma incógnita das equações de graus
        mais elevados. 160

SEÇÃO SEGUNDA. MAGNITUDE ELEMENTAR   165

Capítulo Primeiro — *Adição e Subtração de Magnitudes Elementares de Primeiro Escalão*   165

A. *Desenvolvimento teórico* 165

§ 94.   Lei sobre a soma dos segmentos que são tirados de um
        elemento variável com uma série de elementos fixos. . . . 165
§ 95.   Desvio de um elemento, de uma associação elementar, peso. 168
§ 96.   Conceito de magnitudes elementares e de sua soma. . . . 169
§ 97.   Multiplicação dessas magnitudes. 171
§ 98.   Magnitude elementar como elemento múltiplo. 172
§ 99.   A magnitude elementar de peso nulo é um segmento. . . 173
§ 100. Soma de um segmento e de um elemento simples ou múltiplo. 175

B. *Aplicações* 176

§ 101. Centro de uma associação de pontos. 176
§ 102. O centro como eixo. 178
§ 103. Centro de gravidade, eixo de equilíbrio. 179
§ 104. Magnetismo, eixo magnético. 181
§ 105. Aplicação ao cálculo diferencial. 183

Capítulo Segundo — *Multiplicação Exterior, Divisão e Degradação de Magnitudes Elementares*   185

A. *Desenvolvimento teórico* 185

§ 106. Em que medida o segmento pode ser entendido como
        produto. 185
§ 107. Sistemas elementares. 186
§ 108. Produto exterior de magnitudes elementares determinado
        formalmente. 188

	§ 109.	Realização deste produto, afastamento, magnitude elementar rígida.	189
	§ 110.	Formação de ângulo.	191
	§ 111.	Comparação da formação de ângulo com este produto, extensão da magnitude elementar.	195
	§ 112.	As magnitudes elementares iguais têm o mesmo afastamento.	199
	§ 113.	Soma de magnitudes elementares.	203
B.	*Aplicações*		204
	§ 114.	Magnitudes elementares no espaço, magnitudes de linha, magnitudes de plano.	204
	§ 115.	Produtos e somas destas magnitudes.	205
	§ 116, 117.	Sistemas de direção para as magnitudes elementares. . .	208
	§ 118.	Mudança de coordenadas.	211
	§ 119.	Equação do plano.	213
	§ 120.	O momento estático como desvio.	215
	§ 121.	Novo caminho para o tratamento da estática.	217
	§ 122.	Lei geral para o equilíbrio.	220
	§ 123.	Relação geral entre os momentos estáticos.	223
	§ 124.	Quando uma associação de forças age identicamente a uma força particular.	225

Capítulo Terceiro — *Produto Regressivo* 227
A. Desenvolvimento teórico 227

	§ 125.	Explicação formal do produto regressivo; grau da dependência e da multiplicação.	227
	§ 126.	Relação entre o sistema comum e o sistema mais próximo de recobrimento.	229
	§ 127.	Introdução do sistema de relação.	231
	§ 128.	Assim é dado a uniformidade da multiplicação exterior e a multiplicação regressiva.	233
	§ 129.	O produto regressivo sob a forma subordinada.	234
	§ 130–132.	Significado real do produto regressivo; o valor característico específico deste em relação à uma medida principal. .	235

§ 133.	Introdução dos números completantes.	242
§ 134.	Multiplicação de produtos que se apresentam sob a forma subordenada.	245
§ 135.	Todo produto real se reduz à uma forma subordenada. . .	246
§ 136.	Multiplicação de magnitudes comparáveis entre si. . . .	249
§ 137.	Valor característico de um produto regressivo de vários fatores; produto puro e produto misto.	251
§ 138.	Lei para os números completantes de produtos puros. . .	253
§ 139.	Os fatores de um produto puro se agrupam de uma maneira qualquer.	256
§ 140.	Relação com à adição e à subtração.	260
§ 141.	Divisão em relação a um sistema; grau da magnitude de relação.	262
§ 142.	Analogia completa entre multiplicação exterior e multiplicação regressiva.	266
§ 143.	Sistema duplo e produto relacionado a este.	271

B. *Aplicações* 274

§ 144.	Produto regressivo em geometria.	274
§ 145.	Teorema geral sobre as curvas e superfícies algébricas. . .	276
§ 146–148.	Teorema geral sobre as curvas planas e sua aplicação às seções cônicas.	278

Capítulo Quarto — *Parentesco*   283

§ 149–151.	Conceito geral de degradação (exterior e regressiva) e de projeção.	283
§ 152.	Degradação da soma.	287
§ 153.	Degradação do produto.	289
§ 154.	Afinidade. Formação das associações afins.	294
§ 155, 156.	Correspondência de produtos de magnitudes correspondentes de duas associações afins.	297
§ 157.	Afinidade direta e recíproca, teorema geral.	300
§ 158.	Relação entre degradação e afinidade.	301
§ 159.	Afinidade em geometria.	303

§ 160. Parentesco linear, colineação e reciprocidade segundo o princípio dos mesmos índices. 304

§ 161, 162. Colineação segundo o princípio dos mesmos índices e segundo o princípio da mesma construção. Identidade dos dois conceitos. 306

§ 163. Identidade e reciprocidade segundo os dois princípios. . . 308

§ 164. Identidade do conceito de afinidade segundo os dois princípios para as associações de pontos. 309

§ 165. Relações métricas de duas formações de pontos colineares. 310

§ 166. Relação entre colineação e projeção. (Perspectividade). . . 312

§ 167. Equações harmônicas, construção do centro harmônico. Soma harmônica, coeficientes harmônicos, sistema de polos. 313

§ 168. Transformação de equações harmônicas puras. 316

§ 169. Transformação do sistema de polos de uma equação harmônica. 318

§ 170. Transformações de equações harmônicas onde o sistema de polos permanece inalterado. Teorema geral sobre o centro harmônico. 321

§ 171. Aplicação às configurações cristalinas. 323

Observação sobre os produtos abertos. 328

Tabela de Figuras   **343**

Conteúdo   **347**

Glossário Alemão-Português   **377**

Glossário Português-Alemão   **402**

Die Wissenschaft

der

extensiven Grösse

oder

die Ausdehnungslehre,

eine neue mathematische Disciplin

dargestellt und durch Anwendungen erläutert

von

Hermann Grassmann
Lehrer an der Friedrich-Wilhelms-Schule zu Stettin.

Erster Theil,
die **lineale Ausdehnungslehre** enthaltend.

Leipzig, 1844.
Verlag von Otto Wigand.

Prefácio

Se considerarmos a obra, da qual entrego aqui a primeira parte ao público, como a elaboração de uma nova disciplina matemática, a afirmação só pode ser justificada pela obra em si mesma. Evitando por consequência qualquer outra justificativa, precisarei de imediato o caminho que me levou passo a passo aos resultados aqui apresentados, a fim de mostrar ao mesmo tempo a extensão desta nova disciplina na medida onde isto é aqui oportuno.

A consideração do negativo em geometria me deu o primeiro impulso; eu me habituei a ver nos segmentos AB e BA magnitudes opostas; donde resultava que, se A, B, C são pontos de uma linha reta, $AB + BC = AC$ é sempre verdadeiro, tanto quando AB e BC são dirigidos similarmente, ou quando eles são opostos, isto é, quando C está localizado entre A e B. Neste último caso AB e BC não foram vistos somente como meros comprimentos, mas foi fixada ao mesmo tempo a direção por meio da qual justamente eles eram opostos. Se impunha assim a distinção entre a soma dos comprimentos e a soma de tais segmentos onde era fixada, ao mesmo tempo, a direção. Donde resultava a exigência de fixar este último conceito de soma não apenas no caso em que os segmentos estão direcionados no mesmo sentido ou em sentido oposto, mas também para todos os outros casos. Isso poderia ser feito da forma mais simples, mantendo ainda a lei $AB + B = AC$ mesmo quando A, B, C não estão sobre uma linha reta. — Assim foi dado o primeiro passo na direção de uma análise que na sequência conduziu ao novo ramo da matemática apresentado aqui. Mas não tinha ideia alguma da riqueza e da fecundidade do domínio que alcançara; ao contrário, este resultado não me pareceu muito notável até o momento em que o combinei com uma ideia conexa. Seguindo o conceito de produto em geometria, tal como concebido por meu pai*), descobri que não apenas o retângulo mas também o paralelogramo é considerado como o produto de dois lados contíguos, quando tomados, com efeito, também lá, não o produto das magnitudes, mas aquele dos dois segmentos tendo em conta suas direções. Quando combinei então este conceito de produto com aquele da soma exposta acima, obtive a mais notável harmonia; a saber, ao invés de multiplicar a soma de dois segmentos, no sentido explicado há pouco, por um terceiro localizado no mesmo plano, multipliquei os termos tomados separadamente pelo mesmo segmento, e quando fiz a adição dos produtos observando devidamente seu valor positivo ou negativo, revelou-se que em ambos os casos o mesmo resultado emergia e deveria emergir todas as vezes. Essa harmonia me fez então pressentir em todo caso que se abrira assim um domínio totalmente novo da análise, que poderia conduzir à resultados importantes. No entanto, esta ideia ficou adormecida por um longo período, pois meu ofício me conduziu a outros campos de atividade; no começo, entretanto, eu estava igualmente impactado pelo estranho resultado que, a saber, para esta nova espécie de produto, todas as outras leis da multiplicação usual e notadamente sua relação com a adição permaneceram todas válidas, mas que poder-se-ia trocar os fatores somente quando se invertesse ao mesmo tempo os sinais (+ em –, e vice-versa). Um trabalho sobre a teoria das marés que empreendi mais tarde me conduziu à *Mécanique analytique* de La Grange e por lá novamente à essas ideias da análise. Graças aos princípios desta nova análise, os desenvolvimentos desta obra se transformaram de uma forma

---

*) Veja: J. G. Grassmann, *Raumlehre*, Parte II, pág. 194, e sua *Trigonometrie*, pág. 10.

tão simples que, frequentemente, o cálculo era dez vezes mais curto do que fora naquela obra. Isso me encorajou a aplicar a nova análise à difícil teoria das marés; foi necessário para isso desenvolver na análise muitos novos conceitos e dar-lhes forma; o conceito de rotação me conduziu particularmente à magnitude exponencial geométrica, à análise do ângulo e das funções trigonométricas, etc.*) E tive a alegria de ver não apenas como graças à análise assim concebida e ampliada, as fórmulas muitas vezes muito complicadas e assimétricas, que são a base dessa teoria**), foram transformadas em fórmulas bastante simples e simétricas, mas também como a forma de desenvolvê-las se harmonizava com o conceito. Com efeito, não somente todas as fórmulas que apareceram no curso do desenvolvimento podiam ser mais facilmente expressas em palavras e era então, a cada vez, a expressão de uma lei específica; mas também qualquer passagem de uma fórmula à outra surgiu num primeiro olhar e simplesmente como a expressão simbólica de um raciocínio conceitual conduzido paralelamente. Com o método usual, a ideia era completamente obscurecida pela introdução de coordenadas arbitrárias que nada tinham a ver com o assunto, e o cálculo consistia em um desenvolvimento mecânico de fórmulas que nada traziam ao espírito e, por consequência, o sepultavam. Aqui, no entanto, onde a ideia não era perturbada por qualquer coisa estranha, transparecia em toda sua clareza através das fórmulas, o espírito era captado, mesmo depois de cada desenvolvimento de fórmulas pelo desenvolvimento progressivo da ideia. — Agora, por este sucesso pareceu-me justificado a esperança de ter encontrado nesta nova análise, o único método natural, segundo o qual deveria progredir toda aplicação da matemática à natureza e segundo o qual era igualmente necessário tratar a geometria, se ele devesse conduzir

---

*) Para maiores detalhe cf. *infra*.
' **) Veja La Place, *Mécanique céleste*, livro IV.

a resultados gerais e frutíferos.*) Fui assim conduzido à decisão de dedicar minha vida à demonstração, à expansão e à aplicação desta análise. Dedicando então meu tempo livre exclusivamente a este assunto, preenchi gradualmente as lacunas que tinha deixado o trabalho episódico do passado. Desta forma e com as modificações, como descrevi na própria obra, resulta em particular que se poderia interpretar como soma de vários pontos o seu centro de gravidade, como produto de dois pontos o segmento que os conecta, como o produto de três pontos o espaço plano que se estende entre eles e como produto de quatro pontos o volume (a pirâmide) situado entre eles. A interpretação do centro de gravidade como soma me levou a comparar o cálculo baricêntrico de Möbius, uma obra da qual só conhecia o título; e para minha grande alegria, encontrei o mesmo conceito de soma de pontos para o qual o curso do desenvolvimento tinha me levado, e assim fui conduzido ao primeiro, mas também, como mostrou a continuação, ao único ponto de contato que oferecia a nova análise com os outros conhecimentos. Mas dado que o conceito do produto de pontos não aparece em absoluto nesta obra, e dado que o desenvolvimento da nova análise só começa com este conceito, que se combina com aquele da soma, não poderia esperar nada que pudesse me ajudar na minha tarefa. Enquanto me punha então à retrabalhar os resultados assim obtidos na sua ordem de ideias, desde o começo me proponho não apelar a nenhum teorema demonstrado em qualquer ramo da matemática, parecia que a análise que eu havia descoberto não estava apenas situada, como me parecia a princípio, no domínio da geometria; mas logo percebi que havia alcançado o terreno de uma nova ciência, da qual a própria geometria é apenas uma aplicação particular. Na verdade, depois de muito tempo, compreendi que não poderíamos considerar a geometria, nem a aritmética ou a teoria das combinações, como um ramo da matemática, mas antes a geometria faz referência a

---

*) De fato, logo se tornará evidente como, graças à essa análise, a diferença entre os tratamentos analítico e sintético da geometria fez por desaparecer completamente.

algo que já é dado na natureza (a saber, o espaço) e que deveria haver em consequência um ramo da matemática que extraia de si de maneira puramente abstrata leis similares como aquelas que, em geometria, parecem conectadas ao espaço. A possibilidade de desenvolver um tal ramo puramente abstrato da Matemática foi dada pela nova análise; melhor, esta análise, quando desenvolvida independentemente de quaisquer teoremas demonstrados em outros lugares e puramente na abstração, foi a ciência em si. A vantagem essencial obtida por essa interpretação era, pela forma, que todos os princípios que expressavam visões do espaço desapareceram completamente e que, assim, o começo se tornou tão evidente quanto o da aritmética; no entanto, em relação ao conteúdo, a vantagem é que a limitação a três dimensões tornou-se obsoleta. Desta forma, somente as leis foram trazidas à luz na sua evidência e na sua universalidade e se apresentaram em seu contexto essencial, e certas regularidades, que em três dimensões não existiam ainda, seja não existindo senão de forma oculta, se desdobrava então em toda sua clareza com esta generalização. — Ademais, encontrar-se-á em seguida que, como as definições adequadas, tais como encontram-se na obra, o ponto de interseção de duas linhas, a linha de interseção de dois planos e o ponto de interseção de três planos podem*) ser considerados como os produtos destas linhas ou destes planos, de onde resulta ao mesmo tempo uma teoria das curvas**) extremamente simples e geral.

Na sequência passei então ao alargamento e à demonstração daquilo que tinha reservado eu para a segunda parte da obra, onde realmente tratei tudo aquilo que se baseia de alguma forma no conceito de rotação ou ângulo. Como esta segunda parte que concluirá o trabalho não aparecerá até mais tarde, parece-me necessário para uma visão de conjunto que eu especifique aqui os resultados indispensáveis. Para este fim, primeiro eu tenho que dar

---

*) Veja Cap. 3 da Segunda Seção.
**) Veja o mesmo capítulo.

os resultados já obtidos antes da elaboração sistemática. Acabei de mostrar como o paralelogramo pode ser interpretado como o produto de dois segmentos quando, de fato, como sempre aqui, a direção dos segmentos é fixada ao mesmo tempo; e como no entanto este produto é caracterizado pelo fato de que se pode trocar os fatores apenas com uma inversão dos sinais, enquanto o produto de dois segmentos da mesma direção é obviamente nulo. Um outro conceito se junta a este, que se refere igualmente a linhas de direção fixada. Quando em efeito projetei perpendicularmente um segmento sobre o outro, o produto aritmético dessa projeção pelo segmento, sobre o qual havíamos projetado, se apresentou igualmente como o produto desses segmentos, porquanto novamente a relação multiplicativa com a adição era válida. Mas o produto era de natureza totalmente diferente do primeiro, na medida em que seus fatores eram permutáveis sem mudança de sinais, e onde o produto de dois segmentos perpendiculares entre si aparecia como nulo. Eu chamei o primeiro de produto exterior e de produto interior o último, na medida em que aquele só tinha um valor definido para direções que se separam e este só para sua aproximação, isto é, seu entrelaçamento parcial. Esse conceito de produto interior, cuja necessidade eu havia compreendido durante meu estudo da *Mécanique analytique*, levou ao mesmo tempo ao conceito de comprimento absoluto*). — Foi assim que encontrei no meu estudo da teoria das marés, a magnitude geométrica exponencial; quando, com efeito, *a* representa um segmento (de direção fixa) e α é um ângulo fixado do plano de rotação, resulta por razões internas cuja explicação me levaria muito longe, que $a.e^{\alpha}$, onde *e* pode ser visto como a base do sistema logarítmico natural, representa o segmento que resulta de *a* por uma rotação do ângulo α; isto é, que $a.e^{\alpha}$ representa o segmento *a* rotacionado pelo ângulo α. Se além disso $\cos\alpha$, onde α expressa um ângulo no sentido geométrico, representa

---

*) Este conceito também, pressupondo o de rotação, pertence à segunda parte.

o mesmo número que $\cos \overline{\alpha}$, onde $\overline{\alpha}$ representa o arco medido por meio do raio [em radianos] e correspondendo a este ângulo: assim segue imediatamente deste conceito de magnitude exponencial que*)

$$\text{Cos } \alpha = \frac{e^{\alpha} + e^{-\alpha}}{2}.$$

Da mesma forma, quando $\text{Sen}\,\alpha$ representa a magnitude que modifica o segmento com o qual ele é multiplicado em sua direção de 90° de acordo com o sentido de rotação do ângulo α, e que muda ao mesmo tempo seu comprimento absoluto da mesma forma que sen $\overline{\alpha}$, então

$$\text{Sen } \alpha = \frac{e^{\alpha} - e^{-\alpha}}{2},$$

e de lá decorre a equação

$$\text{Cos } \alpha + \text{Sen } \alpha = e^{\alpha},$$

todas equações que revelam uma analogia marcante com expressões imaginárias conhecidas.

Até agora, esses conceitos tinham sido encontrados anteriormente. Quando me propus então a generalizar também esses conceitos, ampliei em primeiro lugar o conceito de produto interior de maneira correspondente a que havia indicado acima para o produto exterior em relação com a interseção de retas e planos; em seguida, encontrei de início o conceito de quociente de segmentos de direções diferentes e defini $\frac{a}{b}$, onde a e b representam segmentos de diferentes direções e de comprimentos iguais, como a magnitude que rotaciona cada segmento do mesmo plano do ângulo ba (calculado de b para a), de modo que, como deve ser, $\frac{a}{b}b = a$; e disto resulta imediatamente o conceito para o caso em que a e b são

---

*) Com efeito, quando AB (figura 1) é o seguimento inicial e que o mesmo segmento é trazido para a situação AC pela rotação do ângulo α e para a situação AD pela rotação do ângulo $-\alpha$ e se completarmos o paralelogramo $ACDE$, então AE é a soma dos segmentos $AC+AD$, e a metade AF desta soma é o cosseno do ângulo α.

de comprimentos desiguais. Este conceito simples tornou-se então a fonte de uma série de relações mais interessantes. Em primeiro lugar, resultava de imediato uma nova espécie de multiplicação, que correspondia a esta divisão e que se distinguia de todas as precedentes pelo fato que o produto desta nova espécie podia tornar-se 0 somente quando um dos fatores tornava-se 0, enquanto os fatores permaneciam permutáveis, em resumo, uma multiplicação que permanecia, em todas as suas leis, análoga à multiplicação aritmética usual; e o conceito desta surgiu facilmente quando multipliquei sucessivamente um segmento por quocientes diferentes desta forma, e quando em seguida compreendi o quociente, que poderia colocar no lugar desses fatores sucessivos. De acordo com a definição, quando ab designa o ângulo dos dois segmentos de igual comprimento, temos

$$e^{ab} = \frac{a}{b}$$

e, por consequência, temos também

$$\log \frac{a}{b} = ab.$$

Além disso, se o ângulo ab é a m-ésima parte de ac, então temos

$$\left(\frac{b}{a}\right)^m = \frac{c}{a},$$

enquanto que de fato, quando um segmento sofre sucessivamente m vezes a rotação $\frac{b}{a}$, sofreu então uma rotação $\frac{c}{a}$. Portanto, em particular, quando o ângulo ab é a metade de ac, temos

$$\left(\frac{b}{a}\right)^2 = \frac{c}{a}$$

logo

$$\frac{b}{a} = \sqrt{\frac{c}{a}}.$$

Se $\frac{b}{a}$ é em particular a rotação de um [ângulo] reto e logo $\frac{c}{a}$ será de 2 [ângulos] retos, então, como $c = -a$, ou $\frac{c}{a} = -1$, temos $\frac{b}{a} = \sqrt{-1}$ daí a expressão $\sqrt{-1}$ multiplicada por um segmento muda sua direção em 90º, de um lado ou de outro, contudo sempre do mesmo lado. Esta bela definição de magnitudes imaginárias se completa ainda na medida em que

$$e^{\alpha} \quad \text{e} \quad e^{(\alpha)\sqrt{-1}}$$

determinam a mesma magnitude quando α representa o ângulo, (α) por outro lado o arco correspondente dividido pelo raio; de fato obtemos que

$$\cos x = \frac{e^{x\sqrt{-1}} + e^{-x\sqrt{-1}}}{2}$$

e logo que

$$\sqrt{-1}\,\text{sen}\,x = \frac{e^{x\sqrt{-1}} - e^{-x\sqrt{-1}}}{2},$$

fórmulas que têm assim um significado puramente geométrico, $e^{x\sqrt{-1}}$ representando uma rotação de um ângulo cujo arco dividido pelo raio dá x. De lá, todas as expressões imaginárias têm um significado puramente geométrico e poderiam ser representadas por uma construção geométrica. Ao mesmo tempo, o ângulo foi determinado como o logaritmo do quociente $\frac{b}{a}$, e pela infinidade de seus valores de um mesmo lado. Da mesma maneira, resulta inversamente que se pode por meio da significação assim encontrada dos imaginários, deduzir também as leis da análise no plano; por outro lado, não é mais possível deduzir, por meio dos imaginários, as leis para o espaço. Ademais, o estudo dos ângulos no espaço encontra dificuldades, que eu ainda não tive disposição de resolver completamente.

Aqui estão praticamente os assuntos que eu reservei para a segunda e última parte, pelo menos na medida em que eu pude tratá-los até agora; com esta parte se completará o trabalho. Ainda me é impossível especificar o momento da publicação desta segunda parte, na medida em que me é impossível encontrar, a causa da diversidade das tarefas nas quais me mergulha minha posição atual, a calma indispensável a esta preparação. Mas essa primeira parte constitui em si igualmente um conjunto independente e coerente, e eu julguei mais útil publicar esta parte com suas aplicações do que publicar as duas partes juntas, mas separar as aplicações. Quando se apresenta uma nova ciência, é de fato indispensável, a fim de fazer reconhecer exatamente seu lugar e sua importância, mostrar de imediato sua aplicação e sua relação com matérias próximas. Ao mesmo tempo, este é também o propósito desta introdução. Pela natureza das coisas, ela é bastante filosófica, e se eu a isolei do conjunto da obra, é para não assustar os matemáticos imediatamente pela forma filosófica. Há de fato sempre, e em parte por causa, dentre os matemáticos uma certa relutância em relação aos estudos filosóficos de assuntos matemáticos e físicos; de fato, a maioria desses estudos, notadamente os de Hegel e sua escola, sofrem de fato de uma falta de clareza e de uma arbitrariedade que destrói o resultado de tais pesquisas. Isto não me impediu de ter julgado necessário atribuir à nova ciência seu lugar no domínio do conhecimento, e, para atender as duas exigências, eu fiz uma introdução que pode ser omitida sem muitos danos a compreensão do todo. Assinalo igualmente que, dentre as aplicações, podemos omitir às que se referem a objetos da natureza (física, cristalografia), sem que o desenvolvimento em seu conjunto seja prejudicado. Por suas aplicações à física, eu acredito ter mostrado o caráter importante, talvez indispensável da nova ciência e da análise contida nela. Em ocasião propícia espero poder demonstrar que esta ciência em sua forma concreta, isto é, em sua aplicação à geometria constitui uma excelente matéria de ensino, suscetível de um tratamento elementar. Esta demonstração, haja vista o destino desta obra, não pode encontrar um lugar. Notadamente durante o tratamento elementar da estática, quando se quer revelar resultados concretos e gerais (que igualmente podem se representar por construções), é absolutamente necessário adotar o conceito da soma e do produto de segmentos e desenvolver, para estes, as leis principais. Tenho certeza que quem quer que tenha ensaiado adotar uma só vez estes conceitos, não os abandonará jamais.

Se reconheci todo o seu direito à nova ciência, da qual apresento aqui a elaboração, ao menos em parte, e se não quero reduzir em nada os seus direitos, que pode reivindicar no domínio do conhecimento, não penso portanto que tenha merecido a censura de ser presunçoso; pois a verdade exige o seu direito; não é a obra daquele que a faz conhecida e reconhecida; ela tem sua essência e sua existência em si mesma; e estaria traindo a verdade se reduzir seus direitos por falsa modéstia. Mas devo pedir ainda mais indulgência por tudo o que é meu trabalho nesta ciência. Pois estou consciente, apesar de todo esforço colocado em sua apresentação, de toda a imperfeição deste trabalho. É verdade que trabalhei o conjunto de várias maneiras: por vezes em forma euclidiana de explicações e de teoremas em seu mais alto rigor, por vezes na forma de um desenvolvimento coerente apresentando a melhor visão de conjunto, por vezes de uma forma que combina as duas; é nesse sentido que comecei com uma apresentação dando uma visão de conjunto e sustentada por um desenvolvimento em forma euclidiana. Estou, com efeito, muito consciente que uma versão ulterior mostrará certas coisas de uma forma mais rigorosa, ou melhor construída e mais clara. Mas convencido de que não haverá satisfação total e de que a apresentação será sempre deficiente em relação à simplicidade, à verdade, resolvi publicar na forma que me pareceu atualmente a melhor. Eu espero indulgência mais particularmente porque minha profissão me deixou pouquíssimo tempo de execução e não me deu a possibilidade de fazer comunicações proveniente desta ciência ou ao menos de matérias semelhantes, e de ganhar assim o frescor vivo que deve inspirar e vivificar o conjunto, se deve aparecer como um elemento vivo do organismo do conhecimento. Embora eu aspire vivamente uma atividade profissional que seja essencialmente baseada nessas comunicações científicas, eu ainda não acredito poder retomar a elaboração desta ciência até que atinja este objetivo, especialmente desde que eu poderia esperar que a publicação desta parte possa me aproximar desse objetivo.

Estetino, 28 de junho de 1844.

Introdução

A. Dedução do Conceito da Matemática Pura

1. A divisão mais elevada de todas as ciências é àquela entre as ciências reais e as ciências formais. As primeiras figuram o ser no pensamento, um ser ele mesmo independente desse pensamento, e sua verdade é dada pela concordância do pensamento com este ser; as segundas, entretanto, tem por objeto esse que é estabelecido pelo próprio pensamento, e sua verdade é dada pela concordância entre si dos processos de pensamento.

> O pensamento só existe em relação à um ser que lhe é confrontado e que é representado por ele; mas, para as ciências reais este ser é independente, existe por si mesmo fora do pensamento; ao passo que para as ciências formais, ele é posto pelo pensamento que confronta a si mesmo, por sua vez, enquanto ser, num segundo ato do pensamento. Se neste momento, a verdade, enquanto tal, repousa sobre a concordância do pensamento com o ser, ela o faz, em particular, para as ciências formais por uma concordância do segundo ato do pensamento com o ser posto pelo primeiro ato, isto é, sobre a concordância dos dois atos do pensamento. Assim, nas ciências formais, a demonstração não transcende o próprio pensamento a outra esfera, mas se mantém puramente na combinação dos diversos atos do pensamento. Por esta razão, as ciências

formais não deve partir dos axiomas como fazem as ciências reais; mas são as definições que constituem seus fundamentos.*)

2. As ciências formais examinam, sejam as leis g e r a i s do pensamento, seja o p a r t i c u l a r posto pelo pensamento; a primeira é a dialética (lógica), a segunda a matemática pura.

O contraste entre o geral e o particular exige então a divisão das ciências formais em dialética e matemática. A primeira, por sua procura da unidade em todo pensamento, é uma ciência filosófica; no entanto, a matemática segue uma direção oposta tomando por particular tudo o que é um pensamento isolado.

3. Por consequência, a matemática pura é a ciência do ser p a r t i c u l a r enquanto devir do p e n s a m e n t o. Chamamos o ser particular, tomado nesse sentido, uma forma de pensamento ou simplesmente uma forma. Assim, a matemática pura é a t e o r i a d a s   f o r m a s.

O nome teoria das magnitudes não convém ao conjunto das matemáticas, porque este não se aplica a teoria das combinações, um ramo essencial das matemáticas, e só se aplica no sentido figurado à aritmética.**) No entanto, a expressão "forma" parece, por sua vez, ser muito ampla, e o nome "forma de pensamento" parece ser melhor fundamentada; mas a forma em seu significado puro, fazendo abstração de todo conteúdo real, não é outra que a forma de pensamento, e portanto, a expressão convém. Antes de passar à divisão da teoria das formas, se deve excluir um ramo que se incluiu indevidamente, a saber, a geometria.

---

*) Se não obstante se introduziram axiomas nas ciências formais, como por exemplo, na aritmética, então isto deve ser considerado como um abuso que só pode ser explicado pelo tratamento correspondente em geometria. Voltarei à isto ainda uma vez mais tarde. Aqui deve ser suficiente ter colocado em evidência o fato de que a ausência de axiomas nas ciências formais é necessário.

**) O conceito de magnitude é substituído em aritmética por aquele de número; eis porque a língua distingue bem entre aumentar e diminuir, que pertence ao número, e entre agrandar e reduzir que pertence a magnitude.

Já, segundo o conceito estabelecido acima, é evidente que a geometria, bem como a mecânica, se refere à um ser real; para a geometria é de fato o espaço, e é claro que o conceito de espaço não pode de forma alguma ser gerado pelo pensamento, mas é sempre um ser dado que o confronta. Qualquer um que sustentasse o contrário deveria submeter-se a tarefa de deduzir das leis puras do pensamento a necessidade das três dimensões do espaço; uma tarefa cujo resultado se revela imediatamente impossível. — Se, aceitando isto, qualquer um quisesse, por amor a geometria, lhe estender o nome da matemática, nós o aceitaríamos se da sua parte ele aceitasse nosso nome de teoria das formas ou qualquer outro equivalente; mas nós deveríamos antecipadamente o fazer saber que este nome será necessariamente rejeitado no fim como supérfluo porque ele reúne as coisas mais diferentes. O lugar da geometria perante a teoria das formas depende da relação da intuição do espaço com o pensamento puro. Bem que nós dizemos que uma tal intuição faz face ao pensamento de uma maneira independente, portanto nós não temos afirmado que a intuição do espaço só nos vem da contemplação das coisa espaciais; mas é uma intuição fundamental que nos é dada *a priori* pelo fato que nosso sentido está aberto ao mundo sensível e que nos é originalmente inerente da mesma maneira que o corpo o é à alma. É o mesmo com o tempo e o movimento que está fundamentado sobre as intuições do tempo e do espaço; é por isso que foi incluído também com o mesmo direito a teoria pura do movimento (Phorometria) que à geometria nas ciências matemáticas. Mediante o contraste de causa e efeito o conceito de força que movimenta decorre da intuição do movimento. Assim, geometria, phorometria e mecânica se apresentam como aplicações da teoria das formas as intuições fundamentais do mundo sensível.

B. Dedução do Conceito da Ausdehnungslehre

4. Tudo que veio a ser pelo pensamento (cf. nº 3) pode ter-lo sido de duas maneiras: seja por um simples ato de g e r a r, seja por um duplo ato de c o l o c a r e l i g a r. O que veio a ser da

primeira maneira é a f o r m a   c o n t í n u a ou m a g n i t u d e em sentido mais estrito; o que veio a ser da segunda maneira é a f o r m a   d i s c r e t a ou de l i g a ç ã o.

O conceito absolutamente simples de devir dá a forma contínua. É verdade que o que é colocado pela forma discreta antes da ligação é também colocado pelo pensamento, mas aparece para o ato de ligação como alguma coisa dada e a maneira pela qual a forma discreta vem a ser algo já dado é uma maneira simples de pensar duas coisas juntas. O conceito de devir contínuo é mais facilmente compreendido se se o considera inicialmente segundo a analogia com a maneira discreta de devir que é mais familiar. A saber, porque aquilo que veio a ser cada vez, com a gênese do contínuo, é fixado e porque aquilo que se forma novamente e, desde o momento de sua formação, pensado junto com aquele: assim, pode-se também, tendo em conta a analogia, distinguir c o n c e i t u a l m e n t e um ato duplo de colocação e de ligação pela forma contínua, mas desta vez os dois atos estão unidos em um único ato e eles constituem desta maneira uma unidade indissociável; a saber, dos dois membros da ligação (se mantém, por enquanto, essa expressão por causa da analogia) um é aquele que já veio a ser, enquanto o outro é aquele que se forma novamente no momento da própria ligação, logo ele não está acabado antes da ligação. Os dois atos, aquele da colocação e o da ligação, se fundem então totalmente um no outro, de modo que não se podem ligar antes de haver colocado e não se pode colocar antes de haver ligado; ou se fala segundo a maneira que é própria do contínuo: o que se forma novamente o faz somente tendo em conta aquilo que já veio a ser, e é então um momento do próprio devir, aquilo que aqui se apresenta se desenvolvendo como crescimento.

O contraste entre discreto e contínuo é fluido (como todos os verdadeiros contrastes) uma vez que o discreto pode ser considerado como contínuo e vice-versa, o contínuo como discreto. O discreto é considerado como contínuo se aquilo que é ligado é entendido, por sua vez, como algo que veio a ser e se o ato de ligação é entendido como um momento do devir. E o contínuo é considerado como discreto se os momentos singulares do devir forem entendidos como atos puros de ligação e se o que está ligado dessa maneira é considerado como algo dado pela ligação.

5. Cada particular (nº 3) torna-se tal pelo conceito do d i s - t i n t o, pelo qual ele é coordenado a outro particular, e pelo conceito de i g u a l, pelo qual ele é subordinado com outros particulares a um geral comum. Podemos chamar de f o r m a a l g é b r i c a o que veio a ser pelo igual e f o r m a c o m b i n a t ó r i a o que veio a ser pelo distinto.

> O contraste entre o igual e o distinto é também fluído. O igual é distinto, já porque o um e o outro que lhe são iguais são separados de alguma maneira (e sem esta separação seria apenas Um, então nada de igual); o distinto é igual, já porque os dois estão ligados pela atividade que se refere a ambos, donde ambos são coisas relacionadas. Não obstante, os dois membros não se confundem de modo algum, de modo que se deverá aplicar uma medida pela qual se determinar quanto do igual e quanto do distinto seria colocado nas duas ideias; mas mesmo se é verdade que o distinto permanece sempre ligado ao igual de alguma forma, e reciprocamente, e quando cada vez que um forma o momento da contemplação, enquanto o outro só se apresenta como a base a ser pressuposta para o primeiro. Aqui temos na forma algébrica não apenas incluído o número mas também aquilo que corresponde ao número no domínio do contínuo e, na forma combinatória, incluímos não apenas a combinação, mas também aquilo que lhe corresponde no domínio do contínuo.

6. Do cruzamento desses dois contrastes em que o primeiro se relaciona com a maneira de gerar e o segundo com os elementos gerados, resultam os quatro tipos de formas e os ramos da teoria das formas que lhes correspondem. A saber, a forma discreta se separa em primeiro lugar em número e combinação (aquilo que é ligado junto). O n ú m e r o é a forma algébrica discreta,

ou seja, ele é a reunião do que é colocado como igual; a c o m b i n a ç ã o é a forma combinatória discreta, ou seja, ela é a reunião do que é colocado como distinto. As ciências do discreto são então a t e o r i a d o s n ú m e r o s e a t e o r i a d a s c o m b i n a ç õ e s (teoria das ligações).

> Não há necessidade de qualquer outra evidência para mostrar que o conceito de número é, portanto, completamente exaurido e exatamente circunscrito, e assim também acontece com o conceito de combinação. E como os contrastes dos quais essas definições resultaram são os mais simples e imediatamente dados no conceito de forma matemática, a dedução acima mencionada parece, assim, suficientemente justificada.*) Eu observo ainda como o contraste entre as duas formas é expresso de uma forma muito pura por uma designação diferente de seus elementos: o que é ligado em um número é designado por um único sinal (1), o que é ligado em uma combinação é designado por sinais diferentes que, de outra maneira, são totalmente arbitrários (as letras). — Como, é necessário compreender agora em consequência cada conjunto de coisas (particularidades) como número bem como uma combinação, de acordo com as diferentes maneiras de considerá-los, não há necessidade de serem mencionadas.

7. Da mesma maneira, a forma contínua ou magnitude se separa em f o r m a algébrica-contínua ou m a g n i t u d e i n t e n s i v a e em forma combinatória-contínua ou m a g n i t u d e e x t e n s i v a. A magnitude intensiva é assim o que veio a ser pela geração do igual; a magnitude extensiva ou e x t e n s ã o é o que veio a ser pela geração do distinto. Aquele constitui enquanto magnitude variável a base da teoria das funções, do cálculo diferencial e integral; este constitui a base da Ausdehnungslehre.

---

*) O conceito de número e combinação já foi desenvolvido de maneira inteiramente semelhante há dezessete anos atrás, num tratado de meu pai sobre o conceito da teoria dos números puros, impresso no programa de 1827 do instituto Estetino, mas sem chegar ao conhecimento de um público mais amplo.

Como usualmente ocorre que se subordena o primeiro destes dois ramos à teoria dos números tomada como ramo superior, a segunda entretanto sendo um ramo até agora desconhecido, é então necessário explicar mais em detalhe essa consideração tornada difícil pelo conceito de deslocamento contínuo. Como a unificação resulta no número e como a separação do que é pensado junto aparece na combinação, assim resulta também na magnitude intensiva a unificação dos elementos que, é verdade, ainda estão conceitualmente separados, mas que só formam a magnitude intensiva sendo essencialmente iguais entre si; no entanto na magnitude extensiva há separação dos elementos que são, certamente, unidos enquanto formam uma magnitude, mas que só constituem esta magnitude por sua separação mútua. A magnitude intensiva é então, por assim dizer, o número fundido; a magnitude extensiva é a combinação fundida . A dispersão dos elementos é essencial à magnitude extensiva assim como o é a fixação dessa magnitude como sendo separada; o elemento gerador se apresenta aqui como qualquer coisa que se muda, isto é, como qualquer coisa que atravessa uma diversidade de estados, e o conjunto destes estados diferentes constitui precisamente o domínio da magnitude da extensão. Porém, para a magnitude intensiva é sua geração que fornece uma série contínua de estados que se mantêm iguais entre si e onde a quantidade é precisamente a magnitude intensiva. Como exemplo para a magnitude extensiva, ou melhor é aquela de uma linha limitada (Strecke) onde os elementos são por essência dispersados e é precisamente da forma que eles constituem a linha como extensão. Como exemplo de magnitude intensiva pode se tomar um ponto munido de uma certa força, porque aqui os elementos não se separam mas só se representam no crescimento, eles formam assim um certo escalão do crescimento.

Aqui também a diferença colocada se mostra belissimamente pela forma de designar; isto é, para a magnitude intensiva que constitui o objeto da teoria das funções, não se distingue os elementos por sinais particulares, mas lá onde aparecem os sinais particulares se designa assim toda a magnitude variável. No entanto, para a magnitude de extensão, ou para a sua representação concreta, a linha, os elementos diferentes são também designados por sinais diferentes (as letras), exatamente como na teoria das combinações. Também é claro como toda magnitude real pode ser vista de uma dupla maneira, como intensiva e extensiva; a saber, a linha é também vista como magnitude intensiva se fizer abstração da maneira em que seus elementos são separados e se não se toma mais que a quantidade dos elementos, e de modo análogo, o ponto munido de uma força pode ser pensado como magnitude extensiva imaginando a força sob a forma de uma linha.

Entre os quatro ramos das matemáticas é historicamente o discreto que é desenvolvido antes do contínuo (porque aquele está mais próximo do espírito analisante que este); o algébrico foi desenvolvido antes do combinatório (porque o igual é mais facilmente reunido que o distinto). A teoria dos números é por isso a mais antiga, a teoria das combinações e o cálculo diferencial nasceram ao mesmo tempo, e de todos os ramos é a Ausdehnungslehre em sua forma abstrata que deveria ser a última enquanto que sua imagem concreta (ainda que restrita), a teoria do espaço, pertencia já aos tempos mais antigos.

8. Se pode fazer preceder uma parte geral à separação em quatro ramos da teoria das formas. Esta parte apresenta as leis de ligação gerais; isto é, as leis que se aplicam igualmente à todos os ramos; podemos chama-la a teoria geral das formas.

É essencial fazer preceder uma tal parte antes de tudo porque não somente isto nos evita de repetir as mesmas séries de conclusões nos quatro ramos, e mesmo nas seções diferentes de um mesmo ramo, assim o desenvolvimento será muito abreviado, mas assim também tudo que por essência vai junto se apresenta junto e como fundamento de tudo.

C. Exposição do Conceito da Ausdehnungslehre

9. O devir contínuo, separado em seus momentos, parece uma formação contínua na qual foi fixado o que já veio a ser. Para a forma de extensão aquilo que está em curso de se formar é toda vez colocado como um distinto; se agora nós não fixarmos o que está cada vez vindo a ser, nós chegamos ao conceito de

m u d a n ç a   c o n t í n u a. Nós chamamos elemento gerador o que sofre essa mudança, e seja qual for o estado que assume em sua mudança o elemento gerador, é um elemento da forma contínua. Por consequência, a forma de extensão é o conjunto de todos os elementos nos quais se transforma o elemento gerador em sua mudança contínua.

> O conceito de mudança contínua do elemento só pode ocorrer para a magnitude da extensão; para a magnitude intensiva, abandonando aquilo que veio a ser cada vez, ficaria somente o início contínuo de um de vir, alguma coisa que seria completamente vazia. Na teoria do espaço é o ponto que figura como elemento, a mudança de lugar ou movimento que se apresenta como sua mudança contínua, e são as posições diferentes do ponto no espaço que figuram seus diferentes estados.

10. O distinto deve desenvolver-se segundo uma lei para que o gerado seja fixado. Para a forma simples, essa lei deve ser a mesma para todos os momentos do devir. A forma de extensão s i m p l e s é então a forma que nasce de uma mudança do elemento gerador seguindo sempre a mesma lei; nós chamamos s i s t e m a ou d o m í n i o o conjunto de todos os elementos que podem ser gerados pela mesma lei.

> Como aquilo que é distinto de um dado pode o ser de uma infinidade de maneiras, a distinção se perde totalmente em uma indeterminação se não se a submetesse a uma lei fixada. Mas, porém, na teoria das formas puras, essa lei não está determinada por qualquer conteúdo; no entanto, o conceito de extensão é determinado pela ideia puramente abstrata de regularidade; e o conceito de extensão s i m p l e s é determinado pela ideia da mesma lei para todos os momentos da mudança. Em consequência, a extensão simples tem agora a propriedade que: se, de um elemento a resulta um outro elemento b por um ato de mudança, da mesma extensão, então de b resulta um terceiro elemento c dessa extensão simples pelo mesmo ato de mudança. Na teoria do espaço, a

lei da igualdade da direção contém as mudanças particulares; é portanto o segmento que corresponde à extensão simples, a linha reta infinita corresponde ao sistema total.

11. Se aplicarmos duas leis diferentes de mudança, então o conjunto dos elementos que podem ser gerados formam um sistema de segundo escalão. As leis de mudança, pelos quais os elementos deste sistema pode resultar os uns dos outros, são dependentes das duas primeiras leis; se se adjunta ainda uma terceira lei independentemente se chega então à um sistema de terceiro escalão, e assim por diante.

> A teoria do espaço poderia mais uma vez servir de exemplo. Aqui todos os elementos de um plano são gerados à partir de um único elemento por duas direções, o elemento gerador progredindo à vontade nas duas direções uma após a outra, e a totalidade dos pontos (elementos) assim gerados formam um [plano]. O plano é então o sistema do segundo escalão; uma infinidade de direções, que dependem das duas primeiras, e que estão contidas nele. Se se adjunta uma terceira direção independente, então todo o espaço infinito é gerado (como sistema do terceiro escalão) por meio destas três direções; e aqui não podemos ir além das três direções independentes (leis de mudança), enquanto que na Ausdehnungslehre pura o número de direções pode crescer até o infinito.

12. A diversidade das leis exige ainda, para sua determinação mais exata, uma maneira de gerar pela qual um sistema se transforma em outro. É por isso, que esta passagem de sistemas diferentes entre si formam um segundo grau natural no domínio da Ausdehnungslehre com o qual será concluída a apresentação elementar desta ciência.

> A passagem de sistemas entre si corresponde ao deslocamento na teoria do espaço, e a este deslocamento estão ligados a magnitude de

ângulo, o comprimento absoluto, a perpendicularidade, etc.; mas tudo isso só será tratado na segunda parte da Ausdehnungslehre.

D. Forma de Apresentação

13. A essência do método filosófico é sua progressão por contrastes, e que ela chega então do geral ao particular; no entanto, o método matemático progride dos conceitos mais simples aos conceitos mais compostos e obtém assim, pela ligação do particular, conceitos novos e mais gerais.

> Isto é, enquanto em filosofia a visão de conjunto do todo predomina e que é a ramificação gradual e a repartição do todo que dão o desenvolvimento, em matemática é a junção do particular ao particular que predomina, e cada desenvolvimento atingido não forma ao todo mais que um elo para o encadeamento seguinte, e essa diferença de método está contida no conceito; pois em filosofia é a unidade da ideia que está na origem, a particularidade é deduzida; no entanto, em matemática é a particularidade que está na origem, enquanto que a ideia está no fim, ela é o objetivo esperado; é assim que estas progressões contrárias são condicionadas.

14. Como as matemáticas bem como a filosofia são ciências no sentido mais rigoroso, os dois métodos devem então ter qualquer coisa em comum, aquilo que os faz serem científicos. Nós atribuímos agora um caráter científico à um modo de tratamento se, de um lado ele conduz o leitor à necessidade de admitir cada verdade individual e se, por outro lado, ele o coloca em estado de abraçar à cada passo do desenvolvimento a orientação tomada por sua progressão.

> Todo mundo admitirá o caráter indispensável da primeira exigência, a saber, o rigor científico. Quanto a segunda, é sempre um ponto que não é ainda suficientemente observado pela maioria dos matemáticos. Muitas

vezes, há demonstrações nas quais não se poderá saber completamente desde o começo, se não houvesse o teorema que as precedem, onde elas conduzem, demonstrações pelas quais se chega finalmente — de repente e inesperadamente — a verdade à demonstrar depois de ter seguido cegamente e ao acaso durante um certo tempo cada passo. Uma tal demonstração não deixa nada à desejar do lado do rigor, mas ela não é científica; lhe falta a segunda exigência, a visão de conjunto. É por isso que, aquele que acompanha uma tal demonstração não chega a um conhecimento livre da verdade, mas permanece totalmente dependente da maneira particular pelo qual a verdade é encontrada, a menos que ele próprio se faça mais tarde uma ideia de conjunto; e esse sentimento de falta de liberdade, que nasce em tal caso pelo menos durante o tempo em que o leitor é receptivo, é o mais pesado para qualquer um que tenha o hábito de pensar livremente e independentemente e de adquirir livremente e por si próprio tudo o que ele aprende. No entanto, se o leitor é a cada passo do desenvolvimento colocado em estado de ver onde ele vai, então ele permanece mestre da matéria, ele não está mais ligado à forma particular da apresentação, e a assimilação se torna uma verdadeira reprodução.

15. A todo momento do desenvolvimento, a maneira ulterior de desenvolver é essencialmente marcada por uma ideia diretriz que é, ou bem nada mais que uma analogia presumida com os ramos vizinhos do saber e já conhecidos, ou bem — e este é o melhor dos casos — um pressentimento direto da seguinte verdade à procurar.

Como a analogia faz alusão aos domínios relacionados, ela é apenas provisória, exceto se importa justamente enfatizar sempre a relação com um ramo relacionado e assim fazer uma analogia permanente com este ramo*). O pressentimento parece estrangeiro o domínio da ciência pura e sobretudo ao domínio matemático. Porém, sem ele, é impossível encontrar

---

*) Esse caso se dá para a ciência que é necessário tratar aqui em relação à geometria, eis porque eu preferi mais frequentemente o caminho da analogia.

qualquer verdade nova; por combinação cega dos resultados obtidos não se chega; mas aquilo que se deve combinar, e de que maneira, deve ser marcado pela ideia diretriz, e, do seu lado, essa ideia diretriz só pode se apresentar sob a forma do pressentimento antes que ela seja realizada na ciência em si. É por isso que, este pressentimento é qualquer coisa de indispensável no domínio científico. A saber, ele é — se for concebido da maneira correta — a visão de uma unidade de toda a série de desenvolvimentos que conduz à nova verdade, mas com momentos de desenvolvimento que não são ainda expostos, e é por essa razão que o pressentimento só pode ser obscuro no princípio. A exposição desses momentos encerra ao mesmo tempo a descoberta da verdade e a crítica desse pressentimento.

16. É por isso que a apresentação científica é essencialmente um encadeamento de duas séries de desenvolvimentos onde um dos quais conduz como consequência de uma verdade à outra e forma o conteúdo próprio, enquanto que a outra governa o próprio processo e determina a forma. Em matemática, estas duas séries de desenvolvimentos sãos as mais distantes uma da outra.

Já faz muito tempo que em matemática, e o próprio Euclides deu esse modelo, é costume somente fazer aparecer as séries de desenvolvimentos que formam o próprio conteúdo, mas se deixa ao leitor o cuidado de encontrar a outra entre linhas. Mesmo que sejam, somente concluídos o arranjo e a representação desta série de desenvolvimentos, é impossível tornar presente a cada passo uma visão de conjunto à aquele que deseja conhecer a ciência, e se colocar em posição de progredir livremente e por si próprio. Para fazer isso, é bastante necessário que o leitor seja colocado no estado em que a descoberta da verdade seja certa no caso mais favorável. Naquele que descobre a verdade há uma reflexão permanente sobre a marcha do desenvolvimento; forma-se nele uma sequência de pensamentos que lhe são próprios sobre o caminho que ele deve tomar e sobre a ideia que está na base de tudo; essa sequência de pensamentos forma o núcleo próprio e o espírito de sua atividade enquanto a exposição consequente das verdades é apenas a encarnação desta ideia. Exigir do leitor que ele deve ainda progredir por si mesmo pelo caminho da descoberta sem que ele seja informado de tais sequências de pensamentos, significa colocá-lo acima do descobridor da verdade e inverter assim a relação entre ele e o autor; a realização da obra parece então supérfluo. Por esta razão, os novos matemáticos e sobretudo os franceses começaram à entrelaçar as duas séries de desenvolvimentos. O que as obras assim obtiveram de atraente, é o fato que o leitor se sente livre e que ele não é compelido a formas que ele deve seguir servilmente porque ele não as domina. O fato de que é em matemática onde estas duas séries de desenvolvimento mais se separam é devido à particularidade de seu método (nº 13); a saber, como as matemáticas progridem do particular para o encadeamento, a unidade da ideia está então no fim. É por isso que, o segundo desenvolvimento é de um caráter totalmente contrário ao primeiro, e a interpenetração dos dois parece ser mais difícil do que em qualquer outra ciência. Mas não temos ainda o direito, por causa dessa dificuldade, de abandonar e de repudiar todo o processo, o que muitas vezes acontece com os matemáticos alemães.

Na presente obra, eu então tomei o caminho indicado, e me pareceu ser ainda mais necessário para uma nova ciência, onde justamente a ideia precisa ser trazida imediatamente à luz.

Esboço da Teoria Geral das Formas

§1. Entendemos por teoria geral das formas a série de verdades que, de igual maneira, referem-se a todos os ramos das matemáticas e que não supõem mais que os conceitos gerais de igualdade, de diversidade, de ligação e de separação. Assim, a teoria geral das formas deveria preceder todos os ramos especiais das matemáticas*); mas como esse ramo geral enquanto tal não existe ainda e como nós não podemos deixá-lo de lado sem nos engajar em longas discussões inúteis, nos resta então desenvolvê-la da maneira que vamos necessitar aqui para a nossa ciência. Em primeiro lugar, vamos estabelecer os conceitos de igualdade e de diversidade. Porque o que é igual deve necessariamente apresentar-se como o que é diferente — somente para que apareça já a dualidade**) —, e porque o que é diferente deve apresentar-se como o que é igual — apenas de aspectos diferentes —, parece então necessário, para um olhar superficial, estabelecer relações diferentes de igualdade e de diversidade; assim, comparando por exemplo duas linhas limitadas, poderia se expressar a igualdade da direção ou do comprimento, ou da direção e do comprimento, ou da direção e da posição e assim por diante, e para outras coisas que ainda seriam comparadas, haveriam ainda outras relações de igualdade que seriam valoradas. Mas já o fato de que essas relações tornam-se outras, de acordo com a natureza das coisas a comparar, fornece a prova de que

---

*) Ver Introdução, nº 8.
**) *Ibidem*, nº 5.

essas relações não pertencem ao próprio conceito de igualdade, mas aos objetos sobre os quais este se aplica. De fato, não podemos dizer de duas linhas do mesmo comprimento, por exemplo, que são iguais enquanto tais mas apenas que seus comprimentos são iguais e, por sua vez, esse comprimento está então na relação absoluta de igualdade. Assim, temos salvo a simplicidade do conceito de igualdade e podemos determiná-lo da seguinte maneira: igual é aquilo do que se pode dizer sempre a mesma coisa ou, mais geralmente, igual aquilo que pode ser mutuamente substituído em cada julgamento*). É evidente o que foi dito aqui ao mesmo tempo em que se duas formas são iguais a uma terceira, elas são iguais entre elas, e que o que é gerado da mesma maneira a partir do que é igual é ainda igual.

§ 2. O segundo contraste que precisamos perceber é o da ligação e separação. Se duas magnitudes ou formas (o nome destas últimas sendo mais geral nós o preferimos, ver Introdução 3) estiverem ligadas entre si, elas são chamadas de m e m b r o s da ligação; a forma apresentada pela ligação se chama o r e s u l t a d o da ligação. Se os dois membros devem ser distinguidos, então chamamos um o a n t e c e d e n t e e o outro, o c o n s e q u e n t e. Como sinal geral de ligação escolhemos o sinal $\frown$; se agora a e b são os membros da ligação em questão tais que a é o a n t e c e d e n t e e b o c o n s e q u e n t e, então designamos o resultado da ligação por $(a \frown b)$ onde os parênteses expressam aqui que a ligação não deve mais ser considerada na separação de seus membros, mas como uma unidade do conceito**). O resultado da ligação pode ser, por sua vez, ligado a outras formas

---

*) Esta não deve ser uma determinação conceitual filosófica, mas apenas um acordo sobre a palavra, a fim de não entender outra coisa por ela. A determinação conceitual filosófica deveria antes alcançar o contraste do igual e do distinto em seu movimento e em sua delimitação rígida, para a qual ainda seria necessário um equipamento considerável de determinações conceituais, que não tem lugar aqui.

**) Depende agora da natureza da ligação em questão, de que maneira esta unidade é efetuada e o que se abandona da representação do que está simplesmente ligado.

e, assim, obtemos uma ligação de vários membros que, aparecem porém inicialmente sempre como uma ligação de dois membros. Por comodidade, utilizamos os parênteses de maneira abreviada e usual; a saber, suprimimos os sinais, que estando juntos, de um parêntese cujo sinal de abertura [(] se encontrará quer seja no início da expressão toda quer seja na sequência de um outro sinal de abertura; por exemplo, nós escrevemos $a \frown b \frown c$ em invés de $((a \frown b) \frown c)$.

§ 3. A espécie particular de ligação é agora determinada pelo que é fixado como resultado pela ligação; isto é, em que condições e até que ponto o resultado é colocado como permanecendo igual à si mesmo. As únicas modificações que podem ser feitas sem alterar as formas singulares em si mesmas que são ligadas, são as mudanças de parênteses e a reorganização dos membros. Suponhamos primeiro a ligação tal que com três membros a posição dos parênteses não cause uma diferença real, isto é, uma diferença no resultado, assim tem-se que

$$a \frown (b \frown c) = a \frown b \frown c;$$

logo, decorre, em primeiro lugar, que pode-se também omitir os parênteses em cada ligação dessa espécie contendo vários membros sem alterar seu resultado. Pois, em virtude de sua determinação todos os parênteses contém primeiramente uma expressão de dois membros, e esta expressão deve ser por sua vez ligada enquanto membro à uma outra forma; em suma, resulta uma ligação de três formas para a qual temos suposto que os parênteses podem ser omitidos sem que o resultado de sua ligação seja modificado; mas se tem o direito de pôr para cada forma uma forma que seja igual a ela, o resultado final não será alterado pela omissão desses parênteses. Assim,

"Se uma ligação é de uma espécie tal que podemos omitir os parênteses para três membros, isto também é verdade para um número qualquer de membros;"

ou, de acordo com o teorema que acabamos de mostrar, como temos o direito de omitir os parênteses das duas expressões que não se distinguem senão pelos parênteses, então as duas expressões são iguais entre si porque são iguais à mesma expressão (sem parênteses), e se tem o precedente teorema em uma forma um pouco mais geral:

"Se uma ligação é de uma espécie tal que para três membros a maneira em que os parênteses são dispostos não causa uma diferença real, então também é verdade para um número qualquer de membros."

§ 4. Se, por outro lado, se supunha apenas para a ligação a permutabilidade dos membros, então não podemos tirar nenhuma outra conclusão. Mas se essa determinação é adicionada à aquele do § anterior, resulta então que para as expressões que contêm vários membros, a ordem desses membros também não tem mais importância, porque é fácil de demonstrar que dois membros sucessivos se deixam permutar. Pode-se de fato, segundo o teorema que acabamos de demonstrar (§ 3), incluir entre parênteses dois membros dos quais queremos demonstrar a permutabilidade sem alterar o resultado final; além disso, podemos trocar esses membros sem modificar o resultado no qual eles intervém (o que acabamos de supor), ou seja, também sem mudança do resultado total (porque podemos colocar para cada forma aquele que lhe é igual) e, finalmente, os parênteses podem de novo ser dispostos de acordo com a maneira que tinham inicialmente. Assim, a permutabilidade de dois membros sucessivos é demonstrada. Mas, como podemos, prosseguindo esse processo, colocar cada membro numa posição qualquer, então, no total, a ordem dos termos é indiferente. Reunindo este resultado com aquele do parágrafo anterior, temos:

> "Se uma ligação é de espécie tal que temos o direito, sem modificar o resultado, de dispor à vontade os parênteses para três membros e de modificar a ordem para dois, então a posição dos parênteses e a ordem para um número qualquer dos membros são também indiferentes para o resultado."

Para abreviar, chamamos ligação s i m p l e s a ligação para qual as determinações indicadas são verdadeiras. Uma determinação que seja ainda mais detalhada não é possível para a espécie de ligação se não retornarmos à natureza das formas ligadas, e é por isso que passamos à resolução da ligação obtida ou ao processo analítico.

§ 5. O processo analítico consiste na investigação de um membro da ligação, a ligação em si e seu outro membro sendo dados. É por isso, segundo procuremos o antecedente ou o consequente, que há dois processos analíticos que pertencem a uma ligação; os dois processos fornecem o mesmo resultado somente se os dois membros da ligação original são permutáveis. Como esse processo analítico também pode ser compreendido como ligação, distinguimos a ligação original ou sintética e a ligação resultante ou analítica.

No que se segue, suporemos inicialmente a ligação sintética simples, no sentido do parágrafo precedente, e como sinal manteremos o sinal $\frown$; entretanto, para a ligação analítica, porque as duas espécies se apresentam aqui juntas, escolhemos o sinal inverso $\smile$; e fazemos isso de modo que o resultado da ligação sintética, que é dada para a ligação analítica, se torne aqui o membro antecedente.

Assim, $a \smile b$ designa aqui a forma que se torna a quando é sinteticamente ligada com b, de modo que sempre tem-se $a \smile b \frown$

$b = a$. Aqui compreende-se imediatamente que $a \smile b \smile c$ significa a forma que dá a se ela está ligado sinteticamente com c e depois com b, isto é, também, de acordo com o §4, a forma que dá a se ela está ligado sinteticamente na ordem inversa com os mesmos valores ou também com $b \frown c$; isto é,

$$a \smile b \smile c = a \smile c \smile b$$
$$= a \smile (b \frown c);$$

e como a mesma conclusão é verdade para um número qualquer de membros, segue-se também que a ordem dos membros que contêm os sinais analíticos é também indiferente e que se tem o direito de incluir esses membros entre parênteses se apenas invertemos os sinais que estão incluídos nos parênteses. É por isso que se segue ademais que:

$$a \smile (b \smile c) = a \smile b \frown c.$$

De fato, de acordo com a definição da ligação analítica

$$a \smile (b \smile c) = a \smile (b \smile c) \smile c \frown c;$$

esta expressão, de acordo com da lei que acabamos de demonstrar, é

$$= a \smile (b \smile c \frown c) \frown c,$$

e esta última, de acordo com a definição da ligação analítica, é

$$= a \smile b \frown c,$$

assim também que a primeira expressão é igual à última. Expressando este resultado em palavras e resumindo os resultados obtidos anteriormente, temos o teorema:

> "Se a ligação sintética é simples, então a ordem em que ligamos sinteticamente ou analiticamente não importa

para o resultado; também temos o direito de colocar ou de omitir os parênteses depois de um sinal sintético se aqueles contiverem apenas os membros sintéticos; entretanto, após um sinal analítico, sempre temos o direito de colocar ou de omitir os parênteses apenas se invertermos aqui os sinais entre parênteses, isto é, se mudarmos um sinal analítico em um sinal sintético, e inversamente."

Este é o resultado mais geral que podemos obter dadas as hipóteses consideradas. No entanto, essas hipóteses n ã o implicam que se possa omitir os parênteses que encerram um sinal analítico e que são precedidos por um sinal sintético. Para fazer isso, devemos fazer uma nova hipótese.

§6. A nova hipótese que acrescentamos é que o resultado da ligação analítica é único, ou em outros termos, se um membro da ligação sintética permanece inalterado, mas o outro varia, então o resultado é alterado também. A partir disso, segue-se em primeiro lugar que

$$a \frown b \smile b = a;$$

pois $a \frown b \smile b$ designa a forma que dá $a \frown b$ enquanto ela é sinteticamente ligada à b. Ou, a é uma tal forma e, a causa da unicidade do resultado, ela é a única; assim a validade da equação acima é demonstrada. Daqui, segue-se que

$$a \frown (b \smile c) = a \frown b \smile c.$$

A saber, para levar a segunda expressão à primeira, podemos substituir b por $((b \smile c) \frown c)$, e obtemos

$$a \frown b \smile c = a \frown ((b \smile c) \frown c) \smile c;$$

esta, após o § 4, é

$$= a \frown (b \smile c) \frown c \smile c,$$

e esta é por sua vez, após o teorema que acabamos de demonstrar,

$$= a \frown (b \smile c),$$

então a primeira expressão é assim igual a última; mas como podemos repetir essas conclusões, se vários membros aparecem entre parênteses, temos o teorema:

> "Se a ligação sintética é simples, e se a ligação analítica correspondente é única, pode-se colocar ou omitir à vontade os parênteses após um sinal sintético. Nós chamamos então (se essa unicidade ocorre de uma forma geral) adição à ligação sintética e subtração à ligação analítica correspondente."

No que concerne à ordem dos membros, segue-se que

$$a \frown b \smile c = a \smile c \frown b;$$

pois $a \frown b \smile c = b \frown a \smile c = b \frown (a \smile c) = a \smile c \frown b$; assim, mostramos também a permutabilidade de dois membros, um dos quais tem um sinal sintético e o outro um sinal analítico, na condição do resultado analítico ser único. E é somente em virtude desta hipótese que os teoremas deste parágrafo são verdadeiros, enquanto os teoremas do parágrafo anterior ainda são verdadeiros se o resultado da ligação analítica é ambíguo.*)

---

*) Como veremos mais adiante, não somente a Ausdehnungslehre, mas a aritmética também, fornecem os exemplos de tal ambiguidade, e a distinção estabelecida é, portanto, importante para ela também, isto é, para a aritmética. A saber, como ligações simples se apresentam a adição e a multiplicação; e enquanto a subtração é sempre única, a divisão o é enquanto o zero não aparece como divisor; é por isso que para a divisão, apenas os teoremas do § anterior são geralmente verdadeiros, enquanto os teoremas deste § são verdadeiros apenas com a restrição de que o zero não aparece

§ 7. Pelo processo analítico chegamos à forma indiferente e à forma analítica. Obtemos a primeira pela ligação analítica de duas formas iguais, assim $a \smile a$ representa a forma indiferente e esta é independente do valor a. De fato, $a \smile a = b \smile b$; pois $b \smile b$ representa a forma que torna b se ela é sinteticamente ligado à b; uma tal forma é $a \smile a$, porque $b \frown (a \smile a) = b \frown a \smile a = b$. Então, $a \smile a$ deve ser igual a $b \smile b$ na medida em que o resultado da ligação analítica é único. Mas, como com essa hipótese, a forma indiferente sempre representa um valor, torna-se então necessário fixá-la por um sinal próprio. Para fazer isso, escolhemos no momento o sinal $\sim$, e designamos a forma ($\sim \smile a$) por ($\smile a$), e chamamos ($\smile a$) a forma analítica pura, especificando, se a ligação sintética é a soma, a forma negativa. Segue diretamente que ($a \frown \sim$) e ($a \smile \sim$) são iguais a a, além disso $\frown (\smile a)$ é igual a $\smile a$ e que $\smile (\smile a)$ é igual a $\frown a$, se apenas substituímos nessas formas as expressões completas que acabamos de apresentar; assim, a validade dessas equações se vê imediatamente.*) Nós chamamos forma negativa a forma analítica particular à adição; chamamos zero a forma indiferente com relação à adição e à subtração.

§ 8. Até agora, nós compreendemos de maneira bastante formal o conceito de adição determinando-o pela validade de certas leis de ligação. Assim, esse conceito formal permanece o único que é geral. No entanto, não é desta maneira que obtemos esse conceito

---

como divisor. Do fato de não se prestar atenção a essa circunstância resultam as piores contradições e confusões, como já ocorreu em parte.

*) É inútil empreender, se quisermos, por exemplo, para a adição e a subtração em aritmética, depois que já temos mostrado as leis apropriadas para números positivos, demonstrá-las em particular outra vez para os números negativos. A saber, definindo o número negativo como aquele que dá zero se for adicionado à a, então se imagina aqui com a adição (porque o conceito desta é somente estabelecido para os números positivos) ou bem a mesma maneira de ligar para a qual são válidas as leis fundamentais que determinam o conceito geral de adição, ou bem uma outra maneira de ligar. No primeiro caso, a demonstração é inútil porque as leis ulteriores para os números negativos já foram demonstradas; no segundo caso, a demonstração é impossível se o conceito de adição de tais números está determinado de outro modo. É assim com as frações tal como com os números inteiros.

nos ramos singulares das matemáticas. Aqui, uma maneira própria de ligação que é dada pela geração das próprias magnitudes e que se apresenta enquanto adição, no sentido que acabamos de indicar, de fato que as leis formais lhe são aplicáveis. Para isso, observamos duas magnitudes (formas) que, em continuação resultam de uma mesma maneira de gerar e que chamamos magnitudes "geradas no mesmo sentido"; então fica claro como podemos justapor-las para que elas formem um todo; a saber, pensamos em uma unidade seu conteúdo mútuo, isto é, as partes são as duas magnitudes; e tudo é então pensado, por sua vez, como sendo gerado no mesmo sentido que essas duas magnitudes. É fácil mostrar agora que essa ligação é uma adição, isto é, que é uma ligação simples e que sua análise é única. Inicialmente, eu posso reunir e permutar à vontade, porque as partes pensadas juntas permanecem as mesmas, e sua ordem não pode mudar nada, porque elas são todas iguais (sendo formadas pela mesma geração); mas sua análise também é única; pois de outro modo, pela ligação sintética, um membro deve poder tomar valores diferentes enquanto que o outro e o resultado permaneceriam inalterados; um desses valores deve ser maior do que o outro; seria necessário então ainda juntar partes à segunda; mas neste caso as mesmas partes também seriam adicionadas ao resultado, que seria então outro, o que seria contrário à hipótese. Mas como a ligação analítica correspondente também é única, então a ligação sintética deve ser compreendida como adição, a ligação analítica correspondente como subtração e todas as leis estabelecidas para essa ligação no §3-7 são válidas. Resulta que as leis dessa ligação permanecem as mesmas se os membros se tornam negativos. Comparando as magnitudes negativas com as magnitudes positivas, podemos dizer que elas são geradas no sentido i n v e r s o; e podemos englobar sob o nome de magnitudes de m e s m a   e s p é c i e as magnitudes que são geradas no sentido inverso, e dessa forma o conceito real de adição e de subtração de magnitudes de mesma espécie é então determinado de forma geral.

§ 9. Até aqui, somente temos tratado de uma espécie de ligação sintética, enquanto ela própria e por comparação à sua ligação analítica correspondente. Agora, é importante expor a relação de duas espécies diferentes de ligações sintéticas. Para este fim, o conceito de uma deve ser determinado pela outra. Esta determinação conceitual depende da maneira em que uma expressão que contém as duas espécies de ligação podem ser modificadas sem alteração do resultado final. A maneira mais simples segundo a qual pode-se apresentar em uma expressão as duas ligações é tal que o resultado de uma das ligações é subordinado à outra; então, se $\frown$ e $\frown$ são os sinais das duas ligações, a relação das duas depende assim das transformações que podem ser feitas na expressão $(a \frown b) \frown c$. Se a segunda ligação deve relacionar-se de uma maneira igual aos dois membros da primeira, então a modificação mais simples apresenta-se como sendo aquela que subordina à segunda ligação cada membro da primeira e que permite a seguir tomar esses resultados singulares como membros da primeira espécie de ligação. Se esta modificação pode ser obtida sem alterar o resultado final, isto é, se

$$(a \frown b) \frown c = (a \frown c) \frown (b \frown c),$$

então nós chamamos a segunda ligação a ligação de escalão mais elevado, correspondente à primeira. Se, em particular, para essa segunda ligação, os dois membros dependem da primeira ligação da mesma maneira, do modo que essa determinação é válida para o membro consequente da nova ligação assim como para o seu membro antecedente, e se além disso a primeira ligação é simples e sua ligação analítica correspondente é única, então nos chamamos multiplicação a última ligação; nós já estabelecemos acima para a primeira ligação o nome de adição. Esta é geralmente a maneira pela qual uma espécie de ligação com o próximo escalão superior pode ser inicialmente determinada, isto é, antes que alguma espécie de ligação seja dada mais uma vez. É por isso que olhamos para a adição como a ligação de primeiro escalão e a multiplicação como a ligação de segundo escalão*). De agora em diante, nós escolhemos para essas espécies de ligação os sinais usuais ao invés dos sinais de ligação gerais; e mais precisamente, escolhemos para a multiplicação a simples justaposição.

§ 10. Nós determinamos a relação da multiplicação com a adição tal que

$$(a+b)c = ac+bc,$$
$$c(a+b) = ca+cb,$$

e desta maneira ficou estabelecido o conceito da multiplicação. Por uma aplicação reiterada desta lei fundamental, obtemos imediatamente o teorema geral, que podemos, se os dois fatores estão em partes, multiplicar cada parte de um dos fatores por cada parte do outro e adicionar os produtos. Daqui segue uma lei correspondente para a relação da multiplicação com o subtração, seja

$$(a-b)c = ac-bc.$$

A saber, para restituir a segunda expressão à primeira, a substituímos a pela expressão igual $(a-b)+b$ e obtemos

$$ac-bc = ((a-b)+b)c-bc;$$

a expressão à direita é aqui segundo a lei que acabamos de estabelecer

$$= (a-b)c+bc-bc,$$

---

*) Como terceiro escalão apresenta-se de acordo com o mesmo princípio a potência, esse nós omitimos aqui por brevidade. É aliás da natureza das coisas que a determinação conceitual pode apenas ser formal aqui, e só pode ser encarnada pelas definições reais nas ciências especiais.

e, segundo o § 6, essa expressão é

$$= (a - b)c,$$

consequentemente a primeira expressão é igual à última. Da mesma maneira, se o segundo fator é uma diferença, resulta uma lei análoga. Por uma aplicação reiterada destas leis, obtemos o teorema mais geral:

> "Se os fatores de um produto são articulados por adição e subtração, então, sem modificar o resultado final, pode-se multiplicar cada termo de um fator por cada termo do outro e ligar os produtos assim obtidos fazendo-os preceder dos sinais de adição e de subtração segundo que os sinais de seus fatores sejam ou não os mesmos."

§ 11. A lei de partilha de dividendos é geralmente válida para a divisão, tanto quanto seu resultado seja único ou seja ambíguo; a saber,

$$\text{“} \frac{a \mp b}{c} = \frac{a}{c} \mp \frac{b}{c}, \text{”}$$

onde devemos novamente observar que, não tendo suposto em geral a permutabilidade dos fatores para a multiplicação, então dois tipos de divisão devem também em geral ser distinguidos, segundo se procure o antecedente ou o consequente da ligação multiplicativa. No entanto, como os dois fatores têm uma mesma relação com a adição e a subtração, será também o mesmo para esses dois tipos de divisão; e se a lei supracitada está demonstrada para um tipo de divisão, então pela mesma razão o será também para o outro. Suponhamos que o antecedente seja procurado; então, se por exemplo*),

$$\frac{a}{.c} = x \quad \text{então temos} \quad xc = a.$$

---

*) Onde o ponto no divisor indica o lugar do fator procurado.

ou seja, $\frac{a+b}{.c}$ significa a forma que, enquanto antecedente, multiplicado por c dá $a+b$. Eu posso à princípio separar cada forma em duas partes, uma das quais pode ser tomada arbitrariamente. Por essa razão, igualamos à $\frac{a+b}{.c}$ a forma procurada $\frac{a}{.c} + x$. Esta, tomada como antecedente multiplicada por c, torna-se, de acordo com o § precedente, $a + xc$; mas como ela deve dar $a + b$ após dessa multiplicação, temos então

$$a + xc = a + b, \text{ isto é, } xc = b, \; x = \frac{b}{.c},$$

portanto, a forma procurada, como ela foi tomada igual a $\frac{a}{.c} + x$, é igual à

$$\frac{a}{.c} + \frac{b}{.c}.$$

Da mesma maneira resulta a lei para a diferença.

§ 12. As leis apresentadas nos parágrafos precedentes expressam a relação geral da multiplicação e da divisão com a adição e a subtração. Por outro lado, as próprias leis da multiplicação, tal como as assumidas pela aritmética, que descrevem a permutabilidade e a compatibilidade de fatores, não resultam dessa relação geral e, portanto, não são determinadas pelo conceito geral de multiplicação. Pelo contrário, em nossa ciência, nós tomamos conhecimento dos tipos de multiplicação para os quais pelo menos a permutabilidade dos fatores não terá lugar, mas onde ao mesmo tempo todos os teoremas estabelecidos até agora terão uma aplicação completa. Nós temos assim determinado formalmente o conceito dessa multiplicação. A este conceito formal deve corresponder um conceito real, enquanto a natureza das magnitudes à ligar é dada, que expressa a maneira de gerar um produto por meio dos fatores. A relação com a adição real nos fornece uma determinação geral dessa maneira de gerar; a saber, se um dos fatores é compreendido como soma de suas partes (de acordo com o § 8), então, de acordo com a lei geral da relação, deve-se poder submeter as partes à maneira de gerar que define o produto, ao invés de submeter a soma àquela, e adicionar os produtos assim formados; isto é, esses produtos se apresentam novamente como sendo gerados no mesmo sentido, devemos poder ligá-los como partes de um todo; isto é, a maneira multiplicativa de gerar deve ser tal que as partes de todos os fatores apareçam da mesma forma, precisamente, se uma parte de um fator ligado multiplicativamente a uma parte do outro fator gera uma magnitude qualquer, então para a ligação multiplicativa do conjunto toda parte do primeiro fator com toda parte do outro gera uma tal magnitude, a mesma se essas partes forem as mesmas que aquelas tomadas anteriormente. Imediatamente, está claro que, se a maneira de gerar tem a propriedade que agora mesmo indicamos, então o tipo de ligação que corresponde também está em relação multiplicativa com a adição do homogêneo; para ela são válidas então todas as leis desta relação. É por isso que chamamos multiplicação uma tal espécie de geração, somente se está demonstrado sua relação multiplicativa com a adição de homogêneos; ou, em outras palavras, se todas as partes dos membros da ligação entram de uma mesma maneira na ligação e no sentido estabelecido acima. As leis gerais da ligação apresentadas até agora são suficientes em substância para a apresentação de nossa ciência, e é por isso que nós passamos à esta última.

Seção Primeira
Magnitude de Extensão

Capítulo Primeiro

Adição e Subtração de Extensões Simples de Primeiro Escalão

§ 13. O caminho puramente científico de tratar a Ausdehnungslehre seria aquele que desenvolveria, segundo a maneira que é tratada na introdução, todos os detalhes a partir dos conceitos fundamentais da ciência. No entanto, para não cansar o leitor com contínuas abstrações, e para colocá-lo também em posição, partindo de coisas conhecidas, de se mover com mais liberdade e independência, eu me reporto em todos os lugares à geometria para a dedução de novos conceitos, dos quais nossa ciência constitui a base. Mas pondo sempre na base o conceito abstrato para a dedução das verdades que constituem o conteúdo desta ciência, sem jamais me basear sobre a verdade demonstrada em geometria, eu obtenho contudo, a ciência no seu conteúdo totalmente puro e independente da geometria*). Para obter a magnitude da extensão parto da

---

*) Na introdução (nº 16) mostrei como, para a representação de toda a ciência e particularmente para a ciência matemática, duas sequências de desenvolvimentos se interligam, uma fornecendo o material [o sujeito], isto é, toda a sequência de verdades que constitui o conteúdo próprio da ciência, enquanto a outra deve dar ao leitor domínio da matéria. Esta primeira série de desenvolvimentos é aquela que obtive como totalmente independente da geometria, enquanto que para a segunda, de acordo com meu objetivo, eu me permiti a maior liberdade.

geração da linha. Aqui é um ponto gerador que toma posições diferentes em uma sequência contínua; e a totalidade dos pontos, nos quais o ponto gerador se transforma durante essa mudança, constitui a linha. Os pontos de uma linha se apresentam então essencialmente como diferentes e são também designados assim (por letras diferentes); mas como o igual é inerente ao distinto (embora num sentido subordinado), então os pontos diferentes se apresentam aqui como posições diferentes de um único e mesmo ponto gerador. É da mesma forma que chegamos agora na nossa ciência à extensão, se colocado aqui, em vez das relações espaciais que são apresentadas, unicamente as relações conceituais correspondentes. Inicialmente nós colocamos aqui no lugar do ponto, isto é, do lugar particular, o elemento pelo qual entendemos o particular tomado como distinto dos outros particulares; especifiquemos, na ciência abstrata, não anexamos nenhum outro conteúdo ao elemento; é por isso que, não pode haver aqui questão de qual particular se está propriamente falando — porque se trata do particular em si mesmo sem qualquer conteúdo real —, em que sentido um é diferente do outro — porque ele é determinado como o distinto em si, sem que qualquer conteúdo real seja colocado em relação ao qual seria distinto. Esse conceito de elemento é comum à nossa ciência e à teoria das combinações e, por essa razão, a notação de elementos (por letras diferentes) lhes é também comum*). Os diferentes elementos podem então ser compreendidos ao mesmo tempo como estados diferentes do mesmo elemento gerador, e esta diferença abstrata de estados é aquela que corresponde à diferença de lugares. Nós chamamos a transição do elemento gerador de um estado para outro a sua mudança; e esta mudança abstrata do elemento gerador corresponde então à mudança de lugar ou ao movimento do ponto na geometria. Mas como na geometria é antes

---

*) A diferença consiste somente na maneira de como nas duas ciências as formas são obtidas a partir do elemento; a saber, na teoria das combinações simplesmente ligando, embora, discretamente, porém aqui por geração contínua.

de tudo uma linha que nasce pelo deslocamento de um ponto, e as formações espaciais de escalão superior só podem ser criadas depois de submeter a formação novamente a um movimento, na nossa ciência também é antes de tudo a formação da extensão de primeiro escalão que nasce por uma mudança contínua do elemento gerador. Resumindo os resultados desenvolvidos até agora, podemos estabelecer a definição:

"Por formação de extensão de primeiro escalão entendemos a totalidade dos elementos nos quais um elemento gerador se transforma durante uma mudança contínua,"

e chamamos em particular o elemento gerador em seu primeiro estado o elemento inicial, em seu último estado, o elemento final. A partir deste conceito, segue-se imediatamente que, a cada formação de extensão, corresponde uma que se opõe a ela, que contém os mesmos elementos, mas que é formada inversamente, de sorte que, em particular, o elemento inicial de uma torna-se o elemento final da outra. Ou, para precisar, se a torna-se b por uma mudança, então a mudança oposta é tal que b torna-se a, e a formação de extensão que é oposta a outra é aquela que resulta das mudanças opostas na ordem inversa, de onde se segue imediatamente que a inversão é recíproca.

§ 14. A formação da extensão será apresentada somente como simples se as mudanças que o elemento gerador sofre forem sempre iguais entre si; assim, se o elemento b resulta de uma mudança de outro elemento a, e se os dois elementos pertencerem a essa mesma formação de extensão, então pela mesma mudança um elemento c da mesma formação de extensão é gerado por b, e essa igualdade ainda terá de ocorrer se a e b são concebidos como elementos contíguos, porque essa igualdade deve sempre ocorrer para a geração contínua. Podemos chamar uma tal mudança, por meio da qual de um elemento de uma forma contínua um outro é gerado que é vizinho, uma mudança fundamental, e diremos então: "a f o r m a ç ã o d a e x t e n s ã o s i m p l e s é aquela que resulta do prosseguimento contínuo de aplicação da mesma mudança fundamental". No mesmo sentido em que as mudanças são consideradas iguais entre si, nós podemos então igualar as formações geradas por elas, e nesse sentido, a saber, que consideramos igual o que foi gerado pela mesma mudança segundo a mesma maneira, chamamos a formação da extensão de primeiro escalão uma m a g n i t u d e d e e x t e n s ã o ou e x t e n s ã o de primeiro escalão ou s e g m e n t o*). A formação de extensão simples torna-se então uma magnitude de extensão se fazemos a abstração dos elementos, que a primeira contém, e fixamos apenas a maneira de gerar; e enquanto duas formações de extensão são apenas iguais entre si se elas contém os mesmos elementos, duas magnitudes de extensão são já iguais, se, sem conter os mesmos elementos, elas são geradas da mesma maneira (isto é, pela mesma mudança). Por fim, chamamos a totalidade dos elementos que são gerados pela repetição da mesma mudança fundamental e pelo seu oposto um s i s t e m a (ou um domínio) de p r i m e i r o e s c a l ã o. Os segmentos que pertencem ao mesmo sistema de primeiro escalão são então todos gerados pela repetição ou da mesma mudança fundamental, ou de mudanças fundamentais opostas.

Antes de passarmos a ligação dos segmentos, nos queremos ilustrar os conceitos estabelecidos no § precedente, por uma aplicação à geometria. A igualdade da maneira de mudança é aqui substituída pela igualdade da direção; é por isso que, como sistema de primeiro escalão se apresenta aqui a reta infinita, como extensão simples de primeiro escalão ou de segmentos se apresenta a reta limitada. O que foi chamado lá da mesma espécie aparece aqui como paralelo, e o paralelismo mostra igualmente seus dois lados,

---

*) O significado abstrato dessas denominações, originalmente concretas, provavelmente não requer justificação alguma, porque todos os substantivos abstratos na sua origem têm um significado concreto.

como paralelismo no mesmo sentido e no sentido oposto*). Nós podemos para a geometria reter o nome do segmento em um sentido correspondente e compreender assim por segmentos iguais as tais linhas limitadas que têm a mesma direção e o mesmo comprimento.

§ 15. Se a geração contínua do segmento é pensada interrompida no curso de seu movimento para ser continuada em seguida, então o segmento inteiro se apresenta como dois segmentos que são unidos continuamente um ao outro e um dos quais aparece como o prolongamento do outro. Os dois segmentos que formam os membros desta ligação são gerados na mesma direção (§ 8), e o resultado desta ligação é o segmento de elemento inicial do primeiro ao elemento final do segundo, se os dois segmentos são unidos continuamente, isto é, se são apresentados de forma que o elemento final do primeiro segmento é igualmente o elemento inicial do segundo segmento. Denotamos por enquanto o segmento do elemento inicial α (cf. Fig. 2) ao elemento extremidade β por $[\alpha\beta]$; se $[\alpha\beta]$ e $[\beta\gamma]$ são gerados no mesmo sentido, então $[\alpha\gamma]$ é o resultado da ligação indicada acima, em que $[\alpha\beta]$ e $[\beta\gamma]$ são seus membros**). Mais acima (§ 8) já mostramos que essa ligação deve ser concebida como uma adição, porque ela representa a união de duas magnitudes, geradas no mesmo sentido, que a ligação analítica correspondente deve ser concebida como subtração, e que então todas as leis dessa espécie de ligação são válidas para ela. O que resta para nós aqui é mostrar o significado particular que a grandeza negativa tem em nosso domínio. A saber, para ter uma intuição do significado da subtração, podemos primeiro extrair do fato de que

---

*) Essa distinção é tão importante na geometria, que o fato de fazê-la contribuiria muito para a simplificação de teoremas e demonstrações geométricas se fixarmos essa diferença por denominações simples, por isso eu gostaria de propor, por exemplo, as expressões "síncronas" e "indo em sentidos opostos".

**) Esta designação do segmento é apenas provisória; a verdadeira designação deste último pode ser entendida apenas por meio de seus elementos extremidade, quando nos familiarizamos com a conexão dos elementos (ver a segunda seção, § 99).

[αβ] + [βγ] = [αγ], quando [αβ] e [βγ] são geradas no mesmo sentido, a conclusão de que geralmente temos também [αβ] = [αγ] - [βγ] (cf. Fig. 2); isto é, se nos servirmos das notações usais para a subtração, "se colocarmos os elementos finais do segmento do qual subtraímos e o segmento a subtrair um sobre outro, o resto é o segmento de elemento inicial do segmento subtraído ao o elemento inicial do segmento a ser subtraído." Se identificarmos na última fórmula α e β, obtemos

$$[\alpha\alpha] = [\alpha\gamma] - [\alpha\gamma],$$

isto é, igual a zero. Ademais, em virtude do conceito do negativo*), temos:

$$(-[\alpha\beta]) = 0 - [\alpha\beta] = [\beta\beta] - [\alpha\beta] = [\beta\alpha],$$

isto é, que o segmento [βα], que é oposto segundo o conceito a um outro segmento [αβ] (§ 13), se apresenta também com relação à adição e subtração como a magnitude oposta daquela. Como finalmente $a + (-b) = a - b$, temos então, se αγ e γβ são gerados em sentidos opostos,

$$[\alpha\gamma] + [\gamma\beta] = [\alpha\gamma] + (-[\beta\gamma]) = [\alpha\gamma] - [\beta\gamma] = [\alpha\beta],$$

ou seja, mesmo se os dois segmentos são gerados em sentidos opostos, sua soma é o segmento do elemento inicial do primeiro segmento até o elemento final do segundo, que é colocado continuamente ao lado primeiro. Resumindo este resultado e aquele acima, nós podemos dizer:

> "Se ligamos continuamente dois segmentos de mesma espécie, isto é, de maneira que o elemento final do primeiro segmento se torne o elemento inicial do segundo, então o segmento do elemento inicial do

---

*) Veja especialmente aqui o § 7.

primeiro até o elemento final do segundo é a soma dos dois;"

e o fato de designar assim o segmento como soma quer expressar que todas as leis da adição e da subtração são válidas para esse tipo de ligação. Eu quero ainda obter uma consequência que será frutífera para o desenvolvimento ulterior, a saber, se num mesmo sistema os extremos de um segmento são ambos mudados por um mesmo deslocamento, então o segmento entre os novos elementos extremos é igual ao segmento original. Com efeito, seja [αβ] o segmento original (cf. Fig. 3) e [αα'] = [ββ'], então deve-se demonstrar que, se todos os elementos em questão pertencerem ao mesmo sistema, [α'β'] = [αβ]. Mas temos [α'β'] = [α'α] + [αβ] + [ββ'], de acordo com a definição da soma, e como [α'α] = −[αα'] = −[ββ'], então [α'α] e [ββ'] se anulam na adição, e temos efetivamente [α'β'] = [αβ].

§16. Se eu suponho agora, para chegar às ligações de espécies diferentes, primeiro duas mudanças fundamentais diferentes e se eu estendo à vontade um elemento da primeira mudança fundamental (ou seu oposto) e estender a seguir à vontade o elemento, assim mudado, seguindo o segundo modo de mudança, posso então gerar de um elemento uma infinidade de elementos novos, e chamo de sistema de s e g u n d o   e s c a l ã o a totalidade dos elementos assim gerados. Se agora eu tomo uma terceira mudança fundamental, que a partir do elemento inicial não retorna a um elemento desse sistema de segundo escalão e que eu chamo, por causa disso, i n d e p e n d e n t e dessas duas primeiras mudanças, e se eu estendo à vontade um elemento qualquer do sistema de segundo escalão após esta terceira mudança (ou seu oposto), então todos os elementos assim gerados formarão um sistema de terceiro escalão; e como esta maneira de gerar não tem, conceitualmente, limite, poderei, assim, alcançar sistemas de ordens elevadas à vontade. É importante lembrar aqui que todos os elementos assim gerados, não devem ser concebidos como já dados*) anteriormente, mas que são gerados no futuro imediato, e é por isso que, conceitualmente, todos eles são apresentados como diferentes, desde que eles estejam atualmente gerados por diferentes mudanças. Por outro lado, é claro que os elementos, uma vez gerados, sempre se apresentam como dados e que sua diferença ou identidade só pode ser decidida retornando à geração original.

Antes de voltarmos agora à nossa tarefa, ou seja, a ligação das diferentes formas de mudança, quero apoiar a intuição por considerações geométricas. Pois é claro que o sistema de segundo escalão corresponde ao plano, e que o plano é pensado como gerado movendo todos os pontos de uma linha reta em uma direção que não está contida nele (ou na direção oposta); a totalidade dos pontos, que podem assim ser gerados, formam agora o plano infinito. Assim, o plano se apresenta como um conjunto de paralelas, que atravessam todas uma linha dada; e como essas paralelas não se cortam e não tocam a reta original uma segunda vez, é óbvio que todos os pontos, que são gerados dessa maneira, são diferentes um do outro e que a analogia está então completa. Também obtemos todo o espaço infinito, como sistema de terceiro escalão, se movermos os pontos do plano em uma nova direção (ou sua oposta) que não esteja contida no plano; e a geometria não pode avançar mais, enquanto a ciência abstrata não conhece limites.

§ 17. Para retornar à nossa tarefa, se agora eu alterar primeiro um elemento por um segmento a e, em seguida, por um segmento b o elemento assim alterado, o resultado final das duas alterações, deve ser concebido por sua vez como resultado de uma única mudança, que é a ligação das duas primeiras, e que se apresenta, se os dois segmentos são do mesmo tipo, como sua soma (§ 15). Aqui podemos designar por enquanto esta forma de vinculação pelo sinal de ligação

---

*) Como na teoria do espaço, por exemplo, onde todos os pontos já são dados originalmente pelo espaço assumido.

geral $\frown$. Como o ato desta reunião não altera o estado do elemento, segue-se imediatamente deste conceito a lei

$$(a \frown b) \frown c = a \frown (b \frown c).$$

Por outro lado, para obter também a permutabilidade dos membros, ainda é preciso preencher uma lacuna na determinação conceitual. Ou seja, veremos como gerar um sistema de escalão superior (de escalão m), como mostramos no parágrafo anterior. Foi suposta uma certa ordem das m formas de mudança pelas quais esse sistema foi estabelecido; e os elementos do sistema foram gerados pelo elemento inicial que avançou adotando as diferentes formas de mudança na ordem determinada, de modo que cada elemento, que nasceu de uma série de mudanças, continuou sua última mudança ou uma das alterações seguintes, mas nunca uma das alterações precedentes. Se agora a e b são dois segmentos dos quais a pertence a uma mudança passada e b a uma mudança futura, então, para a geração do sistema, um elemento pode fazer seguir à mudança a, a mudança b, mas não inversamente; isto é, a ligação $a \frown b$ vai acontecer, mas não a ligação $b \frown a$. Mas, embora a última ligação não possa ser determinada conceitualmente pela geração do sistema, essa ligação, como tal, deve, no entanto, ser possível. Então a lacuna mencionada é vista aqui. Para examiná-la com mais detalhes, seja*) $[\alpha\beta]$ igual a a, $[\beta\beta'] = [\alpha\alpha'] = b$, assim a mudança $[\alpha\beta']$ é a igual a $a \frown b$; mas $[\alpha\beta']$ é também igual $[\alpha\alpha'] \frown [\alpha'\beta']$, isto é, igual a $b \frown [\alpha'\beta']$. Se agora os membros são permutáveis, isto é, se $a \frown b = b \frown a$ então ter-se-ia que $[\alpha'\beta'] = [\alpha\beta]$. Mas nada do tipo pode ser decidido a partir do que foi dito até agora; pois tudo o que podemos dizer sobre o sistema e seus elementos deve resultar desse modo de ser gerado, porque sua geração é a única maneira pela qual todo o sistema é dado. Mas como não se encontra nada sobre uma mudança como $\alpha'\beta'$, somos autorizados e obrigados a dar

---

*) A Fig. 4. pode servir como uma explicação.

uma nova definição de tais mudanças, e a analogia com o anterior nos levava necessariamente, na medida em que estamos autorizados a uma nova determinação conceitual, ao se por $\alpha'\beta'$ igual a $\alpha\beta$. Mas fazemos essa equalização de uma determinada maneira apenas estabelecendo a transferência dessa autorização. Para isso, olhamos para 2 segmentos iguais:

$$[\alpha\beta] = [\gamma\delta] = a,$$

cujos elementos extremos estão sujeitos à mesma mudança b e tornam-se assim α', β', γ', δ', de modo que

$$[\alpha\alpha'] = [\beta\beta'] = [\gamma\gamma'] = [\delta\delta'] = b.$$

Mas como $[\alpha'\alpha] = [\gamma'\gamma] = (-b)$, assim temos para as mudanças $[\alpha'\beta']$ e $[\gamma'\delta']$ as equações:

$$[\alpha'\beta'] = [\alpha'\alpha] \frown [\alpha\beta] \frown [\beta\beta'] = (-b) \frown a \frown b,$$
$$[\gamma'\delta'] = [\gamma'\gamma] \frown [\gamma\delta] \frown [\delta\delta'] = (-b) \frown a \frown b;$$

as duas mudanças são então iguais entre si. Então, se dois pares de elementos podem ser gerados um do outro e se submetermos os quatro elementos a uma nova mudança, mas todos a mesma, então os dois pares de elementos, que resultam, também podem ser gerados um do outro pelas mesmas mudanças. Mas como essa lei ainda se mantém, se $[\alpha\beta]$ representa uma mudança fundamental, segue-se não apenas que um segmento permanece um segmento, se todos os seus elementos mudam pela mesma mudança, mas também segue-se que todo o segmento permanece o mesmo, se foi mostrado que permanece o mesmo somente para a mudança fundamental. Com isso, a extensão da autorização, mencionada acima, está dada. É por isso que determinamos: se, a partir de um sistema de escalão m, um segmento, que pertence a uma das m

formas de mudança passadas que compõem o sistema, está sujeito a uma das formas de mudança que virão, e isso de maneira tal que todos os elementos estejam sujeitos a mesma forma de mudança, então as mudanças fundamentais correspondentes ao segmento original e ao segmento que nasce por esta mudança devem ser ditas como iguais entre si; por outro lado, eles devem ser considerados desiguais se os elementos são submetidos a mudanças diferentes*). Daí resulta agora, em vista da frase precedente, que essa igualdade (e desigualdade) se mantém sob circunstâncias idênticas para os segmentos em si; e então obtemos o teorema: Se submete-se um segmento, que pertence a uma das m formas de mudança originais do sistema, as mudanças que também pertencem a essas formas de mudança, e para precisar todos os elementos às mesmas mudanças, então o segmento resultante dessa mudança é igual ao original. O fato de podermos deixar de lado aqui a diferença entre as formas de mudança passadas e futuras se deduz facilmente da reciprocidade da relação; pois se supusermos que $[\alpha\beta]$ é igual ou diferente de $[\alpha'\beta']$, segue que $[\alpha\alpha']$ é ou não igual a $[\beta\beta']$, então, inversamente, as últimas expressões são iguais ou desiguais, segundo que as primeiras o sejam; isto segue imediatamente do método de conclusão pelo absurdo. Então, se o segmento, gerado por uma mudança passada e sujeito a uma mudança futura, permanece o mesmo, então o segmento, gerado por uma mudança futura e sujeito a uma mudança passada, permanece o mesmo; daí segue o teorema na versão acima. Agora, nós já mostramos acima que se este teorema assume por hipótese, que $a \frown b = b \frown a$; e por isso temos em geral para as m formas de mudança que compõem o sistema, as leis

$$(a \frown b) \frown c = a \frown (b \frown c)$$

---

*) A dedução, pela qual nos ligamos a essa definição de mesma mudança, pertence à série de desenvolvimentos (Introdução, nº 16) que deve dar uma visão de conjunto. Para a sequência de desenvolvimentos puramente matemática, esta, como em geral qualquer definição, parece ser puramente arbitrária.

e
$$a \frown b = b \frown a;$$

então essa ligação é simples; mas também a ligação analítica correspondente é única; pois se eu deixar um membro da ligação sintética inalterado, por exemplo, o primeiro, mas mudar o outro, ou substituindo a maneira de mudança pela qual esse membro é gerado, por uma nova maneira, ou preservando a maneira de mudança passada, mas reduzindo ou aumentando a mudança em comparação com o processo anterior, o elemento resultante é alterado; mas esse elemento também é o elemento final que resulta da ligação, então o resultado muda; e disso resulta segundo o raciocínio conhecido (cf. §6) a unicidade da ligação analítica. De onde segue de §6 que as ligações indicadas devem ser tomadas como adição e subtração e que todas as leis de adição e subtração são válidas para elas. Mas como decorre das leis de adição e subtração que as mesmas leis de ligação que são válidas para as m formas de mudança originais permanecem verdadeiras para suas relações, podemos então resumir os resultados do desenvolvimento apresentado até agora por o seguinte teorema muito simples: "Se [αβ] e [βγ] representam mudanças quaisquer, então temos [αγ] = [αβ] + [βγ]." Ou seja, ao designar essa ligação como adição, expressamos a validade de todas as leis de adição e da subtração, como as representamos nos § 3–7.*)

§ 18. No desenvolvimento do último § consideramos só as mudanças que resultam das ligações, apenas em relação aos seus elementos inicial e final, sem considerar o segmento que liga os dois; ao contrário, como segmentos se apresentaram apenas aqueles que pertenciam às formas de mudança originários do

---

*) Só posso recomendar enfaticamente que se represente concretamente, em toda parte, através das construções geométricas, o desenvolvimento e, em particular, o que é realizado aqui, que pertence aos mais difíceis de nossa ciência. Para não interromper o curso do desenvolvimento, não quis fazer aqui a transferência para a geometria; além disso, ela é completamente evidente (cf. Fig. 5).

sistema. Para completar agora o que falta, temos que mostrar como são determinados em um sistema de escalão superior, por 2 elementos todos os outros elementos que estão no mesmo sistema de primeiro escalão que os dois elementos dados. Para tanto, é suficiente retornarmos ao conceito de sistema de primeiro escalão, a saber, ao fato que um tal sistema é gerado por um prolongamento de uma mudança que permanece sempre a mesma. Agora, se um elemento α, que por sua vez é progressivamente submetido às mudanças $a, b, c, \ldots$, pertencentes todas às formas de mudança originais, resulta finalmente em outro*) elemento β, então, de acordo com o conceito de um sistema de primeiro escalão, o elemento que resulta de β pelas mesmas mudanças $a, b, c, \ldots$ etc., deverá também pertencer ao mesmo sistema de primeiro escalão; mas nós também podemos recuar pelas mudanças inversas a partir de α, e obteremos sempre elementos que pertencem ao mesmo sistema de primeiro escalão, mas que estão situados do lado negativo se o primeiro lado for tomado como positivo. Os elementos do lado positivo resultam então do elemento α, se for submetido progressivamente de forma repetida à mesma sequência de mudanças $a, b, c, \ldots$. Como demonstramos no § precedente, podemos permutar e reunir as mudanças progressivas de forma qualquer, então também podemos aqui organizar e reunir as mudanças que permanecem as mesmas, e assim obter uma nova construção desta série de elementos, o que queremos expor agora de uma forma mais intuitiva. A saber, se se submete o elemento α s o z i n h o as m mudanças $a, b, c, \ldots$, se formam então m elementos, que podemos assumir como mutuamente correspondentes. Se se submete novamente cada um desses elementos à mesma mudança, então se obtém m novos elementos mutuamente correspondentes, e assim por diante. Se olharmos agora os elementos correspondentes a cada um desses g r u p o s

---

*) Veja a Fig. 5a, onde isto é representado por duas mudanças a e b.

de m elementos como os elementos finais de m segmentos que tem todos α como elemento inicial e que colocamos igualmente em correspondência mútua, obtemos então os mesmos elementos que obtivemos antes quando mudamos progressivamente α nos segmentos correspondentes de cada grupo. Desta forma, para cada um desses grupos de elementos mutuamente correspondentes corresponde um elemento no novo sistema de primeiro escalão, este elemento resulta de uma mudança que é a soma das mudanças representadas por esses segmentos. Se agora, para as construções indicadas, as mudanças $a, b, c, \ldots$ são mudanças fundamentais, que então levam de um elemento para o elemento que é imediatamente vizinho, então se obtém também (se se aplica ao mesmo tempo, o mesmo processo no lado negativo) todo o sistema de primeiro escalão. Devemos mostrar agora que, desta forma, sempre é possível construir um sistema, mas sempre um só, de primeiro escalão que passa por dois elementos do sistema de escalão superior. Sejam α e β os dois elementos do sistema; expondo a maneira de gerar o sistema, já mostramos que β pode ser sempre gerado a partir de α por meio das m maneiras de mudança do sistema; para esclarecer: pode ser gerado de uma forma única se a ordem for dada. Sejam $a, b, c, \ldots$ essas mudanças, é importante então mostrar primeiro que sempre podemos tomar para esses segmentos mudanças fundamentais mutuamente correspondentes tais que $a, b, c, \ldots$ se tornam segmentos correspondentes, e que β se torna então, de acordo com a construção recém-dada, um elemento do sistema de primeiro escalão gerado pelas correspondentes mudanças fundamentais. Se eu olhar primeiro para dois segmentos a e b, tais que cada um nasceu por extensão de uma mesma mudança fundamental, então, em primeiro lugar, mudanças fundamentais quaisquer podem ser consideradas como correspondentes nos dois segmentos, porque de acordo com o conceito de contínuo das mudanças fundamentais não têm grandeza fixas em si mesmas. Se agora se faz crescer ou decrescer uma mudança fundamental enquanto a outra e o segmento *a*, assim gerado, permanecerem inalterados, então crescerá ou decrescerá o segmento *b*, assim gerado, que corresponde ao segmento *a*; para esclarecer: se a mudança fundamental cresce ou decresce continuamente, o segmento *b* crescerá ou decrescerá também continuamente, como é imediatamente colocado pelo conceito de contínuo. Como a mudança fundamental para *b* pode ser tomada à vontade, o segmento *b*, correspondente a *a*, também pode tomar qualquer magnitude dada; e é o mesmo para todos os outros segmentos *c*, etc., de modo que, de fato, para os segmentos *a, b, c*, dados acima, mudanças fundamentais podem ser feitas tais que esses segmentos se apresentem também como correspondentes e que então o elemento β está representado como um elemento do sistema de primeiro escalão, gerado por essas mudanças fundamentais. O fato de que também existe apenas um sistema de primeiro escalão que passa por α e β já está contido na demonstração acima mencionada. A saber, outro sistema de primeiro escalão só poderá nascer se as mudanças fundamentais dos outros segmentos *b, c, . . .*, que correspondem à mudança fundamental em *a*, fossem tomadas de uma maneira diferente; entretanto, já mostramos anteriormente que então os outros segmentos correspondentes ao segmento *a*, seriam diferentes; portanto, o elemento β não seria mais gerado a partir de α. Depois de ter mostrado que há, de fato, um e apenas um sistema de primeiro escalão que passa por dois elementos, removemos agora o defeito mencionado no início deste §, pois agora eles não são apenas os elementos inicial e final que estão determinados pelo segmento que devem se apresentar como soma de dois segmentos, mas é o segmento inteiro com todos os seus elementos. Por essa razão, o conceito de soma não é apenas determinado pelas mudanças, mas também pelos próprios segmentos; a saber, se [αβ], [βγ] e [αγ] são os segmentos gerados de acordo com o princípio recém desenvolvido, de modo geral nós sempre temos

$$[\alpha\gamma] = [\alpha\beta] + [\beta\gamma],$$

isto é,

> "Se se ligam continuamente dois ou mais segmentos um ao outro, então o segmento de elemento inicial do primeiro segmento e o elemento final do último é a soma destes."

Se aplicarmos esse conceito de soma ao conceito de dependência, como apresentamos no §16, segue que um modo de mudança é dependente de outros se os segmentos do primeiro se podem representar como somas dos segmentos pertencentes aos últimos, por outro lado ela é independente destes, se isso não for possível.

§19. Até agora, fizemos com que o conceito de soma de segmentos dependesse da maneira particular de gerar todo o sistema, construindo, se os elementos inicial e final da soma são dados por uma justaposição contínua de segmentos, o segmento entre os dois elementos que faz parte de um sistema de primeiro escalão pelas m formas de mudança originais de todo o sistema. Finalmente, esta dependência ainda deve ser removida. Nós já mostramos acima (§18) que, se vários elementos são gerados de maneira semelhante, então não apenas cada elemento e cada parte de um segmento correspondem a um elemento e uma parte de cada um dos outros segmentos, mas também mostramos que a soma é gerada da mesma maneira em conformidade, a saber, que assim a soma das partes correspondentes responde cada vez a essas partes. Se tivermos agora dois segmentos quaisquer do sistema, a saber p_1 e p_2, e se os dois são representados como somas de segmentos que pertencem aos formas de mudança originais de todo o sistema, isto é,

$$p_1 = a_1 + b_1 + \ldots,$$

$$p_2 = a_2 + b_2 + \ldots,$$

tais que tem-se

$$p_1 + p_2 = (a_1 + a_2) + (b_1 + b_2) + \ldots,$$

e se ademais $\alpha_1, \alpha_2, \beta_1, \beta_2, \ldots$ são as partes correspondentes dos segmentos, $a_1, a_2, b_1, b_2, \ldots$, também $(\alpha_1 + \alpha_2), (\beta_1 + \beta_2), \ldots$ estão no mesmo sentido que as partes correspondentes de $(a_1+a_2), (b_1+b_2), \ldots$, então, de acordo com o § anterior, cada parte da soma $(p_1 + p_2)$ é obtida como a soma das partes correspondentes, isto é, uma tal parte é sempre igual a

$$(\alpha_1 + \alpha_2) + (\beta_1 + \beta_2) + \ldots,$$

isto é,

$$= (\alpha_1 + \beta_1 + \ldots) + (\alpha_2 + \beta_2 + \ldots),$$

onde o primeiro termo representa uma parte de p_1 e o segundo a parte correspondente de p_2. Assim, cada elemento da soma $(p_1 + p_2)$ é gerado de tal modo que se muda o elemento inicial deste por uma parte qualquer de p_1 e em seguida da parte correspondente de p_2. Portanto, nós podemos estabelecer o resultado geral: "se dois segmentos são dados e se mudamos um elemento qualquer por uma parte do primeiro segmento e em seguida (progressivamente) pela parte correspondente do segundo, então a totalidade dos elementos, assim gerados, forma a soma desses dois segmentos." Após ter estabelecido o conceito de soma de segmentos em sua generalidade e sua independência, desejamos apresentar ainda de uma forma mais geral um teorema que demonstramos acima em uma forma particular, a saber:

"Se todos os elementos de um segmento forem alterados pela mesma coisa, então o segmento resultante permanecerá igual ao primeiro."

Já foi mostrado no §18 que sempre que um segmento é assim formado; o fato de que é igual ao primeiro resulta das mesmas fórmulas que as do final do §15. A saber, [αβ] é o segmento original, e [αα'] = [ββ']; assim temos

$$[\alpha'\beta'] = [\alpha'\alpha] + [\alpha\beta] + [\beta\beta'] = [\alpha\beta],$$

porque α'α e ββ', sendo magnitudes opostas, se anulam na adição.

§20. Pelo desenvolvimento que acabamos de dar no § precedente a apresentação independente dos sistemas de escalão superior está preparada. A saber, até agora estes foram representados como sendo dependentes de certas maneiras de mudança, colocadas na base, pela quais eles foram precisamente gerados. Nós podemos suprimir essa dependência na medida em que podemos demonstrar que o mesmo sistema de m-ésima escalão pode ser gerado por cada m-maneiras de mudança que pertencem a este sistema e que são independentes uma da outra (no sentido do §16), ou seja, que não estão contidas em nenhum sistema de escalão menor (que o m-ésimo). Eu quero mostrar, em primeiro lugar, que se o sistema pode ser gerado por m maneiras de mudança quaisquer, então eu posso introduzir, em vez de uma maneira qualquer entre elas, uma nova maneira de mudança (p) que é independente das outras ($m-1$), e que pertence também a este sistema de m-ésimo escalão, e que eu posso gerar o sistema dado por este em ligação com as outras ($m-1$). Como p pertence, por hipótese, ao sistema de m-ésimo escalão dado, se deixa representar (§18) como soma de segmentos que pertencem às formas de mudança originais; isto é, pode-se pôr

$$p = a + b + c + \ldots,$$

se $a, b, c, \ldots$ pertencem às formas de mudança originais. Se agora a representa a maneira de mudança pela qual p deve ser introduzido, então p deve ser independente dos outros $b, c, \ldots$, como temos suposto, isto é, a não deve ser igual a zero, enquanto por outro lado cada uma das outras partes pode ser igual a zero. Eu tenho agora que mostrar que cada elemento do sistema, gerado por $p, b, c, \ldots$, pertence também ao sistema, gerado por $a, b, c, \ldots$, e reciprocamente, desde que os dois sistemas são gerados a partir do mesmo elemento inicial. O primeiro é claro imediatamente, porque p pertence ao sistema gerado por $a, b, c, \ldots$; o segundo precisa de uma demonstração mais detalhada. Cada elemento do sistema gerado por $a, b, c, \ldots$ a partir de um elemento inicial qualquer pode ser gerado a partir desse elemento inicial por uma mudança

$$q = a_1 + b_2 + c_2 + \ldots,$$

onde $a_1, b_2, c_2, \ldots$ são, respectivamente, da mesma espécie que $a, b, c, \ldots$. Para substituir agora a_1 pela magnitude p ou por uma magnitude que é da mesma espécie que esta, supomos, por enquanto, as magnitudes $p, a, b, c, \ldots$ como correspondentes e que $p_1, a_1, b_1, c_1, \ldots$ estão no mesmo sentido correspondente; como

$$p = a + b + c + \ldots,$$

então a mesma equação será válida, de acordo com o §18, para os segmentos correspondentes, logo

$$p_1 = a_1 + b_1 + c_1 + \ldots$$

e logo também
$$a_1 = p_1 - b_1 - c_1 - \ldots.$$

Se isso é substituído por a_1, temos

$$q = p_1 + (b_2 - b_1) + (c_2 - c_1) + \ldots;$$

isto é, o elemento em questão pode ser gerado a partir do elemento inicial por mudanças que são da mesma espécie que $p, b, c, \ldots$, ou seja, q pertence ao sistema, gerado por $p, b, c, \ldots$ a partir do mesmo elemento inicial. A identidade dos dois sistemas é assim demonstrada, e foi demonstrado que pode-se introduzir qualquer nova forma de mudança no lugar de qualquer uma das m maneiras que geraram originalmente o sistema desde que elas pertençam somente ao sistema dado e seja independente das outras (que foram preservadas). E como podemos continuar esta maneira de agir, resulta que podemos gerar o mesmo sistema por cada m formas de mudança deste que são independentes, ou:

> "Cada segmento de um sistema de m-ésimo escalão pode ser representado como a soma de m segmentos que pertencem a m maneiras de mudança independentes dadas do sistema, e isso sempre de um única maneira."

Assim, o sistema tornou-se independente da escolha das m maneiras independentes de mudança; resta a nós torná-lo independente do elemento inicial. Seja α o elemento inicial, suposto na origem; tomamos no lugar β um outro elemento do sistema como elemento inicial. Se γ é agora um terceiro elemento, então temos

$$[\beta\gamma] = [\beta\alpha] + [\alpha\gamma].$$

Se agora $[\beta\alpha]$ e $[\alpha\gamma]$ são representáveis pelas maneiras de mudança supostas, então também será o caso para $[\beta\gamma]$ como sua soma; isto é, cada elemento que pode ser gerado pelas maneiras de mudança supostas a partir de α, pode ser gerado também pelas mesmas maneiras a partir de cada outro elemento; então:

> "Todo sistema de m-ésimo escalão pode ser pensado como gerado por cada uma das m maneiras de mudança independentes deste; isto é, a partir de um desses

elementos todos os outros podem ser gerados por essas maneiras de mudança."

Assim, o sistema de escalão mais elevado é então apresentado como uma criação particular e existente em si mesma.

§ 21. Eu passo agora às aplicações e em primeiro lugar às da geometria; eu quero contudo preliminarmente ensaiar um esboço ao menos vagamente de um princípio puramente científico da própria geometria, e isso independentemente de nossa ciência, para melhor dominar assim a concordância e a diferença na abordagem das duas disciplinas. A saber, eu sustento que a geometria carece sempre de um início científico e que o fundamento para todo o seu edifício sofreu até agora um defeito que torna necessária uma transformação completa da mesma. Se eu formulo uma tal afirmação que ameaça perturbar o edifício consagrado por milênios, então eu não tenho o direito de fazê-lo sem justificá-lo pelas razões mais decisivas. O defeito do qual eu quero provar a existência é mais facilmente perceptível pelo conceito de plano. A forma seguinte pela qual este é definido nos trabalhos que eu tomei conhecimento, faz a hipótese de que uma linha reta, que tem dois pontos em comum com o plano, pertence inteiramente a ele; seja que nós supomos tacitamente isso*), seja que isso faz parte da definição do plano, ou seja que nós o fazemos um axioma particular. O primeiro se mostra imediatamente como sendo não científico, mas o segundo, como vou mostrar agora, também pouco pode reivindicar o espírito científico. Pois é claro que o plano já está determinado, seja como a totalidade das paralelas que podem ser traçados por uma reta em uma direção que não está contida nela, seja como a totalidade das retas que podem ser traçadas a uma reta a partir de um ponto. Resta-nos agora, por exemplo, à primeira determinação, assim é claro como devemos demonstrar primeiro que cada linha reta que cruza duas de

---

*) Assim em Euclides.

suas paralela também deve cruzar todas as outras, teorema que não pode ser demonstrado sem vários teoremas auxiliares. Se definirmos agora o plano, por exemplo, como uma superfície que contém inteiramente todas as linhas retas tendo dois pontos em comum com ele, então é evidente como fazemos assim entrar a fraude, escondida sob esta definição, do teorema estabelecido previamente no domínio da geometria. E por tão pouco um matemático não aceitaria que se queira evitar a demonstração do teorema de que os lados opostos dos paralelogramos são do mesmo comprimento em definindo o paralelogramo como um quadrilátero cujos lados opostos são do mesmo comprimento e paralelos, também temos pouco direito de aceitar que o teorema supramencionado seja introduzido ilegitimamente na geometria por uma tal definição do plano. Se nós quiséssemos persistir então na abordagem tradicional da geometria, restaria apenas transformar esse teorema em axioma. Somente, se um axioma pode ser evitado sem a necessidade de introduzir outro, isso deve ser feito, mesmo que isso provoque uma reviravolta total da ciência inteira, porque, fazendo isso, a ciência por essência ganha necessariamente em simplicidade. Partindo agora sob este defeito*), cuja presença nós esperamos ter mostrado a fim de encontrar as causas, nós descobrimos que essas causas residem na concepção insuficiente dos axiomas geométricos. Deve-se primeiro observar que muitas vezes, ao lado de verdadeiros axiomas que exprimem intuições geométricas, o mesmo nome é dado a teoremas totalmente abstratos tais como: "se duas magnitudes são iguais a uma terceira, elas são iguais entre si", que não merecem em absoluto esse nome se entendermos de uma vez por todas por axiomas as verdades supostas. Com efeito, eu creio ter provado mais acima (§ 1), que o teorema que acabamos de indicar expressa

---

*) Certamente, pode ser que haja uma representação que tenha evitado esse defeito sem que tivesse chegado ao meu conhecimento. Como no entanto, com uma tal representação, a teoria das paralelas, aquela cruz dos matemáticos, teria que ser esclarecida, então eu poderia supor com uma certeza bastante considerável que tal representação ainda inexistia.

apenas o conceito de igual; e é o mesmo para os outros teoremas abstratos que conduzem essencialmente ao fato de que o que é gerado da mesma maneira a partir do igual é ainda igual. Entretanto, o próprio Euclides permanece imune à reprovação de misturar axiomas com conceitos supostos; ele computou os primeiros entre seus postulados (αἰτήματα), enquanto que ele separou os últimos como conceitos gerais (κοιναὶ ἔννοιαι); um procedimento que não era mais compreendido por seus comentadores e que também tem sido pouco imitado entre os novos matemáticos, em detrimento da ciência. De fato, as disciplinas abstratas das matemáticas não conhecem em absoluto os axiomas; mas a primeira demonstração se faz aqui pela justaposição das explicações não utilizando outra lei do prolongamento além da lei lógica em geral; a saber: o que é dito aqui de uma série de coisas no sentido de que deve ser verdadeiro para cada coisa singular, pode ser verdadeiramente dito de cada coisa singular que pertence à série. E nenhum matemático pode tomar como um axioma essa lei de prolongamento que não contém nada mais, como nós vemos, que uma reflexão sobre o que queremos dizer aqui com o teorema geral; abusivamente isso se produz na lógica, onde pode até acontecer o que nós demonstramos.

§ 22. Na geometria restam portanto como axiomas apenas as verdades extraídas da intuição do espaço. Esses axiomas serão então tomados corretamente se eles dão em sua totalidade a intuição completa do espaço, e se nenhum axioma for colocado que não contribua para completar essa intuição. Aqui aparece agora a verdadeira causa do início defeituoso da geometria em sua apresentação atual; a saber, em parte são esquecidos axiomas que expressam intuições espaciais originais e que devem ser tacitamente assumidos quando sua aplicação se torna necessária, em parte são estabelecidos axiomas que não expressam uma intuição fundamental do espaço e que resultam portanto, após uma consideração mais detalhada, supérfluos; e, em todos os casos, os axiomas dão em sua totalidade a impressão de um agregado de frases as mais claras que são arranjadas de modo que se possa demonstrar da maneira mais cômoda possível. — Os axiomas da geometria como devemos supor expressam por outro lado as propriedades fundamentais do espaço, tal como são dadas à nossa imaginação na origem; a saber, eles expressam a simplicidade e a restrição relativa de espaço. — A simplicidade do espaço é expressa no axioma:

> "O espaço é constituído da mesma maneira em todos os lugares e em todas as direções; isto é, em todos os lugares e em todas as direções as mesmas construções podem ser executadas."

Este axioma já está dividido de acordo com seu enunciado em dois axiomas, um dos quais coloca a possibilidade de deslocamento e o outro a possibilidade de rotação, a saber:

> 1) "que uma igualdade é imaginável se o lugar é diferente;"

> 2) "que uma igualdade é imaginável se a direção é diferente, e notadamente também se as direções forem opostas."

Chamando iguais e sincrônicas*) construções que se realizam exatamente da mesma maneira em lugares diferentes, que se distinguem portanto apenas em relação a seus lugares, chamando absolutamente iguais construções que se distinguem apenas em relação a seus lugares e suas direções e sobretudo chamando iguais e avançando em sentidos opostos (ou simplesmente opostos) as construções que são realizadas em lugares diferentes da mesma

---

*) Nós seguiremos mais aqui a maneira habitual de ver substituindo somente o conceito de paralelo por aquele mais precisos de síncrono e de ir em sentidos opostos (ver acima); caso contrário, seria mais conveniente introduzir em seu lugar uma expressão mais simples, como por exemplo "completamente igual".

maneira em direções opostas, e mantendo essas designações também para os resultados das construções, nós podemos expressar de uma forma mais decisiva esses dois axiomas, se fazemos novamente emergir do segundo teorema parcial:

> 1) "O que é efetuado por construções iguais e síncronas é em si mesmo igual e síncrono."
>
> 2) "O que é efetuado por construções opostas é em si mesmo oposto."
>
> 3) "O que é efetuado por construções absolutamente iguais (mesmo em lugares diferentes e em diferentes direções) é absolutamente igual."

Os dois primeiros desses três axiomas constituem a condição positiva para a parte da geometria que corresponde à primeira parte de nossa ciência. A restrição relativa de espaço é representada pelo axioma:

> "O espaço é um sistema de terceiro escalão."

Para compreender isso, devem preceder explicações e determinações como demos acima na ciência abstrata.

§ 23. A evidência imediata desses axiomas e sua necessidade absoluta se apresentam imediatamente a todos: sem o primeiro axioma não há linha reta, sem o segundo não há plano*), sem o terceiro nenhum ângulo é possível, enquanto o último axioma representa o próprio espaço em si mesmo em sua tripla extensão, e embora esses axiomas sejam esquecidos na maioria das representações ordinárias, não é difícil indicar os lugares onde eles são usados tacitamente. Que isso seja suficiente para a geometria só pode ser totalmente explicado pelo desenvolvimento da geometria em si a partir de sua origem. Continuamos no entanto aqui em

---

*) Veja acima.

nosso procedimento, que indica em vez de explicar. Pode ser observável que tenhamos omitido aqui como axioma o teorema de que há apenas uma linha reta entre dois pontos, ou, como o exprime Euclides, que duas linhas retas não podem compreender um espaço entre elas (χωρίον); mas isso é encontrado no primeiro axioma, corretamente entendido. Isto é, se duas linhas retas, que têm um ponto em comum, tivessem também um segundo ponto em comum, então o espaço neste segundo ponto seria constituído de uma maneira diferente nos outros pontos se as linhas retas não tivessem em comum também todos os outros pontos, consequentemente em total coincidência. Se essa demonstração, que seria muito mais rigorosa em uma verdadeira explicação da ciência, parece ter um cunho muito filosófico, podemos sempre para a apresentação matemática colocar o teorema como um axioma parcial, se somente se percebe sua afinidade com esse primeiro axioma*). Para designar duas magnitudes como iguais e síncronas, nos serviremos, no desenvolvimento a seguir, de um sinal (#) que é combinado do sinal igual (=) e o sinal paralelo (//). — Se agora dois segmentos AB e BC são opostos a outros dois DE e EF (cf. Fig. 6), de sorte que

$$AB \# ED, \quad BC \# FE,$$

então, de acordo com o segundo axioma, AC deve também se oposto a DF, isto é,

$$CA \# DF.$$

Portanto, se C é levado a D, CA deve ser levado sobre DF, então A está em F; e os quatro segmentos formam um quadrilátero $ABCE$. Assim: "se dos quatro lados de um quadrilátero, descritos continuamente um após o outro, dois são opostos, os outros**)

---

*) Geralmente a dissociação em tantos axiomas singulares quanto possível é particular e útil ao método matemático, veja também Introdução, nº 13.
**) Aqui deve ser sempre lembrado que, segundo o que foi dito acima, por segmentos opostos se compreendem segmentos iguais mas indo em sentidos opostos. O teorema sob a forma: "se em

dois também o são." Ou, se uma formação espacial qualquer, que permanece paralela a si mesma, avança de sorte que um ponto descreve uma linha reta, então todos os outros pontos descrevem também linhas retas iguais e sincrônicas à primeira. Daqui segue-se facilmente que, se duas linhas retas paralelas são interceptadas por uma terceira e se traçamos uma paralela à esta terceira linha que intercepta uma dessas paralelas, a nova linha reta deve também interceptar a outra dessas paralelas (e dessa maneira resulta em um quadrilátero, em que os lados opostos têm o mesmo comprimento), ou mais geralmente: se gerarmos um plano traçando paralelas em todos os pontos de uma determinada linha reta, então cada linha reta, traçada paralelamente à linha dada em um ponto do plano pertence inteiramente ao plano. Chamando as direções da linha reta dada e das paralelas, que são traçadas em seus pontos, as direções fundamentais do plano, podemos dizer que cada linha reta, que é traçada em um dos pontos do plano em uma de suas direções fundamentais, pertence inteiramente a este plano. Daqui resulta finalmente que cada linha reta, que liga dois pontos do plano, pertence inteiramente a este plano. A demonstração pode ser dada de maneira totalmente análoga à da apresentação na ciência abstrata, tal como foi dada no §18. Ou seja, se aqui também de um ponto α do plano outro ponto β do mesmo plano é gerado pelos deslocamentos *a* e *b* que pertencem às direções fundamentais, podemos gerar exatamente da mesma maneira que foi mostrado no §18, repetindo este deslocamento e os que lhe são inversos, uma série infinita de pontos que caem todos na mesma reta e pertencem ao plano dado; ligando continuamente em sequência β e α, obtemos essa linha reta completamente, e utilizando finalmente o conceito de correspondência da mesma maneira que então, podemos gerar uma linha reta, que liga dois pontos dados quaisquer do plano e que pertence a inteiramente ao plano. Mas como entre dois pontos uma

---

um quadrilátero dois lados são paralelos e iguais, então o mesmo é verdadeiro para os outros dois", geralmente não é mais verdadeiro se também assumirmos quadriláteros com lados que se cruzam.

só linha reta é possível, é necessário também que cada linha reta, que liga dois pontos do plano, e a linha gerada previamente entre esses dois pontos, coincidam entre si, isto quer dizer que a primeira linha deve pertencer inteiramente ao plano. Essas indicações devem ser suficientes para dar um conceito provisório de um começo científico da geometria.

§ 24. A seguir nós fazemos uma série de exercícios geométricos que podem ser resolvidos pelo método que acabamos de dar neste capítulo e, sem permitir a utilização do compasso, nós supomos apenas que podemos traçar uma linha reta por dois pontos, dos quais um pode ser um ponto no infinito, e que podemos tomar um plano que passa por três pontos, que não fazem parte da mesma reta. Ao dizer que um ponto no infinito também pode ser incluído no primeiro caso, nós queremos expressar assim a exigência de traçar uma paralela a uma linha reta dada. As exigências mencionadas são em suma as únicas que nós estabelecemos para a parte da geometria que corresponde à primeira parte de nossa ciência*).

E x e r c í c i o 1. Traçar um segmento AX, que é igual e síncrono a um dado segmento BC (cf. Fig. 7).

S o l u ç ã o. Traçamos AD paralela à BC e CE paralela à BA; então a interseção dessas duas linhas é o ponto procurado X. Se em particular o ponto A faz parte da linha reta BC, então tomamos um ponto D fora desta e fazemos, de acordo com o procedimento que acabamos de dar, $DE \# DC$ e $AF \# DE$; então F é o ponto X procurado.

---

*) Não temos por hábito incluir a exigência de traçar uma paralela a uma linha reta dada entre os postulados; no entanto, basta considerar isso como um caso especial da exigência de conectar dois pontos entre si por uma linha reta. Se não queremos admitir esta exigência, então a série de teoremas e exercícios restritos a um único traçado de linha reta torna-se inteiramente estéril porque então não se pode sequer dominar a projeção onde pontos a uma distância finita podem se alinhar ao infinito, e inversamente.

Exercício 2. Separe em um número dado qualquer de partes iguais um segmento. A solução pode ser reduzida à solução habitual por meio da construção dada no exercício precedente.

Exercício 3. Encontrar o ponto X que satisfaz a equação*) $[AX] = [BC] + [DE]$ (cf. Fig. 8).

Solução. Fazemos $AF \# BC$ e $FG \# DE$, então G é o ponto procurado.

Exercício 4. Encontrar o ponto X que satisfaz a equação $[AX] = [BC] - [DE]$.

Para os teoremas e exercícios seguintes eu quero introduzir algumas notações que são essenciais para facilitar a forma de se expressar. A saber, eu entendo por d e s v i o do ponto A em relação a outro ponto B o segmento BA cuja direção e comprimento são fixos, e eu entendo por d e s v i o t o t a l de um ponto R em relação a uma série de pontos $A, B, C, \ldots$ a soma dos desvios deste ponto dos pontos singulares desta série, isto é, a soma $[AR]+[BR]+[CR]+\ldots$, onde, como é evidente, entendemos por soma o conceito tal como é desenvolvido no que precede. Daqui segue-se claramente que o desvio total de uma série de pontos $A, B, C, \ldots$, em relação ao ponto R é representado pela soma $[RA] + [RB] + [RC] + \ldots$. Agora, substituindo, de acordo com o conceito geral de soma (§ 19), $[AB]$ por $[AR] + [RB]$ ou por $[RB] - [RA]$, substituindo igualmente $[CD]$ pela expressão $[RD] - [RC]$ etc., e escrevendo depois $[RA], [RC]$, com o sinal oposto no outro membro da equação, eu posso deduzir, de uma equação

1), $\qquad [AB] + [CD] + [EF] + \ldots = 0$

a equação

2) $\qquad [RA] + [RC] + [RE] + \ldots = [RB] + [RD] + [RF] + \ldots,$

---

*) Eu me sirvo aqui das designações de segmentos introduzidas na ciência abstrata escrevendo $[AB]$ o segmento de direção e comprimento fixados; é também por isso que o sinal é de novo o usual.

onde os dois membros contêm o mesmo número de termos. Essa reorganização simples conduz diretamente a uma série dos teoremas mais belos e simples, se levarmos em conta apenas que podemos recuperar a primeira equação da segunda pelo processo recíproco. Ou seja, inicialmente:

> "Se o desvio total de um ponto R em relação uma série de pontos é igual ao desvio total do mesmo ponto em relação a outra série de pontos, que, no entanto, contém o mesmo número de pontos que a primeira, então a mesma coisa é verdadeira para qualquer outro ponto que pode ser tomado por R; e, além disso, a soma dos segmentos, que são traçados dos pontos de uma sequência aos pontos correspondentes da outra, é igual a zero, qualquer que seja a maneira como essas duas sequências são postas como correspondentes."

Além disso:

> "Se a soma de vários (m) segmentos for igual a zero, esta soma permanece igual a zero, se permutarmos os pontos iniciais, ou também os pontos finais, de alguma forma qualquer (se por exemplo colocarmos AD e CB ao em vez de AB e CD); e, além disso, o desvio total dos pontos finais em relação à qualquer ponto R é sempre igual ao desvio total dos pontos iniciais do mesmo ponto R."

Como casos particulares desses teoremas gerais se apresentam àqueles em que alguns pontos, ou todos os pontos, de uma ou outra sequência coincidem uns com os outros. Se todos os m pontos de uma sequência coincidem em um ponto S, temos, como o desvio total desses m pontos é igual agora ao desvio tomado m vezes desse ponto S, os teoremas sob a forma seguinte:

> "Se o desvio total de uma sequência, que contém m pontos, em relação a um ponto R é igual ao desvio de

um ponto S, tomado m vezes, em relação ao mesmo ponto R, a mesma coisa é verdadeira para qualquer outro ponto, que pode ser tomado para R, e o desvio total desta sequência de pontos em relação ao ponto S é igual a zero",

e reciprocamente:

"Se o desvio total de um ponto S em relação a uma sequência de m pontos é igual a zero, então o desvio total de um ponto R qualquer em relação a essa sequência é igual ao desvio do mesmo ponto, tomado m vezes, em relação a S."

Do último teorema segue que não há outro ponto além do ponto S que satisfaz a mesma condição; é por isso que podemos designá-lo por um nome simples, e o chamamos de c e n t r o desta série de pontos*). Por c e n t r o de uma sequência de pontos entendemos então o ponto cujo desvio total em relação à esta sequência é igual a zero. Do primeiro desses dois teoremas segue uma construção extremamente fácil do centro. A saber, se for necessário buscar o centro de m pontos, desenhamos de um ponto R qualquer os segmentos à esses pontos e igualamos RS à m-ésima parte da soma desses segmentos (de acordo com os exercícios 3 e 2), então S é o centro. Se em todos os teoremas precedentes ainda fazemos coincidir alguns pontos, obtemos então pontos múltiplos, ou pontos com coeficientes correspondentes, e para estes os mesmos teoremas continuam válidos; por exemplo: se são dados m pontos $A_1, \ldots, A_m$ com os coeficientes correspondentes $\alpha_1, \ldots, \alpha_m$ e n pontos $B_1, \ldots, B_n$ com os coeficientes correspondentes $\beta_1, \ldots, \beta_n$, e se além disso $\alpha_1 + \ldots + \alpha_m = \beta_1 + \ldots + \beta_n$, então temos sempre, se o desvio total

---

*) Eu já justifiquei em outro lugar a utilização deste nome em vez do usual centro de distâncias médias (*Journal für die reine und angewandte Mathematik* de Crelle, vol. XXIV.).

da primeira associação em relação a um ponto R qualquer é igual ao desvio total da segunda em relação ao mesmo ponto R, isto é,

$$\alpha_1[RA_1] + \ldots + \alpha_m[RA_m] = \beta_1[RB_1] + \ldots + \beta_n[RB_n],$$

a mesma coisa é verdadeira para qualquer outro ponto que é tomado para R. — Os outros teoremas podem ser modificados da mesma forma. — Antecipamos aqui, para dar uma visão do conjunto, o conceito do número o qual não poderia ainda ser questão da ciência abstrata.

§ 25. A aplicação de nossa ciência à estática e à mecânica é especialmente apropriada para trazer à luz o significado desta. Para fundamentar tudo desde o início, vamos primeiro examinar as leis fundamentais de Newton; a primeira*) consiste de duas partes de natureza diferente, uma das quais, a saber, que cada corpo permanece em estado de repouso até que uma força o ponha em movimento, é dada pelo conceito de força como a causa do movimento, enquanto a outra parte expressa que cada corpo em movimento mantém o mesmo movimento enquanto uma força não opere sobre ele, i.e., que ele percorre no mesmo tempo sempre os mesmos segmentos (no sentido de nossa ciência, ou seja, de igual comprimento e síncrono). Mas como esse movimento contínuo se apresenta como uma força persistente, podemos expressar essa lei de maneira ainda mais simples:

> "Cada operação de uma força sobre a matéria é também a comunicação de uma força que permanece sempre igual a si mesma (isto é, permanece uniformemente intensa e paralela)."

Esta força comunicada, que é inerente à matéria após a comunicação, deve ser claramente distinguida da força que opera

---

*) "Corpus omne perseverare in statu suo quiescendi vel movendi uniformiter in directum, nisi quatenus a viribus impressis cogitur statum illum mutare."

na matéria (e que, portanto, tem sua sede em outro lugar). A segunda lei fundamental de Newton*) também consiste em duas partes de natureza diferente e cada uma delas contém uma hipótese fundamental que, no entanto, está um pouco oculta na expressão newtoniana do teorema. A saber, se este teorema se toma fora do contexto, parece significar que, se se pensa que diferentes forças operam na mesma partícula, os movimentos transmitidos são proporcionais e colocados na mesma direção; porém esta não seria uma lei fundamental, mas apenas a aplicação do conceito de força, pois a força, como suposta a causa do movimento, só poderia ser determinada e medida por essa força. Mas segue do contexto que este não deve ser o sentido deste teorema; e vemos que este quer expressar, por um lado, como a mesma força atua sobre massas diferentes e, por outro, como a mesma força atua sobre o mesmo corpo em diferentes estados de seu movimento; isto é, como a força operante se une a outra força que já é inerente ao corpo. Este segundo ponto é expresso de tal maneira que a mudança de movimento ocorre então na direção em que a força opera e em proporção a ela. Se entendemos este conceito de mudança da força inerente por aquela que se une mais exatamente, não é outra coisa senão o que entendemos por adição, desde que imaginamos as forças como segmentos. É por isso que é melhor expressar esta parte da lei fundamental assim:

"Duas forças, que são comunicadas ao mesmo ponto se adicionam."

Se descartarmos o que já está incluído no conceito de força ou o que dele pode ser deduzido, a outra parte dessa lei torna-se a lei fundamental:

---

*) "Mutationem motus proportionalem esse vi motrici impressae et fieri secundum lineam rectam, qua vis illa imprimitur."

"Duas partículas materiais que sofrem as mesmas influências de qualquer força motriz, também sofrem as mesmas influências de todas as outras forças motrizes."

Chamamos então iguais em relação à sua massa duas partículas tais que podemos imaginá-las como pontos ou como partes de uma extensão infinitamente pequena. Uma análise mais exata mostraria facilmente que essa lei é a verdadeira base dessa parte da lei fundamental newtoniana; a demonstração, no entanto, me levaria longe demais aqui. É, por outro lado, necessário notar como obtemos assim uma medida precisa e geral das forças, podendo igualar a força, se ele é sempre inerente a uma partícula, com o segmento que descreve na unidade de tempo a partícula material cuja massa está fundamentada como a unidade das massas; ou seja: a força, que é inerente à unidade de massa, é igual a sua velocidade. Podemos finalmente expressar a terceira lei newtoniana, sobre a igualdade da ação e da reação*), assim:

"Se duas partículas de mesma massa operam uma sobre a outra, então a soma de seus movimentos permanece sempre a mesma como se não estivessem operando uma sobre a outra."

É claro ademais que as quatro leis que acabamos de apresentar, de persistência, de adição de forças, de mesma massa e de influências mútuas representam ao todo uma única lei principal, a saber, que as forças são mantidas na sua totalidade. A lei da persistência expressa a conservação da força singular da partícula singular, a lei da adição expressa a conservação de duas forças da partícula singular, em sua soma, a última lei expressa a conservação da força total por uma influência mútua, que a terceira lei já supõe por sua vez, porque ela ensina a encontrar, fundando o conceito de

---

*) "Actioni contrariam semper et aequalem esse reactionem: sive corporum duorum actiones in se mutuo semper esse aequales et in partes contrarias dirigi."

massa, a força total de uma associação de pontos pela soma das forças que sofrem os pontos singulares, que têm a mesma massa.

§ 26. Assim nós podemos estabelecer imediatamente por combinação desses teoremas o teorema geral:

> "A força total (ou movimento total) inerente a uma associação de partes materiais, num tempo dado qualquer, é a soma da força total (ou movimento total), que era inerente a ela num tempo posto qualquer, e de todas as forças que lhe foram comunicadas do exterior durante o tempo intermediário; ou seja, se aqui todas as forças forem entendidas como segmentos de direção constante e de comprimento constante e se forem referidas a pontos de mesma massa."

Ou seja, de acordo com o § anterior, a força inerente e o movimento inerente são idênticos. A demonstração deste teorema está completamente preparada nas leis fundamentais, tais como nós as temos transformado considerando os conceitos de nossa ciência. Cada força singular se conserva, toda força que operada novamente se adicionam, e as forças mútuas de dois pontos quaisquer de mesma massa não mudam a força total dos dois pontos, portanto todas as forças mútuas da associação total de pontos também não alteram a força total dela. Uma consequência especial deste teorema é que a força total, ou o movimento total, inerente à associação permanece constante, desde que nenhuma força externa seja adicionada a ela. Se p é a força total que é em um dado instante inerente a uma associação de m pontos de mesma massa, cuja massa nós definimos como uma unidade, e se $\alpha_1, \ldots, \alpha_m$ são os lugares desses pontos neste instante, e se $\beta_1, \ldots, \beta_m$ são os lugares que os pontos alcançarão após uma unidade de tempo se a força total permanecer constante, então temos a equação

1) $\qquad [\alpha_1\beta_1] + \ldots + [\alpha_m\beta_m] = p.$

Queremos agora relacionar tudo a um ponto do sistema que deixamos, porém, por enquanto completamente indeterminado e que determinaremos mais tarde de modo que seu movimento se apresente em sua totalidade. Seja α a posição deste ponto neste momento; seja β a força total constante, a posição do ponto após uma unidade de tempo, então temos

$$[\alpha_1\beta_1] = [\alpha_1\alpha] + [\alpha\beta] + [\beta\beta_1]$$

de acordo com a definição geral da soma. Mas como $[\alpha\beta]$ aparece m vezes, se fizermos tal substituição em todos os termos da equação (1), então

2) $\qquad ([\alpha_1\alpha] + \ldots + [\alpha_m\alpha]) + m[\alpha\beta] + ([\beta\beta_1] + \ldots + [\beta\beta_m]) = p.$

Se agora determinarmos o ponto α como o centro dos pontos $\alpha_1, \ldots, \alpha_m$ e β como o centro dos pontos $\beta_1, \ldots, \beta_m$, então os termos da soma desaparecem, porque o desvio total de uma série de pontos em relação ao seu centro se anula de acordo com o § 24, e temos

3) $\qquad m[\alpha\beta] = p \quad \text{ou} \quad [\alpha\beta] = \dfrac{p}{m},$

isto é, se substituirmos o nome centro por centro de gravidade, como é usual na estática, e chamarmos m a massa de toda a associação:

> "O caminho que o centro de gravidade descreveria em unidade de tempo, se a força total inerente à associação permanecesse constante durante esse tempo — ou, mais

simplesmente, — a velocidade do centro de gravidade, é igual a força total dividida pela massa."

Mas como a mesma equação (3) também valeria se todos os m pontos estivessem unidos em um único ponto, podemos dizer:

"O movimento do centro de gravidade de um sistema é o mesmo, como se toda a massa do sistema fosse inerente a ele e todas as forças, que operam no sistema, operassem somente nele."

§ 27. Com esta argumentação extremamente simples está representado tudo o que é deduzido nos tratados de mecânica até hoje por cálculos meticulosos e tudo o que se encontra desenvolvido, por exemplo, em *La Grange, Mécanique analytique*, págs. 45-48 e 257-262 da última edição. — E nosso desenvolvimento teria sido ainda mais simples, se pudéssemos nos servir dos conceitos e das leis do cálculo que serão desenvolvidos nos próximos capítulos. Mas a vantagem mais essencial de nosso método não é a brevidade, mas sim que cada progresso no cálculo é ao mesmo tempo a pura expressão do desenvolvimento conceitual, enquanto no método até agora conhecido o conceito é completamente colocado em segundo plano pela introdução de três eixos coordenados arbitrários. E espero já ter submetido à intuição a vantagem da nova análise pelo desenvolvimento aqui apresentado, embora a vantagem se torne cada vez mais evidente com cada progresso de nossa ciência e não pode surgir em toda a sua clareza até depois da realização do todo.

Capítulo Segundo

Multiplicação Exterior de Segmentos

---

§ 28. Partimos primeiro da geometria para obter a analogia de acordo com a qual a ciência abstrata deve proceder, e por ter sob os olhos, de uma vez, uma ideia intuitiva que nos conduzirá nos caminhos desconhecidos e frequentemente árduos do desenvolvimento abstrato. Obtemos uma formação espacial de escalão superior à partir de um segmento, se fazemos percorrer a todo o segmento, isto é, a cada ponto dele, um novo segmento de natureza diferente do primeiro; de modo que todos os pontos constroem um segmento igual. A superfície assim gerada é da forma de um *Spatheck* (paralelogramo). Igualamos agora duas destas superfícies que pertencem ao mesmo plano, se, durante a transição da direção do segmento movido na direção do segmento construído pelo movimento, devemos girar nos dois casos para o mesmo lado (por exemplo para à esquerda nos dois casos), e consideramos desiguais as duas superfícies, se for necessário virar para o lado oposto; assim obtemos imediatamente a lei seguinte que é tão simples quanto geral:

"Se, no plano, um segmento se desloca sucessivamente
  por um número qualquer de segmentos, então a

superfície assim descrita (se colocarmos os sinais das superfícies singulares constituintes da maneira indicada) é igual ao espaço que se obtém quando se desloca o segmento pela soma desses segmentos",

ou,

"Se, no plano, um segmento é deslocado entre duas paralelas fixas, de modo que ele se encontre no início em uma e no final na outra, então a superfície total assim gerada é sempre a mesma, qualquer que seja o caminho (reto ou quebrado), que se toma, desde que se mantenha a lei dos sinais suposta."

Esse teorema resulta imediatamente do teorema conhecido que dos paralelogramos que partem da mesma base à mesma paralela tem a mesma superfície. Como esse teorema resulta se deduz facilmente da figura (cf. Figura 9), a saber, se tomarmos inicialmente as linhas retas infinitas *ab* e *cd* como as paralelas fixas, e se compararmos as superfícies que resultam quando, por um lado *ab* deslocou-se segundo o segmento *ac*, e por outro, segundo a linha quebrada *aec*, então é suficiente observar a figura para se convencer, considerando o teorema supracitado, de sua igualdade. Mais igualmente: se tomarmos *ab* e *ef* como sendo fixos e se se comparam as superfícies que resultam, se *ab* é por um lado, deslocando de *ae* e, por outro, de *ac* e depois de *ce*, nos convencemos facilmente também neste caso da validade do teorema supracitado, se temos em conta somente que as superfícies que se formam por um movimento do segmento *ab* nas direções *ac* e *ce* são de sinais contrários, então temos por soma a diferença das superfícies absolutas. Daí resulta, por uma aplicação repetida, o teorema à demonstrar.

§ 29. No fundo, é claro que os teoremas dados ainda são verdadeiros (pelas mesmas razões) se se trocar nos *Spathecken*, especificando em todos ao mesmo tempo, o lado movido e o lado que mede o movimento. Então nós temos o teorema:

> "A superfície que uma linha quebrada descreve no plano, é igual àquela descrita pela linha reta que tem o mesmo ponto inicial e final que ela",

ou,

> "A superfície total, que os lados de uma figura fechada descrevem ao longo de seu deslocamento no plano, é sempre nula."

Por meio dos conceitos desenvolvidos na teoria geral das formas (§ 9), resulta dos teoremas deste § e de àquele precedente, que a ligação dos dois segmentos a e b, cujo resultado é a superfície que é gerada quando se desloca o primeiro segmento pelo segundo, é uma ligação multiplicativa: porque, como vemos imediatamente, para a ligação é válida esta relação com o adição que faz dela uma multiplicação. A saber, escolhemos por enquanto ainda o sinal geral de ligação ($\frown$) para designar esta espécie de ligação e escrevemos primeiro o segmento movido, então temos do § anterior

$$a \frown (b+c) = a \frown b + a \frown c$$

e segundo os teoremas desse §

$$(b+c) \frown a = b \frown a + c \frown a.$$

De acordo com o § 9 estas relações são as que fazem uma ligação ser uma multiplicação. Queremos dar na apresentação rigorosamente científica a característica particular dessa multiplicação e a maneira de chamar e designar baseada nessa característica.

§ 30. A justificativa mais eloquente do conceito de adição estabelecido no capítulo anterior é dada pela relação que acabamos de apresentar aqui. De fato, se temos uma equação cujos membros são segmentos no mesmo plano mas de direções diferentes, o que não é verdade quando os segmentos são substituídos por seus comprimentos, e se fizermos assim dessa equação uma equação algébrica, então podemos esclarecer imediatamente essa aparente dissonância entre as equações geométricas e algébricas deslocando todo o sistema desses segmentos no mesmo plano e introduzindo na equação das superfícies que se formam assim, ou, dito de outro modo, se multiplicarmos a equação por um segmento do mesmo plano. A equação assumida é agora igualmente verdadeira de maneira algébrica para as superfícies assim formadas, como acabamos de mostrar, desde que se observe a lei dos sinais indicada. É igualmente claro que, só agora porque as superfícies se tornaram da mesma espécie como partes do mesmo plano, o conceito de adição algébrica p o d e ser aplicado. Essa aparente dissonância continua a existir no entanto se os segmentos não são todos parte de um mesmo plano, precisamente porque então as superfícies que são formadas pelo deslocamento pertencem também a diferentes planos e devem ser entendidas como sendo de espécies diferentes. Mas aparentemente essa disparidade é removida se ainda movermos a totalidade dessas superfície em outra direção e se olharmos os sólidos que são assim formados, porque eles pertencem a um mesmo e único espaço infinito, são entre eles da mesma espécie. E se observa facilmente que, se partirmos da igualdade entre os *Spathe* (paralelepípedos)*) que estão localizados entre os mesmos planos paralelos, podemos demonstrar para eles a validade algébrica das equações que se formam da maneira que acabamos de indicar para os *Spathecke* (paralelogramos), e que podemos estabelecer em geral os mesmos teoremas correspondentes aos teoremas acima. Depois de haver submetido assim à intuição o conceito da multiplicação para a geometria, podemos agora retornar à nossa ciência e seguir

---

*) A expressão "Spath" no lugar de "paralelepípedo" não precisa de explicação, deduz-se do nome "Spatheck".

nela o caminho puramente abstrato e independente de qualquer consideração de espaço.

§ 31. No primeiro capítulo nós consideramos as extensões como elas resultaram de um elemento por geração simples; e nós submetemos completamente à consideração a ligação destas extensões à condição de que extensões de mesmo espécie sejam formadas, isto é, extensões que são deriváveis da geração simples do elemento, e nós mostramos que essa ligação deve ser tomada por adição ou subtração. O desenvolvimento subsequente exige então a geração de novas espécies da extensão. A maneira dessa geração resulta imediatamente, por analogia, da maneira como a extensão de primeiro escalão foi gerada do elemento, submetendo agora da mesma forma todos os elementos de um segmento à uma outra geração; para precisar, a simplicidade da magnitude, que vai ser gerada de novo, exige a igualdade da maneira de gerar para todos os elementos, isto é, ele exige que todos os elementos desse segmento a descrevam um mesmo segmento b. O segmento a se apresenta aqui como aquele que gera, o outro segmento b como a medida da geração, e o resultado da geração é, se a e b são de espécies diferentes, uma parte do sistema de segundo escalão, determinado por a e b, deve então ser compreendido como uma extensão de segundo escalão. Se nós queremos agora, como a marcha da ciência exige, que a extensão de segundo escalão tenha a mesma relação com o sistema de segundo escalão que a extensão de primeiro escalão tem com o sistema de primeiro escalão, então é necessário primeiro que o sistema de segundo escalão seja simples, isto é, que ele deve ser compreendido como sendo constituído das partes da mesma espécie, e neste sentido a extensão de segundo escalão é tomada por uma parte desse sistema que contém nele partes desse, de onde resulta então que duas extensão de segundo escalão, que pertencem ao mesmo sistema de segundo escalão, se apresentam como sendo da mesma espécie, e é por isso que se eles são gerados no mesmo sentido, eles tem por soma sua união. Por enquanto, a saber, até esse de que nós temos determinado mais particularmente a natureza da ligação, nós denotamos agora o produto de a e b que resulta assim, por $a \frown b$, e nós entendemos por enquanto, "por $a \frown b$ onde a e b são dos segmentos, esta extensão, que é gerada, se cada elemento de a gera o segmento b, e, para precisar, essa extensão é tomada por uma das outras partes de mesma espécie do sistema de segundo escalão". Nós estendemos agora essa definição à um número qualquer de membros, e nós entendemos por enquanto: "por $a \frown b \frown c\ldots$, onde $a, b, c, \ldots$, são um número qualquer, por exemplo n, de segmentos, essa extensão que se forma, se cada elemento de a gera o segmento b, cada um dos elementos nascidos assim geram o segmento c, etc. e, para precisar, essa extensão é compreendida como sendo de mesma espécie que todas as outras partes do mesmo sistema de n-ésimo escalão. Nós chamamos a extensão assim gerada, extensão de n-ésimo escalão."

§ 32. Como definimos que as extensões de n-ésimo escalão, com a condição de que elas pertençam ao mesmo sistema de n-ésimo escalão, são entre elas da mesma espécie, então para sua soma é válido o conceito que nos estabelecemos no § 8 para a soma do que é da mesma espécie, a saber, que se o que é da mesma espécie é gerado no mesmo sentido (e não no sentido oposto), ela é o todo. Portanto, todas as leis da adição e da subtração são também válidas por essa ligação de extensões da mesma espécie. Para compreender agora a relação da nova espécie de ligação, apresentada no parágrafo anterior, com a adição, nós consideramos primeiro a adição de magnitudes de mesma espécie. Segue-se imediatamente aqui que se A e A_1 são duas magnitudes de extensão de mesma espécie de um escalão qualquer que são também geradas no mesmo sentido e se b representa um segmento, tem-se sempre

$$(A + A_1) \frown b = A \frown b + A_1 \frown b,$$

onde $A \frown b$ e $A_1 \frown b$ são por sua vez também da mesma espécie e onde o sinal da ligação deve representar a nova espécie de ligação. Para especificar, como $(A+A_1)$ é o todo de A e A_1 assim $(A+A_1) \frown b$ representa a totalidade dos elementos que são formados se cada elemento de A e de A_1 geram o segmento b, ou, o que significa a mesma coisa, se cada elemento de A gera o segmento b e igualmente cada elemento de A_1, isto é: é igual a $A \frown b + A_1 \frown b$. Mas resulta igualmente que

$$A \frown (b+b_1) = A \frown b + A \frown b_1$$

se b e b_1 são gerados no mesmo sentido. Como $A \frown (b+b_1)$ significa a totalidade dos elementos que se formam se cada elemento de A gera o segmento $(b+b_1)$, isto é, se cada elemento de A gera primeiro o segmento b, e se depois cada elemento de A modificado por b, gera o segmento b_1. Se primeiro cada elemento de A gera o segmento b, então a totalidade dos elementos gerados dessa forma é $A \frown b$; em seguida cada um dos elementos de A, depois de serem modificados por b, devem gerar o segmento b_1. Mas, nós mostramos no §19 que, se todos os elementos de um segmento são alterados da mesma forma, o segmento que resulta assim é igual ao segmento originário. Nós podemos agora transferir esse fato as extensões de um escalão qualquer, porque esses são representados como ligações de segmentos, elas são portanto consideradas como iguais, se os segmentos, pela ligação de quem eles são formados, são iguais. Portanto, a magnitude de extensão A permanece ainda igual a si mesma, depois que todos os seus elementos são modificados por b. Se agora todos os elementos de A, depois de serem modificados por b, geram o segmento b_1, então a mesma magnitude de extensão resultará, como se todos os elementos de A tivessem gerado imediatamente o segmento b_1, isto é, resultará a magnitude de extensão $A \frown b_1$. Portanto, o total as extensões $A \frown b$ e $A \frown b_1$

resultará, e seu conjunto será igual a $A \frown (b + b_1)$, isto é

$$A \frown (b + b_1) = A \frown b + A \frown b_1.$$

É claro que podemos estender à um número qualquer de fatores essa lei da relação para uma aplicação repetida desta. Como essa lei é, de acordo com o §9, a lei fundamental da multiplicação, nós diremos que a nova espécie de ligação tem a relação multiplicativa com a adição do que é gerado no mesmo sentido; assim todas as leis, derivadas da multiplicação (§10) são válidas aqui, e nomeadamente a lei fundamental permanecerá também válida se algumas das magnitudes são negativas, isto é, se elas são geradas no sentido oposto ao positivo. Mas temos reunido sob o nome do que é de mesma espécie tudo o que é gerado no mesmo sentido e no sentido oposto (§8) e nós podemos portanto dizer que nossa espécie de ligação tem, em geral, com a adição do que é da mesma espécie, a relação que tem a multiplicação com a adição*). Assim tem-se mostrado agora que nossa ligação é uma multiplicação de acordo com o §12, e nós introduzimos portanto imediatamente a notação multiplicativa. Do conceito dessa espécie de ligação, apresentada no § precedente, resulta imediatamente "que um produto, no qual dois fatores são de mesma espécie ou geralmente no qual os n fatores são dependentes entre si, isto é, que pertencem a um mesmo sistema de escalão menor que n, deve ser considerado como nulo"; aqui pertence também o caso, em que um dos fatores é nulo, contanto que de um lado o zero possa sempre ser pensado como estando dependente e que do outro o produto, forma com ele, seja nulo. Mas resulta também, inversamente, que, "se os fatores são independentes entre si, o produto tem sempre um valor não nulo", porque ele representa então uma parte precisa desse sistema de n-ésimo escalão. Nós só temos que mostrar que essa relação é

---

*) Ver aqui em particular §12, onde o fato que numa ligação as partes participam da mesma maneira é tomado como o princípio do desenvolvimento.

válida também para a adição dos segmentos de espécies diferentes. Esta será a tarefa do parágrafo seguinte.

§ 33. A relação geral para dois fatores repousa essencialmente no teorema, de que se b e b_1 são segmentos de mesma espécie,

$$(a+b_1).b = a.b \quad \text{e} \quad b.(a+b_1) = b.a.$$

Para demonstrar isto, seja $a = [\alpha\beta]$, onde α e β são elementos (cf. Fig. 10), e $b_1 = [\beta\gamma]$, então $a + b_1 = [\alpha\gamma]$ segundo a definição da soma (§ 19). Seja além disso

$$b = [\alpha\alpha'] = [\beta\beta'] = [\gamma\gamma'].$$

De acordo com essa notação a extensão $[\alpha\beta\beta'\alpha']$, se nós a tomarmos como a extensão limitada pelos os segmentos $\alpha\beta$, $\beta\beta'$, $\beta'\alpha'$, $\alpha'\alpha$, é igual a $a.b$, e a extensão $[\alpha\gamma\gamma'\alpha']$ é igual a $[\alpha\gamma].b$, ou seja, igual a $(a+b_1).b$, e a igualdade das duas extensões é o que falta demonstrar. Mediante o fato de que nós supomos que b e b_1 são de mesma espécie, os elementos β, γ, β', γ' pertencem ao mesmo sistema de primeiro escalão, e se nós supomos inicialmente que b e b_1 são também gerados no mesmo sentido (§ 8), então $[\beta\gamma]$ é gerado do mesmo sentido que $[\gamma\gamma']$, ou seja, γ está situado entre[*] β e γ', e igualmente $[\beta\beta']$ é gerado do mesmo sentido que $[\beta'\gamma']$, porque este último é, segundo § 19, igual a $[\beta\gamma]$, portanto β' está também situado entre os mesmos elementos, β e γ', e estes últimos são os mais separados dos quatro elementos mencionados. Daí resulta que

$$[\alpha\beta\beta'\alpha'] = [\alpha\beta\gamma'\alpha'] - [\alpha'\beta'\gamma']$$

e

$$[\alpha\gamma\gamma'\alpha'] = [\alpha\beta\gamma'\alpha'] - [\alpha\beta\gamma].$$

---

[*] O significado da expressão figurada utilizado aqui na ciência abstrata é considerado claro em si mesmo.

No entanto, a extensão [αβγ] e [α'β'γ'] são iguais, porque a última resulta da primeira por uma mudança de todos os elementos do segmento b enquanto que, segundo o §19, todos os segmentos permanecem iguais, então as extensões de segundo escalão também, porque cada extensão só representa um conjunto de segmentos. As extensões [αββ'α'] e [αγγ'α'] serão então também iguais, porque elas são formadas da mesma maneira à partir do que era igual; isto é*)

$$a \cdot b = (a + b_1) \cdot b.$$

Essa demonstração só é feita inicialmente para o caso onde b e b_1 são gerados no mesmo sentido; para estabelecer a validade da mesma lei também para o caso onde os dois segmentos são gerados no sentido oposto, seja $a + b_1 = c$, assim $a = c - b_1$, e nós obtemos

$$c \cdot b = (c - b_1) \cdot b \quad \text{ou} \quad = (c + (-b_1)) \cdot b,$$

ou seja, a lei que nós acabamos de apresentar, é também válida, se os segmentos que acabamos de notar b e b_1 são gerados no sentido oposto, portanto em geral se eles são da mesma espécie. Exatamente da mesma maneira resulta agora que se b e b_1 são da mesma espécie, então tem-se também

$$b \cdot (a + b_1) = b \cdot a.$$

Se aqui a é nulo, então temos $b \cdot b_1$ igual a zero, ou seja, o produto de dois segmentos de mesma espécie é nulo, como resulta também imediatamente do conceito.

§ 34. A mesma coisa pode-se demonstrar agora se no produto de vários fatores dois fatores consecutivos quaisquer são expandidos da maneira indicada. A saber, como o igual ligado ao igual da mesma

---

*) É fácil de ver que isto é apenas a demonstração transcrita na ciência abstrata do teorema geométrico correspondente.

maneira dá novamente o igual (§ 1), então é necessário também, se P designa uma série qualquer de fatores, que

$$(a + b_1) . b . P = a . b . P.$$

Em seguida pode-se mostrar que o valor absoluto permanece o mesmo se se permutam os fatores. A saber, $a . b . c \ldots$ significa a extensão, que resulta do elemento que colocamos como elemento originário, de tal maneira que este gera primeiro o segmento a, em seguida cada elemento desse segmento gera o segmento b, em seguida cada elemento, assim nascido, gera o segmento c, etc. Todos os elementos da extensão, assim formados, resultam então do elemento original suposto por mudanças que são de mesma espécie que $a, b, c, \ldots$, mas que não excedem a magnitude; e a totalidade dos elementos, que podem ser gerados assim é precisamente essa extensão. Mas como não importa mais para o resultado em qual ordem essas mudanças se sucedem (§ 17), obteremos sempre a partir do mesmo elemento original a mesma totalidade de elementos que constituem a extensão, com uma ordem qualquer dos fatores $a, b, c, \ldots$; isto é, todos os produtos representarão o mesmo valor absoluto. Portanto, as leis que foram demonstradas antes para os dois primeiros fatores de tais produtos, serão válidas também para todo outro par de fatores, desde que se possa apenas escolher os sinais de maneira adequada. Os sinais podem apenas ser escolhidos arbitrariamente na medida em que eles não são ainda determinados por essas definições. Nós fixaremos agora essa determinação de sinais, para o caso de um número qualquer de fatores anteriores, da mesma maneira que nós pudemos escolher os sinais para dois fatores para que as equações

$$(a + b_1) . b = a . b \quad \text{e} \quad b . (a + b_1) = b . a$$

tornem-se verdadeiras também quanto aos sinais; nós devemos então ter da mesma maneira que anteriormente, não apenas para valor absoluto mas também para o sinal,

$$P.(a+b_1).b = P.a.b \quad \text{e} \quad b.(a+b_1).P = b.a.P,$$

onde P é um produto de um número qualquer de fatores. Como a mesma relação permanece também verdadeira se um número qualquer de fatores segue ainda, nós temos obtido então para essa espécie particular da multiplicação a lei, que "se um fator contém um termo que é de mesma espécie que um fator vizinho, podemos suprimir esse termo"; com o que já é dado o fato de que o produto se torna nulo se dois fatores vizinhos são de mesma espécie. Esta lei, em combinação com a lei da relação geral multiplicativa com a adição do que é de mesma espécie, condiciona todas as leis ulteriores desse gênero particular de multiplicação, que nós tratamos aqui, e pode então ser tomada como a lei fundamental. Nós chamamos esse gênero de multiplicação uma multiplicação e x t e r i o r para a qual nos escolhemos como sinal específico o ponto, enquanto nós conservamos como notação geral para a multiplicação a justaposição.

§ 35. Desta lei fundamental e desta lei de relação nos derivamos agora as outras leis desta multiplicação de uma maneira puramente formal. Combinando as duas, tem-se, se P e Q designam sequências de fatores quaisquer e a_1 e b_1 segmentos que são da mesma espécie que a e b,

$$\begin{aligned}P.(a+a_1+b_1).b.Q &= P.(a+a_1).b.Q \\ &= P.a.b.Q + P.a_1.b.Q \\ &= P.a.b.Q + P.(a_1+b_1).b.Q;\end{aligned}$$

ou, como $a_1 + b_1$ pode representar cada segmento do sistema de segundo escalão determinado por a e b (segundo o conceito deste sistema*)), tem-se, enquanto a, b, c pertençam ao sistema de mesmo escalão,

$$P.(a+c).b.Q = P.a.b.Q + P.c.b.Q;$$

isto é, neste caso também a relação multiplicativa com a adição é sempre válida. Disto resulta agora imediatamente que

$$P.a.b.Q = -P.b.a.Q,$$

ou, que não se pode permutar dois fatores vizinhos de um produto exterior, se são segmentos, se não mediante uma mudança de sinais. Com efeito, como

$$P.(a+b).(a+b).Q = 0,$$

porque dois fatores vizinhos são da mesma espécie, então se obtém, aplicando a lei que se acaba de demonstrar e percebendo que $P.a.a.Q$ e $P.b.b.Q$ são também nulos,

$$P.a.b.Q + P.b.a.Q = 0,$$

isto é,

$$P.a.b.Q = -P.b.a.Q.$$

Eu tratarei mais em detalhe este resultado notável mais tarde para passar agora a consequências importantes que decorrem desta lei de permutação. Resulta que, se um fator simples (é assim que nós chamamos um fator que representa uma extensão de primeiro escalão ou um segmento) salta dois tais fatores, o produto conserva seu sinal porque a dupla mudança de sinal volta ao sinal original; então, tem-se também que, em geral, se um fator simples salta um

---

*) Ver §16.

número par de fatores simples o sinal do produto se mantém o mesmo, por outro lado o sinal deve mudar tornando-se o oposto se o fator salta um número ímpar, a expressão total deve manter o mesmo valor. É por isto que as leis que são verdadeiras para dois fatores vizinhos, devem também serem verdadeiras para aqueles que estão separados; porque se pode aproximar um dos fatores separados do outro, o sinal mudando ou não, segundo ele salte um número par ou ímpar de fatores simples; agora podem-se aplicar as leis que são verdadeiras para dois fatores vizinhos, e em seguida pode-se recolocar este fator em sua posição original em todos os produtos onde o sinal deve cada vez tornar-se obviamente o sinal original*). Então se dois fatores simples quaisquer de um produto consistem de partes que pertencem ao mesmo sistema de segundo escalão assim a lei de relação da multiplicação com a adição é válida, e, segundo §33, é nula como produto de dois fatores simples se estes são da mesma espécie; resulta então que pode-se juntar ou suprimir em um fator partes que são da mesma espécie que os outros fatores sem mudar o valor do produto. Disto segue imediatamente, aquilo que resultara já do conceito segundo o §32, que o produto de n segmentos que são dependentes entre si é nulo; porque um deles pode-se representar como soma de partes que são da mesma espécie que as outras; e, segundo o teorema que acabamos de demonstrar, pode-se suprimir esta no produto, pode-se então colocar zero no lugar desta soma, de onde o próprio produto se torna nulo.

§ 36. Do teorema principal do § precedente se segue o teorema geral que

"se num produto de n fatores simples um destes fatores
é decomposto de tal maneira que todos os fatores
e todas as partes pertencem ao mesmo sistema de

---

*) Porque se ele não mudava antes, ele também não muda agora, porque o fator salta de novo o mesmo número de fatores, mas se mudava antes, então ele muda novamente agora (pela mesma razão), então é de novo aquele original.

n-ésimo escalão, a relação multiplicativa [com a adição] permanece ainda válida."

Porque, seja $a.b\ldots(p+q)$ este produto, no qual os $n+1$ segmentos $a, b, \ldots, p, q$ devem pertencer ao mesmo sistema de n-ésimo escalão. Em primeiro lugar, nós queremos supor que uma parte do último fator e todos os outros fatores representam n segmento independentes, isto é, que eles não devem pertencer a um sistema de escalão menor (que o n-ésimo). Seja p esta parte do último fator, assim de acordo com o §20, é necessário que q seja representável como uma soma de partes, que são da mesma espécie que estes segmentos, logo que q possa ser igual a

$$q = a_1 + b_1 + \ldots + p_1,$$

onde $a_1, b_1, \ldots, p_1$ são respectivamente da mesma espécie que $a, b, \ldots, p$. Então sendo $a_1, b_1, \ldots$, da mesma espécie que os outros fatores do produto $a.b\ldots(p+q)$, eles podem ser suprimidos neste último, tem-se

$$a.b\ldots(p+q) = a.b\ldots(p+p_1);$$

e isto é, sendo p e p_1 da mesma espécie, segundo o §32,

$$= a.b\ldots p + a.b\ldots p_1;$$

ou, como se pode juntar ainda ao fator p_1 os termos $a_1 + b_1 + \ldots$ no último produto, então colocar q no lugar de p_1 se tem assim $a.b\ldots(p+q) = a.b\ldots p + a.b\ldots q$. A validade desta equação só esta demonstrada para o caso onde $a, b, \ldots$ e um dos segmentos p ou q são independentes uns dos outros. Por outro lado, se $a, b, \ldots$ são dependentes ou pode ser mesmo independentes, mas se os dois segmentos p e q, então sua soma também, são dependentes deles, então os dois membros desta equação se tornam nulos, porque os produtos de segmentos dependentes são nulos; então também para este caso, esta equação também é verdadeira; então ela é verdadeira em geral, enquanto neste produto de n fatores todos os segmentos pertençam ao mesmo sistema de n-ésimo escalão. Mas como somente para este caso os termos do membro da direita são da mesma espécie, e como para escalões mais altos o conceito de adição é apenas determinado pelos termos da mesma espécie, nós colocamos completamente em evidência a relação multiplicativa de nossa espécie de ligação com a adição, enquanto esta é determinada conceitualmente; e todas as leis desta relação (§ 10) serão então válidas aqui. Se mais tarde houver um conceito estendido de adição, uma tal ligação não será estabelecida como adição, a menos que sua relação aditiva com a multiplicação apresentada aqui esteja demonstrada. — Já determinei acima (§ 34) que nós chamamos o produto, ao qual chegamos aqui, um produto e x t e r i o r, fazendo alusão com este nome ao fato que este gênero de produto tem somente valor não nulo se os fatores divergem e onde o produto representa uma nova extensão; que este produto por outro lado é igual a zero se os fatores permanecem internos[*]. Nós podemos resumir os resultados do desenvolvimento no seguinte teorema:

> "Se se compreende por produto exterior de n segmentos a magnitude de extensão de n-ésimo escalão que é gerada, quando cada elemento do primeiro segmento gera o segundo, cada elemento assim gerado gera o terceiro e etc. e isto de tal maneira que cada extensão de n-ésimo escalão pode ser tomada como uma parte do sistema de n-ésimo escalão da mesma espécie que as outras partes deste sistema, ao qual ela pertence: então para esta extensão, na medida, onde somente se levam em consideração os produtos de n fatores no mesmo sistema de n-ésimo escalão, todas as leis que expressam a relação

---

[*] No prefácio, eu indiquei como este produto exterior se opõe a um produto interior.

da multiplicação com a adição e a subtração são válidas e, ainda, é válida a lei que faz com que os fatores simples só sejam permutáveis mediante uma mudança de sinal."

§ 37. Nós temos agora apresentado aqui completamente as ligações da multiplicação com o conceito da adição estabelecido até o presente, e passamos portanto às aplicações. Nós antecipamos a aplicação à geometria principalmente nos § 28-30. Entretanto, nós temos ainda que estender à essa representação os nomes e notações que acabamos de introduzir. A superfície do *Spatheck* (paralelogramo) se apresenta assim como o produto exterior de dois segmentos, se fixarmos ao mesmo tempo o plano ao qual pertencem o *Spatheck*; da mesma forma o volume do *Spath* (paralelepípedo) se apresenta como o produto exterior de três segmentos, sem que seja necessário aqui adicionar uma determinação porque o espaço é sempre o mesmo. Esses dois primeiros segmentos constituem então os lados do *Spatheck* e os três outros as arestas do *Spath*, e, para especificar, nós tomamos o segmento cujo o movimento formou o *Spatheck* como o primeiro fator e o segmento que mediu o movimento como o segundo, e dizemos que dois *Spathecke* são iguais entre si, se visto do primeiro fator, o segundo se encontra do mesmo lado, e (dizemos dois *Spathecke*) opostos, se ele se encontra do lado oposto. Aqui já está dada a lei

$$a \cdot b = -b \cdot a;$$

pois se b, visto de a, se encontra à esquerda, então a, visto de b, deve se encontrar à direita e vice-versa. Mais para dar uma base ainda mais intuitiva a essa lei de permutação que distingue de uma maneira muito aparente a multiplicação estabelecida aqui da multiplicação ordinária, eu quero ainda deduzir de forma geométrica essa lei mais geral dos sinais onde isso admite uma dedução particular. Em primeiro lugar é claro após o conceito de negativo que, se a base e o lado da altura*) de um *Spatheck* conservam as mesmas direções**) então a superfície conserva seu sinal mesmo se os lados crescem ou descressem de uma maneira qualquer. Se além disso o ponto final do lado da altura se desloca sobre uma linha paralela à base ou se o ponto final da base se desloca sobre uma linha paralela ao lado da altura enquanto o outro lado respectivo permanece o mesmo, então a superfície do *Spatheck* permanece inalterada, ela conserva então seu sinal. Nós partimos destas duas hipóteses para dar a justificativa geométrica da lei geral dos sinais. Em primeiro lugar está claro que com as modificações indicadas, o lado da altura, visto da base, permanece sempre localizado do mesmo lado, isto é, se avançarmos primeiro na direção da base e depois na direção do lado da altura, devemos sempre girar o *Spatheck* modificado desta maneira, do mesmo lado que aquele original. Mas como agora podemos levar, mediante modificações para os quais o sinal não muda, o lado da altura bem como o lado da base a qualquer posição arbitrária (enquanto os dois não coincidam), o lado da altura visto da base permanece sempre do mesmo lado, e como podemos finalmente, se conservarmos suas direções, aumentar ou diminuir seus lados de uma forma qualquer sem que o sinal seja modificado, então resulta que todos os *Spathecke*, cujos lados de alturas vistos da base permanecem do mesmo lado, devem conservar seu sinal. Mas, resulta imediatamente de acordo com o que acabamos de demonstrar que inversamente, estes *Spathecke*, cujos lados de altura vistos das bases se encontram em lados opostos, representam também superfícies que tem sinais opostos, se mostramos este fato somente para dois *Spathecke* quaisquer; mas para $a.b$ e $a.(-b)$ isto resulta imediatamente do conceito de negativo. Assim esta lei geral dos sinais é completamente demonstrada também de forma puramente geométrica. De maneira

---

*) Eu utilizo esse nome a falta de outro melhor para designar o lado (o segundo fator) adjacente à base.

**) As direções opostas não são naturalmente tomadas como iguais.

totalmente análoga, nós podemos estabelecer para os *Spath*, se nós distinguirmos aqui a primeira, a segunda e a terceira aresta, a lei:

> "Os volumes de dois *Spath* conservam ou mudam seus sinais, conforme se deva girar para o mesmo lado ou para lados diferentes para passar da direção da segunda aresta àquela da terceira aresta, se pensarmos aqui (para nós expressarmos por uma imagem) o corpo como colocado na direção da primeira aresta (com os pés para o ponto inicial e a cabeça para o ponto final)."

§ 38. Para se dar então uma ideia mais intuitiva, propomos o exercício seguinte:

> "Mudar um *Spatheck* num outro que lhe seja igual (e de mesmo sinal), cuja a base (no mesmo plano) é dada, mas que não é paralela àquela do *Spatheck* dado."

Seja $\alpha\beta$ a base, $\alpha\gamma$ o lado da altura do *Spatheck* dado, $\alpha\delta$ a base do *Spatheck* procurado (cf. Fig. 11). Se traça por α a paralela à $\beta\delta$, por γ a paralela à $\alpha\beta$, e se chama ε à interseção de ambas: então $\alpha\varepsilon$ é o lado da altura do *Spatheck* que satisfaz o exercício. Pois temos

$$[\alpha\beta].[\alpha\gamma] = [\alpha\beta].[\alpha\varepsilon],$$

porque $\gamma\varepsilon$ é paralelo à $\alpha\beta$, e

$$[\alpha\beta].[\alpha\varepsilon] = [\alpha\gamma].[\alpha\varepsilon],$$

porque $\beta\delta$ é paralela à $\alpha\varepsilon$. Então de fato

$$[\alpha\delta].[\alpha\varepsilon] = [\alpha\beta].[\alpha\gamma].$$

Se quiséssemos ter todo o grupo dos *Spatheck*, que satisfazem o exercício, seria necessário ainda traçar por ε a paralela à $\alpha\delta$ e tomar o ponto ε sobre esta paralela como variável. — Se aplicarmos esta resolução ao caso onde a base do paralelogramo procurado é idêntica ao lado da altura daquele que é dado, obtém-se por pura construção a fórmula

$$a \cdot b = -b \cdot a.$$

De fato, aqui δ coincide com γ (cf. Fig. 11b), e se se traça então por ε a paralela à $\alpha\delta$ que corta $\alpha\beta$ em ε_1, é fácil se convencer que

$$[\alpha\varepsilon_1] = [\beta\alpha] = -[\alpha\beta].$$

A resolução acima dá então

$$[\alpha\beta] \cdot [\alpha\gamma] = [\alpha\gamma] \cdot [\alpha\varepsilon] = [\alpha\gamma] \cdot [\alpha\varepsilon_1];$$

assim, se colocarmos ao invés de $[\alpha\varepsilon_1]$ seu valor $-[\alpha\beta]$, e se atribuirmos o sinal negativo ao produto inteiro:

$$[\alpha\beta] \cdot [\alpha\gamma] = [\alpha\gamma] \cdot (-[\alpha\beta]) = -[\alpha\gamma] \cdot [\alpha\beta].$$

Como nunca se pode gravar o suficiente na memória esta lei de mudança de sinal, quando se permuta os fatores de um produto exterior porque ela parece contrária à noção habitual, eu desejo ainda indicar uma analogia que só pode ser considerada aqui como uma digressão. A saber, se designamos por (*ab*) o ângulo formado por *a* e *b* e por *a* e *b* os comprimentos dos segmentos *a* e *b*, podemos assim expressar a superfície de um *Spatheck a . b* pela fórmula:

$$a \cdot b = \underline{a}\,\underline{b}\, \text{sen}(ab)$$

e

$$b \cdot a = \underline{b}\,\underline{a}\, \text{sen}(ba)$$

onde o produto dos comprimentos é o usual, então $\underline{a}\,\underline{b} = \underline{b}\,\underline{a}$. Como os ângulos (*ab*) e (*ba*) são agora opostos, e como os senos dos ângulos opostos são também opostos, tem-se assim

$$\text{sen}(ab) = -\text{sen}(ba),$$

então aqui r e s u l t a também que

$$a \cdot b = -b \cdot a.$$

§ 39. A representação do retângulo como o produto dos comprimentos de seus lados não está em contradição com o desenvolvimento que acabamos de dar, desde que se considere apenas como fatores deste produto os simples comprimentos dos lados medidos com uma medida comum qualquer, e desde que se deseje expressar apenas que a superfície absoluta (independente do sinal) do retângulo deve conter o quadrado dessa medida tantas vezes quanto o produto destes números indique. Mas se devemos expressar ainda mais e notadamente se queremos afirmar que a superfície desse retângulo, isto é, também com seu sinal, pode ser igualada ao produto desses lados, isto é, se desejamos justamente manter sempre para o produto a particularidade do produto algébrico (como sempre foi feito até agora), então parece em contradição aparente com as verdades que acabamos de mostrar. Ao contrário, o paralelogramo (então o retângulo também) se apresenta necessariamente como um produto de seus lados tal que a permutação de seus fatores só pode se efetuar mediante uma mudança de sinal. O exemplo seguinte mostrará ademais, como um tal ponto de vista ajuda facilmente à superar as dificuldades consideráveis pelas quais mesmo os matemáticos mais excelentes foram ocasionalmente confundidos. L a G r a n g e cita na sua *mecânica analítica**) um teorema de V a r i g n o n, do qual se serve para a ligação dos princípios diferentes da estática e que consiste para ele no fato, que "se de um ponto qualquer tomado

---

*) pág. 14 da nova edição.

no plano de um paralelogramo, se traçam as perpendiculares à diagonal e aos dois lados que compreendem essa diagonal, o produto da diagonal por sua perpendicular é igual à soma dos produtos dos dois lados por suas perpendiculares respectivas se o ponto cair fora do paralelogramo, ou na sua diferença se o ponto cai no paralelogramo". Este teorema é incorreto, como nós vamos mostrar em seguida, porque o primeiro fato não é verdadeiro se o ponto está situado no exterior do paralelogramo, mas se ele está no exterior dos dois espaços angulares que são formados pelo ângulo entre os dois lados e pelo ângulo oposto ao vértice; ao contrário o último fato é verdadeiro se o ponto se encontra no interior dos dois espaços. Entende-se que o produto é compreendido aqui no sentido algébrico habitual. Mas se examinarmos estes produtos agora com mais detalhes, então eles representam de fato o valor absoluto, isto é, independente do sinal, das superfícies dos paralelogramos que tem como bases os dois lados e a diagonal e cujos lados opostos à base passam pelo ponto suposto. Se, ao contrário, se fixa o sinal destas superfícies, então o teorema é de imediato geralmente válido sem distinção dos casos particulares, porque a superfície cuja diagonal é a base é sempre a s o m a das superfícies que tem os dois outros lados como bases; e, é verdade, após nossa análise que a demonstração desse teorema é dada imediatamente. Pois se $\alpha\delta$ é a diagonal do paralelogramo e se $\alpha\beta$ e $\alpha\gamma$ são os dois lados que a compreendem, se finalmente ε é um ponto qualquer, então temos

$$[\alpha\delta] = [\alpha\beta] + [\alpha\gamma],$$

a saber, porque $[\beta\delta] = [\alpha\gamma]$, e portanto segue a mais simples lei da multiplicação

$$[\alpha\delta].[\alpha\varepsilon] = [\alpha\beta].[\alpha\varepsilon] + [\alpha\gamma].[\alpha\varepsilon],$$

o que queríamos demonstrar. Se queremos em seguida expressar o teorema pelas superfícies absolutas, então é suficiente separar os casos onde o ponto ε, visto dos dois lados do paralelogramo, se situa do mesmo lado e onde se situa de lados diferentes; resulta então facilmente o teorema sob sua forma melhorada, dada acima.

§ 40. Quero terminar agora as aplicações à geometria pela solução do exercício precedente (§ 38) para o caso que não foi incluso; a saber, mudar um *Spatheck* em outro que lhe é igual, no qual os lados são paralelos àquele do *Spatheck* dado, mas no qual o comprimento de um dos lados é dado. Eu escolhi o caminho tal como o oferece nossa análise. Seja $a \cdot b$ o *Spatheck* dado, sejam a_1 o lado do *Spatheck* procurado que é paralelo à a e b_1 o lado procurado, paralelo a b, para os quais a equação

$$a \cdot b = a_1 \cdot b_1$$

deve ser válida ou, como $a_1 \cdot b_1 = -b_1 \cdot a_1$,

$$a \cdot b + b_1 \cdot a_1 = 0.$$

Como podemos adicionar a parte b_1 ao fator a e a parte a ao fator b_1, porque as partes são da mesma espécie que o outro fator respectivo, ou seja, sua adição não muda o produto, tem-se assim

$$(a + b_1) \cdot b + (a + b_1) \cdot a_1 = 0,$$

ou

$$(a + b_1) \cdot (a_1 + b) = 0;$$

isto é, é necessário que $(a + b_1)$ e $(a_1 + b)$ sejam paralelos. Aqui está contida a construção seguinte e sua demonstração; a saber, se $a = [\alpha\beta]$, $b = [\alpha\gamma]$ (cf. Fig. 11c) e se $a_1 = [\alpha\delta]$ onde α, β, δ estão situados sobre uma mesma linha reta, então construímos $\delta\varepsilon$ paralelo à $\alpha\gamma$ e do mesmo comprimento que este, portanto $[\alpha\varepsilon]$ é igual à $(a_1 + b)$;

traçando por β a paralela à $\alpha\gamma$, que corta $\alpha\varepsilon$ em ζ, assim $[\beta\zeta]$ é o segmento procurado b_1*).

§ 41. Em estática e em mecânica o conceito de produto exterior é representado pelo conceito de momento. De fato, podemos definir o momento de uma força em relação à um ponto como produto exterior onde o primeiro fator é o segmento que vai desse ponto (o ponto de referência à um ponto da linha reta sobre a qual a força age, e onde o segundo fator é o segmento que representa a força. Se ρ é então o ponto de referência, α o ponto inicial, isto é, o ponto que é movido pela força, p o segmento que representa a força, então o momento é

$$[\rho\alpha] \cdot p,$$

onde parece claro, de acordo com as leis de multiplicação exterior; que não tem importância para o resultado qual ponto introduzimos no lugar de α na linha de ação da força; caso seja β outro ponto dessa linha, então $[\alpha\beta]$ é da mesma espécie que p, tem-se assim

$$[\rho\beta] \cdot p = ([\rho\alpha] + [\alpha\beta]) \cdot p = [\rho\alpha] \cdot p,$$

porque a parte $[\alpha\beta]$, sendo da mesma espécie que o segundo fator, pode ser suprimida de acordo com o § 35. E podemos também entender por momento de uma força em relação à um eixo $\rho\sigma$ o produto exterior de 3 fatores, onde o primeiro fator é o eixo tomado como segmento, o segundo fator é o segmento de um ponto qualquer do eixo à um ponto qualquer da linha de ação da força, e o terceiro é a força; portanto

$$[\rho\sigma] \cdot [\sigma\alpha] \cdot p,$$

---

*) Se compreende que podemos também resolver esse exercício com a ajuda de uma dupla aplicação da resolução dada no § 38 utilizando uma base não paralela.

ou também é o produto do eixo tomado como segmento, no momento da força se referindo à um ponto qualquer do eixo; onde não importa mais, pelas mesmas razões que antes, quais pontos são selecionamos sobre estas linhas. Então o momento de uma força se apresenta em relação à um ponto como a superfície de um *Spatheck*, e em relação à um eixo se apresenta como o volume de um *Spath*, e, aqui, duas forças que são iguais como segmentos tem sempre momentos iguais, à condição que eles ajam também sobre a mesma linha reta. Além disso, nós entendemos por momento total de várias forças que estão situadas no mesmo plano, em relação a um ponto do plano, a soma de todos os momentos em relação à esse ponto, e, igualmente, entendemos por momento total de várias forças em relação à eixo a soma de todos os momentos em relação à este eixo. Como, segundo os § 25 e 26, força e movimento são representados pelo mesmo segmento, porque a força não é mais que a causa suposta do movimento e portanto a igualar à esse, então já é claro, sem cerimônia, o que é entendido por momento do movimento e por momento total de vários movimentos; entretanto nós lembramos aqui mais uma vez que o movimento (de acordo com o § 25) só o movimento de uma unidade de massa pode ser igualado a velocidade, e que dois movimentos iguais tem somente momentos iguais se eles se deslocam sobre a mesma linha reta. — O desenvolvimento seguinte mostrará agora de maneira suficiente como é fácil deduzir, por meio de nossa análise, todas as leis gerais da estática e da mecânica que se referem ao momento. Eu observo por enquanto que nos tornaremos o conhecimento de uma expressão ainda mais fácil para o momento na segunda seção desta parte*) e de uma generalização do conceito do momento total no próximo capítulo (§ 57).

§ 42. A coisa principal para à aplicação do conceito de momento é o fato que o momento total, de todas as forças interiores em

---

*) § 120.

relação à um eixo qualquer e em relação à cada ponto, é igual à zero; porém nós podemos demonstrar aqui este fato somente se tudo está situado no mesmo plano*). Assim, como se sabe, se entende por forças interiores àquelas que se correspondem por pares de maneira que as forças de cada par agem sobre a mesma linha reta e são opostas uma à outra; e nós podemos mostrar imediatamente que os momentos de um tal par, em relação à cada ponto e cada eixo, são nulos simultaneamente. De fato, se olharmos por exemplo, estes dois momentos em relação à um eixo, que são, segundo o que precede, produtos exteriores [cada um] formados por três fatores, então os dois primeiros fatores nos dois produtos são completamente iguais, onde o primeiro fator representa o eixo comum e o segundo o segmento de comunicação entre as mesmas linhas; o terceiro entretanto, que representa a força, é igual e oposto; assim os dois momentos também são iguais e opostos, consequentemente sua soma é igual à zero. Mas como o momento total de cada par singular de forças interiores é agora igual à zero, então aquele de todos os pares, isto é, de todas as forças interiores, é também igual à zero. De maneira totalmente análoga, como nós temos mostrado em relação à um eixo este fato resulta também em relação à um ponto se tudo está situado no mesmo plano, é por isto que nós podemos omitir esta demonstração.

§43. Como o movimento comunicado à um ponto é agora sempre igual à força que lhe é comunicada, então o momento total dos movimentos, comunicando à uma associação de pontos durante um espaço de tempo, será igual ao momento total das forças que lhe são comunicadas durante esse tempo, e, como aquele das forças internas é igual à zero, o momento total será igual ao momento total das forças que são comunicadas do exterior à essa associação de pontos; precisemos, este fato é verdadeiro em relação à qualquer eixo, e se as forças estão localizadas no mesmo plano,

---

*) A demonstração do caso geral resulta no §57.

também em relação à todo ponto dele. Esta lei, que se apresenta aqui sob uma forma também simples, é da maior generalidade e é aplicável em toda parte da maneira mais fácil. Se queremos por exemplo que o equilíbrio tenha lugar, então é necessário que os movimentos comunicados sejam todos nulos, assim seu momento total também, e temos então para o equilíbrio a condição de que o momento total das forças comunicadas do exterior devem ser iguais à zero em relação à cada eixo; portanto notadamente também para os corpos sólidos, para os quais as forças que mantêm o estado sólido se apresentam como interiores. Mas se o corpo sólido está ligado em um ponto, ou numa linha, em torno da qual faz uma rotação livre, então a força pela qual este ponto, ou esta linha, do corpo é mantido na sua posição fixa é uma força exterior; isso entretanto é apenas entendido como uma força resistente e que, então, é considerada em primeiro lugar como uma incógnita. Para encontrar a equação condicional do equilíbrio, devemos portanto eliminar essa força desconhecida. Isto se faz da maneira mais fácil por meio da nossa analise. A saber, se α é o ponto fixo) e x a força resistente, que fixa este ponto, é necessário escolher o eixo $\rho\sigma$, em relação ao qual se toma a equação do momento, de modo que o momento da força x desapareça; isto é, $[\rho\sigma].[\sigma\alpha].x = 0$ para qualquer valor de x; isto é, é necessário que $[\rho\sigma].[\sigma\alpha] = 0$, ou o eixo $\rho\sigma$ deve passar pelo ponto α. Assim nós temos então como condição, para a qual o equilíbrio só pode ocorrer, que o momento total das forças agindo do exterior, em relação à cada eixo que passa pelo ponto fixado, deve ser igual à zero, se é um eixo do corpo que está fixado, então podemos supor dois pontos fixados, isto é, duas forças resistentes, que são eliminadas se o eixo, em relação ao qual a equação do momento é tomada, passa ao mesmo tempo por estes dois pontos; portanto temos então como condição, para a qual só pode ocorrer o equilíbrio, que o momento total das forças, agindo do exterior, em relação ao eixo fixado, deve ser igual à zero.

§44. Com o conceito de momento nós temos ao mesmo tempo uma bela confirmação da lei, que o produto exterior de dois segmentos no mesmo plano conserva seu sinal enquanto o segundo fator, visto do primeiro, esteja situado do mesmo lado, mas que seu sinal muda no caso contrário. Pois se se analisa as forças num plano que é pensado como sendo móvel em torno de um ponto, então estas forças aumentam quando, vistas do ponto de rotação, elas são dirigidas do mesmo lado; por outro lado elas diminuem completamente ou parcialmente, se são dirigidas para o lado oposto; de modo que, de fato, o conceito do produto exterior é justificado pelo conceito de momento, segundo o qual a própria natureza procede. Eu acredito agora que a lei dos sinais, marcante no início, perdeu completamente o tal caráter em consequência de todas as considerações que nós acabamos de fazer sobre as relações mais diferentes, e eu acredito que esta lei se apresenta agora não somente como aquilo que é conceitualmente necessário mas também como o que é justificado pela própria natureza e o que é comprovado em toda parte.

§45. Não deve surpreender, é verdade, que a multiplicação exterior, supondo essencialmente o conceito de que é de espécie diferente, não encontra agora uma aplicação tão imediata na teoria dos números como na geometria e na mecânica, pois os números se apresentam de acordo com seu conteúdo como o que é de mesma espécie. Mas é mais interessante mencionar, que tanto em álgebra como também para os números sua espécie de ligação com outras magnitudes é mantida e uma e outra são fortemente compreendidas como sendo de espécies diferentes, a aplicação da multiplicação exterior também resulta com uma determinação tão surpreendente que, eu posso bem afirmar, a álgebra também obterá por esta aplicação uma forma essencialmente alterada. Para dar uma intuição, eu vou considerar n equações de primeiro grau com n

incógnitas da forma

$$a_1 x_1 + a_2 x_2 + \ldots + a_n x_n = a_0,$$
$$b_1 x_1 + b_2 x_2 + \ldots + a_n x_n = b_0,$$
$$\vdots \qquad\qquad\qquad\qquad\qquad \vdots$$
$$s_1 x_1 + s_2 x_2 + \ldots + a_n x_n = s_0,$$

onde $x_1, \ldots, x_n$ são as incógnitas. Aqui nós podemos tomar como sendo de espécies diferentes os coeficientes numéricos que pertencem às diferentes equações, a condição de manter essa diversidade ainda para seu conceito, e, de fato, nós podemos tomar todos eles como sendo essencialmente de espécies diferentes, isto é, independentes no sentido de nossa ciência, desse mesmo ponto de vista, nós tomamos como sendo da mesma espécie os coeficientes de uma mesma equação. Se nós somamos agora nesse sentido todas as n equações e se designamos a soma do que é de espécie diferente no sentido de nossa ciência pelo sinal da ligação $\dotplus$, onde os mesmos lugares nas expressões de somas assim formadas pertencem sempre ao que é de mesma espécie, então nós obtemos

$$(a_1 \dotplus b_1 \dotplus \ldots \dotplus s_1) x_1 \dotplus (a_2 \dotplus b_2 \dotplus \ldots \dotplus s_2) x_2 \dotplus \ldots$$
$$\ldots \dotplus (a_n \dotplus b_n \dotplus \ldots \dotplus s_n) x_n = (a_0 \dotplus b_0 \dotplus \ldots \dotplus s_0),$$

ou, se nós designarmos $(a_1 \dotplus b_1 \dotplus \ldots \dotplus s_1)$ por p_1 e respectivamente as outras somas, então nós temos

$$p_1 x_1 \dotplus p_2 x_2 \dotplus \ldots \dotplus p_n x_n = p_0.$$

Nesta equação que é tomada no lugar das n equações cada uma das incógnitas, por exemplo x_1, se pode encontrar imediatamente se multiplicamos exteriormente os dois membros pelo produto exterior dos coeficientes das outras incógnitas, portanto aqui por $p_2 . p_3 \ldots p_n$. A saber, se se multiplica separadamente os termos do membro à esquerda, segundo o conceito do produto exterior (§ 32) todos os produtos que contém dois fatores iguais, se anulam e se obtém assim

$$p_1 \cdot p_2 \cdot p_3 \cdots p_n x_1 = p_0 \cdot p_2 \cdot p_3 \cdots p_n.$$

Portanto, como os dois produtos pertencem ao mesmo sistema de n-ésimo escalão, são de mesma espécie, tem-se*)

$$x_1 = \frac{p_0 \cdot p_2 \cdot p_3 \cdots p_n}{p_1 \cdot p_2 \cdot p_3 \cdots p_n}.$$

Logo, cada incógnita é igual à uma fração cujo o denominador é o produto exterior dos coeficientes $p_1 \cdot p_2 \cdot p_3 \cdots p_n$ e onde se obtém o numerador, se se coloca como fator neste produto no lugar do coeficiente dessa incógnita o membro da direita, a saber p_0. Todas as incógnitas têm então o mesmo denominador, e elas se tornam indeterminadas ou infinitas, se o denominador torna-se nulo, isto é, se

$$p_1 \cdot p_2 \cdot p_3 \cdots p_n = 0.$$

§ 46.   Ficará ainda mais claro que estas expressões para $x_1, \ldots, x_n$ não representam somente formas puras de cálculo, mas contém as soluções completas das equações dadas, se nós substituirmos um número qualquer porém determinado de equações pelos seus valores numéricos p_1, etc. Para três equações se tem

1) $$x_1 = \frac{p_0 \cdot p_2 \cdot p_3}{p_1 \cdot p_2 \cdot p_3},$$

onde

$$p_0 = (a_0 \dotplus b_0 \dotplus c_0),\ p_1 = (a_1 \dotplus b_1 \dotplus c_1),\ \text{etc.}$$

---

*) Além disso, as leis da multiplicação e da divisão exterior não permitem levar a uma expressão maior o numerador e o denominador; ver o capítulo IV.

e onde a_0 é da mesma espécie que a_1, e assim por diante. Se nós substituirmos as expressões na equação supracitada, se nós multiplicarmos suprimindo os produtos das magnitudes da mesma espécie, porque eles se anulam, e se nós ordenamos observando a lei dos sinais, estabelecida para os produtos exteriores, nós temos imediatamente, como se vê facilmente com um pouco de esforço a partir da fórmula acima

2) $$x_1 = \frac{a_0 b_2 c_3 - a_0 b_3 c_2 + a_2 b_3 c_0 - a_2 b_0 c_3 + a_3 b_0 c_2 - a_3 b_2 c_0}{a_1 b_2 c_3 - a_1 b_3 c_2 + a_2 b_3 c_1 - a_2 b_1 c_3 + a_3 b_1 c_2 - a_3 b_2 c_1},$$

onde nós podemos, porque tudo está respectivamente ordenado, reintroduzir a notação multiplicativa habitual. Esta é a fórmula conhecida pela qual para três equações com três incógnitas é determinada uma incógnita, e, se vê, como é que esta fórmula está completamente contida na fórmula 1) que é muito mais fácil. Aqui nós temos nos antecipado um pouco para mostrar rapidamente a aplicabilidade da nossa análise também por um exemplo que não está restrito em três dimensões; os conceitos de número e de divisão que nós temos aplicado aqui são apenas objeto do quarto capítulo; mas mais tarde nós voltaremos mais uma vez ao assunto das aplicações e estenderemos este processo à equações de maior grau.

Capítulo Terceiro

Ligação de Magnitudes de Extensão de Escalões Mais Elevados

---

§ 47. Por multiplicação exterior formam-se magnitudes de extensão superiores, mas nós temos considerado até o presente apenas suas ligações na medida em que magnitudes de extensão de mesma espécie devem ser adicionadas, porque a adição está fundamentada aqui sobre o conceito geral do que é pensado em conjunto, conceito que caracteriza geralmente a adição do que é da mesma espécie (se isto é designado em forma semelhante). Em virtude deste conceito nós desenvolvemos as leis apresentadas no capítulo precedente. A lei fundamental da multiplicação, segundo a qual se pode introduzir separadamente no lugar de um fator suas partes, e segundo a qual se pode adicionar os produtos assim formados, encontrava porém sua limitação no fato de que os produtos resultantes desta forma deveriam ser da mesma espécie para adiciona-los segundo os conceitos estabelecidos até agora. Para superar esta limitação é necessário então que nós estendamos o conceito de adição à magnitudes de extensão superiores. O conceito, assim estendido, deve ser tal que primeiramente se torne o conceito habitual para as magnitudes de extensão de mesma espécie e que para ele seja válida a relação fundamental da adição com a multiplicação. É necessário então certamente demonstrar para a relação a validade das leis da adição antes que esta ligação possa ser considerada como adição. Assim, é claro que se uma adição de magnitudes de extensão de espécies diferentes de escalões mais elevados existe, a lei

$$A \cdot b + A \cdot c = A \cdot (b + c),$$

onde b, c representam segmentos, deve ser válida. Para ter já uma expressão verbal mais fácil nós chamamos por enquanto está ligação uma adição; assim podemos estabelecer a definição:

> Se adicionam dois produtos de n-ésimo escalão, que tem um fator comum de $(n-1)$-ésimo escalão, adicionando os fatores diferentes e adjuntando a essa soma o fator comum da mesma maneira que ele estava adjuntado às partes.

§ 48. Nós devemos dar agora um significado mais intuitivo a esta definição formal examinando sua extensão, isto é, examinando as magnitudes de extensão que ela permite adicionar. É imediatamente claro que duas magnitudes de extensão de n-ésimo escalão podem ser somadas segundo o conceito estabelecido, somente se elas pertencem ao mesmo sistema de $(n+1)$-ésimo escalão; mas nós vamos mostrar que elas tem sempre uma soma, porque duas magnitudes de extensão quaisquer de n-ésimo escalão A_n e B_n pertencentes ao mesmo sistema de $(n+1)$-ésimo escalão, podem ser sempre remetidas a um fator comum de $(n-1)$-ésimo escalão. Se em primeiro lugar A_n e B_n são da mesma espécie, então isto é imediatamente claro, porque fixando $(n-1)$ fatores simples de A_n e fazendo variar o n-ésimo fator e avançando ou retrocedendo de forma qualquer, o produto pode assim tomar qualquer valor da mesma espécie que A_n, portanto toma também o valor B_n. Aqui é imediatamente estabelecido o fato de que se pode reduzir cada extensão de *n*-ésimo escalão a $(n-1)$ fatores quaisquer, que pertencem ao mesmo sistema de *n*-ésimo escalão e que são mutuamente independentes. Se A_n e B_n são de espécies diferentes, seja então

$$A_n = a_1 . a_2 \ldots a_n,$$

onde $a_1, a_2, \ldots, a_n$ representam segmentos que são mutuamente independentes. B_n deve necessariamente conter então pelo menos um fator que é independente de todos os segmentos $a_1, a_2, \ldots, a_n$, seja a_{n+1} um tal fator, e então

$$B_n = b_1 . b_2 \ldots b_{n-1} . a_{n+1}.$$

Como em um sistema de $(n+1)$-ésimo escalão não se pode tomar mais do que $(n+1)$ segmentos mutuamente independentes, então alguns dos fatores $b_1, b_2, \ldots, b_{n-1}$ deve ser dependente destes segmentos $a_1, a_2, \ldots, a_{n+1}$; isto é, deve poder se representar como uma soma cujas partes são da mesma espécie que estes segmentos. Se se representa agora cada um destes fatores de $b_1, b_2, \ldots, b_{n-1}$ como uma tal soma, se pode assim suprimir em cada soma a parte que é da mesma espécie que a_{n+1}, sem que o valor do produto B_n mude (ver o § 35). Suponhamos que, depois desta supressão, o produto $b_1 . b_2 \ldots b_{n-1}$ tenha se tornado C_{n-1}, assim

$$B_n = C_{n-1} . a_{n+1}.$$

Os fatores de C_{n-1} só dependem dos segmentos $a_1, a_2, \ldots, a_n$, isto é, dos fatores da magnitude de extensão A_n; ou, dito de outra forma, eles pertencem ao sistema A_n, logo A_n pode se reduzir, seguindo a conclusão obtida no início deste § ao fator C_{n-1}, se o *n*-ésimo fator pode ser escolhido arbitrariamente; as suas magnitudes de extensão A_n e B_n se podem reduzir ao fator comum C_{n-1}, que é de $(n-1)$-ésimo escalão, ou, mais brevemente, os dois tem em comum uma magnitude de extensão de escalão $(n-1)$. Então a definição acima pode se mudar agora assim:

> "Se adicionam duas magnitudes de extensão de n-ésimo escalão que pertencem ao mesmo sistema de $(n+1)$-ésimo escalão, reduzindo ambas a uma fator comum de $(n-1)$-ésimo escalão e ligando a soma de fatores diferentes a este fator comum."

§ 49. Para mostrarmos agora a validade das leis de adição, ou antes em primeiro lugar somente para mostrar a validade das leis fundamentais, nós devemos inicialmente demonstrar a permutabilidade das partes. Essas partes se podem representar, segundo o § anterior, sob as formas $A.b$ e $A.c$. Agora, temos

$$A.b + A.c = A.(b+c) = A.(c+b) = A.c + A.b,$$

portanto as partes são permutáveis. A segunda lei, cuja validade devemos demonstrar, é que

$$(A+B)+C = A+(B+C)$$

também para o caso onde A, B, C são extensões de n-ésimo escalão no mesmo sistema de $(n+1)$-ésimo escalão e onde a adição é considerada no sentido acima referido. Para tanto nós devemos responder a questão de saber o que será comum a três das tais extensões. No entanto, nós já demonstramos no § precedente que duas de tais extensões devem ter uma extensão em comum de escalão $(n-1)$; assim, por exemplo, B tem uma tal extensão comum com A bem como com C; e como estas duas extensões de $(n-1)$-ésimo escalão, a saber, aquela que B tem em comum com A e aquela que ele tem em comum com C pertencem ao mesmo sistema B^*), portanto ao mesmo sistema de n-ésimo escalão, assim eles têm em comum, segundo o mesmo teorema do § precedente uma extensão de $(n-2)$-ésimo escalão, e essa será portanto comum as 3 magnitudes A, B, C. Seja D o fator comum de $(n-2)$-ésimo escalão, assim essas três magnitudes, como ainda dois quaisquer dentre elas têm uma extensão comum de $(n-1)$-ésimo escalão, se podem reduzir às formas

$$A = D.b.c, \quad B = D.a.c, \quad C = D.a.b_1.$$

A saber, duas quaisquer dessas terão ainda, além de D, um fator comum de primeiro escalão, cuja magnitude entretanto é arbitrária. Seja c o fator entre A e B e a àquele entre B e C, e para especificar seja a magnitude de a determinada de modo que $B = D.a.c$; seja, além de D, b o fator comum ao qual A e C podem ser reduzidos, ou um fator b_1 que é de mesma espécie que b, e para precisar sejam b e b_1 escolhidos tais que

$$A = D.b.c \quad \text{e} \quad D.a.b_1.$$

Após termos reduzido A, B, C a esta forma, vê-se que $(A+B)+C$ se pode trocar por $A+(B+C)$ pelas modificações que seguem. Em primeiro lugar,

$$(A+B)+C = (D.b.c+D.a.c)+D.a.b_1.$$

Agora nós devemos executar a soma indicada entre parênteses. No entanto, a expressão $D.b.c+D.a.c$ se reduz a $D.(b+a).c$; pois, nos dois termos se pode colocar primeiramente c na penúltima posição na medida em que os sinais mudam, depois pode-se executar a soma segundo a definição, e, finalmente, com a ajuda da mesma

---

*) Nós damos ao sistema o mesmo nome que à extensão de que partiu de fato porque não é possível qualquer ambiguidade.

mudança de sinais, pode-se colocar o fator somado na sua posição anterior; e obtém-se

$$(A + B) + C = D.(b + a).c + D.a.b_1.$$

Para poder somar agora esses dois termos, basta colocar $D.(b+a).b_1$ no lugar de $D.a.b_1$, o que é permitido, porque b e b_1 são de mesma espécie e porque é tem-se o direito, sem mudar o resultado, de adjuntar aos fatores partes que são da mesma espécie que os demais fatores (§ 35). Se executamos agora a soma no membro da direita, temos

$$(A + B) + C = D.(b + a).(c + b_1),$$

mediante a qual se reduzem os três termos a apenas um[*]). Nesse termo pode-se resolver primeiramente a soma $b + a$, e se obtém no membro da direita a expressão

$$D.b.(c + b_1) + D.a.(c + b_1).$$

No primeiro termo dessa expressão nós podemos ainda (§ 35) suprimir a parte b_1 e desenvolver o segundo termo; assim a expressão toda se transforma em

$$D.b.c + (D.a.c + D.a.b_1),$$

ou seja, em $A + (B + C)$, e temos então de fato

$$(A + B) + C = A + (B + C).$$

§ 50. Agora devemos ainda demonstra a terceira lei fundamental (§ 6), a saber, que o resultado da subtração é único, ou que, se

---

[*]) Se poderia agora mostrar que a expressão $A + (B + C)$ pode ser reduzida ao mesmo termo; apenas, uma vez tomado, nós prosseguimos o caminho tomado uma vez por todas da transformação progressiva.

uma parte permanece inalterada mas a outra muda, então a soma se modifica. Seja num sistema de $(n+1)$-ésimo escalão

$$A + B = C,$$

onde A, B e C são de escalão n. Supomos que B se transforme em $B + D$, assim temos

$$A + (B + D) = (A + B) + D = C + D,$$

e devemos demonstrar que se $B + D$ é diferente de B, então $C + D$ deve ser diferente de C. O primeiro fato supõe que D não é igual a zero; mas nós podemos demonstrar agora que, se D não é igual a zero, deve então, adicionado a uma magnitude (C), modificar o valor desta. Isto é imediatamente claro, se C e D são de mesma espécie, porque o que resulta do que é pensado em conjunto e de mesma espécie é necessariamente diferente de cada uma das partes. Mas se C e D são de espécies diferentes, então é fácil mostrar que sua soma é de uma outra espécie diferente das outras duas (a condição sempre que nenhuma delas seja nula). Mas como foi suposto que tudo pertence ao mesmo sistema de $(n+1)$-ésimo escalão, C e D, podem-se reduzir a um fator comum de $(n-1)$-ésimo escalão. Seja E esse fator e

$$C = E \cdot c, \quad D = E \cdot d$$

portanto

$$C + D = E \cdot (c + d).$$

Se C e D são agora de espécies diferentes, então d não pode estar contido no sistema $E \cdot c$, portanto $(c + d)$ também não está contido, então $E \cdot (c + d)$ e $E \cdot c$ são também de espécies diferentes, portanto eles não podem ser iguais. É por isso que a magnitude C muda se nós adicionamos a ela a magnitude D; portanto se uma parte dessa soma muda, enquanto a outra permanece inalterada, a soma também deve ser modificada. Se, consequentemente, a soma e uma parte dela permanecerem inalteradas então a outra parte deve também permanecer inalterada, isto é, o resultado da subtração é único. Como as três leis fundamentais da adição e da subtração são válidas aqui, então todas as leis dessas duas ligações o são também. A relação fundamental desta adição com a multiplicação não está ainda completamente demonstrada; certamente, segundo a definição temos

$$A.b + A.c = A.(b+c);$$

mas devemos também demonstrar que

$$(A+B).c = A.c + B.c,$$

se A e B são magnitudes de n-ésimo escalão num sistema de $(n+1)$-ésimo escalão. Pode-se então colocar $A = E.a$, $B = E.b$ (segundo o § 48), e tem-se

$$A.c + B.c = E.a.c + E.b.c.$$

Se nós colocarmos inicialmente a e b na última posição (por isso o sinal muda), se soma-se depois segundo a definição, e se se coloca enfim o fator $(a+b)$ na penúltima posição (e por isso o sinal volta a ser o anterior), a expressão à direita pode ser transformada em $E.(a+b).c$, isto é, em $(A+B).c$, de modo que a validade dessa equação está demonstrada. Como as lei fundamentais da relação entre adição e multiplicação são então válidas aqui, assim todas as leis dessa relação são também válidas, e portanto está demonstrado que a nossa maneira de ligar é uma adição verdadeira tanto em si como em sua relação. Portanto, nós podemos estender o teorema principal do capítulo precedente (§ 36) assim:

"Para os produtos exteriores, considerados como produtos de n fatores simples num sistema de $(n+1)$-ésimo escalão, todas as leis da adição e da subtração e todas as leis da relação entre elas e a multiplicação são válidas, se conservamos os conceitos estabelecidos para essas ligações."

§ 51. Essa lei também contém portanto ainda uma restrição do fato de que nós só podemos adicionar as extensões superiores que na medida em que elas pertencem a um mesmo sistema de escalão mais elevado. Para estabelecer agora a lei nessa generalidade, nós devemos também mostrar o que se deve entender pela soma das extensões pertencentes a sistemas quaisquer de escalão mais elevado. Se nós tentássemos aqui seguir o mesmo caminho que nos parágrafos anteriores, isto é, se nós consideramos à soma de duas magnitudes $A.B$ e $A.C$, que não pertencem ao mesmo sistema de escalão mais elevado, que a magnitude $A.(B+C)$, isto não levaria a nada, porque agora B e C seriam também extensões de escalão superior que não pertenceriam ao mesmo sistema de escalão mais elevado, e uma das somas seria portanto quanto ao seu significado tão desconhecida como a outra. Portanto, só nos resta então neste caso, tomar o conceito de soma de uma maneira puramente formal, sem que seja possível apresentar uma extensão que se representaria como soma. Nós definiremos portanto a soma das extensões de n-ésimo escalão, que pertencem à um sistema de escalão superior a $(n+1)$, de tal forma que as leis da adição possam lhe serem aplicadas, isto é, nós as definimos como "aquilo que permanece constante para qualquer mudança que se possa efetuar na forma da soma por aplicação das leis da adição e da subtração". Portanto, essa soma não se apresenta mais como uma extensão pura, isto é, como a que poderia ser obtida por uma multiplicação sucessiva de segmentos, mas ela aparece como uma magnitude de uma nova espécie, e, para precisar, p r i m e i r o como uma magnitude de significado puramente formal para a qual escolhemos então o nome mais conveniente de magnitude de soma;

nós combinamos a extensão com o nome de magnitude de extensão. Para obtermos seu significado concreto, seria necessário determinar seu domínio, isto é, seria necessário pesquisar como a forma da soma, que consiste no valor das partes, poderia mudar sem que o valor em si da soma seja mudado. Assim, nós obteríamos uma série de representações concretas dessa soma formal, e o conjunto de todas essas representações possíveis, consideradas como sendo uma, como as espécies de um gênero (e não como as partes de um todo), poria em evidência o conceito concreto. — Mas como as magnitudes de soma não podem aparecer antes que num sistema de quarto escalão, isto é, elas não podem encontrar uma aplicação no espaço, como um sistema de terceira escalão, nós deixamos portanto essa representação para o sétimo capítulo [isto é, segundo capítulo da segunda seção], onde o significado de uma tal soma se mostrará num domínio vizinho e onde ela se tornará proveitosa por intuições não apenas em geometria mas também, particularmente, em estática.

§ 52. Por outro lado, nos não devemos abandonar nossa tarefa de liberar a lei obtida, neste capítulo e no capitulo precedente, de todas as restrições às que elas está submetida, e portanto interpretar também a relação da multiplicação com esta adição. Mas como a soma formal não representa uma extensão, assim o produto exterior desta soma formal num segmento não tem ainda um significado determinado. Agora esta significação por sua vez deve ser determinada formalmente pela manutenção da relação multiplicativa, e portanto nos é necessário, se existe uma tal multiplicação de magnitudes de soma, definir esta de forma tal que

$$(A + B + C + \ldots) . p = A . p + B . p + C . p + \ldots$$

Mas nós podemos determinar isto somente se $A . p + B . p + C . p + \ldots$ permanece também constante, quando a $A + B + C + \ldots$ permanece constante, porque a natureza da soma consiste precisamente nesta constância e porque o princípio de igualdade exige a constância simultânea. Nós devemos então provar que, se

$$A + B + \ldots = P + Q + \ldots,$$

então é necessário também que

$$A.p + B.p + \ldots = P.p + Q.p + \ldots.$$

Mas isto resulta facilmente, porque, se $A + B + \ldots$ é igual a soma $P + Q + \ldots$ e se ambas são somas formais, uma deve resultar da outra por uma aplicação pura nas leis de adição (uma outra ordem, reunião de partes, resolução de partes em partes menores). Mas como cada tal mudança, que é permitida sem modificação do valor total, corresponde a uma mudança de magnitude análoga aumentada pelo fator p, então $A.p + B.p + \ldots$ se tornará $P.p + Q.p + \ldots$ ao mesmo tempo que $A + B + C + \ldots$ se torna $P + Q + \ldots$, se se efetuam sobre umas e sobre as outras operações análogas. Então é permitido estabelecer esta definição que não é outra coisa que uma maneira abreviada de escrever.

§ 53. Ainda mais, se se avança multiplicando por diversos segmentos, isto é, se se multiplica cada vez o resultado obtido pelo fator seguinte, então o produto total conserva sempre o mesmo valor, desde que o produto destes segmentos permaneçam o mesmo; nós podemos então colocar de maneira abreviada, ao invés destes segmentos pelos quais se multiplicou sucessivamente, seu produto. Assim, o conceito de produto de duas extensões está determinado e também o está o produto de uma soma formal por uma extensão, um produto que fornece novamente uma soma formal em geral mas que pode também em casos particulares, se tornar uma extensão*).

Segundo esta determinação resulta facilmente que

$$(A + B) . P = A . P + B . P.$$

Pois seja $P = c . d \ldots$, assim temos

$$(A + B) . P = (A + B) . c . d \ldots$$

segundo a determinação que acabamos de dar, resulta ainda que

$$(A + B) . c = A . c + B . c$$

segundo o § 52, donde por uma aplicação reiterada da mesma lei

$$(A + B) . c . d \ldots = A . c . d \ldots + B . c . d \ldots,$$

isto é,

$$(A + B) . P = A . P + B . P.$$

Se o segundo fator estiver fragmentado, então a lei análoga só se pode demonstrar aqui para somas reais; para estas por uma permutação da equação acima (onde os sinais mudam ou em todos os termos ou em nenhum), se deduz

$$P . (A + B) = P . A + P . B.$$

Até o presente nada tem sido determinado para as somas formais e está conclusão não é então aplicável. Como nós não determinamos nada ainda sobre o conceito de um produto em que o segundo fator é uma soma formal, assim nós temos o direito de fazer a mesma

---

*) A saber, se as partes da soma são de n-ésimo escalão e pertencem a um sistema de $(n+m)$-ésimo escalão, então a multiplicação por uma extensão de escalão $(m - 1)$ do mesmo sistema, a soma formal se tornará evidentemente uma extensão.

suposição para o caso em que o segundo fator é uma soma formal como para o caso em que o primeiro fator é uma, isto é, nós temos também o direito de colocar

$$P.(A+B) = P.A + P.B$$

e de estender isto ao caso em que P representa também uma soma formal.

§ 54. Depois de termos removidos todas as barreiras que existiam até agora, e depois de termos demonstrado em parte a partir do conceito e em parte a partir das definições, a validade da relação multiplicativa fundamental para todas as magnitudes de extensão, todas as leis desta relação são válidas como também todas as leis da adição e da subtração, e dessa forma todos os conceitos dados estão justificados no sentido mais geral. Tendo chegado ao fim destes desenvolvimentos, nós resumimos então os resultados destes nos teoremas seguintes:

> "Se todos os elementos de uma extensão (em sua representação elementar*)) são submetidos a uma mesma geração, isto é, no lugar de cada elemento se coloca um mesmo segmento do qual o elemento inicial é este elemento, então a totalidade de elementos assim formados é a representação concreta de uma extensão que é, considerada como parte do sistema respectivo, o produto de uma extensão por este segmento, e nós temos chamado isto um produto exterior."

Ademais:

> "Se se multiplica uma extensão sucessivamente pelos fatores simples de outra da maneira indicada, então o

---

*) Por representação elementar ou concreta de uma extensão, nós entendemos a formação a qual esta extensão pertence.

resultado é caracterizado como o produto desta primeira extensão nesta última."

"Para um sistema de $(n+1)$-ésimo escalão demonstrou-se que a soma de duas extensões de n-ésimo escalão era a extensão que resulta se se remetem estas duas [extensões] em questão a um fator comum de $(n-1)$-ésimo escalão e se se somam os fatores desiguais."

"Como soma de duas extensões de n-ésimo escalão num sistema de escalão superior que $(n+1)$ resulta a magnitude de soma formal que representava aquilo que se manteve constante para uma aplicação das leis da adição."

"Finalmente se tornou como produto de uma magnitude de soma numa outra magnitude a soma que resulta, se cada parte de um fator é multiplicada por cada parte do outro fator e se estes produtos são adicionados."

A validade de todas estas determinações foi mostrada pelo fato de que para a adição as leis fundamentais, e para a multiplicação as relações fundamentais foram demonstradas; com isto foi dada ao mesmo tempo a demonstração de que todas as leis da adição e subtração bem como a relação da multiplicação com estas duas operações permanecem ainda válidas.

§ 55. Só resta desenvolver de uma forma mais geral as leis que caracterizam a própria multiplicação e x t e r i o r. Anteriormente, no § 34 nós representamos como particularidade desta maneira de multiplicarmos a lei de que se pode, se um fator simples de um produto contém um termo que é da mesma espécie que um dos fatores adjacentes, suprimir este termo sem que o valor do produto mude; disso resultou (§ 35, 36) que o produto de n fatores simples é igual a zero se e somente se os fatores são dependentes entre eles, isto é, se estão contidos em um sistema de escalão inferior a *n*. Nós podemos estender imediatamente isto a fatores de escalão quaisquer se consideramos dependentes várias extensões, se a soma dos seus números de escalão é maior que o número de escalão do sistema que contém todas elas; porque neste caso o número de fatores simples, que estão contidos no produto, será maior que o número de escalão do sistema que os contém, donde seu produto será de fato nulo. Logo:

> "O produto exterior é nulo se os fatores são dependentes entre eles, e tem um valor não nulo se eles não são dependentes."

Da particularidade do produto exterior resultou (§ 35) que, dois fatores simples podem ser permutados se se muda ao mesmo tempo o sinal do produto; nós estendemos esta lei ao fato de que um fator simples pode pular um número par de fatores simples s e m mudança de sinal e um número ímpar com mudança de sinal. Como uma série de fatores simples se apresentava como uma extensão na qual o número de escalão é igual ao número destes fatores simples, assim resulta imediatamente que uma extensão de escalão par pode pular um fator simples, portanto igualmente um fator qualquer, sem mudança de sinal, e também que uma mudança de sinal tem lugar por uma permutação de dois fatores quaisquer que se seguem, se e somente se os dois são de escalão ímpar*). É claro também

---

*) Isto, se a e b são os números de escalão respectivos das extensões A e B é possível expressar isto por $A.B = (-1)^{ab} B.A$. — Se os dois fatores são ainda separados por um terceiro, então para a permutação o sinal depende ainda deste. Assim, tem-se por exemplo

$$A.B.C = (-1)^{ab+bc+ca} C.B.A.$$

Para a concepção formal da multiplicação exterior eu observo ainda que poderia ter se caracterizado completamente esta particularidade, uma vez determinada a relação multiplicativa com a adição, igualmente pela lei que dois fatores simples permutam com uma mudança de sinal. Pois se $a.b$ é em geral igual a $-b.a$, ou

$$a.b + b.a = 0,$$

então isto deve ser ainda verdadeiro se $b = a$ logo $2a.a = 0$ ou $a.a = 0$. Segue-se que em geral o produto de dois segmentos da mesma espécie é nulo, disto resulta a lei que caracteriza o conceito da multiplicação e x t e r i o r, tal como nós o temos representado acima.

que esta lei é ainda válida para magnitudes de soma porque, se se multiplica uma a uma as partes, ela deve ser válida para os produtos particulares, logo também para a sua soma. Logo:

"Dois fatores adjacentes são permutáveis c o m ou s e m mudança de sinal segundo que os números de escalão dos fatores sejam ao mesmo tempo ímpares ou não."

§ 56. As leis desenvolvidas neste capítulo só admitem uma aplicação parcial a geometria e a estática porque a magnitude de soma que aparece por primeira vez no sistema de quarto escalão, não pode ter uma aplicação aqui. As aplicações se restringem então a primeira metade deste capítulo (§ 47–50), e elas consistem no fato de que as leis estabelecidas no capítulo precedente para estas disciplinas são liberadas de suas restrições e são consideradas de um ponto de vista mais geral. Na geometria nós precisamos primeiro transferir às superfícies enquanto extensões de segundo escalão o novo conceito de adição. Porém nós devemos reter para as superfícies sua direção, isto é, as direções do plano ao qual eles pertencem; nós devemos então tomar duas superfícies como sendo de espécies diferentes se os planos aos quais elas pertencem tem diferença em suas direções. Mas como as superfícies, consideradas desta maneira, são extensões de segundo escalão então duas superfícies podem ser reduzidas, segundo § 48, porque elas pertencem ao mesmo tempo a um sistema de terceiro escalão (o espaço), a um fator comum de primeiro escalão, isto é, elas podem ser representadas como *Spathecke* (paralelogramos) com uma mesma base. A soma destes será então um *Spathecke* que tem a mesma base mas cujo lado de altura é a soma dos dois lados de altura destes *Spathecke*. Assim, se pode expressar de uma forma mais geral os teoremas sobre o deslocamento (§ 28 e 29):

"A soma geométrica*) das superfícies, que uma linha quebrada descreve segundo seu deslocamento é igual a superfície, que uma linha reta descreve, que tem os mesmos pontos inicial e final que a linha quebrada, se ela se desloca da mesma maneira,"

ou ainda mais geralmente, se chamamos a linha do ponto inicial ao ponto final da linha quebrada o lado que fecha esta:

"A soma geométrica das superfícies que uma linha quebrada descreve numa trajetória quebrada, é igual a superfície, que o lado, que fecha a primeira linha (aquele que é quebrado), descreve em uma trajetória, que fecha a segunda."

Para o movimento das superfícies tem-se o teorema:

"A soma dos sólidos que uma superfície, quebrada de uma maneira qualquer, descreve em uma trajetória, quebrada de maneira qualquer, é igual ao sólido que a soma geométrica destas superfícies (que formam a superfície quebrada) descrevem na trajetória, que fecha esta trajetória quebrada."

§ 57. Para a estática e a mecânica também, a aplicação deste capítulo consiste em uma extensão, que é porém aqui tão frutífera que somente agora pode-se dar valor a toda a riqueza das relações. Em primeiro lugar, a restrição que foi imposta para o momento total de várias forças em relação a um ponto (§ 41), é agora suprimida e por isso nós podemos dizer que por momento total de várias forças em relação a um ponto é a soma de todos os momentos particulares em relação à esse ponto; e ao mesmo tempo é claro que, se traça por esse ponto um segmento como eixo, o momento

---

*) Eu me sirvo deste adjetivo para distinguir a soma da soma puramente aritmética se as magnitudes a somar não forem ainda designadas como magnitudes de direção constante.

em relação a esse eixo se encontra multiplicando esse eixo pelo primeiro momento. Se, por exemplo, $\alpha\beta, \gamma\delta, \ldots$ são as forças, então se o momento total M_ρ em relação a um ponto ρ é igual a

$$[\rho\alpha].[\alpha\beta] + [\rho\gamma].[\rho\beta] + \ldots;$$

e por relação a um eixo $\sigma\rho$ o momento destas forças é igual a

$$[\sigma\rho].[\rho\alpha].[\alpha\beta] + [\sigma\rho].[\rho\gamma].[\rho\beta] + \ldots;$$

ou igual à

$$[\sigma\rho].M_\rho.$$

Não há quase necessidade de demonstrar que aqui também o momento total das forças interiores com relação a um ponto qualquer se mantém nulo, porque é imediatamente claro que a demonstração se efetua de maneira análoga, mas ainda mais simplesmente, aquela acima (§ 42) dada para o conceito mais restrito. E com isto é claro, como todos os teoremas, estabelecidos acima (§ 43 e 44), são ainda válidos para essa generalização. Notadamente, o teorema principal estabelecido no § 43 pode agora ser expresso assim:

> "O momento total de todos os movimentos, comunicados aos pontos particulares (de uma associação de pontos) durante um espaço de tempo, é igual ao momento total de todas as forças, comunicadas do exterior à associação destes pontos durante este espaço de tempo, e isto em relação a qualquer ponto."*)

Em particular, se não há forças que ajam do exterior, então é necessário também que o momento total de todos os movimentos, comunicados neste espaço de tempo, seja nulo, isto é, é necessário

---

*) Nós representaremos mais tarde a equação resultante quando se tratará de aplicar o cálculo diferencial à nossa ciência; ver § 105.

que o momento total de todos os movimentos; inerentes aos pontos seja constante durante esse tempo.*) Este momento total representa então um plano invariável e neste uma superfície constante; é este plano, que *La Place* chama o *plano invariante* e que da maneira mais simples resulta mediante nossa ciência por soma. A dificuldade de deduzir segundo os métodos, usuais em outras partes, é facilmente percebida se se dá uma olhada aos desenvolvimentos dados na *Mécanique analytique* de *La Grange***) ou na *Mécanique céleste* de *La Place*, e sobre as formulas complicadas com as que desenvolvem a apresentação.

§ 58. Nós poderíamos estabelecer já aqui os teoremas principais para a teoria dos momentos; mas como a consideração dos momentos se apresentará bem mais facilmente na segunda parte, eu quero apenas dar aqui alguns exemplos para mostrar com que facilidade os exercícios pertinentes se podem resolver com a ajuda de nossa análise e com abundância surgem os teoremas mais interessantes que pode-se dizer que brotam aos borbulhões. Seja agora dada a tarefa de encontrar, à partir do momento em relação a um ponto, o momento em relação a um outro ponto cujo a distância ao ponto original é dada pelo seu comprimento e direção, se além disso a força total (a soma das forças, representadas como segmentos) é dada segundo sua longitude e segundo sua direção. Seja σ e τ os dois pontos, M_σ o momento dado por relação ao primeiro ponto, M_τ o momento em relação ao segundo ponto, $[\alpha\beta], [\gamma\delta], \ldots$ as forças, α, γ, seus pontos de aplicação, s a força total segundo sua longitude e sua direção, então

$$s = [\alpha\beta] + [\gamma\delta] + \ldots.$$

---

*) Como podemos nos convencer facilmente este é o princípio das superfícies constantes.
**) págs. 262–269.

Tem-se então
$$M_\sigma = [\sigma\alpha].[\alpha\beta] + [\sigma\gamma].[\gamma\delta] + \ldots,$$
$$M_\tau = [\tau\alpha].[\alpha\beta] + [\tau\gamma].[\gamma\delta] + \ldots.$$

Se se subtraem as duas equações, uma da outra, então obtém-se, porque
$$[\sigma\alpha] - [\tau\alpha] = [\sigma\alpha] + [\alpha\tau] = [\sigma\tau]$$
etc., a equação
$$M_\sigma - M_\tau = [\sigma\tau].([\alpha\beta] + [\gamma\delta] + \ldots) = [\sigma\tau].s,$$
assim o exercício está resolvido, e se obteve o teorema:

> "Se o ponto de referencia se desloca por um segmento, então, o momento aumenta pelo produto exterior da força total por esse segmento."*)

Com isto resulta ao mesmo tempo que o momento permanece invariável se este produto exterior é nulo, isto é, se o ponto de referência se desloca na direção da força total, ou, dito de outro modo,

> "os momentos em relação a todos os pontos, situados em uma mesma linha paralela a força total são iguais entre si."

Ainda,

> "Se o momento é nulo em relação a um ponto qualquer, então ele é, em relação a cada outro ponto, igual ao produto exterior da força total pelo desvio do último ponto do primeiro."

---

*) Aqui a palavra "aumentar" é tomada no mesmo sentido geral, no qual se pode dizer que 8 é aumentado de (−3) se ele se tornou 5.

§ 59. Um outro exercício que contém a dependência dos momentos em relação aos eixos que passam pelo mesmo ponto é o de encontrar, a partir de momentos em relação a três eixos que passam por um mesmo ponto e que não estão contidos em um mesmo plano, o momento em relação a qualquer quarto eixo que passa pelo mesmo ponto. Sejam a, b, c os três eixos, A, B, C os momentos em relação a eles, $\alpha a + \beta b + \gamma c$, onde α, β, γ representam números, o quarto eixo cujo momento correspondente D é procurado.*) Seja M o momento em relação a interseção dos três eixos, tem-se então, segundo § 57,

$$A = \alpha . M, \quad B = b . M, \quad C = c . M,$$
$$D = (\alpha a + \beta b + \gamma c) . M.$$

Se nós desenvolvermos o parênteses da última expressão, temos

$$D = \alpha a . M + \beta b . M + \gamma c . M$$
$$= \alpha A + \beta B + \gamma C.$$

Expressando esse resultado em palavras:

"A partir dos momentos de três eixos, que passam por um mesmo ponto, sem estarem contidos em um mesmo plano, se pode encontrar o momento de todo outro eixo que passa pelo mesmo ponto; mais precisamente, entre os momentos existe a mesma equação múltipla que entre os eixos."**)

Se um dos coeficientes é zero tem-se o teorema:

---

*) É mostrado acima que todo segmento do espaço pode ser representado como soma de três partes paralelas a três segmentos dados; resulta disto que ele pode ser representado como sua soma múltipla.

**) Para abreviar, nós dizemos que uma equação múltipla existe entre magnitudes se os termos da equação só envolvem múltiplos destas magnitudes.

"A partir dos momentos de dois eixos, que passam por um mesmo ponto pode-se encontrar o momento de todo o outro eixo que passe pelo mesmo ponto; mais precisamente entre os momentos existe a mesma equação múltipla que entre os eixos."

Mais tarde ao tratar de momentos de maneira mais geral poderemos também apresentar este teorema sob uma forma bem mais geral.

Capítulo Quarto

Divisão Exterior, Magnitude de Número

---

§ 60. A ligação analítica correspondente à multiplicação é a divisão; logo, do conceito geral de ligação analítica (§ 5), a divisão consistirá em buscar a partir do produto e de um dos fatores o outro fator; e levando em conta esta explicação uma divisão particular corresponderá a cada espécie particular de multiplicação; a divisão exterior consistirá então em procurar para o produto exterior e um dos seus fatores o outro fator. Como os fatores do produto exterior não são, em geral permutáveis, é claro que é necessário distinguir aqui dois tipos de divisão segundo seja dado o primeiro ou o segundo fator (ver § 11). Nós designamos o fator procurado (o quociente) que nos colocamos, segundo a maneira habitual, o produto dado A (o dividendo) sobre o traço de divisão e o fator dado B (o divisor) debaixo deste, fazendo porém seguir ou preceder este fator dado por um ponto segundo que o fator procurado deva ser entendido como aquele que segue ou como aquele que precede. Logo $\frac{A}{B.}$ significa o fator C que dá A se como segundo fator esta ligado a B, que satisfaz então a equação

$$B . C = A;$$

e $\frac{A}{.B}$ significa o fator C, que ligado a B como primeiro fator, dá A, isto é, que satisfaz a equação

$$C \cdot B = A;$$

ou se as duas determinações se expressam simplesmente por fórmulas:

$$B \cdot \frac{A}{B.} = A; \quad \frac{A}{.B} \cdot B = A.$$

Nós devemos simplesmente lembrar aqui que os dois quocientes têm o mesmo valor se os números de escalão são tais que os fatores são diretamente permutáveis; por outro lado, os dois quocientes têm seus valores opostos*) se eles são permutáveis apenas mediante uma mudança de sinais. Por causa disso se poderá abandonar a marca do ponto no primeiro caso se não deseja justamente designar a divisão expressamente como uma divisão exterior.

§ 61. É importante agora estabelecer o significado essencial do quociente a partir da determinação formal. Como o produto exterior de duas extensões da sempre uma extensão a qual estes são subordinadas e onde o número de escalão é a soma dos números de escalão dos fatores, segue imediatamente que o quociente, também ele, pode representar uma extensão somente se o divisor está subordinado ao dividendo, isto é, se ele está contido completamente no sistema do dividendo; e resulta ao mesmo tempo que o divisor deve ser de número de escalão menor que o dividendo e que o número de escalão do quociente é a diferença entre aquele do dividendo a do divisor. Em todo outro caso, o quociente não pode então representar uma extensão, mas ele só pode ter um significado formal, que nós deixamos em suspenso por enquanto. Mas,

---

*) Como a permutação de fatores exige apenas uma mudança de sinal se ambos são de número de escalão ímpar, o produto é então de número de escalão par, então os dois quocientes também terão valores opostos somente se o dividendo é de número de escalão par, o divisor de número de escalão ímpar; em todos os outros casos terão os mesmos valores.

reciprocamente, vê-se também que o quociente deve representar uma extensão cada vez que esta condição está satisfeita, a saber, que o divisor está subordenado ao dividendo. Isto é, segundo o § 48 pode-se sempre reduzir uma extensão de n-ésimo escalão a $(n-1)$ fatores quaisquer que lhes são subordinados, desde que estes sejam somente independentes um dos outros, e portanto pode-se reduzir também a qualquer número menor de fatores subordinados, isto é, pode-se representá-la como produto onde um fator é uma extensão qualquer, subordinada à extensão de n-ésima ordem. Logo

> "O quociente é uma extensão se e somente se o divisor está subordenado ao dividendo e é de escalão menor que este, e, para precisar, seu número de escalão é então a diferença dos números de escalão do dividendo e do divisor."

§ 62. Resta ainda examinar se neste caso o quociente é claro ou indeterminado e como na segunda alternativa pode-se encontrar o conjunto de seus valores. Seja $\frac{A}{B}$ o quociente a examinar e seja B subordenado a magnitude A. Segundo o § precedente existe sempre uma extensão que dá A se ela é multiplicada por B, isto é, uma extensão que pode ser compreendida como quociente; seja C tal que

$$B \cdot C = A,$$

e a questão é saber se há ainda outras extensões, diferentes de C, que possam ser colocadas na equação no lugar de C. Quaisquer que sejam, estas devem ser do mesmo escalão de C (§ 61). Toda extensão, diferente de C mas do mesmo escalão, se pode representar na forma $C + X$, onde X é uma magnitude qualquer desse escalão, e é necessário então determinar X de modo que

$$B \cdot (C + X) = A,$$

se $C + X$ deve ser também um valor do quociente $\frac{A}{B}$. Tem-se então

$$B \cdot C + B \cdot X = A = B \cdot C,$$

isto é,

$$B \cdot X = 0.$$

Ou segundo o §55, somente o produto de duas magnitudes dependentes, e sempre um tal produto é nulo, então exceto o valor parcial C do quociente, toda outra magnitude difere dele por um termo que depende do divisor que preenche a condição, mas estes são os únicos. Segundo a definição do quociente, podemos designar por $\frac{0}{B}$ o conjunto das magnitudes que são dependentes de B ou que, colocados no lugar de X, satisfazem a equação

$$B \cdot X = 0.$$

Assim, nós temos

$$\frac{B \cdot C}{B \cdot} = C + \frac{0}{B}.$$

Nós podemos representar este resultado no teorema seguinte:

> "Se o divisor (B) esta subordenado ao dividendo (A) e este é de escalão menor que este, então o quociente está determinado apenas parcialmente, e, para precisar, se encontra o valor geral do quociente, se se conhece um valor particular (C) deste, somando a este valor particular a expressão indeterminada de uma magnitude, dependente do divisor (B), e tem-se então[*])
>
> $$\frac{A}{B \cdot} = C + \frac{0}{B}.\text{"}$$

---

*) Este termo indefinido é bem comparável a constante indeterminada da integração, e o procedimento particular que resulta é aqui o mesmo que lá.

Traduzido à teoria do espaço, este teorema exprime primeiramente que, se num *Spatheck* (paralelogramo) a base e a superfície (incluindo o plano ao qual pertence) são dados, então o outro lado que nós temos chamado de lado de altura é determinado apenas parcialmente e que, se seu ponto inicial é fixo, o lugar do seu ponto extremidade é uma linha reta, paralela a base; este teorema expressa em segundo lugar que, se de um *Spath* são dados a superfície de base e o volume, o outro lado (lado de altura) está determinado apenas parcialmente, e que o lugar de seu ponto extremidade, se o ponto inicial está fixo, é um plano, paralelo a superfície de base; o teorema expressa finalmente que se o lado de altura e o volume de um *Spath* são dados, a superfície de base está parcialmente determinada, ela se apresenta como a secção plana variável de um prisma cujos lados são paralelos ao lado de altura. Este último exige uma demonstração. A saber, se uma superfície de base é encontrada como valor particular deste quociente, isto é, se multiplicada exteriormente pelo lado de altura dado, ela dá verdadeiramente o volume dado, e se se imagina está superfície de base como tendo a forma de um *Spatheck*, então se encontrará outro *Spatheck* que multiplicado exteriormente pelo lado da altura dada dá o mesmo produto, a partir do primeiro juntando ao lado do primeiro dos termos quaisquer paralelos ao lado de altura; assim o teorema enunciado está demonstrado.

§ 63. Resulta do teorema do § precedente que não se pode transferir à nossa ciência as leis da divisão aritmética, notadamente que não se tem o direito de suprimir os fatores comuns ao dividendo e ao divisor. Mas como o cálculo com magnitudes indeterminadas, mesmo que elas sejam parcialmente indeterminadas, está sujeito a dificuldades diversas, e como não se encontra nada na outra análise do finito, que lhe é completamente correspondente, é então mais conveniente substituir esta expressão indeterminada por expressões determinadas.

Como resulta que o quociente está determinado desde que este esteja dado segundo o seu tipo, isto é, desde que o sistema do mesmo escalão ao qual ele deve pertencer esteja determinado, a condição que este sistema seja independente daquele do divisor mas que seja subordenado aquele do dividendo. Se esta hipótese está verificada, então há de fato um e um único valor do quociente que pertence a este sistema. Pois se se concebe uma extensão qualquer (C), da mesma espécie que este sistema, multiplicado pelo divisor, então o produto será da mesma espécie que o dividendo, logo ele poderá ser igual ao dividendo por um acréscimo ou uma diminuição desta extensão (C), onde esta extensão (C) representa ela própria o quociente. Mas este é apenas um ú n i c o valor deste tipo de quociente que é colocado em evidencia. A saber, seja C um tal valor do quociente $\frac{A}{B}$, tal que $B.C = A$; se C troca-se por uma magnitude $C + C_1$ da mesma espécie que C, onde C_1 não é igual a zero, então tem-se $B.(C + C_1) = B.C + B.C_1 = A + B.C_1$; logo $B.(C + C_1)$ não é igual a A porque B e C_1 sendo independente um do outro segundo a hipótese, seu produto não pode ser nulo. Todo outro valor da mesma espécie que C, se colocado no lugar de C, não satisfaz a equação

$$B.C = A,$$

isto é, não pode ser tomado como um valor do quociente $\frac{A}{B}$; logo não há mais do que u m tal valor. Se pode também expressar este resultado assim: se dois produtos iguais têm o mesmo fator, e se o outro fator é da mesma espécie dos dois mas independente do primeiro fator, então este segundo fator também é o mesmo nos dois produtos. É importante agora encontrar uma denominação conveniente para este quociente determinado. Seja P o dividendo, A o divisor, B uma magnitude da mesma espécie que o quociente, A e B estando ambos subordinados ao sistema P mas independentes um do outro; então P pode-se representar como produto de A_1 por B, onde A_1 é da mesma espécie que A, o quociente será então

$$\frac{A_1 \cdot B}{A};$$

desde que seja da mesma espécie que B, podemos designar por enquanto por

$$\frac{A_1}{A}B.$$

Então $\frac{A_1}{A}B$ deve designar a magnitude B_1, da mesma espécie que B, que satisfaz a equação*)

$$A_1 \cdot B = A \cdot B_1.$$

§ 64. Para encontrar agora o significado destas expressões é necessário pesquisar a relação de uma dada expressão $\frac{A_1}{A}$ com as magnitudes diferentes. Inicialmente resulta que, se A, B e C são independentes uma das outras e se

$$\frac{A_1}{A}B = B_1,$$

então é necessário sempre que

$$\frac{A_1}{A}C = \frac{B_1}{B}C.$$

---

*) A designação não pode provocar qualquer ambiguidade porque até o presente nós não encontramos um quociente de duas magnitudes de mesma espécie. Fica em suspenso por enquanto se nesta designação $\frac{A_1}{A}$ deve de fato se tomar como quociente e sua ligação com B como multiplicação; porém se a designação convém ou não só poderá ficar claro quando esta concepção apareça efetivamente. Por uma visão da teoria dos números, com a qual nossa ciência entra aqui em relação porém sem emprestar seus teoremas, é claro que, se A_1 é um múltiplo de A, B_1 deve ser também o mesmo múltiplo de B, e logo que, se compreendemos por $\frac{A_1}{A}$ o número que indica quantas vezes A_1 está em A, então B_1 pode ser representado na forma $\frac{A_1}{A}B$. Por simples que possa ser esta aplicação da teoria de números, nós não podemos admiti-la sem dano a nossa ciência. Mas a nossa ciência assim traída seria logo vingada pelas complicações e dificuldades diversas, nas quais nós cairíamos com o conceito de irracionalidade. Nós permanecemos portanto fiéis a nossa ciência sem nos deixarmos seduzir pela perspectiva enganosa de um caminho fácil.

Porque, da primeira equação, se tem sempre segundo a definição

$$A_1 . B = A . B_1,$$

e se pomos $\frac{A_1}{A} C = C_1$, então se tem

$$A_1 . C = A . C_1.$$

Se se multiplica por C a primeira destas equações, por B a segunda (em segundo lugar), se tem então

$$A_1 . B . C = A . B_1 . C,$$
$$A_1 . B . C = A . B . C_1,$$

donde também

$$A . B_1 . C = A . B . C_1.$$

Mas como $B_1 . C$ é da mesma espécie que $B . C_1$ e como o outro fator (A) bem como o produto são os mesmos nos dois membros, é necessário (§ 63) que

$$B_1 . C = B . C_1,$$

ou seja,

$$\frac{B_1}{B} C = C_1 = \frac{A_1}{A} C.$$

Portanto, se

$$\frac{A_1}{A} B = B_1,$$

então as expressões $\frac{A_1}{A}$ e $\frac{B_1}{B}$, ligadas a uma magnitude qualquer independente de $A.B$, dão o mesmo resultado. Mas nós podemos mostrar agora que isto deve ser também o caso quando as duas expressões estão ligadas a uma magnitude C que é somente independente de A e de B, sem ser independente ao mesmo tempo do produto $A.B$. Nós demonstramos agora isto no caso em que C é um segmento, que nós queremos designar por c. Seja então

$$\frac{A_1}{A}c = c_1 \quad \text{ou} \quad A_1 . c = A . c_1,$$

onde c é independente de A e B, mas dependente de A.B. Para mostrar agora que é necessário também que

$$\frac{B_1}{B}c = \frac{A_1}{A}c = c_1, \quad \text{se} \quad \frac{A_1}{A}B = B_1,$$

nós experimentamos tornar independente o próprio fator c, juntando o segmento p independente de A.B. Se obtém agora, no lugar de $A_1 . c$, a expressão $A_1 . (c+p)$; esta pode ser igual a uma expressão em que o primeiro fator [é] A e onde o segundo é da mesma espécie que $(c+p)$, e que pode então ser representada como soma de duas partes que são da mesma espécie que c e p. Seja esta $c_2 + p_1$, assim tem-se

$$A_1 . (c+p) = A . (c_2 + p_1).$$

Se multiplica esta equação por p, se obtém então

$$A_1 . c . p = A . c_2 . p$$

ou, como $A_1 . c = A . c_1$,

$$A_1 . c_1 . p = A . c_2 . p,$$

e de lá resulta, porque os fatores respectivos são da mesma espécie, segundo o §63, a equação

$$c_1 = c_2.$$

Introduzindo então acima este valor no lugar de c_2, obtém-se então

$$A_1 . (c+p) = A . (c_1 + p_1).$$

E como p era independente de $A.B$, em consequência $(c+p)$ também o é, nos podemos então agora aplicar a lei demonstrada acima segundo a qual

$$B_1.(c+p) = B.(c_1+p_1);$$

logo também, multiplicada por p,

$$B_1.c.p = B.c_1.p;$$

e como aqui os fatores respectivos são da mesma espécie, se tem então também

$$B_1.c = B.c_1 \quad \text{ou} \quad \frac{B_1}{B}c = c_1 = \frac{A_1}{A}c$$

mesmo no caso onde c é dependente de $A.B$. Agora nós podemos facilmente estender este resultado ao caso em que as expressões $\frac{A_1}{A}f$ e $\frac{B_1}{B}$, que correspondem a equação

$$\frac{A_1}{A}B = B_1 \quad \text{ou} \quad A_1.B = A.B_1,$$

são ligadas a uma magnitude C qualquer de escalão superior, independente de A e B. Seja $C = c.d.e\ldots$, então toda a magnitude C_1 que é da mesma espécie que C se pode representar na forma $c_1.d.e\ldots$, e que já mostramos várias vezes. Se

$$\frac{A_1}{A}C = C_1 \quad \text{ou} \quad A_1.C = A.C_1,$$

então se tem por esta substituição

$$A_1.c.d.e.s = A.c_1.d.e\ldots,$$

de onde se segue (§ 63), mediante o fato que os fatores são da mesma espécie,

$$A_1 . c = A . c_1,$$

então também pelo teorema que acabamos de demonstrar

$$B_1 . c = B . c_1,$$

logo também pela reiteração da mesma série de conclusões

$$B_1 . c . d . e \ldots = B . c_1 . d . e \ldots,$$

isto é,

$$B_1 . C = B . C_1 \quad \text{ou} \quad \frac{B_1}{B} C = C_1 = \frac{A_1}{A} C.$$

Nós temos assim demonstrado o teorema geral:

"Se $\frac{A_1}{A} B = B_1$, então temos também $\frac{A_1}{A} C = \frac{B_1}{B} C$ em relação a toda magnitude C que é independente de A e B."

§ 65. Mas como o conceito das expressões $\frac{A_1}{A}$ e $\frac{B_1}{B}$ está determinado somente se elas estão relacionadas com as magnitudes, que são independentes de A e B, e como por duas tais ligações quaisquer nas quais intervém $\frac{A_1}{A}$ e $\frac{B_1}{B}$ com a mesma magnitude, sob a condição que $\frac{A_1}{A} B = B_1$, a igualdade está mostrada, logo resulta que nós temos o direito de igualar uma a outra, as expressões $\frac{A_1}{A}$ e $\frac{B_1}{B}$, se a condição acima está satisfeita, desta forma determinamos o conceito que tem as expressões enquanto tais. Logo

"Se $\frac{A_1}{A} B = B_1$ ou $A_1 . B = A . B_1$ (A e B sendo independentes uma da outra), então colocamos $\frac{A_1}{A}$ igual a $\frac{B_1}{B}$."

É claro como desta forma o significado de $\frac{A_1}{A} B$ está determinado também no caso em que A e B são dependentes; pois é suficiente supor uma magnitude subsidiária C, que é independente de A e B, e determinar C_1 de forma tal que $\frac{C_1}{C}$ seja igual a $\frac{A_1}{A}$ segundo a definição dada, então se obtém por substituição do que é igual

$$\frac{A_1}{A}B = \frac{C_1}{C}B,$$

e assim se determinou o conceito da primeira expressão. Resulta notadamente que

$$\frac{A_1}{A}A = A_1.$$

Pois se se supõe uma magnitude subsidiária B, que é independente de A, e se pomos

$$\frac{A_1}{A} = \frac{B_1}{B},$$

isto é,

$$\frac{B_1}{B}A = A_1,$$

então é necessário também segundo o conceito geral de igualdade,

$$\frac{A_1}{A}A = \frac{B_1}{B}A;$$

mas esta última expressão, como acabamos de mostrar, é igual a A_1, logo a primeira também, o que queríamos fazer ver. De lá resulta agora imediatamente que a expressão $\frac{A_1}{A}$ pode ser tomada como quociente, desde que nós tenhamos demonstrado que sua ligação com as outras magnitudes, como nós as temos descrito agora, é uma multiplicação, isto é, que a relação desta ligação com a adição é multiplicativa.

§ 66. Em primeiro lugar, temos

$$\frac{A_1}{A}(b + c) = \frac{A_1}{A}b + \frac{A_1}{A}c.$$

A saber, $\frac{A_1}{A}(b+c)$ é um segmento que é da mesma espécie que $b+c$ e que em consequência deve se poder representar por partes, que são da mesma espécie que b e c; sejam b_1 e c_1 estas partes, então

•) $$\frac{A_1}{A}(b+c) = b_1 + c_1.$$

ou
$$A_1.(b+c) = A.(b_1+c_1).$$

Multiplicando esta equação por c, tem-se então

$$A_1.b.c = A.b_1.c,$$

logo mediante o fato de que os fatores são da mesma espécie

$$A_1.b = A.b_1 \quad \text{ou} \quad \frac{A_1}{A}b = b_1.$$

Da mesma maneira resulta da multiplicação por b que

$$\frac{A_1}{A}c = c_1;$$

substituindo as expressões de b_1 e c_1 na equação •) acima, se tem então com efeito
$$\frac{A_1}{A}(b+c) = \frac{A_1}{A}b + \frac{A_1}{A}c.$$

É necessário estender agora isto ao caso onde, ao invés de b e c, aparecem extensões B e C de escalão superior. Do §47 a soma destes da uma extensão somente se as duas expressões de n-ésima escalão se podem reduzir a um fator comum de escalão $(n-1)$. Seja por isso
$$B = b.E, \quad C = c.E.$$

Seja então
$$\frac{A_1}{A}b = b_1; \quad \frac{A_1}{A}c = c_1,$$
portanto
$$A_1 . (b+c) = A . (b_1 + c_1),$$
assim tem-se também, se se multiplica esta equação por E,
$$A_1 . (b+c) . E = A . (b_1 + c_1) . E$$
ou
$$A_1 . (b . E + c . E) = A . (b_1 . E + c_1 . E)$$
ou

**)
$$\frac{A_1}{A}(B+C) = b_1 . E + c_1 . E.$$

Mas se se representam as equações, pelas que b_1 e c_1 estão determinados, na forma de produtos e se se multiplica por E, tem-se

$$A_1 . b . E = A . b_1 . E; \quad A_1 . c . E = A . c_1 . E,$$

então
$$\frac{A_1}{A}B = b_1 . E,$$
e da mesma maneira
$$\frac{A_1}{A}C = c_1 . E.$$

Se se substitui estas expressões de $b_1 . E$ e $c_1 . E$ na equação **) acima, tem-se
$$\frac{A_1}{A}(B+C) = \frac{A_1}{A}B + \frac{A_1}{A}C.$$

Se a relação multiplicativa vale agora para as somas reais, então ela vale também para as somas formais, porque estas só são determinadas conceitualmente por aquelas; e como para as somas formais $B+C$ não representa uma extensão, então

$$\frac{A_1}{A}(B+C)$$

tem somente significado formal, esta expressão é igual a

$$\frac{A_1}{A}B + \frac{A_1}{A}C.$$

A relação multiplicativa é então geralmente verdadeira para estas expressões ($\frac{A_1}{A}$ etc.) e sua ligação, como nós a temos compreendido, deve ser tomada como uma verdadeira multiplicação. Portanto $\frac{A_1}{A}$ é ele próprio um quociente verdadeiro*).

§ 67. Para se ter uma ideia mais intuitiva do quociente, nós partimos inicialmente de segmentos; sejam a e b independentes um do outro e

$$\frac{a_1}{a} = \frac{b_1}{b} \quad \text{ou} \quad a_1 \cdot b = a \cdot b_1,$$

então se conclui da última equação

$$a_1 \cdot b + b_1 \cdot a = 0,$$

ou como se pode juntar ao segundo fator partes que são da mesma espécie que o primeiro fator,

$$a_1 \cdot (a+b) + b_1 \cdot (a+b) = 0,$$
$$(a_1 + b_1) \cdot (a+b) = 0,$$

isto é, $(a+b)$ e (a_1+b_1) são da mesma espécie ou podem ser tomados como partes de um mesmo sistema de primeiro escalão. Conforme

---

*) Como o número de escalão do quociente é a diferença entre os números de escalão do dividendo e do divisor, então $\frac{A_1}{A}$ deve ser tomada como magnitude de extensão de escalão 0, isto concorda com o fato de que se uma extensão é multiplicada por ela seu número de escalão não muda.

a maneira de gerar um sistema de primeiro escalão, a_1 e b_1 devem ser partes correspondentes de a e b. Se se escreve agora a equação original como proporção

$$a_1 : a = b_1 : b,$$

então se obtém o teorema: Quatro segmentos estão em proporção se o primeiro é a parte correspondente do segundo como o terceiro o é do quarto. Segundo o conceito de quociente de duas magnitudes de mesma espécie o valor deste permanece inalterado se se multiplica o dividendo e o divisor pela mesma extensão independente, se se estende o quociente a uma expressão maior; a saber, se

$$a_1 . b = a . b_1,$$

logo

$$\frac{a_1}{a} = \frac{b_1}{b},$$

então tem-se também

$$a_1 . E . b = a . \overline{E} . b_1,$$

logo

$$\frac{a_1 . E}{a . E} = \frac{b_1}{b}, \quad \text{então} \quad = \frac{a_1}{a}.$$

Assim, se pode generalizar cada razão a uma expressão maior por uma extensão qualquer. Podemos dizer agora que $a_1 . E$ é a parte corresponde de $a . E$, como a_1 o é de a, e assim nós temos o teorema geral: Quatro magnitudes estão em proporção se a primeira é a parte correspondente da segunda, como a terceira o é da quarta.

§ 68. Nós devemos agora representar as ligações destas magnitudes recentemente obtidas, que nós chamamos magnitudes de número, não somente entre elas, mas também com as magnitudes de extensão. Nós temos representado sua ligação multiplicativa com as magnitudes de extensão e nós estabelecemos sua relação com a adição. Nós devemos agora examinar as leis puramente multiplicativas desta ligação, isto é, a compatibilidade e a permutabilidade dos fatores. Resulta que, num produto exterior onde intervém magnitudes de número, se pode atribuir estas a um fator qualquer sem mudar o valor do resultado. Com efeito, se denotamos $\frac{a_1}{a}$ por α tem-se

$$\alpha(B \cdot C) = (\alpha B) \cdot C.$$

Pois seja αB ou $\frac{a_1}{a} B = B_1$, ou

$$a_1 \cdot B = a \cdot B_1,$$

então multiplicando por C obtemos

$$a_1 \cdot B \cdot C = a \cdot B_1 \cdot C;$$

onde também de acordo com a definição

$$\frac{a_1}{a}(B \cdot C) = B_1 \cdot C;$$

ou

$$\alpha(B \cdot C) = (\alpha B) \cdot C.$$

No que concerne a permutabilidade, não se estabeleceu ainda o significado da expressão $A\alpha$, onde A é uma extensão qualquer e α uma magnitude de número; e nós podemos determinar este significado por analogia. A saber, como a magnitude de extensão de escalão zero se apresenta como uma magnitude de extensão de escalão par, e como tal pode ser ordenada de qualquer maneira num produto exterior, nós podemos então estabelecer que $A\alpha$ deve ser entendida como sendo a mesma coisa que αA; donde segue então que

"a posição de uma magnitude de número não tem importância num produto exterior."

No que concerne finalmente ao quociente de uma extensão por uma magnitude de número seu significado resulta imediatamente do conceito geral de divisão, e a unicidade deste quociente, enquanto o divisor não seja 0, se segue facilmente. Com efeito, seja

$$\frac{B}{\alpha} = X, \quad \alpha = \frac{a}{a_1},$$

onde α é independente de B, assim tem-se

$$\alpha X = B, \quad \frac{a}{a_1} X = B, \quad a \cdot X = a_1 \cdot B,$$

e nós demonstramos antes que existe um único valor X que é da mesma espécie que B e que satisfaz esta última equação, então o fato que os dois fatores são da mesma espécie está expresso na equação precedente.

§ 69. Nós chegamos ao produto de várias magnitudes de número a partir do produto progressivo. Definimos o produto

•) $$P \cdot \alpha\beta\gamma \ldots = P_1,$$

onde a extensão P deve ser multiplicada progressivamente pelas magnitudes de número $\alpha, \beta, \gamma, \ldots$, isto é, tal que o resultado de cada multiplicação anterior deve ser multiplicada pela magnitude de número seguinte: resulta então a tarefa de achar uma magnitude de número que dê imediatamente o resultado P_1 quando ela é multiplicada por P. Para esse fim sejam $\alpha, \beta, \gamma, \ldots$, representados nas formas $\frac{A_1}{A}, \frac{B_1}{B}, \frac{C_1}{C}, \ldots$, de modo que $P, A, B, C, \ldots$ são todos independentes uns dos outros. Se se multiplica agora os dois membros da equação •) acima por $A.B.C\ldots$, se pode atribuir segundo o § precedente, as magnitudes de número $\alpha, \beta, \gamma, \ldots$, ou $\frac{A_1}{A}, \frac{B_1}{B}, \frac{C_1}{C}, \ldots$, a um fator qualquer, então também $\frac{A_1}{A}$ a A, e assim sucessivamente, e se obtém assim

$$P.A_1.B_1.C_1\ldots = P_1.A.B.C\ldots$$

Como P_1 é de mesma espécie que P, tem-se da definição do quociente

$$P_1 = P\frac{A_1.B_1.C_1\ldots}{A.B.C\ldots}.$$

Assim, nós temos a lei, que

$$\text{``}P\frac{A_1}{A}\frac{B_1}{B}\frac{C_1}{C}\ldots = P\frac{A_1.B_1.C_1\ldots}{A.B.C\ldots}\text{''}$$

válida inicialmente só quando P é independente de $A.B.C\ldots$, mas logo nós a teremos também quando P seja dependente. Para mostrarmos isto, nós representamos inicialmente as magnitudes de número $\alpha, \beta, \gamma, \ldots$, ou os quocientes $\frac{A_1}{A}, \ldots$ nas novas formas ($\frac{A_1}{A}$ etc.) de modo modo que P é independente de $A.B.\Gamma\ldots$; agora nós podemos aplicar a lei acima e obtemos uma magnitude de número ρ que pode ser colocada no lugar dos fatores progressivos $\frac{A_1}{A}, \ldots$ ou ($\frac{A_1}{A}, \ldots$), e que é igual a

$$\frac{A_1.B_1.\Gamma_1\ldots}{A.B.\Gamma\ldots}.$$

Se utilizamos agora uma extensão Q que é ao mesmo tempo independente de $A.B.C\ldots$ e desta nova magnitude $A.B.\Gamma\ldots$; então $Q\alpha\beta\gamma\ldots$ vem por meio das primeiras magnitudes

$$Q\frac{A_1.B_1.C_1\ldots}{A.B.C\ldots},$$

e por meio das segundas magnitudes se torna

$$Q\rho.$$

Tem-se então

$$\rho = \frac{A_1 . B_1 . C_1 \ldots}{A . B . C \ldots}.$$

Mas tinha-se graças a segunda série de formas

$$P . \alpha\beta\gamma \ldots = P\rho,$$

onde graças ao valor encontrado para ρ se obtém também

$$P\frac{A_1}{A}\frac{B_1}{B}\frac{C_1}{C} \ldots = P\frac{A_1 . B_1 . C_1 \ldots}{A . B . C \ldots}.$$

A lei acima está então demonstrada em toda a sua generalidade.

§ 70. Disto se deduzem imediatamente duas conclusões muito importantes para a ligação de magnitudes de número, a saber, em primeiro lugar: se para uma magnitude P qualquer a multiplicação progressiva por magnitudes de número $\alpha, \beta, \gamma, \ldots$ é substituído pela multiplicação por uma magnitude de número determinada ρ, isto é verdade também para toda outra magnitude, tomada por P; porque a expressão obtida para ρ no § precedente é totalmente independente de P, e só depende das magnitudes de número $\alpha, \beta, \ldots$; em segundo lugar: as magnitudes de número podem ser permutadas entre si de maneira qualquer porque se pode efetuar as mesmas permutações no numerador e no denominador do produto

$$\frac{A_1 . B_1 \ldots}{A . B \ldots}$$

porque assim resultam as mesmas mudanças de sinal para os dois, logo nenhuma mudança para o valor. A primeira destas conclusões, nos dá o direito de igualar o produto $\alpha, \beta, \gamma, \ldots$, ele próprio, a ρ. Logo:

"Se compreende por produto de várias magnitudes de número a magnitude de número que, multiplicada por uma extensão qualquer, dá o mesmo resultado que se esta extensão fosse multiplicada progressivamente pelos fatores deste produto."

De lá se obtém então, se $A, B, C, \ldots$ são independentes umas das outras,

$$\frac{A_1}{A}\frac{B_1}{B}\frac{C_1}{C}\ldots = \frac{A_1 . B_1 . C_1 \ldots}{A . B . C \ldots}.$$

A segunda conclusão, que acabamos de deduzir, expressa agora o que se pode permutar imediatamente das magnitudes de número como fatores.

§ 71. Para mostrar agora a validade de todas as leis da multiplicação e da divisão aritmética (ver § 6) para as magnitudes de número, nós temos ainda que provar, enquanto α não é igual a zero, a unicidade do quociente $\frac{\beta}{\alpha}$. Da definição geral de ligação analítica $\frac{\beta}{\alpha}$ significa a magnitude que, multiplicada por α, dá β; seja agora $\alpha\gamma$ igual a β, então nós devemos mostrar que, se $\alpha\gamma'$ é também igual a β, γ é necessariamente igual a γ', sempre na condição que α não seja nulo. Se A representa uma extensão qualquer, podemos supor que

$$A\beta = A(\alpha\gamma) = A(\alpha\gamma');$$

mas como do § precedente temos o direito de multiplicar pelos fatores simples no lugar do produto, então tem-se também

$$(A\alpha)\gamma = (A\alpha)\gamma'.$$

Mas da definição de magnitude de número nós estabelecemos que duas magnitudes de número devem ser tomadas também como iguais se multiplicadas pela mesma extensão, dão o mesmo o resultado. Se agora α não é nulo, então $A\alpha$ é uma extensão verdadeira, donde segundo a determinação indicada $\gamma = \gamma'$, isto é, o quociente de duas magnitudes de número é único enquanto que o divisor não seja nulo. Mas como todas as leis da multiplicação e da divisão aritmética estão baseadas na permutabilidade e na compatibilidade dos fatores como também na unicidade do quociente nas circunstâncias mencionadas no (§ 6), e como as mesmas leis são verdadeiras também para a ligação das magnitudes de número com as extensões (§ 68), resulta então que

> "Todas as lei da multiplicação e da divisão aritmética são válidas para a ligação de magnitude de número entre elas e com as magnitudes de extensão."*)

Assim está explicada ao mesmo tempo a relação essencial entre a multiplicação aritmética e a multiplicação exterior porque aquela se apresenta como um gênero particular desta, a saber, no caso em que os fatores são magnitudes de extensão de escalão zero. É por isso que nós usamos para a multiplicação de magnitudes de número a vontade tanto o ponto quanto a justaposição imediata, porque esta última nos é frequentemente conveniente para evitar os parênteses e desta forma facilitar a visão de conjunto.

§ 72. Para proceder a adição de duas magnitudes de número (α e β), é necessário agora examinar a expressão

$$\alpha C + \beta C = C_1$$

e procurar a magnitude de número pela qual C deve ser multiplicada para que resulte o mesmo valor C_1. Para este fim, sejam α e β

---

*) Nós tiramos aqui da aritmética apenas o nome porque nós demonstramos independentemente as leis destas ligações na teoria geral das formas no § 6.

representados nas formas $\frac{a_1}{a}$ e $\frac{a_2}{a}$, onde a é independente de C. A equação mencionada se transforma agora em

$$\frac{a_1}{a}C + \frac{a_2}{a}C = C_1$$

e, multiplicando por a, em

$$a_1 . C + a_2 . C = a . C_1,$$

ou

$$(a_1 + a_2) . C = a . C_1,$$

então

$$C_1 = \frac{a_1 + a_2}{a} C.$$

Nós obtivemos assim o teorema que

$$\text{"}\frac{a_1}{a}C + \frac{a_2}{a}C = \frac{a_1 + a_2}{a}C\text{"}$$

e inicialmente só quando a é independente de C; mas da mesma maneira que no § 69 pode se estender isto ao caso da dependência. Resulta agora deste teorema que, se

$$\alpha C + \beta C = \gamma C,$$

então, como a expressão de γ só depende de α e β e não de C, a mesma equação é então válida para todo valor de C; e de lá decorre que podemos neste caso, pôr $\alpha + \beta = \gamma$. Pomos então

$$\alpha + \beta = \gamma,$$

se

$$\alpha C + \beta C = \gamma C,$$

onde C designa uma extensão qualquer; isto é, tem-se da definição

$$"\alpha C + \beta C = (\alpha + \beta)C."$$

Para mostrar agora que esta ligação é uma verdadeira adição, devemos demonstrar a validade das leis fundamentais da adição e da relação aditiva com a multiplicação. Inicialmente a permutabilidade das partes é dada imediatamente pela definição, porque as partes αC e βC são também permutáveis. Para mostrar a compatibilidade das partes nos apelamos ao fato que

$$(\alpha C + \beta C) + \gamma C = \alpha C + (\beta C + \gamma C);$$

se se aplica em cada membro duas vezes a lei estabelecida na definição, esta equação se transforma em

$$[(\alpha + \beta) + \gamma]C = [\alpha + (\beta + \gamma)]C,$$

donde resulta

$$(\alpha + \beta) + \gamma = \alpha + (\beta + \gamma).$$

Finalmente o resultado da subtração também é único. Pois, se o valor de β é procurado na equação

$$\alpha + \beta = \gamma,$$

então nós obtemos seguindo o que precede, se tomamos

$$\alpha = \frac{a_1}{a}, \quad \beta = \frac{a_2}{a}, \quad \gamma = \frac{a_3}{a}$$

a equação

$$a_1 + a_2 = a_3,$$

ou

$$a_2 = a_3 - a_1.$$

Então a_2 é um valor preciso, então $\frac{a_2}{a}$ ou β também, isto é, $\gamma - \alpha$ tem um único valor; o resultado da subtração é único. Mas como assim as leis fundamentais da adição e da subtração são válidas, então todas as leis destas, são válidas também.

§ 73. Só nos resta estabelecer a relação desta adição com a multiplicação e mostrar que

$$\alpha(\beta + \gamma) = \alpha\beta + \alpha\gamma.$$

Da definição do produto (§ 70) tem-se

$$P \cdot \alpha(\beta + \gamma) = P\alpha \cdot (\beta + \gamma),$$

onde o ponto substitui ao mesmo tempo os parênteses; a expressão a direita é, contudo, segundo § precedente,

$$= P\alpha \cdot \beta + P\alpha \cdot \gamma$$
$$= P \cdot \alpha\beta + P \cdot \alpha\gamma.$$

Como
$$P \cdot \alpha(\beta + \gamma) = P \cdot \alpha\beta + P \cdot \alpha\gamma,$$

tem-se então também, de novo segundo o § precedente,

$$\alpha(\beta + \gamma) = \alpha\beta + \alpha\gamma.$$

Combinando este resultado com aqueles obtidos antes, nós temos no presente o teorema geral:

"Todas as leis de ligações aritméticas são também válidas para as ligações de magnitudes de número entre elas e com as extensões; e todas as leis da multiplicação exterior e de sua relação com a adição e com a subtração permanecem verdadeiras, mesmo se se toma a magnitude de número como uma magnitude de extensão de escalão zero, desde que o resultado da divisão por esta seja tal que se torne único."

Se nós aplicamos também o conceito da dependência, como o estabelecemos no § 55 para as extensões, as magnitudes de número, enquanto magnitudes de extensão de escalão zero, então vê-se que estas devem ser tomadas sempre como independentes entre si e de todas as magnitudes de extensões, desde que nenhuma destas magnitudes sejam nula. A nula, contudo, do § 32 se apresenta sempre como dependente. Por outro lado, as magnitudes de número se apresentam sempre como aquelas que são da mesma espécie.

§ 74. Como nós já tomamos, para uma visão de conjunto mais fácil, a magnitude de número nas aplicações dos capítulos precedentes, só nos resta aqui aplicar o método, escolhido aqui, à geometria. Até o presente, nas representações geométricas é necessário que se considere como um inconveniente principal o fato de que se tem o hábito de recair às relações numéricas discretas para o tratamento da teoria das semelhanças. Se apresentando inicialmente de maneira fácil, este procedimento se complica logo, como nós o temos já mencionado acima nas pesquisas mais complicadas sobre as magnitudes incomensuráveis; e o abandono do processo puramente geométrico por um que pareça ser mais fácil a primeira vista se paga pela aparição de um amontoado de pesquisas complicadas de um gênero totalmente heterogêneo que não aporta nada a intuição da natureza das magnitudes espaciais. Com efeito, não pode se evitar a tarefa de medir as magnitudes espaciais e de expressar o resultado desta medida em um conceito de número. Contudo esta tarefa não pode ser executada na própria geometria, mas ela pode sê-lo somente se de um lado estamos equipados do conceito de número e de outro de intuições espaciais, e se se aplica isto àquelas, então num ramo misto, ao qual podemos dar o nome de geometria prática em um sentido geral e onde a trigonometria é uma ramo particular.*) Estender agora a teoria das semelhanças ou ainda a teoria das áreas a este ramo — como apareceu previamente, com efeito, não segundo a forma mas segundo a essência — irá despojar a geometria (pura) de seu conteúdo essencial. Nós encontramos agora na geometria mais recente muitos trabalhos preparatórios para o caminho que nós exigimos aqui, na nossa ciência contudo o caminho nos é traçado da maneira mais completa.

§ 75. Dois pontos de partida se apresentam aqui que, contudo, coincidem segundo sua natureza apresar da grande diferença de suas expressões. A saber, quatro segmentos onde os dois primeiros e os dois últimos são paralelos entre si, mas não estes com aqueles, estão em proporção segundo a primeira maneira de ver se o *Spatheck* constituído pelo primeiro e quarto segmento é igual àquele constituído pelo segundo e pelo terceiro; de acordo com a segunda maneira de ver os quatro segmentos estão em proporção se a soma do primeiro e do terceiro (no sentido da nossa ciência) é paralelo a soma do segundo e do quarto. A concordância essencial entre as duas maneiras de ver resulta do desenvolvimento dado no § 67, porque se

$$a_1 . b = a . b_1,$$

resulta que**)

$$(a_1 + b_1) . (a + b) = 0,$$

isto é, as duas somas $(a + b)$ e $(a_1 + b_1)$ seriam paralelas e, da mesma forma, resultaria a primeira equação da última; e por causa disto

---

*) A magnitude de número, como nós a temos desenvolvido na nossa ciência, não se apresenta como número discreto, isto é, não como um conjunto de unidades, mas de uma forma contínua, como quociente de magnitudes contínuas, e então em nenhum caso se pressupões o conceito de número discreto.

**) As fórmulas não são aqui mais que representantes de teoremas geométricos que todo mundo pode facilmente deduzir destas, cf. Fig. 12a.

que não importa de qual das duas equações nós fazemos depender a validade da proporção

$$a_1 : a = b_1 : b.$$

Nós queremos escolher a segunda maneira de ver que é geometricamente mais simples e nós podemos expressar isto assim: se dois triângulos tem seus lados paralelos, então nós dizemos que dois lados paralelos quaisquer destes dois triângulos estão na mesma proporção que outros dois tomados na ordem respectiva; pois, se a e b são dois lados de um triângulo e a_1 e b_1 os lados paralelos a a e b do outro então e só então $a+b$ e a_1+b_1 são paralelos entre si. Aqui é necessário enfatizar que neste nível quatro segmentos, enquanto segmentos, isto é, com comprimento e d i r e ç ã o fixados, estão em proporção se eles são paralelos aos pares e nós então colocamos estes segmentos paralelos aos dois primeiros e aos dois últimos na proporção.

§ 76. A verdadeira veia de desenvolvimento depende agora do fato que é necessário mostrar que a proporção é uma igualdade de duas razões, tais que se $a : a_1 = b : b_1$ e $a : a_1 = c : c_1$, então

$$b : b_1 = c : c_1.$$

Para encontrar a expressão geométrica deste teorema, tomamos*)

$$a = AB, \quad a_1 = AC,$$
$$b = BD, \quad b_1 = CE;$$

então é necessário que, se a primeira proposição deve ser conservada, os pontos A, D, E estejam alinhados, porque $a+b$, isto

---

*) Cf. Fig. 12b.

é (*AD*), deve ser paralela a $a_1 + b_1$, isto é, *AE*. Seja igualmente

$$c = BF, \quad c_1 = CG,$$

então ainda em virtude da segunda proporção os pontos *A*, *F*, *G* estarão alinhados. Se agora a terceira proporção deve ser também verdadeira, então *DF* deverá ser paralela a *EG*; é necessário então demonstrar que, se os vértices de um triângulo avançam sobre linhas retas que se cortam em um único ponto e se dois lados são paralelos, então o terceiro deve permanecer paralelo. Este teorema segue imediatamente se os dois triângulos, ou (o que vem a ser a mesma coisa) as três linhas sobre as quais os vértices se movimentam, não se encontram no mesmo plano. Neste caso é suficiente imaginar um plano que passa por duas linhas que partem de *A*, e pelo ponto *C* um plano paralelo a *BDF*, então este cortará os três primeiros planos em arestas que são paralelas aos lados do triângulo *BDF* e das quais dois coincidem com *CE* e *CG*; então a terceira também coincidirá com *EG*, logo *EG* será paralela a *DF*.

§ 77. Se estas linhas fazem parte de um mesmo plano, é suficiente traçar a partir de *B* e *C* duas linhas paralelas entre si e situadas fora do plano, que são cortadas nos pontos *H* e *I* por uma linha traçada a partir de *A*. Do teorema do § precedente, primeiro *HD* é então paralelo a *IE*, segundo *HF* é paralela a *IG*, logo levando em conta o paralelismo destes dois pares de linhas *DF* é paralela a *EG* a partir do mesmo teorema. Assim, nós temos demonstrado geralmente que se os vértices de um triângulo se deslocam sobre linhas que passam pelo mesmo ponto e onde dois lados permanecem paralelos, o terceiro também é paralelo; ou que, se dois pares de segmentos estão em proporção com um mesmo par de segmentos, eles devem estar também em proporção entre eles desde que os 3 pares de segmentos representem direções diferentes.

§ 78. No que precede o conceito de uma proporção entre quatro segmentos paralelos não foi ainda determinado. De fato, este caso, se bem que aritmeticamente é o caso mais simples, é geometricamente aquele que é mais complicado na medida em que se apoia somente numa nova direção para determinar geometricamente a quarta proporcional de 3 segmentos paralelos. Segundo o princípio de desenvolvimento estabelecido no § precedente nós devemos colocar em proporção um par de linhas com um outro que lhe é paralelo se os dois estão em proporção com um mesmo par de linhas; pois se eles estão em proporção com um tal par eles estão também, do parágrafo precedente, com todo outro par que está em proporção com o supracitado. Em consequência, se nós nos auxiliamos ainda desta definição, o teorema é válido em geral, que dois pares de segmentos que estão em proporção com um e um mesmo par de linhas, devem também estar entre eles. Nós podemos então, de fato, representar também a proporção na qual nós temos determinado geometricamente o conceito como igualdade de duas expressões cada uma das quais nós chamamos uma razão. Quando nós colocamos os segmentos em proporção em um único ponto, este resultado só diz geometricamente por enquanto que se os vértices de um triângulo ou geralmente de um polígono se deslocam sobre linhas retas que passam por um mesmo ponto e se os outros lados se mantém paralelos assim mesmos, então o último lado, também deve se manter paralelo assim mesmo, e o mesmo vale para cada diagonal. Ou se consideramos este polígono mudando em dois de seus estados tem-se então o teorema: "Se as linhas retas que ligam os vértices respectivos de dois polígonos que têm o mesmo número de lados, passam por um ponto e se todos os pares de lados respectivos, com exceção de um, são paralelos, então este último também deve ser um par paralelo." Estes polígonos dizem-se, como é sabido, "semelhantes e em posição semelhante", o ponto em questão se chama "ponto de semelhança". Inversamente resulta que dois triângulos que têm seus lados paralelos são também semelhantes e em posição semelhante ou que as linhas retas que ligam seus respectivos vértices passam por um mesmo ponto. De lá resulta ainda que nas figuras semelhantes e em posição semelhante os pontos de interseção de dois pares de diagonais respectivas estão sobre uma mesma linha reta com o ponto de semelhança e geralmente que, se se considera como correspondentes as linhas de comunicação dos pares de pontos respectivos como também os pontos de interseção dos pares de linhas respectivas, então nas figuras semelhantes e em posição semelhante dois pontos correspondentes quaisquer estão sobre uma mesma linha reta com o ponto de semelhança e duas linhas correspondentes quaisquer são paralelas. Aqui são desenvolvidos os teoremas para a semelhança, tanto que é possível os deduzir neste nível (sem fazer intervir o conceito de comprimento), e eles sempre são baseados no conceito do ponto de semelhança. Mas é igualmente fácil ver como, em conformidade com o que precede, se se toma ainda o conceito de comprimento como se faz habitualmente em geometria, todos os teoremas da semelhança podem ser representados exatamente sob a forma em que eles são estabelecidos habitualmente, sem que seja necessário fazer intervir em qualquer parte o conceito de número. Eu não posso me engajar na apresentação ulterior deste assunto uma vez que o desenvolvimento seria paralelo à segunda parte desta obra.

§ 79. Após ter apresentado assim o princípio de desenvolvimento para a geometria, nós podemos não nos dar ao trabalho de estender também o desenvolvimento à proporcionalidade de superfícies. Também parece supérfluo estabelecer os teoremas correspondentes da geometria para as ligações de magnitudes de número como nós as temos determinado formalmente na ciência abstrata, porque estas ligações, por causa de seu formalismo, não são importantes para a análise e se apresentam antes como simples abreviações analíticas mais do que como razões espaciais características. É ainda interessante observar como a consideração, na representação puramente geométrica assim como na ciência abstrata, conduz do espaço ao plano e somente depois deste à linha reta e onde a consideração, na qual tudo se diferencia espacialmente e tudo se desenvolve espacialmente, se apresenta também como aquilo que é particular a teoria do espaço e a mais simples para aquela enquanto que, se as coisa são confundidas, então tudo se apresenta ainda de maneira oculta, como o germe no grão, e somente toma seu significado espacial quando se põem em relação aquilo que estava confundido com aquilo que está revelado espacialmente.

Capítulo Quinto

Equações, Projeções

§ 80. Depois de termos conhecido, nos capítulos precedentes, as leis de ligação às quais estão submetidas as magnitudes de extensão, nos resta agora aplicar estas leis à resolução e à modificação das equações que podem ter lugar entre tais magnitudes. Como os termos dos dois lados de uma equação a somar ou a subtrair devem ser todos do mesmo escalão, então nós podemos dar à própria equação este número de escalão e então compreender por equação de n-ésimo escalão aquela cujos termos são de escalão n. Inicialmente nós devemos nos colocar a questão de saber quais são as modificações que podem ser efetuadas com tais equações ou como podemos deduzir outras equações. É claro que se tem o direito de se transferir os termos desta equação, de um lado ao outro com uma mudança de sinal, e a questão só se coloca para as modificações que uma equação pode sofrer por multiplicação e divisão. Nós queremos supor aqui que todos os termos se encontram do mesmo lado (à esquerda) e portanto o outro dado (à direita) é igual a zero. Ora é claro que, se se multiplica os dois lados da equação por uma e uma mesma magnitude de extensão, então o lado direito permanece nulo, mas à esquerda se pode multiplicar os termos separadamente no lugar de sua soma. Multiplicando então todos os termos de uma equação cada vez pela mesma magnitude de extensão, pode-se deduzir uma série de novas equações, que são em geral (se o fator usado não é de escalão zero) de escalão superior que a equação dada. Se a equação dada é de m-ésimo escalão e se o sistema, ao qual pertencem todos os termos e que nós chamamos de s i s t e m a p r i n c i p a l da equação, é de m-ésimo escalão, então se pode em particular multiplicar esta equação por uma extensão de escalão c o m p l e t a n t e, isto é, de $(n-m)$-ésimo escalão que pertence também ao sistema principal e se obtém assim uma equação de n-ésimo escalão cujos termos são todos da mesma espécie. Em consequência, de casa equação cujos termos são de espécies diferentes, pode-se em particular deduzir uma série de equações cada uma das quais só contém termos da mesma espécie.

§ 81. Embora se possa deduzir de uma equação um número qualquer de equações de escalões superiores, inversamente, não se pode porém restabelecer a equação original de uma destas últimas. Com efeito, se a equação original

$$A = 0,$$

onde A representa um agregado de um número qualquer de termos, tem-se deduzido multiplicando por uma extensão L qualquer uma nova equação

$$A.L = 0,$$

então não resulta de modo algum, se somente a validade desta última equação é dada, a validade da primeira; ao contrário a última só implica que

$$A = \frac{0}{L},$$

onde segundo o capítulo precedente, $\frac{0}{L}$ representa toda a magnitude que é dependente de L, zero incluído. Logo, a equação $A = 0$ só resultará se supomos que A não é de valor dependente de L ou, em outras palavras, se os termos que constituem a soma A, fazem parte de um sistema que é independente de L; isto é: "se os termos de uma equação tem todos um fator comum L na mesma posição, e se todos os outros fatores de todos os outros termos pertencem a um sistema independente deste fator comum, então se pode desprezar o fator L em todos os termos."

§ 82. Combinando as maneiras de agir dos dois parágrafos precedentes, obtemos agora um procedimento para deduzir de uma equação outras equações de mesmo escalão. De fato,

$$A + B + \ldots = 0$$

sendo a equação original, nós obtemos multiplicando por L (segundo § 80) a equação

$$A.L + B.L + \ldots = 0.$$

Se nós queremos aplicar agora a esta o procedimento do § 81 para eliminar o fator L, então nos é necessário representar os termos desta equação de uma forma tal que os fatores pelos quais L é multiplicado pertençam todos a um sistema independente de L. Seja G um tal sistema e sejam $A', B', \ldots$ extensões que pertencem a este q qq sistema e que são tais que

$$A'.L = A.L, \quad B'.L = B.L, \quad \ldots,$$

então tem-se a equação

$$A'.L + B'.L + \ldots = 0,$$

e de lá de acordo com o § precedente

$$A' + B' + \ldots = 0,$$

uma equação que é de mesmo escalão da equação original. Cada termo da última equação resulta do termo correspondente da primeira pelo fato de que se procurou no sistema G uma magnitude que dá, se ela é multiplicada por uma magnitude L independente de G, a mesma coisa que o termo correspondente da equação original; e vê-se em seguida que se uma tal magnitude é possível, então é sempre uma única que é possível. A saber, se se supõem duas tais magnitudes, por exemplo A' e A'', que resultam de A da maneira indicada, então por hipótese elas devem dar, se multiplicadas por L, o mesmo resultado (a saber, $A.L$); nós obtemos então a equação

$$A.L = A''.L,$$

e como o sistema G ao qual pertencem A' e A'' deve ser independente de L, segundo o § 81, pode-se suprimir aqui L e tem-se

$$A' = A'',$$

isto é, os dois valores coincidem; de fato, é somente um tal valor que é possível. Nós chamamos aqui A' a projeção ou degradação*), A a magnitude projetada ou degradada, G o sistema fundamental, o sistema L o sistema diretor, e nós dizemos que A' é a projeção ou degradação de A sobre G segundo o sistema diretor L. Então "nós entendemos por projeção ou degradação de uma magnitude (A) sobre um sistema fundamental (G) segundo o sistema diretor (L) a magnitude que, pertencendo ao sistema fundamental, com uma parte do sistema diretor dá o mesmo produto que a magnitude projetada ou degradada (A)." Nós podemos expressar o teorema desenvolvido no início deste § sob a forma:

"Uma equação permanece como ele é se se degradam (projetam) todos os termos no mesmo sentido;"

---

*) Os nomes de projeção ou de degradação não significam sempre a mesma coisa, sua diferença porém só surgirá na segunda seção desta parte; aplicados às magnitudes tratadas aqui os dois conceitos coincidem.

ou também, se se supõem que se colocou um termo de um lado,

"A degradação (projeção) de uma soma é igual a soma das degradações das partes."*)

§ 83. Para dar uma maior evidência à maneira de ver, nós devemos examinar quando a degradação se torna nula e quando se torna impossível. Para que a degradação A' se anule é necessário também, como

$$A' . L = A . L,$$

que o produto $A.L$ se anule, isto é, que A seja dependente de L; mas também, inversamente, se esta dependência tem lugar é necessário que A' ela próprio seja nula porque o sistema ao qual deve pertencer cada valor não nulo de A' é independente de L, e por esta razão não se pode anular o produto $A'.L$. Logo, a degradação é nula se, mas também somente se, a magnitude degradada é dependente do sistema diretor. Como finalmente, toda magnitude que pertence ao sistema G, se é multiplicada por L, deve pertencer ao sistema $G.L$, então $A'.L$, logo também $A.L$ que lhe é igual, pertencerá necessariamente ao sistema $G.L$, se a degradação deve ser possível; aqui o valor nulo está incluído, considerado sempre como pertencente a cada sistema qualquer e dependente deste. Mas também, inversamente, se $A.L$ pertence ao sistema $G.L$, então a degradação é sempre possível, porque se $A.L$ não é nulo e pertence ao sistema $G.L$, então os fatores simples de $A.L$ devem se poder representar como soma de partes que são da mesma espécie que as de $G.L$; logo A em particular deve se poder representar desta maneira; mas sem mudar o valor do produto $A.L$ se pode suprimir [em A] as partes que são da mesma espécie que os fatores de L; isto feito, se chama A' a magnitude assim obtida que entra agora no lugar de A, então os fatores de A' só dependem de G, A' pertence

---

*) Eu prefiro nas formulações dos teoremas o nome de degradação porque sob esta forma os teoremas são gerais e conservam sua validade para magnitudes que ainda vamos desenvolver.

então também ao sistema G, logo é a degradação de A. Mas se $A.L$ é nulo, nós já demonstramos que a degradação também é nula, logo ela é possível. Segue-se então que a degradação é sempre possível se, mas também somente se, o produto da magnitude degradada vezes o sistema diretor pertence ao produto do sistema fundamental vezes o sistema diretor. Como, se $A.L$ não é nulo, a condição indicada é idêntica a condição de que A pertence ao sistema $G.L$, então nós podemos também recapitular os resultados deste § no teorema seguinte:

> "Se a magnitude a degradar é dependente do sistema diretor, então a degradação é 0; quando ela é independente, então a degradação tem sempre um valor não nulo se a magnitude a degradar pertence ao sistema, composto dos sistemas fundamental e diretor; em todo outro caso a degradação não é possível."

Aplicando também o conceito da degradação às magnitudes de escalão zero, isto é, às magnitudes de número, nos é necessário apenas tomar em consideração que a generalidade das leis exige considerar estas magnitudes como pertencentes a todo sistema arbitrário, mas, se não são nulas, como independentes destes sistemas (ver Cap. 4). Disto resulta então que as magnitudes de número não são mudadas pela degradação.

§ 84. Nós passamos agora à degradação de um produto para compará-la com a degradação dos seus fatores. Seja $A.B$ o produto, A' e B' as degradações de A e B, sobre o sistema fundamental G segundo o sistema diretor L, têm-se então as equações

$$A'.L = A.L \quad \text{e} \quad B'.L = B.L.$$

Agora a degradação do produto $A.B$ será a magnitude que, pertencendo ao sistema G, multiplicada por L dá um produto que é igual a $A.B.L$. Como $A.L$ é agora igual a $A.L'$ então eu posso substituir no produto $A.B.L$ o valor A por A', o que resulta imediatamente de uma dupla permutação e de uma reunião de fatores.*) Assim, eu obtenho

$$A.B.L = A'.B.L = A'.B'.L;$$

a última igualdade é verdadeira porque $B.L$ é igual a $B'.L$. Como agora A' e B' pertencem ambos ao sistema G, então $A'.B'$ também, e como, ao mesmo tempo, nós acabamos de mostrar

$$A.B.L = A'.B'.L,$$

então, de fato, $A'.B'$ é a degradação de $A.B$; tem-se então o teorema:

"A degradação de um produto é o produto da degradação de seus fatores se todas as degradações são tomadas no mesmo sentido (isto é, se os sistemas fundamentais e diretor são os mesmos);"

ou, reunido ao resultado precedente:

"Uma equação verdadeira continua verdadeira se se degradam no mesmo sentido todos os termos, ou os fatores desses termos."

Se em particular se tem a equação

$$A_1 = \alpha A \quad \text{ou} \quad \frac{A_1}{A} = \alpha,$$

---

*) De fato, eu possa escrever $A.B.L$ é igual a $A.L.B$ ou igual a $-A.L.B$, em seguida juntar em um produto os fatores $A.L$, tomar no lugar deste produto que lhe é igual $A'.L$, e em seguida restabelecer a ordem precedente, onde, se o sinal menos estava presente, necessariamente se restabelece o sinal original.

onde α deve denotar uma magnitude de número, então, se A_1' e A' são as degradações de A_1 e A, resulta a equação

$$A_1' = \alpha A' \quad \text{ou} \quad \frac{A_1'}{A'} = \alpha,$$

isto é, que o valor de um quociente de duas magnitudes da mesma espécie não muda se se põe em seus lugares as degradações, tomadas no mesmo sentido. Ou mais geralmente, se se procura a degradação de um quociente $\frac{A}{.B}$, então, como este quociente denota toda magnitude C que satisfaça a equação

$$C \cdot B = A,$$

tem-se para a degradação no mesmo sentido dos fatores simples a nova equação

$$C' \cdot B' = A' \quad \text{ou} \quad C' = \frac{A'}{.B'},$$

isto é, ao invés de degradar um quociente pode-se degradar no mesmo sentido numerador e denominador. Reunindo então, adição, subtração, multiplicação exterior e divisão sob o conceito geral de ligações fundamentais, nós podemos estabelecer o teorema geral que reúne os teoremas precedentes:

> "Ao invés de degradar o resultado de uma ligação fundamental, pode-se degradar no mesmo sentido seus termos."

§ 85. Aqui se apresenta a nós a tarefa de expressar analiticamente a degradação da qual a magnitude a degradar e o sentido da degradação, isto é, os sistemas fundamental e diretor, são dados. Nós nos limitamos aqui porém ao caso onde a magnitude a degradar é do mesmo escalão que o sistema fundamental; a partir daqui, a solução no caso geral será também fácil de efetuar, porém ela conduzirá a uma expressão que será bem menos simples que a expressão que nós desenvolveremos mais tarde (ver Cap. 9 [isto é, ver seção II, Cap. 4]). Seja A a magnitude a degradar, L uma parte do sistema diretor, G o sistema fundamental, e sejam A e G de mesmo escalão, então a degradação A' deve ser da mesma espécie que G, logo pode-se escrever

$$A' = xG,$$

onde x é uma magnitude de número. Se se multiplica esta equação por L, então tem-se

$$A'.L = xG.L,$$

ou, como $A'.L$ é igual a $A.L$ do conceito de degradação, tem-se então

$$A.L = xG.L, \quad \text{donde} \quad x = \frac{A.L}{G.L},$$

e de lá

$$A' = \frac{A.L}{G.L}G,$$

que é a expressão analítica procurada. Nós expressaremos verbalmente este resultado mais tarde, quando trataremos o caso geral.

§ 86. Por outro lado, nós devemos retomar o fio que nós deixamos cair acima (§ 81). A saber, é verdade que nós temos demonstrado como se pode deduzir de uma equação

$$A + B + \ldots = 0,$$

uma nova equação

$$A.L + B.L + \ldots = 0,$$

multiplicando-a por uma extensão qualquer L; mas que desta em geral não se pode deduzir a equação original; o que importa então agora é derivar a partir desta equação uma associação de equações de tal natureza que a substitua, isto é, uma associação de equações que permita a dedução da primeira. Em particular, o fator L se pode escolher de forma tal que, depois da multiplicação dos termos simples por este fator, resulta uma equação que só contém termos da mesma espécie; e como tais equações se apresentam como as mais simples, então importará particularmente substituir esta primeira equação por equações desta natureza.*) O desenvolvimento dos parágrafos seguintes tem mostrado como a equação

$$A.L + B.L + \ldots = 0$$

podia ser substituída por uma equação entre as degradações sobre um e um mesmo sistema fundamental segundo o sistema diretor L, então, se $A', B', \ldots$ representam tais degradações de $A, B \ldots$, pela equação

$$A' + B' + \ldots = 0;$$

e a tarefa, que nós nos fixamos, é então idêntica a aquela de substituir uma equação por uma associação de equações que resultem da primeira por degradações e notadamente de substituir uma equação entre termos de espécies diferentes por tais equações de degradações cujos termos são todos da mesma espécie. Seja a equação original de escalão m e seja seu sistema principal, isto é, o sistema ao qual todos estes termos pertencem, de escalão n, e, para precisar, seja este sistema representado como produto de n fatores simples, independentes $a.b \ldots$. Logo, seguindo o conceito de sistema de n-ésimo escalão cada fator simples de cada termo da equação dada se representará como soma, onde as partes são da mesma espécie que estes fatores $a, b, \ldots$, logo da forma $a_1 + b_1 + \ldots$. Se se pensa cada fator simples de cada termo da equação dada como estando representado desta maneira e se se efetua a multiplicação de forma que os parênteses desapareçam, então se obtém uma soma

---

*) Nós dizemos geralmente que duas associações de equações se substituem uma pela outra se se pode de cada uma das duas deduzir a outra.

de termos onde cada um é da mesma espécie que um dos produtos de m fatores de $a, b, \ldots$. Se se multiplica agora a equação por $(m-n)$ dos fatores $a, b, \ldots$, então só restam termos de valor não nulo que são da mesma espécie que o produto dos m fatores restantes da série $a, b, \ldots$ porque todos os outros termos contém ao menos um fator simples que é da mesma espécie que os novos fatores, logo estes termos desaparecem durante esta multiplicação. Mas, ainda segundo § 81, pode-se suprimir os novos fatores porque o sistema ao qual pertencem os outros e independente do sistema de novos fatores. Assim, depois de termos modificado da maneira indicada a equação original, a cada vez que se unem os termos da mesma espécie em uma equação se obtém uma associação de equações verdadeiras. E como todas as equações assim obtidas restituem por sua adição a equação original, então nós obtivemos uma associação de equações que substituem exatamente a equação original, e a tarefa está cumprida. Nós temos então o teorema:

> "Se numa equação de m-ésimo escalão cujos termos pertencem a um sistema de n-ésimo escalão se representa cada fator simples de cada termo como soma onde as partes são da mesma espécie que n segmentos independentes entre si e se se multiplica, então se pode unir cada série de termos da mesma espécie que resultam em uma equação e se obtém assim uma associação de equações que substitui a equação original."

Ou, como a cada uma destas equações se substitui por uma equação que se resulta daquela original por uma multiplicação de $(n-m)$ fatores $a, b, \ldots$,

> "Se se multiplica sucessivamente uma equação de m-ésimo escalão cujos termos pertencem a um sistema de n-ésimo escalão por cada produto de $(m-n)$ fatores que é formado por n segmentos deste sistema

independentes entre si, então se obtém uma associação de equações que substitui a equação original."

Como os termos, que no teorema precedente aparecem em cada equação deduzida, se reconhecem imediatamente como degradações dos termos, que se encontram na equação original, então nós podemos expressar também o teorema obtido por meio do conceito de degradações, mas para termos uma expressão mais fácil nós devemos ainda estabelecer uma série de novos conceitos.

§ 87. A saber, a forma de ver do § precedente nos remete ao conceito de sistema de coordenadas ou sistema de direção, o que nós entendemos porém num sentido bem mais vasto que o habitual. Ainda mais eu me permito substituir por denominações mais simples as denominações usuais que parecem ser muito pesadas notadamente porque elas devem ser submetidas às ampliações exigidas pela ciência, e que são ainda emprestados de línguas estrangeiras. Eu chamo os n segmentos $a, b, \ldots$ que determinam um sistema de n-ésimo escalão (que são então todos independentes entre si), com a condição que todo segmento do sistema seja expresso por eles, de medidas de direção de primeiro escalão ou medidas fundamentais deste sistema, chamo sua associação de um sistema de direção, os produtos de m medidas fundamentais (fixando a ordem de origem destas) de medidas de direção de m-ésimo escalão, a medida de direção de n-ésimo escalão de medida principal, e finalmente chamamos os sistemas de medidas de direção de m-ésimo escalão de domínios de direção de m-ésimo escalão, os sistemas de medidas fundamentais em particular de eixos de direção (eixos de coordenadas). Chamaremos medidas de direção completantes aquelas que dão a medida principal quando são multiplicadas entre elas; os domínios de direção que lhes pertencem são também chamados completantes.

§ 88. Levando em conta o desenvolvimento do § 86, é claro como cada extensão de m-ésimo escalão que pertence a um sistema de n-ésimo escalão pode ser representada como soma de partes que são da mesma espécie que as medidas de direção de m-ésimo escalão que pertencem a este sistema. Então nós chamamos estas partes as p a r t e s   d e   d i r e ç ã o desta magnitude de forma que cada magnitude se apresenta como soma de suas partes de direção; nós chamamos í n d i c e da magnitude as magnitudes de número que resultam quando as partes de direção de uma magnitude são divididas pelas medidas de direção correspondentes (da mesma espécie), de forma que cada magnitude se apresenta então como uma soma múltipla*) das medidas de direção de mesmo escalão. São as partes de direção de uma magnitude de primeiro escalão que também se chamam habitualmente coordenadas. Degradar (projetar) uma magnitude no sentido do sistema de direção quer dizer: degradá-la sobre um dos domínios de direção segundo o domínio de direção completante.

§ 89. Se nós aplicarmos estes conceitos aos teoremas estabelecidos no § 86, então estes teoremas se tornam os seguintes:

> "Em um equação pode se pôr no lugar de todos os termos as partes de direção ou os índices destas que pertencem a uma medida de direção qualquer, mas todos à mesma, e se se efetua isto em relação a todas as medidas de direção do mesmo escalão, então se obtém um associação de equações que substitui a equação dada."

A saber, as equações deduzidas no § 86 são justamente as equações entre as partes de direção**) e se deduz delas as equações entre os

---

*) A saber, nós chamamos todo produto de uma magnitude vezes uma magnitude de número um múltiplo daquela e nós a distinguimos do múltiplo, onde esta magnitude de número deve ser um número inteiro.

**) Estas equações entre os índices como equações entre magnitudes de número puras, realizam a mais completa passagem à aritmética.

índices dividindo cada vez pela medida de direção correspondente. Mais ainda:

> "Pode-se deduzir de uma equação uma associação de equações que a substitui multiplicando sucessivamente esta equação por todas as medidas de direção cujo número de escalão completa o número de escalão da equação para dar aquele do sistema principal."

§ 90. Se nós multiplicamos uma magnitude de m-ésimo escalão representada como soma de partes de direção, por uma medida de direção de escalão completante, isto é, de escalão $(m-n)$, então todas as partes de direção são suprimidas salvo uma, e está se apresenta então como degradação desta magnitude sobre o domínio de direção de m-ésimo escalão segundo o domínio de direção completante, e todas as partes de direção desta magnitude se apresentam então como degradações no sentido do sistema de direção sobre os diferentes domínios de direção de mesmo escalão. Nós podemos então dizer,

> "uma equação de m-ésimo escalão é substituída por uma associação de equações que resultam da degradação sobre os diferentes domínios de direção de m-ésimo escalão no sentido do sistema de direção."*)

De lá resulta ao mesmo tempo uma expressão analítica simples para as partes de direção ou os índices de uma magnitude. A saber, se se procura a parte de direção P' correspondente a uma medida de direção A de uma magnitude P, e se se denota por B a medida

---

*) Que uma equação de m-ésimo escalão no sistema de n-ésimo escalão seja substituída por tantas equações simples como há de combinações de n elementos na m-ésima classe, não há quase necessidade de ser mencionado.

completante de A, então se tem, porque P' é a degradação de P sobre A segundo B (ver § 85),

$$P' = \frac{P.B}{A.B}A,$$

então o índice correspondente é

$$\frac{P.B}{A.B},$$

isto é,

> "o índice de uma magnitude correspondente a uma medida de direção A é igual a uma fração cujo o numerador é o produto da magnitude na medida de direção completante e cujo o denominador é o produto da primeira medida de direção naquela que lhe é completante."

§ 91. Se nós aplicarmos à geometria os conceitos desenvolvidos neste capítulo então resulta inicialmente para o plano uma forma de projetar (degradar),*) porque um segmento pode ser projetado sobre uma linha reta dada segundo uma direção dada. O sistema de direção para o plano só oferece duas medidas fundamentais e dois eixos de direção correspondentes. Como medida principal se apresenta a superfície do *Spatheck* (paralelogramo) formado pelas duas medidas fundamentais. No espaço três formas de projeções resultam, a saber, ou segmentos ou superfícies são projetadas sobre um plano dado segundo uma direção dada, ou segmentos são projetados sobre uma linha reta dada e igualmente ao plano dado. O sistema de direção para o espaço apresenta 3 medidas fundamentais e 3 eixos de direções correspondentes; por outro lado há três

---

*) Nós preferimos de novo para esta aplicação o nome de projeção, por razões que mais tarde se tornaram claras por si mesma.

planos de direção como domínios de direções de segundo escalão e três medidas de direção do segundo escalão correspondentes que representam as superfícies dos *Spatheck* descritas por duas medidas fundamentais fixando as direções dos seus dois planos. Como medida principal se apresenta o *Spath* (paralelepípedo) descrito pelas três medidas fundamentais. Particularmente interessante é aqui a representação de uma superfície de direção dada como soma de suas partes de direção, a saber, como soma de três superfícies que pertencem aos três planos de direção. Como os teoremas que se podem estabelecer sobre as projeções e sobre o sistema de direção em geometria já estão inteiramente estabelecidos na nossa ciência sob a forma na qual eles devem ser expressos para a geometria, nós podemos então nos poupar aqui sua repetição.

§ 92. Por outro lado, nós queremos resolver o problema de mudança de coordenadas inicialmente para a geometria e em seguida em geral para a nossa ciência também. Sejam a, b, c três medidas fundamentais e e_1, e_2, e_3 outras três medidas fundamentais independentes entre si que são dadas como somas múltiplas das três medidas fundamentais originárias, a tarefa é agora de representar por um lado uma magnitude p, se ela é dada como soma múltipla das medidas fundamentais originárias, como soma múltipla das novas medidas fundamentais e, por outro lado, de representar na primeira forma, se ela é dada na segunda forma; nos dois casos é necessário achar os índices. Essas tarefas estão de fato já resolvidas pelo teorema do § 91 que nos ensina como achar o índice. No que concerne à primeira tarefa, o índice de p correspondente a e_1 e segundo este teorema igual à

$$\frac{p \cdot e_2 \cdot e_3}{e_1 \cdot e_2 \cdot e_3},$$

e no que concerne respeito à segunda tarefa, o índice de p correspondente a a é igual à

$$\frac{p.b.c}{a.b.c};$$

por estas expressões as mais simples o problema da mudança de coordenadas é resolvido na sua maior generalidade. A segunda tarefa é sobretudo importante para a teoria de curvas e de superfícies porque estas são determinadas pelo fato de que é dada uma equação entre os índices de um segmento que é traçado desde um ponto considerado como ponto de origem das coordenadas a um ponto da curva ou da superfície. Seja $p = xa + yb + zc$ esse segmento, e seja

$$f(x, y, z) = 0$$

a equação que determina uma superfície; se se procura inicialmente a equação da mesma superfície agora para o mesmo ponto de origem das coordenadas mas em relação aos novos eixos de direção e em relação as medidas de direção correspondentes e_1, e_2, e_3 então, se

$$p = u_1 e_1 + u_2 e_2 + u_3 e_3,$$

tem-se a equação

$$f\left(\frac{p.b.c}{a.b.c}, \frac{a.p.c}{a.b.c}, \frac{a.b.c}{a.b.p}\right) = 0,$$

uma equação que representa, se se substituiu p por seu valor, como uma equação entre as novas variáveis u_1, u_2, u_3. Se se deseja ainda deslocar por exemplo do segmento e o ponto origem de coordenadas, então é necessário agora, q sendo o segmento do novo ponto de origem ao mesmo ponto da superfície para o qual p é dirigido e

$$q = v_1 e_1 + v_2 e_2 + v_3 e_3,$$

introduzir na equação acima no lugar de p seu valor $q+e$ para obter a equação desejada; ou se $e = \alpha a + \beta b + \gamma c$, então tem-se como resulta imediatamente,

$$f\left(\frac{q.b.c}{a.b.c} + \alpha, \frac{a.q.c}{a.b.c} + \beta, \frac{a.b.q}{a.b.c} + \gamma\right) = 0$$

como equação desejada entre as novas variáveis v_1, v_2, v_3. Se se deseja representar esta equação como uma simples equação numérica, é suficiente representar de uma maneira definida as novas medidas fundamentais como somas múltiplas das medidas fundamentais originárias e introduzi-las na equação. Sejam

$$e_1 = \alpha_1 a + \beta_1 b + \gamma_1 c,$$
$$e_2 = \alpha_2 a + \beta_2 b + \gamma_2 c,$$
$$e_3 = \alpha_3 a + \beta_3 b + \gamma_3 c,$$

então surge imediatamente como a equação desejada se apresenta na forma

$$f(\alpha + \alpha_1 v_1 + \alpha_2 v_2 + \alpha_3 v_3, \beta + \beta_1 v_1 + \beta_2 v_2 + \beta_3 v_3, \gamma + \gamma_1 v_1 + \gamma_2 v_2 + \gamma_3 v_3) = 0,$$

uma equação que não deixa nada a desejar quanto a simplicidade. No caso mais geral da ciência abstrata, a solução de nossa tarefa se dá com a mesma simplicidade. Com efeito, se uma magnitude P está dada como soma múltipla de certas medidas de direção e se se deseja exprimir esta como soma múltipla de outras medidas de direção, então o índice pertencente a uma destas, A, se B é a medida de direção completante correspondente a A, é segundo § 91 igual à

$$\frac{P.A}{A.B}.$$

§ 93. No que concerne a aplicação à teoria das equações, nós já antecipamos acima (§ 45) o método para resolver equações do primeiro grau com várias incógnitas com a ajuda de nossa análise. Nós prosseguimos aqui este assunto expondo o método elaborado por nossa ciência para eliminar as incógnitas das equações de graus mais elevados com várias incógnitas. Sejam dadas duas equações de graus mais elevados em várias incógnitas; uma das incógnitas deve ser eliminada, por exemplo y; é necessário então estabelecer uma equação entre as incógnitas restantes. Sejam as equações dadas, ordenadas segundo as potências de y:

$$a_m y^m + \ldots + a_1 y + a_0 = 0,$$
$$b_n y^n + \ldots + b_1 y + b_0 = 0,$$

onde $a_m, \ldots, a_0$ e $b_n, \ldots, b_0$ são funções quaisquer das outras incógnitas e onde a_0 e b_0 não são nulos. Multiplicando a primeira equação sucessivamente por $y, y^2, \ldots, y^n$ a segunda sucessivamente por $y, y^2, \ldots, y^m$, obtém-se $m + n$ novas equações. Se se tomam os coeficientes de cada uma destas $m + n$ equações como sendo entre si da mesma espécie, porém aqueles de equações diferentes sendo independentes entre si (mesmo se elas estavam designadas até o presente pela mesma letra), então se obtém, se se adiciona no sentido de nossa ciência, as equações assim entendidas, uma equação da forma

$$e_{m+n} y^{m+n} + \ldots + e_1 y = 0.$$

Se nós multiplicarmos esta equação pelo produto exterior $e_2 . e_3 \ldots . e_{m+n}$, então segundo as leis da multiplicação exterior, todos os termos são suprimidos salvo o último, e nós obtemos a equação

$$e_1 . e_2 . e_3 \ldots . e_{m+n} y = 0,$$

ou, como y não pode ser nulo porque se não a_0 e b_0 contrariamente à hipótese seriam nulos nas equações dadas, tem-se

$$e_1 . e_2 . e_3 . . . . . e_{m+n} = 0$$

como equação de eliminação desejada.

Seção Segunda

Magnitude Elementar

Capítulo Primeiro

Adição e Subtração de Magnitudes Elementares de Primeiro Escalão

§ 94. Eu associo o conceito de magnitudes elementares à solução de um problema simples que me permitiu pela primeira vez chegar a ele e que me parece ser geralmente o mais apropriado para um desenvolvimento genérico desta noção.

P r o b l e m a. Sejam dados três elementos α_1, α_2, β_1 e mais um elemento ρ; deve se achar um elemento β_2 que satisfaça a equação $[\rho\alpha_1] + [\rho\alpha_2] = [\rho\beta_1] + [\rho\beta_2]$.

S o l u ç ã o. Como $-[\rho\alpha] = [\alpha\rho]$ e $[\alpha\rho] + [\rho\beta] = [\alpha\beta]$, se se passam os termos do membro da esquerda ao membro da direita, tem-se então a equação

$$[\alpha_1\beta_1] + [\alpha_2\beta_2] = 0,$$

mediante a qual o elemento β_2 é determinado facilmente.

Para tornar este resultado ainda mais intuitivo, nós queremos aplicá-lo à geometria, logo supomos que os elementos são pontos; assim acharemos o ponto β_2 igualando $[\alpha_1\beta_1]$ ao oposto de $[\alpha_2\beta_2]$. — O que é interessante nesta resolução é o fato que o elemento β_2 é determinado de forma totalmente independente de ρ, e como nós podemos re-deduzir da última equação que aparece na resolução a primeira equação pelo procedimento inverso, em relação a um ρ qualquer, então nós temos ao mesmo tempo o teorema: se a equação

$$[\rho\alpha_1] + [\rho\alpha_2] = [\rho\beta_1] + [\rho\beta_2]$$

vale para um ponto ρ qualquer, então ela vale também para todo outro ponto tomado no lugar de ρ. Este teorema se deduz diretamente, porém nós desejamos inicialmente generalizalo; porque é claro como o procedimento indicado continua ainda aplicável se se introduz um número qualquer de elementos, apenas o mesmo número nos dois membros, no lugar dos dois elementos α_1, α_2 e β_1, β_2, de fato, como entre os elementos um número qualquer deles pode coincidir, permanece válido ainda no caso onde nos dois membros um número qualquer de coeficientes seja ajuntado aos segmentos, com a condição que a soma dos coeficientes seja a mesma nos dois membros. Com efeito, seja

$$i_1[\rho\alpha_1] + \ldots + i_n[\rho\alpha_n] = k_1[\rho\beta_1] + \ldots + k_m[\rho\beta_m],$$

onde as magnitudes $i_1, \ldots$ e $k_1, \ldots$ representam magnitudes de número, e sejam ao mesmo tempo

$$i_1 + \ldots + i_n = k_1 + \ldots + k_m,$$

então nós podemos mostrar que a primeira equação vale ainda para todo ponto σ tomado no lugar de ρ. Porque tem-se

$$[\rho\alpha] = [\rho\sigma] + [\sigma\alpha], \quad [\rho\beta] = [\rho\sigma] + [\sigma\beta].$$

Se se introduz estas expressões em relação aos índices em questão $(1\ldots n, 1\ldots m)$ na equação supramencionada, se desenvolvem os parênteses e se reuni em cada membro os termos que contém [ρσ], se obtém então [ρσ] multiplicado pela soma dos coeficientes em cada membro, e como esta é a mesma para os dois membros, o termo assim obtido se anula então para os dois membros e se conserva

$$i_1[\sigma\alpha_1] + \ldots + i_n[\sigma\alpha_n] = k_1[\sigma\beta_1] + \ldots + k_m[\sigma\beta_m],$$

isto é, que a equação vale ainda em relação a todo elemento que pode ser introduzido no lugar de ρ, logo:

> "Se desde um elemento ρ se traçam segmentos a um número qualquer de elementos fixos e se duas somas múltiplas quaisquer destes elementos, onde os coeficientes devem porém ter a mesma soma, são iguais, então esta igualdade se mantém no entanto depois de mudar o elemento ρ."

Se se supõem em particular, que a soma dos coeficientes na expressão

$$i_1[\rho\alpha_1] + \ldots + i_n[\rho\alpha_n]$$

é nula e se se substitui segundo a maneira indicada acima, a saber, $[\rho\sigma]+[\sigma\alpha]$ em todos os lados no lugar de $[\rho\alpha]$ esta expressão se torna

$$i_1[\sigma\alpha_1] + \ldots + i_n[\sigma\alpha_n],$$

porque o termo $(i_1 + \ldots + i_n)[\rho\sigma]$ se anula por causa do primeiro fator. Logo:

> "Se de um elemento variável ρ se traçam segmentos a um número qualquer de elementos fixos, então toda soma múltipla desses segmentos, onde a soma dos coeficientes é nula, é uma magnitude constante."

Da maneira que as equações deste parágrafo se podem deduzir uma da outra resulta também imediatamente que, se duas somas múltiplas quaisquer destes segmento são iguais em relação aos mesmos dois elementos iniciais ρ e σ, então suas somas de coeficientes devem também ser iguais e onde sua própria igualdade deve se manter para toda mudança de ρ; e resulta assim, se uma tal soma múltipla conserva o mesmo valor em relação a dois elementos iniciais ρ e σ, sua soma de coeficientes é nula e ela conserva então o mesmo valor para toda mudança de ρ.

§ 95. Para melhor ilustrar os resultados do § precedente, nós introduzimos algumas designações que guardaremos também para a geometria. A saber, nos entendemos por desvio de um elemento α de um elemento ρ o segmento [ρα], por desvio total de uma série de elementos de um elemento ρ a soma dos desvios dos elementos simples desta série do elemento ρ. Se vários destes elementos (m) coincidem com um só (α) então o desvio [ρα] deste elemento se encontrará também tantas vezes (m vezes) nessa soma. Assim, nós obtemos uma extensão do conceito; a saber, se nós chamamos associação elementar uma associação de elementos onde cada magnitude de número está afetada por um número determinado, nós devemos então entender por desvio total de uma associação elementar de um elemento ρ uma soma múltipla dos desvios dos elementos, pertencentes a esta associação do elemento ρ; os coeficientes destes elementos são as magnitudes de número que estão afetadas pelos elementos respectivos. Nós chamamos a soma destas magnitudes de número o peso*) da associação elementar e das magnitudes de número, que estão afetadas pelos elemento simples, afetando seus pesos. Se então a associação elementar consiste de elementos α, β, ... com pesos respectivos dos que dependem $\mathfrak{a}, \mathfrak{b}, \ldots$ então o desvio desta associação elementar de um elemento ρ é igual a

$$\mathfrak{a}[\rho\alpha] + \mathfrak{b}[\rho\beta] + \ldots.$$

Assim, nós temos então os teoremas:

---

*) O nome "peso" é igualmente utilizado abstratamente em outros lugares na matemática (no cálculo de probabilidades) e não há necessidade aqui de justificativa.

"Se duas associações se desviam igualmente*) de um mesmo elemento e se seus pesos são iguais, ou se elas se desviam igualmente de dois mesmos elementos, então elas se desviam também igualmente de todo outro elemento e, no último caso, seu peso é igual",

e,

"Uma associação elementar, cujo peso é nulo, se desvia igualmente de dois elementos quaisquer, e uma associação elementar que se desvia igualmente de dois outros elementos é de peso nulo, e se desvia igualmente de todos os elementos**)."

§ 96. Toda coisa é fixada como magnitude pelo fato que o domínio de sua igualdade e de sua diferença está determinado. Nós designamos então duas associações elementares como magnitudes iguais, precisamente como magnitudes elementares iguais, se seus desvios dos mesmos elementos têm sempre o mesmo valor. Uma associação elementar torna-se então uma magnitude elementar se se faz abstração de maneira particular pela qual ela foi constituída e se se observa somente o valor de desvio que ela tem em relação à outros elementos, de forma que uma magnitude elementar pode existir de diversas maneiras como associação elementar, e toda associação elementar deve ser considerada como uma encarnação particular de uma magnitude elementar ou, como nós designamos acima, com uma representação elementar ou concreta de uma magnitude elementar. Compreende-se que é necessário entender por desvio e por peso de uma magnitude elementar as mesmas coisas que nós entendíamos por desvio e peso da associação elementar, da qual ela faz parte, e que duas

---

*) Isto é, os desvios devem ser iguais.
**) Neste sentido, se compreende que todo elemento simples pode também ser entendido como associação elementar não somente enquanto tal, mas também se está afetada por uma magnitude de número, com o peso dos elementos restantes sendo nulos.

magnitudes elementares só podem ser iguais se elas apresentam o mesmo peso e os mesmos valores de desvios, mas que a igualdade de magnitudes elementares se produz já se mostrou apenas que dois quaisquer destes valores são iguais. Nossa tarefa é agora determinar o gênero de ligação no qual devem entrar os diferentes elementos e as magnitudes de número afetadas de uma associação elementar, desde que se deve apresentar como resultado da ligação de magnitude elementar. As ligações são de um gênero duplo; a saber, de um lado entre um elemento e a magnitude de número afetada, o peso, e de outro lado entre os elementos afetados de peso e, geralmente, entre as associações elementares, na medida em que elas são consideradas seguindo seus desvios, isto é, entre as próprias magnitudes elementares. Observemos inicialmente este último gênero de ligação. É claro então que o desvio total de uma associação elementar permanece o mesmo, independentemente da ordem na qual se tomem as partes diferentes desta associação e independentemente da forma segundo a qual se os reagrupam em associações particulares, e que enfim, que se juntam às associações elementares, que apresentam desvios distintos, associações elementares que apresentam desvios iguais, as associações assim geradas devem também apresentar desvios distintos; precisando, tudo isto terá lugar porque é verdadeiro para a adição de segmentos. Esta permutabilidade e compatibilidade dos termos, e de outro lado a lei, que se um membro da ligação permanece constante o resultado permanece constante somente se o outro membro também permanece, determinando segundo o § 6 esta ligação com uma ligação aditiva, e as leis da adição e subtração valem em geral para esta ligação. No que concerne à ligação de um elemento com o peso afetado, é claro que, se numa associação elementar aparece várias vezes o mesmo elemento com pesos diferentes, pode-se pôr ao invés disso uma vez o elemento com a soma dos pesos afetados sem que o desvio da associação seja modificado; isto já é conhecido para as leis da multiplicação de magnitudes de número por segmentos. Se se designa por enquanto este segundo gênero de ligação pelo símbolo $\frown$, tem-se então, se α é um elemento e m e n são pesos,

$$m \frown \alpha + n \frown \alpha = (m+n) \frown \alpha,$$

uma equação que representa a lei multiplicativa fundamental em relação ao primeiro membro da ligação; e como a ligação de uma magnitude de número com uma associação de vários elementos não está ainda dada conceitualmente, então não se pode dar um valor ao outro lado desta lei fundamental, assim esta ligação quando determinada, é determinada como uma ligação multiplicativa. Resumindo isto a magnitude elementar de uma associação de elementos $\alpha, \beta, \ldots$ afetadas de pesos $\mathfrak{a}, \mathfrak{b}, \ldots$ é igual a

$$\mathfrak{a}\alpha + \mathfrak{b}\beta + \ldots,$$

isto é, ela é representada como uma soma múltipla de elementos cujos coeficientes são os pesos afetados dos elementos, e ao mesmo tempo está determinada a soma de magnitudes elementares entre elas.

§ 97. Para representar agora mais geralmente a ligação multiplicativa, devemos definir a multiplicação de uma magnitude de número por uma magnitude elementar, de maneira que o outro lado da lei multiplicativa fundamental seja conservado; isto se faz determinando que uma soma múltipla de elementos é multiplicada por uma magnitude de número se os coeficientes destes são multiplicados por essa magnitude de número. A saber, resulta então imediatamente, se a e b representam magnitudes elementares quaisquer, isto é, somas múltiplas de elementos, as duas leis fundamentais

$$ma + na = (m+n)a$$

e
$$ma + mb = m(a+b).$$

Também segue-se facilmente que o resultado da divisão por uma magnitude de número está determinado, desde que esta não seja nula, porque magnitudes elementares distintas, isto é, àquelas cujas desvios dos mesmos elementos apresentam diferenças, devem novamente apresentar desvios distintos, então eles permanecem distintos, após terem sido multiplicados pela mesma magnitude de número não nulas. E não menos facilmente resulta que, se nós chamamos magnitudes elementares de mesma espécie aquelas que provém da multiplicação de uma mesma magnitude elementar por magnitudes de número, o quociente de duas magnitudes elementares de mesma espécie dá uma magnitude de número determinada se o divisor não é nulo. Assim, todas as leis da multiplicação e da divisão aritmética valem para a ligação em questão. Nós reservamos a ligação do elemento ρ com outros elementos ou magnitudes elementares, como ela se produz na designação do desvio mencionado acima, para o próximo capítulo.

§ 98. Até o presente a magnitude elementar se apresentou geralmente como uma soma múltipla de elementos, e nós devemos nos atribuir a tarefa de representar na forma mais simples possível uma magnitude elementar dada sob esta forma. Nós tentamos de início a experiência de representá-la como um termo, logo como elemento múltiplo. Seja então

$$\mathfrak{a}\alpha + \mathfrak{b}\beta + \ldots = x\sigma,$$

onde σ designa um elemento e x seu peso; como o peso total deve ser o mesmo nos dois membros, então nós obtemos imediatamente

$$x = \mathfrak{a} + \mathfrak{b} + \ldots,$$

e só nos resta determinar σ de maneira tal que o desvio total de um elemento ρ qualquer seja o mesmo para os dois membros, e nós obtemos

$$a[\rho\alpha] + b[\rho\beta] + \ldots = (a + b + \ldots)[\rho\sigma],$$

isto é,

$$[\rho\sigma] = \frac{a[\rho\alpha] + b[\rho\beta] + \ldots}{a + b + \ldots},$$

é por isto que σ está determinada desde que $a + b + \ldots$ seja um valor não nulo, isto é,

> "Uma magnitude elementar, cujo peso não é nulo, se pode representar como um elemento afetado de mesmo peso; precisando, o desvio deste elemento de um elemento ρ é igual ao desvio da magnitude elementar do mesmo elemento dividido pelo peso."

Se, ainda, nesta equação que vale para todo ρ, se identifica este elemento a σ, então tem-se suprimindo o divisor, porque $[\sigma\sigma]$ é nulo a equação

$$0 = a[\sigma\alpha] + b[\sigma\beta] + \ldots,$$

isto é, o desvio total de uma soma múltipla de elementos do elemento soma (σ) é nulo.

§ 99. No caso em que o peso de uma magnitude elementar é nulo nós já mostramos que os desvios da magnitude elementar de dois elementos quaisquer são iguais; se seu desviou é então nulo em relação a um elemento qualquer, então ele o é também em relação a qualquer outro elemento, e esta magnitude elementar pode então ser igualada à um elemento qualquer de peso nulo, tal como já foi mostrado na formula do § precedente, ou ele próprio pode ser igualado a zero. Mas se o desvio de uma tal magnitude elementar (cujo peso é nulo) de um elemento qualquer é igual a um segmento de magnitude não nula, então o desvio deste de todo outro elemento é igual ao mesmo segmento; e este segmento, que mede este desvio constante, representa então completamente esta magnitude elementar de maneira que as mesmas magnitudes elementares cujos pesos são nulos pertencem também os mesmos valores de desvios, e inversamente. Se agora a tais magnitudes elementares são juntadas uma à outra ou multiplicadas por magnitudes de número, então o valor de desvio do resultado se deduz daqueles das magnitudes elementares pela mesma adição ou multiplicação; entre tais magnitudes elementares e seus valores de desvio não aparecem distinção nem como tal, isto é, em relação ao escopo conceitual, nem para suas ligações; e nós temos então o direito de definir como sendo iguais esta magnitude elementar e seu valor de desvio, sim, nós somos obrigado a fazê-lo se nós não queremos complicar o assunto com distinções inúteis. Nós igualamos então uma magnitude elementar cujo peso é nulo ao segmento constante pelo qual esta magnitude se desvia de elementos quaisquer, ou, nós entendemos por desvio de um segmento de um elemento o próprio segmento, e o segmento se apresenta como uma espécie particular de magnitude elementar. Para esclarecer isto de uma forma ainda mais intuitiva, nós podemos inicialmente demonstrar que toda magnitude elementar cujo peso é nulo se pode representar como diferença de dois elementos ($\beta - \alpha$) onde um (α) é arbitrário. De fato, como o peso total desta diferença é nulo também, então o único que importa é que os desvios sejam iguais em relação a um elemento qualquer (ρ). O desvio desta diferença a ρ é [$\rho\beta$] – [$\rho\alpha$], isto é, que é igual a [$\alpha\beta$], e assim não somente o elemento β está determinado, se α está dado, mas foi encontrado também o desvio constante da magnitude elementar dada e ainda resulta que

$$[\alpha\beta] = \beta - \alpha.$$

Os dois representam apenas designações diferentes, e como o primeiro é arbitrário e o segundo necessário, então a partir de agora nós abandonaremos preferencialmente a designação tomada desde o início como provisória em benefício da segunda e designaremos*) então no que segue por $\beta-\alpha$ um segmento que, se α é tomada como seu elemento inicial tem β como elemento extremidade. Resumindo o resultado dos dois parágrafos, então vê-se que:

> "Uma magnitude elementar de primeiro escalão, porque é assim que nós designamos a magnitude elementar tratada até agora em contraste com as que serão tratadas mais tarde, se pode representar como elemento múltiplo se seu peso é de valor não nulo, como segmento se seu peso é nulo; precisando, obtém-se sempre este valor igualando os pesos e os desvios de um elemento qualquer, onde o desvio de um segmento de um elemento é igual ao próprio segmento e onde o peso de um segmento é igual a zero."

§ 100. Como segundo o § precedente o segmento se apresenta como um gênero particular de magnitude elementar de primeiro escalão, então a soma de um segmento e de um elemento simples ou múltiplo se entende igualmente como magnitude elementar, e nós desejamos colocar mais em evidência o conceito desta soma já determinada pelo que precede. Se agora nós procuramos a soma $(\alpha + p)$ de um elemento α e de um segmento p, então, o peso desta soma sendo 1, é necessário ainda que esta seja igualada a um elemento simples β. Da equação

$$\alpha + p = \beta$$

---

*) É necessário ainda mencionar aqui que, para este caso, a fórmula do § precedente representa a magnitude elementar como elemento de distância infinita de peso nulo, isto é, se se admite a divisão por zero; mais o significado determinado desta expressão só é esclarecido a luz da apresentação dada aqui.

se tem então a nova equação

$$\beta - \alpha = p,$$

isto é, $\alpha + p$ significa o elemento β no qual α se transforma, quando é mudada de p, e cujo o desvio de α é igual a p. Considerando agora a soma de um elemento múltiplo $m\alpha$ e de um segmento p, nós temos, o peso da soma sendo m, a equação

$$m\alpha + p = m\beta,$$

e de lá

$$m(\beta - \alpha) = p, \quad \text{ou} \quad \beta - \alpha = \frac{p}{m},$$

isto é, $m\alpha + p$ significa m vezes um elemento β, cujo desvio de α é a m-ésima parte do segmento p. Ou, se nós reunimos as duas e as expressamos de uma maneira mais geral considerando ao mesmo tempo que se β se desvia de α de $\frac{p}{m}$ então $m\beta$ se desvia de α de p, nós temos então que

> "a soma de uma magnitude elementar de valor do peso não nulo e de um segmento é uma magnitude elementar que tem o mesmo peso que a primeira e se desvia do elemento da primeira do segmento à adjuntar."

§101. Se nós desejamos aplicar à geometria os resultados obtidos neste capítulo, então é suficiente imaginar somente os pontos no lugar dos elementos; e se nós conservamos aqui o mesmo significado das designações introduzidas neste capítulo, notadamente as designações "peso, desvio, magnitude elementar", então nós obtemos também os mesmos teoremas; que nós porém queremos apresentar aqui os mais interessantes de uma forma mais intuitiva. Imaginemos de início n pontos $\alpha_1, \ldots, \alpha_n$, então sempre se pode encontrar um ponto σ cujo o desvio de um ponto qualquer ρ

é a *n*-ésima parte do desvio total dos *n* pontos do mesmo ponto ρ, e esse ponto está completamente determinado por uma equação tal que

$$[\rho\sigma] = \frac{[\rho\alpha_1] + \ldots + [\rho\alpha_n]}{n}.$$

É este ponto que se tem o hábito de chamar distância média dos *n* pontos, mas que mais brevemente eu designei como seu centro (ver § 24). Expressando agora mais geometricamente o teorema acima, nós podemos então dizer:

> "Se se traça de um ponto variável ρ os segmentos a *n* pontos fixos então a paralela a soma destes segmentos, traçadas desde ρ, passa por um ponto fixo σ que se chama o centro destes *n* pontos e cuja a distância a ρ é a *n*-ésima parte desta soma."

Ou, se nós queremos também evitar o conceito de soma,

> "Se se traça de um ponto variável ρ os segmentos a *n* pontos fixos e se se colocam continuamente estes segmentos um em seguida do outro sem mudar suas direções e seus comprimentos, isto é, de forma que o ponto extremidade de cada segmento seja sempre o ponto origem do seguinte, e se se faz de ρ o ponto origem do primeiro segmento, então a linha que fecha a figura assim formada passa por um ponto fixo σ que se chama o centro dos *n* pontos e que corta o lado que fecho para o ponto ρ a *n*-ésima parte."

De lá resulta uma construção muito simples do centro e por sua vez a lei que os segmentos traçados da mediana aos *n* pontos formam uma figura fechada se colocados continuamente um em seguida do outro ou que eles são iguais e paralelos aos lados de uma figura fechada.

§102. Vê-se claramente como as leis estabelecidas no § precedente são ainda verdadeira se vários dos pontos fixos se reúnem, se somente neste caso se fixa seu número, e como eles ficam ainda se se imagina os pontos multiplicados por magnitudes de número quaisquer positivas ou negativas que nós podemos aqui também chamar de pesos, desde que a soma dos pesos sejam de valor não nulo; se agora nós chamamos novamente associação de pontos a totalidade dos pontos aos quais são afetadas os pesos, então nós podemos enunciar o teorema:

> "Se se traçam segmentos de um ponto variável ρ aos pontos de uma associação de pontos fixada, se se multiplica estes segmentos pelos pesos afetados respectivos sem mudar suas direções e se se coloca continuamente um seguindo o outro a partir de ρ os segmentos assim obtidos, então o lado fechando a figura passa por um ponto fixo σ que é o centro desta associação de pontos e cuja distância a ρ cabe no lado que fecha tantas vezes quanto o peso total."

Se o peso total é nulo, então, como resulta da fórmula

$$[\rho\sigma] = \frac{a[\rho\alpha] + b[\rho\beta] + \ldots}{a + b + \ldots},$$

o ponto σ vai ao infinito, e o lado que fecha passa então pelo mesmo ponto no infinito, isto é, que ele tem uma direção constante. Isto resulta de forma ainda mais simples e por sua vez de forma mais certa dos teoremas que nós estabelecemos acima para o caso onde o peso total é nulo, e de lá resulta ao mesmo tempo que o lado que fecha tem um comprimento constante. Se o peso total é nulo o centro de uma associação de ponto se apresenta então como um ponto no infinito, ou, o que é a mesma coisa, como uma direção constante, então não como um ponto central (a distância finita) mas como um eixo central. Este caso apresenta um interesse particular, nós o expressamos ainda uma vez mais evitando tanto quanto possível todas as expressões artificiais:

> "Se se traça de um ponto variável ρ segmentos a uma série de pontos fixos, a qual está afetada uma série de magnitudes de número cuja soma é nula, e se se colocam continuamente um seguindo o outro estes segmentos após tê-los multiplicados pelos números afetados sem mudar sua direção, então o lado que fecha tem uma direção e uma comprimento constantes e pode ser chamado o eixo desta associação de pontos*)."

§ 103. No que diz respeito à estática, nós estabelecemos imediatamente a lei principal, a saber,

> "Se os pontos de uma associação são puxados por forças paralelas que são proporcionais aos pesos desses pontos mas de direção variável, então o momento total das forças em relação ao centro dessa associação é nulo, e, em relação a todo outro ponto, é igual ao momento da força total, que se exerce no centro".

A demonstração é extremamente fácil. A saber, se σ é o centro da associação $a\alpha, b\beta, \ldots$, e se $ap, bp, \ldots$ são as forças pelas quais são puxados os pontos α, β, etc., então o momento total em relação a σ é igual a

$$a[\sigma\alpha] . p + b[\sigma\beta] . p + \ldots = (a[\sigma\alpha] + b[\sigma\beta] + \ldots) . p = 0,$$

porque segundo o § precedente o primeiro fator é nulo. Para todo outro ponto ρ o momento é igual a

$$(a[\rho\alpha] + b[\rho\beta] + \ldots) . p,$$

---

*) Se se desejasse expressar de uma forma puramente geométrica o resultado deste §, então seria necessário tomar ao invés dos pesos os segmentos paralelos cujas magnitudes representam a razão dos pesos.

e como o primeiro fator é igual a $(\mathfrak{a}+\mathfrak{b}+\ldots)[\rho\sigma]$, este momento é igual a

$$[\rho\sigma].(\mathfrak{a}+\mathfrak{b}+\ldots).p,$$

isto é, que ele é igual ao momento da força total que se exerce em σ. É suficientemente conhecido que, do primeiro fato, se os pesos são entendidos como pesos físicos o centro se chama centro de gravidade. Os pesos físicos se apresentam sempre como positivos, o segundo caso não tem então aqui uma aplicação direta. Mas se se imagina um corpo mergulhado num líquido, completamente rodeado por este líquido, e se se soma a força com a qual cada partícula é puxada para baixo pelo seu peso físico com a força pela qual é puxada para cima pela pressão do líquido (que é igual ao peso físico do líquido desalojado), e se se considera a força total como o peso matemático da partícula em questão então tem-se também de fato pesos positivos e pesos negativos. Se em particular o corpo flutua no líquido, então a soma desses pesos é nula, e no lugar do centro de gravidade afetado de um peso se apresenta agora um segmento determinado como soma das associações dos pontos que constituem o corpo flutuante no líquido. Em particular esse segmento pode ser nulo; então o corpo flutua em toda a posição de equilíbrio; ao contrário, em todo outro caso a direção do segmento determina o eixo, que deve estar em posição vertical para que o corpo flutuante no líquido esteja em equilíbrio. Como podem ser encontradas a direção e o comprimento desse segmento, que como nós veremos no próximo parágrafo tem para a estática uma significação simples e precisa, resulta imediatamente do teorema seguinte que é uma consequência imediata do conceito de soma de várias magnitudes elementares, a saber, o teorema:

> "Se um corpo é a reunião de vários outros, então se encontra a partir dos centros de gravidade e dos pesos dos corpos diferentes o centro de gravidade e o peso do todo ou o segmento que representa à ambos tomando a

soma do centro de gravidade afetados pelos seus pesos respectivos."

No nosso caso é necessário tomar os centros de gravidade do próprio corpo e da água deslocada e multiplicar os dois pelos pesos respectivos que são de direções opostas; e como os pesos são iguais no caso em que o corpo flutua no líquido, se obtém então como soma esses pesos pelo desvio mútuo dos dois centros de gravidades; o eixo passa então pelos dois centros de gravidades, e é nulo se estes coincidem.

§ 104. Uma aplicação bem mais importante do último caso, na qual se apresenta um eixo no lugar do ponto soma, é aquele do magnetismo. G a u s s mostrou*) que as intensidades magnéticas no seio de um corpo magnético são sempre de soma nula. Se se imagina essas intensidades adjuntadas aos pontos afetados (ou às partículas como sendo pesos matemáticos, então a soma da associação de pontos assim formada será um segmento de direção e comprimento determinados. Para conhecer o significado desse segmento na teoria do magnetismo, nós imaginamos uma força magnética que, como por exemplo o magnetismo terrestre ou a força de um íman distante, puxa os pontos particulares em direções paralelas proporcionalmente as intensidades magnéticas, então o momento dessas forças em relação a um ponto ρ é igual a

$$\mathfrak{a}[\rho\alpha].p + \mathfrak{b}[\rho\beta].p + \ldots,$$

onde $\mathfrak{a}p, \mathfrak{b}p, \ldots$ são as forças proporcionais às intensidades magnéticas $\mathfrak{a}, \mathfrak{b}, \ldots$ e agem sobre os pontos $\alpha, \beta, \ldots$; mas se se coloca fora dos parênteses o fator comum p e se agora se toma em consideração o fato que a magnitude entre parênteses é igual a esse

---

*) Na sua memória "*Intensitas vis magneticae*".

segmento constante que representa a soma da associação de pontos e que nós designamos por a, a expressão acima se transforma em

$$a.p,$$

isto é, que o momento dessas forças permanece o mesmo em relação a dois pontos quaisquer, a saber, se nós chamamos a o eixo magnético e p a força magnética que age (em um ponto da intensidade, tomado como unidade), o momento é igual ao produto exterior do eixo magnético vezes a força magnética atuante. Então o equilíbrio existe se esse produto é nulo, isto é, se o eixo magnético está colocado na direção da força atuante. O conceito de eixo magnético, tal como eu apresentei aqui, difere do conceito usual apenas pelo fato que o eixo é concebido aqui como um segmento de direção e comprimento determinados, enquanto que de hábito só se fixa sua direção. As razões pelas quais eu modifiquei esse conceito sem mudar sua designação se compreendem facilmente, porque de um lado a ciência exige a ligação da direção e do comprimento desse segmento em um único conceito, e que por outro lado, que o comprimento está incluído, ou não, no conceito resulta sempre imediatamente daquilo que foi dito sobre o eixo magnético, de sorte que uma confusão então não é possível. A razão pela qual até o presente se tomou sempre separadamente os dois na teoria do magnetismo se deve somente ao fato de que a unidade de direção e comprimento, tal como nós a temos entendido no conceito de segmento, não teve até o presente um lugar em geometria. Aliás, a extrema simplicidade sobre a qual se apresenta o momento magnético, graças a este conceito e a ligação exigida pela nossa ciência, mostra já suficientemente a necessidade da nossa análise para a teoria do magnetismo.

O b s e r v a ç ã o. Nós chegamos aqui ao primeiro e único ponto onde nossa ciência toca qualquer coisa que já era conhecida em outro lugar. A saber, no cálculo baricêntrico de Möbius é também apresentada uma adição de pontos simples e múltiplos; de início unicamente como uma forma mais curta de escrever, mas porém com o mesmo método de cálculo que nós temos apresentado, mesmo de uma forma mais geral, nos primeiros parágrafos desse capítulo. Mas o que está totalmente ausente é a concepção de soma como uma única magnitude no caso em que a união dos pontos é nula. Aquilo que impedia o autor clarividente dessa obra de compreender a soma como um segmento de comprimento e direção constantes é sem dúvida sua falta de hábito de unir em um único conceito comprimento e direção. Se esta soma tivesse sido fixada como segmento então o conceito de adição e de subtração de segmentos teria sido deduzido para a geometria tal como nós o temos apresentado no parágrafo §1 da primeira parte, e nossa ciência teria encontrado um segundo ponto de contato com essa obra; também o cálculo baricêntrico, ele próprio, teria sido então tratado bem mais livremente e mais geralmente.

§105. Me parece que o lugar mais apropriado para indicar, ao menos vagamente, a aplicação de nossa ciência ao cálculo diferencial é aqui. Para chegar a uma tal aplicação devemos representar como funções as magnitudes obtidas por nossa ciência. Isto se faz mais simplesmente, se a variável independente é tomada como magnitude de número, por exemplo t, então, toda magnitude P se poderá representar na forma

$$P = A + Bt^1 + Ct^2 + \ldots,$$

ou então mais geralmente sob a forma

$$P = A_m t^m + A_n t^n + \ldots,$$

onde $A, B, C, \ldots$ ou $A_m, A_n, \ldots$ são necessariamente magnitudes do mesmo escalão que P que devem ser consideradas independentes de t. Se nós tomamos esta expressão como uma função de t igual a $f(t)$, então

$$P = f(t),$$

e se ainda

$$dP = f(t + dt) - f(t),$$

então nós obtemos no caso geral

$$\frac{dP}{dt} = mA_m t^{m-1} + nA_n t^{n-1} + \ldots.$$

O caso mais simples se apresenta aqui como aquele onde P, logo também $A_m, A_n, \ldots$ são magnitudes elementares de primeiro escalão. Se se supõe também em particular que P tem um peso constante, ele se representará, se agora se designam as magnitudes enquanto magnitudes de primeiro escalão por minúsculas, sob forma

$$p = a + b_m t^m + b_n t^n + \ldots,$$

onde $b_m, b_n, \ldots$ representam segmentos e assim a e p magnitudes elementares do mesmo peso. Se obtém então

$$\frac{dp}{dt} = mb_m t^{m-1} + nb_n t^{n-1} + \ldots,$$

e $\frac{dp}{dt}$ representa assim um segmento. É imediato que, se p representa o lugar de um ponto no tempo t, então $\frac{dp}{dt}$ representa da mesma maneira a velocidade deste em magnitude e em direção, igualmente $\frac{d^2p}{dt^2}$ representa sua aceleração. Com a introdução em mecânica desta forma de considerar as coisas, obtêm-se aplicando nossa ciência da maneira mais fácil a solução de muitos problemas que de muita forma se revelam complicados; porém, a continuação deste assunto me afastaria muito do meu objetivo.

Capítulo Segundo

Multiplicação Exterior, Divisão e Degradação de Magnitudes Elementares

---

§106. O conceito de desvio, tal como nós o colocamos na base do desenvolvimento do capítulo precedente, contém em germe o conceito de produto de duas magnitudes elementares uma vezes a outra. Lá, nós entendíamos por desvio de um elemento α de outro elemento ρ o segmento que pode ser traçado de ρ a α e nós designávamos este por [$\rho\alpha$]; da mesma forma entendíamos por desvio de uma associação elementar de um elemento ρ a soma múltipla dos desvios dos seus elementos de um mesmo elemento ρ enquanto tomávamos como coeficientes desta soma múltipla as magnitudes de número (pesos) afetadas dos elementos correspondentes. Nós determinávamos a seguida a magnitude elementar correspondente a uma associação elementar de sorte que, desde que se tomasse em conta somente o desvio, ela podia ser colocada no lugar da associação, e estabelecemos a igualdade dos desvios como única condição para a igualdade das magnitudes elementares; e de lá resultava então que a magnitude elementar afetada a uma associação elementar é a soma múltipla dos elementos munidos dos pesos afetados como coeficientes, então a soma múltipla dos elementos correspondentes era uma soma múltipla dos desvios dos elementos ao mesmo tempo que o desvio total desta associação. Designando então igualmente por [ρa] o desvio de uma magnitude elementar α de um elemento ρ, nós temos

$$[ρ(aα + bβ + \ldots)] = a[ρα] + b[ρβ] + \ldots;$$

e aqui também, como o desvio total de uma associação elementar é a soma dos desvios de suas partes,

$$[ρ(a + b + \ldots)] = [ρa] + [ρb] + \ldots,$$

onde $a, b, \ldots$ representam magnitudes elementares quaisquer. Mais tarde nós tínhamos definido o produto de uma magnitude de número vezes uma magnitude elementar, isto é, vezes uma soma múltipla de elementos, como uma soma múltipla que provém da primeira por multiplicação de seus coeficientes por esta magnitude de número, e resulta agora que se encontra o desvio de m-vezes uma magnitude elementar multiplicando o desvio da magnitude elementar simples por m, então tem-se*)

$$[ρ(ma)] = m[ρa].$$

Brevemente se vê que a relação fundamental multiplicativa para a ligação em questão de ρ com uma magnitude elementar é válida, enquanto tal, e também em relação a adjunção de fatores de número, desde que se considere o segundo fator como constituído de vários termos. Por outro lado se vê que, como [ρρ] é nulo e [ρα] é igual a −[αρ], esta multiplicação seria uma multiplicação exterior.

§107. Antes de passar ao conceito completo de produto exterior de magnitudes elementares, nós queremos determinar o conceito de

---

*) Daqui resulta por outro lado que se poderia introduzir na primeira equação deste parágrafo também as magnitudes elementares $a, b, \ldots$ no lugar dos elementos $α, β, \ldots$.

sistemas elementares. Este conceito, como aquele de sistemas de extensão (§16) está fundamentado sobre o conceito de dependência. Nós dizemos que uma magnitude elementar de primeiro escalão é dependente de outras magnitudes elementares se ela se pode representar como soma múltiplas daquelas, por outro lado nós dizemos independentes várias magnitudes elementares de primeiro escalão se não há entre estas uma dependência no sentido indicado, isto é, nenhuma delas pode se representar como soma múltipla das outras. Agora, nós entendemos por sistema elementar de n-ésimo escalão a totalidade dos elementos que são dependentes de n elementos enquanto esses n elementos são independentes uns dos outros. Ou, se $\alpha, \beta, \gamma, \ldots$ são n elementos independentes uns dos outros, e se considero dois elementos ρ e σ dependentes deles, então a diferença também poderá se representar como soma múltipla destes n elementos; esta diferença que representa o desvio mútuo dos dois elementos é de peso nulo, e se obtém então $\rho - \sigma$ sob forma:

$$\rho - \sigma = \mathfrak{a}\alpha + \mathfrak{b}\beta + \mathfrak{c}\gamma + \ldots,$$

onde ao mesmo tempo tem-se

$$\mathfrak{a} + \mathfrak{b} + \mathfrak{c} + \ldots = 0.$$

Se se expressa por meio da última equação um coeficiente qualquer pelos outros, $\mathfrak{a}$ por exemplo, se obtém então introduzindo este valor na primeira equação

$$\rho - \sigma = \mathfrak{b}(\alpha - \beta) + \mathfrak{c}(\alpha - \gamma) + \ldots,$$

isto é, o desvio mútuo de dois elementos de um sistema elementar de n-ésimo escalão pode-se representar como soma múltipla de $(n-1)$ segmentos que são traçados de um dos n elementos que determinam o sistema aos outros; e reciprocamente, cada segmento que se pode representar como soma múltipla destes $(n-1)$ segmentos vai também necessariamente de um elemento deste sistema a um elemento do mesmo sistema. Logo, nós podemos dizer também que o sistema elementar do n-ésimo escalão é a totalidade dos elementos cujos desvios mútuos pertencem a um e um mesmo sistema de extensão de $(n-1)$-ésimo escalão, ou, se se deseja se expressar assim, que é a representação elementar de um sistema de extensão de $(n-1)$-ésimo escalão. Eu observo ainda que o conceito de sistema elementar contém imediatamente o fato que n elementos são independentes uns dos outros se e somente se eles não pertencem a um sistema elementar de escalão menor do que n.

§ 108. Agora, para obter imediatamente o conceito de multiplicação exterior de um número qualquer de magnitudes elementares de primeiro escalão, é suficiente somente que nós apliquemos à estas magnitudes o conceito geral (formal) de multiplicação exterior. O conceito de multiplicação está já determinado pelo fato de que se pode introduzir separadamente em um produto de dois fatores, onde um é constituído por duas partes da mesma espécie, no lugar deste fator suas partes, e adicionar os produtos assim formados que se deve ainda tomar como sendo da mesma espécie. O produto de várias magnitudes de primeiro escalão (que nós temos chamados fatores simples) está determinado como produto exterior pelo fato de que se pode sem mudar seu valor suprimir em cada fator simples as partes que são da mesma espécie que um destes fatores simples vizinhos. Por estas leis fundamentais nós determinamos então também o conceito de multiplicação de magnitudes elementares do primeiro escalão, e ao mesmo tempo conservamos também para as magnitudes elementares todas as definições dadas para as magnitudes de extensão na primeira parte; e como todas as leis demonstradas na primeira parte estão baseadas sobre estas leis fundamentais e as definições que se adjuntam, então elas também são válidas para as magnitudes elementares, notadamente, então todas as leis da multiplicação exterior, da adição e da subtração formais, da divisão e da degradação. No que concerne a degradação nós observamos ainda que o nome projeção não deve ser usada aqui porque, em relação às magnitudes elementares como se verá mais tarde, ele envolve um conceito inteiramente diferente daquele que nós temos designado até agora pelo nome degradação. — Nossa tarefa em particular permanece então tornar o mais claro possível nosso conceito e pôr em evidencia sua representação concreta.

§109. O essencial é aqui estabelecer quando dois produtos podem ser iguais um ao outro, porque é assim que a extensão do conceito de magnitude que representa o produto é determinada. Como agora por essas leis fundamentais formais o conceito de produto deve estar completamente determinado, então nós devemos igualar dois produtos se, mas também s o m e n t e se, um produto se pode transformar num outro por meio dessas leis fundamentais (ou de leis que derivam destas). Seja, por essa razão, examinado um produto de n magnitudes elementares de primeiro escalão. Antes de mais nada é claro que, se os pesos dessas magnitudes elementares tomadas separadamente são todos nulos, então se cada um delas se apresenta como magnitudes de extensão de primeiro escalão, então o produto também fornece uma magnitude de extensão de n-ésimo escalão. Em todo outro caso, mesmo se somente um único fator simples a tem peso não nulo*), o produto se pode representar como o produto de um elemento vezes uma magnitude de extensão de escalão $(n-1)$. Como nós podemos agora colocar no primeiro lugar o fator do qual nós supomos que o peso não é nulo; se nesta ocasião se o sinal do produto viesse a mudar, nós poderíamos no lugar mudar o sinal de qualquer um dos fatores. Se $a\alpha$ é esse fator cujo peso não deve ser nulo, então nós podemos agora adjuntar aos outros fatores, se seus pesos também não são nulos, um múltiplo qualquer de α sem mudar o valor do produto, e desta forma anular o peso de cada um dos fatores restantes. Isto feito,

---

*) Isto é, aquele que não é zero.

os outros $(n-1)$ fatores se tornam então segmentos; seu produto, que é uma magnitude de extensão de escalão $(n-1)$, Q, é então a magnitude elementar igual a

$$\mathfrak{a}\alpha . Q,$$

e isto é por outro lado, como $\mathfrak{a}$ é uma magnitude de número, igual a

$$\alpha . \mathfrak{a}Q = \alpha . P,$$

se se toma $\mathfrak{a}Q$ igual a P. A afirmação acima está então demonstrada; ainda mais: como o múltiplo de α que é necessário adicionar aos fatores simples é tal que ele é determinado se ele deve anular os pesos dos fatores, então resulta um valor determinado de Q, logo também de P. Para mostrar agora que P conserva sempre um valor determinado qualquer que seja a modificação de forma efetuada antes com esse produto, é suficiente lembrar que todas as modificações da forma de um produto, que deixam invariantes o produto desse, repousa sobre o fato que pode-se juntar a cada fator simples termos que são da mesma espécie que os fatores restantes. Deixamos agora inicialmente inalterado no produto original o fator $\mathfrak{a}\alpha$, mas juntamos a um fator qualquer uma parte que é da mesma espécie que um dos outros fatores, seja o fator $\mathfrak{b}\beta$, por exemplo a parte $\mathfrak{m}\beta$, onde m significa uma magnitude de número, então é necessário em seguida subtrair, para igualar à zero o peso deste fator acrescentado ao que foi previamente subtraído, a magnitude $\mathfrak{m}\alpha$; o que foi adjuntado ao fato se apresenta então igual a $\mathfrak{m}(\beta - \alpha)$; mas pela mesma mudança o fator $\mathfrak{b}\beta$ se muda em $\mathfrak{b}(\beta - \alpha)$; logo, também depois da mudança indicada o termo juntado a esse fator permanece da mesma espécie que o outro, isto é, que o produto Q, logo também P, conserva o mesmo valor. Nós temos mostrado assim que o valor P, que se apresenta com segundo fator, está determinado se α permanece inalterado; agora α pode se aumentar por todo o segmento que pertence ao sistema P; seja p_1 esse segmento, tem-se então

$$(\alpha + p_1) . P = \alpha . P,$$

isto é, o elemento α se pode trocar por todo elemento pertencente ao sistema elementar determinado por α e P, desde que P mantenha sempre o mesmo valor; e assim é determinada a extensão do conceito. Nós chamamos agora m a g n i t u d e   e l e m e n t a r d e n-ésimo   e s c a l ã o um produto de n magnitudes elementares do primeiro escalão ou uma soma de tais produtos, e chamamos m a g n i t u d e   e l e m e n t a r   r í g i d a um tal produto onde os fatores simples não são todos segmentos. Nós obtivemos assim o teorema que "uma magnitude elementar rígida de n-ésimo escalão se pode representar como um produto de um elemento vezes uma extensão de escalão $(n - 1)$; essa extensão que nós chamamos a f a s t a m e n t o da magnitude elementar, está completamente determinada por ela; mas como elemento pode se tomar um elemento qualquer pertencente ao sistema determinado pelos fatores simples da magnitude elementar." A magnitude elementar rígida se apresenta portanto em geral como a unidade do sistema elementar condicionado por ela e do afastamento que lhe está associada; e pela intuição mútua de ambos, isto é, pela união de duas intuições em uma só, é dada a unidade conceitual de uma magnitude elementar de escalão superior, ou, o que é a mesma coisa, um produto de magnitudes elementares de primeiro escalão. Nós queremos agora finalizar a intuição de magnitude elementar rígida procurando representá-la como parte determinada do sistema elementar ao qual ela pertence.

§110. Segundo o conceito estabelecido no parágrafo precedente, o produto de dois elementos α e β é o segmento $\alpha\beta$ ligado ao sistema elementar determinado por α e β, e desta maneira por assim dizer fixado. Nós temos fundamentado o conceito de segmento sobre àquele de formação de extensão simples de primeiro escalão, nós entendíamos por isso, a totalidade dos elementos nos quais um elemento gerador se transformava em um processo contínuo da mesma mudança; nós chamávamos o elemento gerador no seu primeiro estado o elemento inicial da formação, e no seu último estado o elemento final, ambos os elementos os elementos extremidades, e nós designávamos todos os elementos restantes da formação como estando situados e n t r e os elementos extremidades. Assim nós podíamos dizer também que a formação simples $\alpha\beta$ é o conjunto dos elementos situados entre α e β, onde que nós juntemos ou não os elementos extremidades não tem importância levando em conta o conceito de contínuo, porque esse não representa uma extensão. Essa formação é agora tomada como magnitude elementar de segundo escalão se somente se se fixa por um lado o sistema elementar de segundo escalão, ao qual ela pertence, e, por outro lado, a maneira de gerar, de forma que duas tais formações que pertencem ao mesmo sistema elementar de segundo escalão e que são geradas pelas mesmas mudanças são iguais uma a outra enquanto magnitudes elementares, mas isto é assim somente para duas tais formações. Ou se se imagina o sistema elementar inteiro gerado pelo processo contínuo da mesma mudança e se se supõem dois elementos desses como sendo correspondentes, e mais, que dois elementos quaisquer, gerados destes primeiros elementos correspondentes pela mesma mudança, são correspondentes, então duas formações se correspondendo uma a outra desta maneira se apresentará assim como magnitudes elementares iguais de segundo escalão. Se nós aplicamos agora a mesma coisa as magnitudes elementares de escalão superior e consideramos então três ou mais elementos $\alpha, \beta, \gamma, \ldots$, então surge para nós a tarefa de encontrar a totalidade dos elementos situados entre tais elementos e de comparar essa totalidade ao produto dos elementos. O que é necessário entender por elemento situado entre dois elementos está já determinado; nós designamos agora cada elemento situado entre um elemento α e um elemento, situado entre β e γ, como um elemento que está situado entre α, β e γ e geralmente um elemento situado entre α e um elemento, situado entre uma série de elementos $\beta, \gamma, \ldots$, como um elemento situado entre a série inteira de elementos $\alpha, \beta, \gamma, \ldots$. Nós queremos chamar por enquanto a totalidades desse elementos uma formação de ângulo, $\alpha, \beta, \gamma, \ldots$ seus vértices, e esses vértices bem como os elementos, situados entre uma parte desses vértices (não entre todos), seus elementos extremidades; por outro lado nós chamamos elementos interiores da formação de um ângulo os elementos situados entre todos os vértices. Agora nossa tarefa é antes de mais nada representar todos os elementos intermediários (os elementos interiores) como somas múltiplas dos elementos entre os quais eles estão situados e determinar a relação que deve então ter lugar entre os coeficientes. Inicialmente é claro em relação a dois elementos que um elemento ρ está situado entre dois elementos α e β se e somente se $\alpha\rho$ e $\rho\beta$ são sinalizados igualmente, de modo que a última mudança se apresente como continuação da primeira. Cada elemento ρ que está situado no sistema elementar condicionado a α, β, pode ser representado agora pela equação

$$\rho = a\alpha + b\beta,$$

onde a e b representam as magnitudes de número quaisquer cuja soma é igual a um. Do que precede resulta agora que ρ está situado entre α e β se e somente se $\alpha\rho$ e $\rho\beta$ são sinalizados igualmente, ou seja,

$$\alpha.(a\alpha + b\beta) \text{ tem mesmo sinal que } (a\alpha + b\beta).\beta,$$

ou, aplicando as leis da multiplicação exterior, se $b\alpha.\beta$ e $a\alpha.\beta$ são sinalizados igualmente, isto é, b e a são sinalizados igualmente; isto é, como sua soma é igual a um, logo positiva, se ambos os coeficientes ou pesos são positivos. Se um deles é nulo, então o elemento é um elemento extremidade. Continuando com o mesmo procedimento nós podemos agora demonstrar que um elemento ρ está situado entre uma séries de elementos $\alpha, \beta, \gamma, \ldots$, que são independentes um dos outros se e somente se ele pode se representar na forma

$$\rho = a\alpha + b\beta + c\gamma + \ldots,$$

onde os coeficientes são todos positivos. Nós dizemos que um elemento ρ está situado entre uma série de elementos se e somente se ele está situado entre o primeiro elemento desta série e um dos elementos seguintes. Se ρ deve estar situado entre $\alpha, \beta, \gamma, \ldots$, é necessário que ele se encontre entre α e um dos elementos situados entre $\beta, \gamma, \ldots$, é necessário então que ρ se possa representar como soma múltipla de α e um dos elemento situados entre $\beta, \gamma, \ldots$, onde os coeficientes de ambos são positivos; é necessário então em primeiro lugar que o coeficiente de α seja positivo, mas em seguida também o coeficiente do elemento situado entre $\beta, \gamma, \ldots$. Mas pela mesma razão é necessário que este elemento se possa representar como soma múltipla de β e um dos elementos situados entre os elementos seguintes $\gamma, \ldots$, com coeficientes positivos; mas na expressão de ρ o elemento situado entre $\beta, \gamma, \ldots$ estava multiplicado por um coeficiente positivo; nós teremos então representado ρ, introduzindo na expressão de ρ a expressão encontrada para esse elemento e suprimindo os parênteses, como soma múltipla dos elementos α, β e de um elemento situado entre os elementos seguintes $\gamma, \ldots$ com coeficientes positivos, e como nós podemos continuar esse procedimento até o último elemento, segue-se assim que cada elemento situado entre $\alpha, \beta, \gamma, \ldots$ se pode representar como soma múltipla de $\alpha, \beta, \gamma, \ldots$ com coeficientes positivos. Resta ainda agora mostrar que cada elemento que se pode representar dessa forma é também um elemento intermediário. Se um elemento ρ

está representado sob a forma dada acima $\rho = a\alpha + b\beta + c\gamma + \ldots$, onde $a, b, c, \ldots$ são coeficientes positivos, então a soma de todos os termos que seguem $a\alpha$ tem por peso $b + c + \ldots$, logo um número positivo, ela é então representável, se se divide os coeficientes $b, c, \ldots$ por $b + c + \ldots$ e se se multiplica então essa soma por $b + c + \ldots$, como produto de um número positivo por um elemento que por sua vez se representa como soma múltipla de $\beta, \gamma, \ldots$, com coeficientes positivos; em consequência ρ está situado entre α e um elemento que é representável como soma múltipla dos elementos seguintes com os coeficientes positivos, e como nós podemos continuar essa dedução até os dois últimos elementos e como o elemento que é representável como soma múltipla desses últimos com coeficientes positivos é um elemento intermediário, resulta então que ρ ele próprio está situado entre $\alpha, \beta, \gamma, \ldots$. O teorema acima está então demonstrado; é claro também que, se um ou mais coeficientes são nulos enquanto os outros permanecem positivos, ρ se representa como elemento extremidade.

§ 111. Se eu considero agora por outro lado o produto $\alpha . \beta . \gamma . \delta \ldots$ cujo afastamento é igual à $[\alpha\beta].[\beta\gamma].[\gamma\delta]\ldots$ segundo o § 109, e se eu apresento a formação de extensão que tem este valor e que se forma pelo fato que o elemento α descreve primeiro o segmento $[\alpha\beta]$, que em seguida cada elemento assim gerado descreve o segmento $[\beta\gamma]$, que depois cada um descreve o segmento $[\gamma\delta]$, etc., então é claro que cada tal elemento (σ) resulta de α por uma mudança da forma

$$p[\alpha\beta] + q[\beta\gamma] + r[\gamma\delta] + \ldots,$$

onde $p, q, r, \ldots$ são todos positivos e menores do que um, ele satisfaz então a equação

$$[\alpha\sigma] = p[\alpha\beta] + q[\beta\gamma] + r[\gamma\delta] + \ldots,$$

e é claro também que essa formação elementar não contém outros elementos porque os valores zero e um para os coeficientes $(p, q, r, \ldots)$ implicam elementos extremidades. A formação de ângulo entre $\alpha, \beta, \gamma, \delta, \ldots$ continha a totalidade dos elementos que satisfazem a equação

$$\sigma = \mathfrak{a}\alpha + \mathfrak{b}\beta + \mathfrak{c}\gamma + \mathfrak{d}\delta + \ldots,$$

com valores positivos para $\mathfrak{a}, \mathfrak{b}, \mathfrak{c}, \mathfrak{d}, \ldots$, isto é, a equação

$$[\alpha\sigma] = \mathfrak{b}[\alpha\beta] + \mathfrak{c}[\alpha\gamma] + \mathfrak{d}[\alpha\delta] + \ldots,$$

onde $\mathfrak{b}, \mathfrak{c}, \mathfrak{d}, \ldots$ são positivos e sua soma é menor do que um. Colocando aqui no lugar $[\alpha\gamma]$ seu valor $[\alpha\beta] + [\beta\gamma]$, no lugar $[\alpha\delta]$ seu valor $[\alpha\beta] + [\beta\gamma] + [\gamma\delta]$, etc., se obtém então para um elemento σ da formação de ângulo a equação

$$[\alpha\sigma] = (\mathfrak{b} + \mathfrak{c} + \mathfrak{d} + \ldots)[\alpha\beta] + (\mathfrak{c} + \mathfrak{d} + \ldots)[\beta\gamma] + (\mathfrak{d} + \ldots)[\gamma\delta] + \ldots$$
$$= p[\alpha\beta] + q[\beta\gamma] + r[\gamma\delta] + \ldots,$$

com a condição que cada coeficiente precedente é maior que o seguinte, o primeiro menor do que um, o último maior do que zero, logo com a condição

$$1 > p > q > r > \ldots > 0.$$

A formação de ângulo só contém então uma parte dos elementos contidos na formação da extensão correspondente ao produto $\alpha.\beta.\gamma.\delta\ldots$, a saber, os elementos para os quais a última condição está verificada. Agora nós desejamos por enquanto designar a formação de ângulo por $[a, b, c, \ldots]$, designando $[\alpha\beta]$ por a, $[\beta\gamma]$ por b, $[\gamma\delta]$ por c, etc., e nós a entendemos então como a totalidade dos elementos σ que satisfazem a equação

$$[\alpha\sigma] = pa + qb + rc + \ldots$$

com a condição
$$1 > p > q > r > \ldots > 0.$$

Os elementos extremidades são aqueles para os quais há igualdade de uma parte das magnitudes $(1, p, q, r, \ldots, 0)$ nesta representação. Agora é evidente como toda sucessão de $a, b, c, \ldots$ suscita também uma outra formação de ângulo que não tem nenhum elemento interior em comum com a primeira e como a totalidade dos elementos, que contém as formações de ângulos pertencentes a todas as sucessões possíveis de $a, b, c, \ldots$, representa a formação de extensão ela própria correspondente ao produto $a.b.c\ldots$, se se toma sempre apenas uma vez os elementos extremidades. De fato cada elemento dessa formação de extensão se encontrará, se os coeficientes $p, q, r, \ldots$ são distintos, numa única formação de ângulo, mas certamente numa delas; e se os coeficientes são em parte iguais, então os elementos extremidades que só se podiam tomar uma vez serão também iguais. Como as formações de ângulo não contém elemento que não estará contido na formação de extensão, nós podemos então considerar esta última extensão como a soma de todas as formações de ângulo que resultam de todas as sucessões possíveis dos fatores $a, b, c, \ldots$.

Agora nós podemos finalmente mostrar que todas as formações de ângulo, como partes de seu sistema, são iguais entre si. A igualdade de duas partes de um sistema elementar no sentido mais geral consiste no fato que ambas partes encerram domínios iguais de sistemas de elementos, gerados no sentido simples, a saber, tal que reciprocamente a todo elemento de um domínio corresponde um e um único elemento do outro.

Para compreender isto de forma mais precisa, nós supomos que $a, b, c, \ldots$ são tais mudanças que resultaram da mesma maneira de mudanças fundamentais respectivas, e por elas o sistema é gerado a partir de α; precisemos, que cada um dos dois elementos que são contíguos em uma das direções $a, b, c \ldots$ é gerado do outro pela mudança fundamental correspondente a esta direção. Então é claro como a cada elemento da formação de ângulo [a, b, c, ...] corresponde um, e somente um, elemento de uma formação de ângulo na qual se produzem numa ordem diferente os segmentos a, b, c, ... Pois, se σ é um elemento da primeira formação de ângulo e se [ασ] está representado como soma múltipla de a, b, c, ..., então tem-se imediatamente o elemento correspondente da outra quando se coloca nessa soma múltipla a, b, c, ... na ordem da segunda formação de ângulo sem mudar a ordem dos coeficientes. Em consequência, ao menos em relação a maneira de gerar suposta do sistema, todas as formações de ângulo são de fato, enquanto magnitudes elementares iguais umas as outras. Mas resulta já da forma em que no §20 nós tornamos os sistemas independentes das mudanças fundamentais, que a mesma coisa vale ainda em relação a toda outra maneira simples de gerar o sistema; as formações de ângulo enquanto tais são então iguais. Mas como elas eram em sua totalidade iguais ao produto então nós poderemos dizer que cada uma delas é igual ao produto dividido por um número que expressa o número de sequências diferentes que podem admitir os n fatores $a, b, c, ...$; nós chamamos esse número o número sequencial de n elementos e o designamos, se o número de fatores é n por $n!$, nós igualamos então a formação de ângulo em relação a sua extensão a*)

$$\frac{a.b.c...}{n!};$$

nós chamamos este valor a extensão do produto $\alpha.\beta.\gamma...$, isto é, a extensão da magnitude elementar. Tem-se então que

"a extensão de uma magnitude elementar rígida é igual ao afastamento da magnitude dividido pelo número

---

*) A teoria das combinações ensina que $n! = 1.2.3...n$; se nós assumimos isto, então obteríamos como formação de ângulo o valor $\frac{a.b.c...}{1.2.3...}$.

sequencial correspondente ao número de escalão deste afastamento".

Se nós supomos que dois elementos admitem duas sequências e que três elementos admitem seis, a extensão de uma magnitude elementar rígida de terceiro escalão é notadamente a metade de seu afastamento e a extensão de uma magnitude elementar rígida de quarto escalão é a sexta parte de seu afastamento*); e se nós supomos que um único elemento só admite uma única ordem, a saber, precisamente aquela que é dada, e supomos ainda que também uma única ordem é possível se não há nenhum elemento, a saber, precisamente aquele em que nenhum elemento é dado, então resulta para as magnitudes elementares de primeiro e segundo escalão que a extensão e o afastamento são iguais entre si.

§ 112. Para as magnitudes elementares de primeiro escalão o afastamento ou a extensão é uma magnitude de número, a saber, a mesma magnitude que nós designamos mais acima como sendo o seu peso. De lá provém a tarefa de deduzir para as magnitudes elementares de escalões superiores os teoremas correspondentes a aqueles que nós temos estabelecido para as magnitudes elementares de primeiro escalão em relação a seu peso. Inicialmente resulta que "se os termos de uma equação contêm o mesmo elemento α como fator comum, enquanto que o outro fator de cada termo de uma extensão, pode se suprimir este elemento α em todos os termos sem perder a validade da equação". A validade desse teorema se torna claro se se toma na equação dada um único termo no membro da esquerda e se reúne os outros em um único termo com o fator α, se se representa então a equação sob a forma

$$\alpha.A = \alpha.(B+C+\ldots);$$

---

*) Esses resultados correspondem aos teoremas de geometria, que o triângulo é a metade do paralelogramo com o mesmo lado da base e mesma altura, e que a pirâmide trirretangular é a sexta parte do *Spath* cujas arestas são iguais a três arestas contíguas da pirâmide.

a saber, como o membro da esquerda representa uma magnitude elementar rígida então o membro da direita também, então o afastamento dos dois membros devem ser iguais, em consequência

$$A = B + C + \ldots$$

Se se coloca em seguida os termos desta equação na ordem original, tem-se então a equação cuja validade queríamos demonstrar. Nós podemos chamar também a soma dos afastamentos de vários termos que contém todos o mesmo elemento ρ como fator o afastamento de sua soma, mesmo se essa soma representa uma magnitude de extensão formal, e expressar então o teorema que acabamos de demonstrar também da seguinte maneira: "Numa equação, cujo termos têm o mesmo elemento ρ como fator comum, pode-se colocar no lugar de todos os termos ao mesmo tempo os seus afastamentos sem que a validade da equação seja afetada." Mediante este teorema resulta agora que, se se multiplicam todos os termos de uma equação qualquer pelo mesmo elemento ρ e se se coloca no lugar de cada termo assim obtido o seu afastamento, a equação permanece válida. Segundo o capítulo precedente nós entendemos agora por desvio de uma magnitude B de outra A o afastamento do produto de $A.B$, e nós obtemos assim o teorema que numa equação pode se colocar no lugar de todos os termos ao mesmo tempo seus desvios do mesmo elemento ρ ou dito mais simplesmente, que magnitudes elementares iguais se desviam também de um mesmo elemento pela mesma magnitude. É necessário observar aqui que, como resulta imediatamente da definição, o desvio de uma extensão de um elemento é sempre igual a ele próprio, e que ele é então completamente independente do elemento. Imaginemos agora uma equação cujos termos são parte de magnitudes elementares rígidas, parte de extensões, e na qual cada um dos primeiros é representado como produto de um elemento vezes uma extensão, logo sob a forma $\alpha.A$: então, multiplicando todos os termos por ρ esse termo muda para $\rho.\alpha.A$ ou para $\rho.(\alpha - \rho).A$, pois se pode em cada fator de um produto exterior adjuntar os termos (partes) que são da mesma espécie que os outros fatores; e como $(\alpha - \rho)$ é um segmento, então $(\alpha - \rho).A$ é uma extensão, então se pode agora negligenciar o fator comum ρ e se obtém desta forma a equação do desvio, que resulta então da equação dada pelo fato que se subtrai em todos lados ρ dos elementos de magnitudes elementares rígidas e se deixam inalterados os termos que se representam extensões. Se agora se subtrai esta equação da equação dada, então todos os termos de extensão desaparecem, o termo de extensão $\alpha.A$ muda para $\alpha.A - (\alpha - \rho).A$, isto é, para $\rho.A$; isto é, no lugar dos elementos diferentes que estavam multiplicados pelos afastamentos se apresenta em todos os lados o elemento ρ; segundo o parágrafo precedente se pode negligenciar este aqui e se obtém então uma equação que resulta da equação dada pelo fato que se se suprimem os termos de extensão, mas que em seu lugar se coloca seus afastamentos. Como o afastamento de uma soma de magnitudes elementares é agora definido como a soma de seus afastamentos, pelo que é dado ao mesmo tempo o fato que o afastamento de uma magnitude de extensão é nulo, então nós podemos dizer mais simplesmente:

"Magnitudes elementares iguais têm os mesmos afastamentos,"

ou,

"Uma equação permanece válida quando se coloca no lugar de todos os termos ao mesmo tempo seus afastamentos."

Deste teorema segue, se se inverte a forma de deduzir pela qual resultou, o teorema recíproco:

"Duas magnitudes elementares, que têm os mesmos afastamentos e que desviam de um elemento qualquer ρ

por magnitudes iguais, são iguais (e se desviam também de qualquer outro elemento por uma magnitude igual)."

A saber, se
$$\alpha_1 . A_1 + \alpha_2 . A_2 + \ldots + P$$
e
$$\beta_1 . B_1 + \beta_2 . B_2 + \ldots + Q,$$

onde as letras gregas representam elementos e as letras latinas magnitudes de extensão, são duas magnitudes elementares para as quais supomos que seus afastamentos são iguais, isto é,

$$A_1 + A_2 + \ldots = B_1 + B_2 + \ldots,$$

e que seus desvios de um elemento qualquer ρ são iguais, isto é, que

$$(\alpha_1 - \rho) . A_1 + (\alpha_2 - \rho) . A_2 + \ldots + P$$

é igual a
$$(\beta_1 - \rho) . B_1 + (\beta_2 - \rho) . B_2 + \ldots + Q,$$

então se obtém, desta última equação, desenvolvendo os parênteses e observando que agora os termos que incluem ρ se anulam em virtude da primeira equação, a equação a mostrar:

$$\alpha_1 . A_1 + \alpha_2 . A_2 + \ldots + P$$

é igual a
$$\beta_1 . B_1 + \beta_2 . B_2 + \ldots + Q.$$

Uma consequência particular desse teorema é que uma magnitude elementar cujo o afastamento é nulo é igual a uma magnitude de extensão e que ela desvia de todos os elementos da mesma coisa, a saber, precisamente desta magnitude de extensão. Porque se o desvio dessa magnitude elementar, desvio que representa sempre por definição uma magnitude de extensão, é igual a P, então a magnitude elementar ela própria deve ser igual a P, porque ela tem com P o mesmo desvio, a saber, zero, e os dois desviam do mesmo elemento ρ por uma magnitude igual, porque o desvio desta magnitude de extensão de um elemento qualquer é precisamente esta magnitude de extensão ela própria; essa igualdade resulta então do teorema que acabamos de demonstrar e de lá decorre também imediatamente a outra parte do teorema a demonstrar.

§ 113. Nós aplicamos ainda o teorema do parágrafo precedente à adição de uma magnitude elementar rígida $(\alpha.A)$ e de uma extensão (P). Se A é o afastamento da primeira, então é necessário que ele o seja também o da soma, porque o afastamento de uma magnitude de extensão é nulo; se em consequência a soma deve ainda ser uma magnitude elementar rígida, então é necessário que ela possa se representar sob a forma $\beta.\alpha$; e $\beta.\alpha$ será de fato igual à soma se ambos apresentam os mesmos desvios de um elemento qualquer, por exemplo de α; mas o desvio da magnitude $(\alpha.A)$ de α é nulo, então tem-se como única equação condicionante

$$P = (\beta - \alpha).A,$$

isto é,

> "a soma de uma magnitude elementar rígida e de uma magnitude de extensão é apenas novamente uma nova magnitude elementar rígida somente se o afastamento da primeira é subordinado aquele da segunda, e, precisamos, a soma é então uma magnitude elementar que tem o mesmo afastamento que a primeira e que desvia da segunda por um elemento da primeira."

§ 114. Agora, depois de termos representado a geração de magnitudes elementares de escalões superiores a partir daquelas do primeiro escalão por meio da adição e da multiplicação e depois de ter aproximado da intuição seu conceito por uma comparação com as magnitudes elementares de primeiro escalão e com as magnitudes de extensão, nós passamos às aplicações à geometria e à mecânica onde estes conceitos se apresentam intuitivamente. Naquilo que concerne de início a geometria, então é claro como a linha reta e o plano se apresentam como sistemas elementares de segundo e terceiro escalão. O espaço ele próprio se apresenta como sistema elementar de quarto escalão e é primeiramente dessa forma que o espaço se apresenta em seu verdadeiro significado. A magnitude elementar rígida se pode representar mais simplesmente como produto de um elemento por uma magnitude de extensão que nós chamamos afastamento da magnitude de extensão. Este se apresentava como o afastamento ligado a seu sistema elementar. Consideremos inicialmente ($\alpha . p$) de um ponto (α) vezes um segmento (p), então p é o afastamento desse produto. Se o sistema elementar é a linha reta que é traçada de α na direção do segmento p; o produto se apresenta então como um segmento que constitui uma parte de uma linha reta constante e que permanece ligado à essa linha. Como esse produto constitui uma parte de uma linha reta, nós o chamamos magnitude de linha e nós continuamos a chamar afastamento da linha o segmento que se apresenta a ela. Da mesma forma, o produto ($\alpha . P$) de um ponto (α) numa superfície (P) de direção constante se apresenta como uma superfície situada num plano constante, a saber, no plano que passa por esse ponto na direção da superfície; como essa magnitude constitui uma parte de um plano constante, nós a chamamos magnitude de plano e (pode ser melhor: magnitude plana) nós chamamos essa superfície de direção constante seu afastamento. Enfim o produto de um ponto vezes um sólido não tem significado para a geometria porque o espaço é um sistema elementar de quarto escalão, de sorte que cada sólido enquanto tal já está ligado a si mesmo, sem outro significado que este sólido ele próprio.

§ 115. Disto se esclarece agora facilmente o conceito de um produto de vários pontos. Se se considera inicialmente o produto de dois pontos $\alpha.\beta$ ou $\alpha\beta$, então o sistema ao qual ele é ligado é a linha reta que passa pelos dois pontos, e como

$$\alpha.\beta = \alpha.(\beta - \alpha),$$

então o afastamento desse produto é o desvio do segundo ponto do primeiro, isto é, o produto de dois pontos é uma magnitude de linha onde a linha passa por esses dois pontos e onde o afastamento é o segmento traçado do primeiro ponto ao segundo. — O produto de três pontos $\alpha.\beta.\gamma$ se apresenta como uma magnitude de plano onde o plano passa por esses três pontos; e como

$$\alpha.\beta.\gamma = \alpha.(\beta - \alpha).(\gamma - \alpha) = \alpha.[\alpha\beta].[\alpha\gamma],$$

então o afastamento deste é a superfície de um paralelogramo que tem os lados os desvios dos dois últimos pontos do primeiro. Como

$$[\alpha\gamma] = [\alpha\beta] + [\beta\gamma],$$

nós podemos também escrever

$$[\alpha\beta].[\alpha\gamma] = [\alpha\beta].[\beta\gamma];$$

o afastamento é então o produto dos segmentos contíguos que ligam os pontos na ordem segundo a qual eles aparecem no produto. O produto de quatro pontos $\alpha.\beta.\gamma.\delta$ se apresenta como um sólido e para precisar, o afastamento deste é, como

$$\alpha.\beta.\gamma.\delta = \alpha.(\beta - \alpha).(\gamma - \alpha).(\delta - \alpha) = \alpha.[\alpha\beta].[\alpha\gamma].[\alpha\delta],$$

igual ao sólido de um *Spath* que tem os desvios dos três últimos pontos do primeiro (tomados na ordem requerida) como lados; ou como

$$[\alpha\gamma] = [\alpha\beta] + [\beta\gamma],$$
$$[\alpha\delta] = [\alpha\beta] + [\beta\gamma] + [\gamma\delta],$$

então tem-se também, se se suprimem as partes que são da mesma espécie que os outros fatores,

$$[\alpha\beta].[\alpha\gamma].[\alpha\delta] = [\alpha\beta].[\beta\gamma].[\gamma\delta],$$

isto é, o afastamento do produto de quatro pontos é igual ao produto dos segmentos que se seguem continuamente e que conectam os pontos na ordem segundo a qual eles aparecem no produto. Não é necessário adicionar aqui que esta magnitude deve ser considerada como ligada ao espaço, porque todas as magnitudes espaciais são ligadas a ele. Como o espaço não é mais que um sistema elementar de quarto escalão, o produto com mais de quatro pontos deve ser sempre nulo. Se por outro lado os pontos a multiplicar são afetados de pesos então é suficiente multiplicar também o produto dos pontos sozinhos pelo produto dos pesos por meio dos quais seu afastamento é mudado. Tudo se apresenta ainda muito mais simplesmente quando nós consideramos a extensão. Segundo a definição de elementos interiores ou intermediários, cujo conjunto representa a extensão, a extensão do produto $\alpha.\beta.\gamma$ é igual a superfície do triângulo que tem α, β, γ por vértices e aquela do produto $\alpha.\beta.\gamma.\delta$ é igual ao volume da pirâmide que tem $\alpha, \beta, \gamma, \delta$ por vértices, e ao mesmo tempo resulta do teorema que a extensão

de uma magnitude elementar rígida é igual a seu afastamento dividido pelo número de sequência correspondente ao número de escalão correspondente a esse afastamento, que o triângulo é a metade do paralelogramo e que a pirâmide triangular é a sexta parte do *Spath* cujas arestas são paralelas aos três arestas da pirâmide.
— O conceito de produto de várias magnitudes elementares de primeiro escalão é assim determinado para o espaço; e nós só obtivemos duas novas magnitudes, a saber: a magnitude de linha e a magnitude plana. Torna-se igualmente claro como o produto de uma magnitude de linha vezes um ponto (ou uma magnitude elementar de primeiro escalão) dá sempre uma magnitude plana e como o produto de duas magnitudes de linha e aquele de um ponto vezes uma magnitude plana dão sempre um sólido como também é claro que esses produtos se tornam nulos se o número de escalão dos fatores — quando somados — são maiores que aqueles que do sistema elementar no qual se encontram; por exemplo, o produto de duas magnitudes de linha se torna nulo, se estas se situam no mesmo plano. Então, por um tal procedimento aqui não somos conduzidos a outras magnitudes que as duas supramencionadas. Ao contrário, somando magnitudes de linha nós obtemos uma magnitude de soma particular, que é de grande importância em estática. Se demonstrou acima (Capítulo III da primeira seção) que a soma de dois produtos de escalão n se apresenta unicamente como um produto de escalão n, sob a condição de que esses dois produtos pertençam ao mesmo sistema de escalão $(n+1)$; em contraste, esta soma se apresenta como uma soma formal — que temos chamado: magnitude de soma — se estes produtos só podem pertencer a um sistema ainda mais elevado. O último caso pode-se produzir no espaço — que se apresenta como um sistema elementar de quarto escalão — unicamente quando se deve adicionar magnitude elementares de segundo escalão, isto é, magnitudes de linha que não se situam num mesmo plano. Eu reservo o comentário mais

aprofundado deste caso para sua aplicação à estática, onde essa magnitude de soma adquire um significado próprio.

§ 116. Entre as múltiplas aplicações em geometria que permite o nosso método de análise, eu registro aqui aquelas que me pareceram as melhores para esclarecer a natureza deste método. Para fazer destacar a relação com a determinação de coordenadas que é usual, eu desejo inicialmente transferir o conceito de sistema de direção à compreensão do espaço, visto como um sistema elementar. No quinto capítulo da primeira seção, nós tínhamos estabelecemos o conceito de um sistema de direção para as magnitudes extensivas e, em continuação, tínhamos determinamos que todas as definições estabelecidas para as magnitudes extensivas deviam ser transferidas as magnitudes elementares. Então como lá as magnitudes de extensão de primeiro escalão se apresentavam como medidas fundamentais, aqui se apresentarão as magnitudes elementares de primeiro escalão como medidas fundamentais, e assim então também está determinado o significado para as magnitudes elementares de todos os conceitos estabelecidos nos § 87 e 88, notadamente as definições de medidas de direção, domínios de direção, partes de direção, índices, são aqui exatamente as mesmas que lá; somente os domínios de direção do primeiro escalão que nós chamamos lá de eixos de direção devem aqui ser chamados elementos de direção. Ao mesmo tempo, eu desejo mencionar ainda que, como os segmentos também podem ser tomados como magnitudes elementares de primeiro escalão, entre as medidas fundamentais um número qualquer pode se apresentar como segmentos, e nós temos o sistema de direção para as magnitudes de extensão somente se todas as medidas fundamentais se tornaram segmentos. O sistema de direção que está mais próximo deste e que no entanto é suficiente para a representação e a determinação de magnitudes elementares, é aquele no qual uma única medida fundamental é um elemento enquanto todas as outras representam segmentos; um sistema de direção em razão de sua simplicidade merece uma menção particular.

§ 117. Se nós aplicamos agora isto à geometria, então para o espaço, enquanto sistema elementar de quarto escalão, se apresentam como medidas fundamentais quatro magnitudes elementares de primeiro escalão independentes uma da outra que são suficientes para a determinação. A condição, que elas devem ser independentes, uma das outras, diz apenas que elas não devem estar situadas num único plano e que ao menos uma delas deve ser uma magnitude elementar rígida (enquanto as outras podem ser à vontade segmentos). Se nós tomamos quatro magnitudes elementares rígidas (isto é, elementos múltiplos) como medidas fundamentais, nós temos a maneira de determinar as coordenadas que Möbius tomou no seu cálculo baricêntrico e que coincide essencialmente com aquele apresentado por Plücker em seu sistema de geometria analítica. Como domínio de direção do segundo escalão se apresentam aqui 6 linhas retas, ligando dois elementos de direção quaisquer que se apresentam como as arestas de uma pirâmide que têm esses elementos de direção como vértices; como domínio de direção do terceiro escalão se apresentam quatro planos passando por 3 quaisquer dos elementos de direção e que são as faces das pirâmides; e as medidas de direção do segundo e do terceiro escalão representam partes destas partes dessas linhas e planos; a medida de direção do quarto escalão, que aqui é a medida principal, representam um sólido. Cada magnitude elementar do primeiro escalão, tanto seja uma magnitude elementar rígida ou um segmento, pode ser representada no espaço como soma múltipla das quatro medidas fundamentais; cada magnitude elementar do segundo escalão tanto que seja uma magnitude de linha ou uma superfície de direção constante, ou uma magnitude de soma, pode ser representada como soma de 6 magnitudes de linha que pertencem às 6 linha mencionadas acima; brevemente, cada magnitude pode ser representada como soma múltipla de medidas de direção do mesmo escalão, ou como soma de partes que pertencem aos domínios de direção do mesmo escalão. Como Möbius, nós chamamos baricentro este sistema de direção onde as medidas fundamentais são magnitudes elementares rígidas, isto é, pontos múltiplos. A espécie mais simples de sistemas baricêntricos de direção é aquela onde as medidas fundamentais representam simples pontos. Mas os sistemas baricêntricos de direção eles próprios representam só um caso particular embora seja o mais estendido dos sistemas de direção gerais constituídos por quatro magnitudes elementares quaisquer de primeiro escalão. Como nós demonstramos que um número qualquer dentre eles, exceto um, podem se converter em segmentos e obtemos assim ainda de tais sistema de direção, excetuando aquele mencionado, nos quais os domínios de direção do primeiro escalão são parte de elementos de direção, parte de eixos de direção (de direções constantes).

Dentre esses, nós destacamos em particular a espécie dos sistemas de direção que tem como medidas fundamentais um elemento e três segmentos. Como medidas de direção do segundo escalão se apresentam aqui, por um lado três magnitudes de linha, onde as linhas são dadas pelo elemento de direção e cujos afastamentos são as outras 3 medidas fundamentais; por outro lado, três superfícies de direção constante que são representados pelos três *Spathecke* (paralelogramos) possíveis entre estes três segmentos; como medidas de direção do terceiro escalão se apresentam, por um lado três magnitudes planas, cujos planos passam pelo elemento de direção, e cujos afastamentos são as superfícies destes 3 *Spathecken*, por outro lado um sólido, entendido como magnitude de extensão, representado pelo *Spath* construído por meio destes três segmentos. Enfim, como medida principal, se apresentam o mesmo sólido, entendido como magnitude elementar de quarto escalão. Os sistemas aos quais pertencem essas medidas de direção formam então os domínios de direção correspondentes. As partes de direção de um ponto em relação a um tal sistema de direção são agora, por um lado o elemento de direção, por outro lado três segmentos que são paralelos aos 3 eixos de direção; e cada ponto no espaço poderá ser representado como soma de quatro tais partes de direção; no espaço o desvio de um ponto de um elemento de direção é então determinado segundo este sistema de direção por partes de direção constante (por coordenadas paralelas), ele é então determinado precisamente da mesma forma em que uma extensão o é geralmente pelos sistemas de direção que servem a determinação das extensões.

§ 118. Representando agora todos esses sistemas de direção como gêneros particulares de um sistema de direção geral, onde as quatro medidas fundamentais são as magnitudes elementares: nós temos encontrado assim por um lado a determinação mais geral de coordenadas para a qual o plano se apresenta ainda como uma formação de pontos da primeira ordem e por outro lado nós estamos em uma posição não somente de aplicar o procedimento, pelo qual nós podemos passar de uma determinação de coordenadas a outra da mesma espécie e que nós representamos no § 92 pelas coordenadas paralelas, a toda espécie de sistemas de direção, mas ainda de fazê-lo intervir onde é necessário passar de um gênero de determinação de coordenadas ao outro, uma vez que as duas determinações pertencem ao gênero mais geral representado por nós. Notadamente, assim nós podemos imediatamente transformar as equações baricêntricas em equações em coordenadas paralelas e inversamente, sem que nós tenhamos necessidades ainda de qualquer instrução particular. — Tomando agora por outro lado o conceito de partes de direção (coordenadas) num sentido mais geral, desde que nós supomos também partes de direção de ordem mais elevada, então esse mesmo gênero geral de sistemas de direção é suficiente também para determinar as magnitudes elementares de escalões superiores, notadamente a magnitudes de linhas e de planos. Antes de examinar os significados destas determinações, nós temos de dirigir a atenção a uma diferença entre a forma de determinar dada por nós e aquela habitualmente utilizada, e mostrar como essa diferença pode ser realizada. A saber, nós chegamos sempre à determinação de magnitudes elementares, isto é, de pontos afetados de pesos, de magnitudes de linha e de plano. Mas para a determinação por meio de coordenadas, só importa a determinação de pontos, linhas e planos segundo sua posição, e desta forma nós obtemos sempre pela nossa maneira de ver uma parte de direção ou um índice a mais que é necessário para esta determinação de posição. Esta diferença se pode completar imediatamente considerando que, se todas as partes de direção ou índice de uma magnitude são multiplicadas ou divididas pela mesma magnitude de número, então a posição (o sistema elementar) desta não é modificada. Se obtém então imediatamente que se diminuir em um o número de índices cada vez que se divide as partes de direção (ou os índices) por um dos índices reduzidos um dos índices igual a um. Os índices assim obtidos são suficientes então cada vez para a determinação da posição. Quando nós determinamos agora desta forma por exemplo a posição de um plano por seus índices e estabelecemos uma equação de m-ésimo grau entre os índices tomados como variáveis, então tem-se uma infinidade de planos cujos índices satisfazem essa equação; e por todos esses planos uma superfície será coberta, para a qual mostrarei mais tarde que é a mesma que aquela que foi chamada superfície de m-ésima classe. Da mesma forma a determinação da linha reta por seus índices dá formações singulares, não destacadas até o presente, que eu ocasionalmente submeti a consideração pela primeira vez numa memória no Jornal de Crelle*). Como o debato ulterior deste assunto ultrapassaria os limites deste trabalho, também me contentarei com estabelecer aqui as equações para a linha reta e o plano, como

---

*) Crelle, *Journal für die reine und angewandte Mathematik*, vol. XXIV.

elas resultam da nossa ciência, e de colocá-las em relação com as equações habitualmente utilizadas.

§ 119. A tarefa mais geral que se pode propor aqui é aquela de estabelecer a equação de um plano que passa por três pontos dados quaisquer ou a equação de uma linha [reta] que passa por dois pontos dados quaisquer. Sejam α, β, γ os pontos dados no primeiro caso, α, β no segundo caso; seja σ o ponto variável que deve ser determinado como ponto desse plano ou dessa linha por uma equação entre ele e os pontos dados, então se tem imediatamente pelo conceito de sistema elementar de segundo e de terceiro escalão, para o primeiro caso a equação

$$\alpha.\beta.\gamma.\sigma = 0,$$

e no segundo

$$\alpha.\beta.\sigma = 0,$$

e por estas fórmulas, que são do mais alto grau de simplicidade, a tarefa está resolvida no sentido mais geral. Se se deseja em seguida, por preferir o tratamento habitual de coordenadas ou por outra razão, estabelecer as equações de coordenadas correspondentes, então se pode, somente se não se recua perante o esforço de por escrito estas fórmulas estendidas, deduzi-las diretamente dessas equações simples. Se se deseja por exemplo representar a equação em coordenadas paralelas, então é suficiente se servir do sistema de direção mencionado no fim do § 117. Para este sistema de direção, cada ponto é representado como soma do elemento de direção ρ e de um segmento. Sejam

$$\alpha = \rho + p_1, \quad \beta = \rho + p_2, \quad \gamma = \rho + p_3, \quad \sigma = \rho + p,$$

então se tem, substituindo essas equações na equação do plano

$$(\rho + p_1) \cdot (\rho + p_2) \cdot (\rho + p_3) \cdot (\rho + p) = 0,$$

ou, multiplicando os parênteses e negligenciando os produtos que se anulam*)

$$\rho \cdot p_2 \cdot p_3 \cdot p + p_1 \cdot \rho \cdot p_3 \cdot p + p_1 \cdot p_2 \cdot \rho \cdot p + p_1 \cdot p_2 \cdot p_3 \cdot \rho = 0.$$

ou, colocando em todas as partes ρ no primeiro lugar prestando necessariamente ao sinal, e o suprimindo conforme o §112,

$$(p_2 \cdot p_3 + p_3 \cdot p_1 + p_1 \cdot p_2) \cdot p = p_1 \cdot p_2 \cdot p_3.$$

Para transformar agora essa equação em equação em coordenadas, é suficiente (conforme o §88) tomar, no lugar de cada segmento, a soma de suas partes de direção. Sejam

$$p = x + y + z,$$
$$p_1 = x_1 + y_1 + z_1,$$
$$\text{etc.},$$

onde x, y, z, representam as partes de direção, então tem-se agora:

$$(x_2 + y_2 + z_2).(x_3 + y_3 + z_3).(x + y + z)$$
$$+(x_3 + y_3 + z_3).(x_1 + y_1 + z_1).(x + y + z)$$
$$+(x_1 + y_1 + z_1).(x_2 + y_2 + z_2).(x + y + z)$$
$$= (x_1 + y_1 + z_1).(x_2 + y_2 + z_2).(x_3 + y_3 + z_3).$$

Agora é necessário apenas efetuar os parênteses, levando em conta que as partes de direção designadas pelas mesmas letras são

---

*) São precisamente todos aqueles que contém mais de uma vez ρ como fator e o produto $p_1 \cdot p_2 \cdot p_3 \cdot p$.

paralelas, e portanto que apenas seis produtos não nulos de três fatores cada um resultam de cada termo, e em seguida é necessário arranjar prestando atenção ao sinal os 24 produtos que se assim formam de modo que as letras se sigam em cada produto da mesma forma; e então se obtém uma equação na qual se pode colocar os índices no lugar das partes de direção e então tornar assim essa equação uma equação aritmética, na qual novamente a ordem dos fatores não importam. A equação que se obtém desta maneira, é, se se entendem agora por x, y, z, os índices, a seguinte:

$$(y_2 z_3 - y_3 z_2 + y_3 z_1 - y_1 z_3 + y_1 z_2 - y_2 z_1)x$$
$$+(z_2 x_3 - z_3 x_2 + z_3 x_1 - z_1 x_3 + z_1 x_2 - z_2 x_1)y$$
$$+(x_2 y_3 - x_3 y_2 + x_3 y_1 - x_1 y_3 + x_1 y_2 - x_2 y_1)z$$
$$= x_1 y_2 z_3 - x_1 y_3 z_2 + x_3 y_1 z_2 - x_3 y_2 z_1 + x_2 y_3 z_1 - x_3 y_1 z_2.$$

Esta equação que não se pode reduzir pela análise ordinária a uma fórmula mais simples por extensa que pareça, não diz porém nada mais que a equação original

$$\alpha . \beta . \gamma . \sigma = 0,$$

e ela contém a solução mais curta do problema acima por meio de coordenadas. Tem-se aqui um exemplo bastante notável da vantagem de nosso método e se veem as complicações de fórmulas em que se recaem quando se abandonam esse método.

§ 120. Reservando a representação da degradação geométrica e da projeção bem como os diferentes sistemas de parentesco para um § ulterior*), onde esses conceitos são postos em dia para uma escala ainda maior, eu passo agora às aplicações à estática. É em primeiro lugar aqui se apresenta em toda sua simplicidade o conceito de momento bem como é somente aqui que o conceito de

---

*) Capítulo IV desta seção.

força encontra sua representação, onde nós tomamos a força como uma magnitude de linha logo como uma magnitude elementar do segundo escalão. Nós entendíamos acima por momento de uma força $\alpha\beta$ em relação ao ponto ρ o produto

$$[\rho\alpha].[\alpha\beta] \quad \text{ou} \quad (\alpha-\rho).(\beta-\alpha);$$

se nos multiplicamos ainda esse valor pelo elemento ρ, então o momento se apresenta como afastamento da magnitude elementar que assim se forma $\rho.(\alpha-\rho).(\beta-\alpha)$; mas segundo a lei conhecida da multiplicação exterior, esta magnitude elementar é igual à

$$\rho.\alpha.\beta,$$

nós podemos então definir o momento em relação a um ponto como afastamento de um produto cujo o primeiro fator é o ponto de referência e cujo segundo fator é a força, ou podemos defini-lo como desvio da força do ponto de referência. Mas como cada equação entre as magnitudes elementares é agora também válida para os seus afastamentos então cada equação que é verdadeira para estes produtos o será também para os seus momentos, embora o contrário não seja exato.

É por isto que poderia se perguntar se não é melhor definir esse produto do ponto de referência vezes a força como momento e representar apenas como afastamento desta magnitude aquilo que foi fixado até o presente como momento. — Mas nós conservamos o conceito determinado. Nós entendíamos acima (§ 41) por momento de uma força $\alpha\beta$ em relação a um eixo $\rho\sigma$, o produto

$$[\rho\sigma].[\sigma\alpha].[\alpha\beta] \quad \text{ou} \quad (\sigma-\rho).(\alpha-\sigma).(\beta-\alpha).$$

Multiplicando este por ρ temos o produto

$$\rho.\sigma.\alpha.\beta,$$

onde o afastamento é precisamente o momento em questão. O momento de uma força em relação a um eixo se apresenta então como afastamento de um produto cujo primeiro fator é o eixo e cujo o segundo fator é força, ou, expressado mais simplesmente como o desvio da força do eixo. Como uma equação entre magnitudes elementares de quarto escalão não tem nenhuma outra significação no espaço, como sistema elementar de quarto escalão, além da equação dos seus afastamentos, então se pode também tomar imediatamente o momento em relação ao eixo pelo produto deste eixo vezes a força.*)

§ 121. Neste ponto do desenvolvimento se apresentam um método com o qual nós podemos deduzir da maneira mais simples todas as leis do equilíbrio dos corpos sólidos, sem pressupor nenhum teorema da estática demonstrado antes. Para isso, nós precisamos somente de uma parte do teorema fundamental, "que três forças que agem em um ponto estão em equilíbrio se e somente se sua soma é nula", ou, desde que nós dizemos que duas forças ou dois sistemas de forças que elas agem similarmente se podem ser anuladas pelas mesmas forças, "que duas forças que agem em um ponto agem similarmente à soma das forças agindo no mesmo ponto"; por outro lado, nós temos necessidades do teorema "que duas forças que agem sobre um corpo sólido estão em equilíbrio se e somente se elas agem na mesma linha reta e se elas são iguais e opostas uma a outra." De lá resulta imediatamente, se nós retemos o conceito de agir similarmente que acabamos de estabelecer, "que duas forças que agem sobre um corpo sólido agem similarmente se e somente se elas agem na mesma linha e se são iguais uma a outra", ou dito mais simplesmente "se elas são iguais uma a

---

*) Como o nome de momento (estático) parece agora supérfluo porque ele é totalmente substituído pelo nome desvio, e como este se pode manipular mais facilmente, então será certamente apropriado utilizar apenas o nome momento no sentido que se utiliza por exemplo L a G r a n g e em toda a sua *Mécanique analytique*, onde ele fala de momento sem outra determinação, e designando precisamente como desvio o dito momento estático. Porém eu não quis introduzir isto arbitrariamente.

outra como magnitude de linhas." Consideremos então forças que agem sobre corpos sólidos como magnitudes de linha, então se vê imediatamente como duas forças, cujas linhas de ação se cortam, agem similarmente a sua soma; pois se α é o ponto de interseção então as duas forças se podem representar como magnitudes de linha cujo primeiro fator é α; ou, se $\alpha . p$ e $\alpha . q$ são forças onde p e q designam segmentos, então, conforme a primeira hipótese, elas agem similarmente que $\alpha . (p + q)$ ou $\alpha . p + \alpha . q$, isto é, elas agem similarmente à soma das forças mesmo quando as forças são tomadas como magnitudes de linha. Se as forças são paralelas, por exemplo se uma é igual a $\alpha . p$, e a outra $m\beta . p$, onde p designa ainda um segmento, então nós não podemos encontrar imediatamente segundo o mesmo princípio a força que age similarmente as duas forças; ajudemo-nos então de duas forças que se anulam uma a outra, a saber, $\alpha . m\beta$ e $m\beta . \alpha^{*}$) então essas duas forças agem similarmente as quatro forças

$$\alpha . p, \quad \alpha . m\beta, \quad m\beta . \alpha, \quad m\beta . p,$$

onde as duas primeiras como agem sobre o mesmo ponto, agirão similarmente a sua soma, e o mesmo para as duas últimas; e nós temos então as duas forças

$$\alpha . (p + m\beta), \quad m\beta . (\alpha + p)$$

como forças que agem similarmente às forças dadas. Adicionando o primeiro fator ao segundo, sem que o valor do produto mude segundo as leis da multiplicação exterior, podemos reduzir estes dois produtos até um fator comum; a saber, estas forças se tornam então

$$\alpha . (\alpha + m\beta + p), \quad m\beta . (\alpha + m\beta + p).$$

---

*) As duas se anulam uma a outra, pois $\alpha . m\beta = -m\beta . \alpha$.

Se agora m não é igual a -1, então o segundo fator representa um ponto múltiplo (de peso $1 + m$); as duas forças agem então em um ponto, e agem então similarmente a sua soma; esta soma é

$$(\alpha + m\beta).(\alpha + m\beta + p),$$

isto é, igual à

$$(\alpha + m\beta).p.$$

E assim as duas forças $\alpha.p$ e $m\beta.p$ agem então, se m não é igual a -1, isto é, se a soma de seus afastamentos não é nula, similarmente a uma única força $(\alpha + m\beta).p$, isto é, a sua soma. Como as linhas de ação de duas forças que pertencem a um mesmo plano, ou se cortam ou são paralelas, resultam então em geral que duas forças que pertencem a um mesmo plano agem similarmente a uma única força que é a soma destas forças, toda vez que seus afastamentos não tem zero como soma. Consideremos agora ainda o caso, que nós excluímos até o presente, a saber, aquele onde os afastamentos das duas forças são nulos juntos, isto é, onde as duas forças entendidas como segmentos, são iguais e opostas; então é claro que as duas forças estão em equilíbrio se, mas somente se, elas se encontram na mesma linha de direção, isto é, se a soma das forças, ela própria, é nula. Neste caso particular, nós podemos então dizer ainda que as duas forças agem similarmente a sua soma. Só resta examinar o caso onde as duas forças entendidas como segmentos tem zero por soma, mas não como são entendidas como magnitudes de linha. Da segunda hipótese, não há equilíbrio neste caso; mas nós podemos também mostrar facilmente que agora não há força não nula que equilibre as duas forças. Porque resulta das duas suposições estabelecidas no começo deste § que o afastamento da força total é sempre a soma dos afastamentos das forças particulares. Seria necessário então aqui que o afastamento da força em questão seja nulo, isto é, que a própria força seja nula e que as forças dadas estejam já em equilíbrio, o que contradiz a hipótese. Assim, nós temos então mostrado de fato que duas forças que agem em linha paralelas, mas separadas, e que são iguais e opostas enquanto segmentos, não podem ser reduzidas a uma única força agindo similarmente. Mas este é também o caso para as forças que não representam uma magnitude de linha como soma, mas uma extensão de segundo escalão; com efeito, $\alpha.p - \beta.p$ é igual à $(\alpha-\beta).p$ o que representa uma extensão de segundo escalão. Para compreender de forma mais precisa o significado deste caso em estática, nós observamos que o momento total de duas tais forças em relação a todos os pontos do espaço, isto é, o desvio total destes de todos os pontos, é uma magnitude constante. De fato, como o desvio total é igual ao desvio da soma, mas como a soma é aqui uma extensão de segundo escalão e como o desvio de uma extensão é sempre igual a própria extensão, então resulta que o desvio total de duas forças de cada ponto qualquer é igual a própria soma destas duas forças; permanecem então constante desde que a soma permaneça constante. E por isso que nós dizemos que as duas forças agem similarmente ao momento que é representado por sua soma*). Nós podemos então estabelecer agora o teorema:

"Duas ou mais forças que agem em um único plano agem similarmente que sua soma."

Isto se pode generalizar imediatamente de duas forças a um número qualquer de forças.

§ 122. Passando à consideração das forças no espaço, devemos lembrar que a adição de forças, enquanto que de magnitudes elementares de segundo escalão, somente tem um significado real se

---

*) Isto pode então ser considerado como uma extensão do conceito de ação igual, porque o momento ele próprio é entendido como uma magnitude de força particular que pode concorrer com outras forças; assim é compreendida no seu verdadeiro aspecto a teoria tão importante em estática a teoria dos pares de forças.

estas fazem parte de um único plano, enquanto sistema de terceiro escalão, mas que elas só têm um significado puramente formal se este não é o caso. Através deste significado formal, duas tais somas são iguais uma a outra, se elas se podem reduzir a uma mesma expressão pela aplicação da adição real e das leis de ligações gerais da adição. Consideremos agora no espaço duas tais somas de forças, que se podem reduzir desta maneira a uma mesma expressão e levemos em conta que para a adição real, porque para ela as forças se encontram em um único plano, a soma de forças age sempre similarmente a totalidade que as forças particulares que constituem suas partes: então resulta que, quando se muda a soma formal por uma soma que lhe é igual, as forças que constituem esta soma agem sempre similarmente, logo que "duas associações de forças que representam somas iguais, agem sempre similarmente", logo também que "uma série de forças, cuja soma é nula, está em equilíbrio". Por outro lado, nós podemos agora reduzir cada soma de forças a uma só força, cujo ponto de aplicação é arbitrário, e um único momento, ou também as duas forças. De fato, façamos a soma de várias forças iguais a

$$\alpha \cdot p + M$$

onde α representa um elemento, p um segmento, logo $\alpha \cdot p$ uma força, mas onde M representa uma extensão do segundo escalão, logo um momento: então, segundo os teoremas apresentados acima as duas expressões serão iguais se e somente se elas tem o mesmo afastamento e se elas tem o mesmo desvio de um elemento qualquer, por exemplo α; é necessário então que p seja igual a soma de todos os afastamentos que as forças singulares representam e que M seja igual a soma de todos os desvios do elemento α; mas como as duas somas são sempre reais, a primeira como soma de segmentos, a segunda como soma de magnitudes de extensão de segundo escalão, num sistema de terceiro escalão, então esta série de forças se podem sempre reduzir a forma dada, onde α é arbitrário, mas então p e M determinados. Se se pode agora reduzir estas somas de forças a expressão $\alpha.p+M$, então se pode reduzi-la também a soma de duas forças; se M, por exemplo, é igual a $r.s$ então pode-se subtrair do termo $\alpha.p$ o termo $\alpha.s$ e adicionar o mesmo termo a M, sem mudar o valor da soma e se obtém assim

$$\alpha.p+M = \alpha.(p-s)+(\alpha+r).s,$$

onde o membro da direita representa duas forças. Como finalmente duas associações de forças que tem as mesmas somas agem similarmente, o que nós mostramos acima, então tem-se o teorema que "cada série de força no espaço se pode reduzir a duas forças, ou a uma força e um momento, que agem similarmente às forças da sérias e que dão a mesma soma que elas". A isto se acrescenta imediatamente a conclusão que "várias forças também estão em equilíbrio somente se sua soma é nula" pois é verdade que elas se podem reduzir a duas forças que agem similarmente a elas e que tem a mesma soma, mas de acordo com o segundo teorema, duas forças estão em equilíbrio somente se sua soma é nula; então, a soma das forças dadas, porque ela é a mesma, será também a mesma; a proposição está então demonstrada. Se duas associações de forças agem agora similarmente, então é necessário que as forças de uma composta com as forças tomadas opostas das outras (segundo a definição "agir similarmente") estejam em equilíbrio, isto é, segundo a proposição precedente, é necessário que sua soma seja nula; as forças de uma associação devem então ter a mesma soma que àquelas da outra; assim, nós temos demonstrado que "duas associações de força que agem similarmente tem necessariamente as mesmas somas". Reagrupando este teorema e o teorema recíproco que nós demonstramos anteriormente, nós temos o teorema:

"Duas associações de forças agem similarmente se e somente se elas têm as mesmas somas."

Este teorema nos dá o direito de interpretar a ação total de várias forças como a ação de sua soma, mesmo se esta soma não se pode mais se representar como uma força simples, nós temos então o teorema geral:

"Duas ou mais forças agem similarmente a sua soma, e elas estão em equilíbrio somente se sua soma é nula."

Este teorema reuni todos os teoremas precedentes e se apresenta como seu resultado final.

§ 123. Que duas associações de forças agindo similarmente tem o mesmo momento total em relação a cada ponto e em relação a cada eixo, que duas associações de forças que tem o mesmo afastamento total e que tem o mesmo momento em relação a um ponto qualquer agem similarmente e tem o mesmo momento em relação a cada ponto e cada eixo, são agora, depois de ter representado uma associação de forças como agindo similarmente a sua soma de forças, são somente outras expressões dos teoremas estabelecidos por nós na ciência abstrata. — Nós não nos demoramos então com a dedução destas leis estáticas, mas desejamos estabelecer no lugar disso um teorema mais geral sobre a teoria dos momentos, teorema que ultrapassa em generalidade todos os teoremas que temos estabelecidos até agora nesta teoria e que portanto resulta da maneira mais simples da nossa análise. Para dar imediatamente este teorema numa forma fácil de compreender, eu quero introduzir um novo conceito que é da maior importância para a consideração das relações de parentesco em geral. A saber, eu digo que uma associação de magnitudes está na mesma relação de número que outra associação de magnitudes correspondentes se cada igualdade, que tem lugar entre as somas múltiplas de magnitudes da segunda associação, permanece também válida se se toma, no lugar destas magnitudes, as magnitudes correspondentes da primeira associação.

O teorema, cuja prova nós queremos fazer aqui, se apresenta agora sob a forma:

"Os momentos totais de uma associação de forças em relação a diferentes pontos ou diferentes eixos estão na mesma relação de número que estes pontos ou eixos."

Porque se S é soma da associação de forças então o momento total desta em relação a uma magnitude A qualquer (seja está magnitude um ponto ou um eixo) é igual ao afastamento do produto AS. Se agora diferentes magnitudes de relação $A, B, \ldots$ são dadas, e se há entre elas uma relação de número que se representa sob a forma

$$aA + bB + \ldots = 0,$$

onde $a, b, \ldots$ são magnitudes de número, então tem-se também, se se multiplica por S,

$$aA.S + bB.S + \ldots = 0;$$

esta equação segundo §112 subsiste também se se toma, no lugar dos produtos $A.S$, etc., seus afastamentos, isto é, se se tomam os momentos de S em relação à estas magnitudes, os momentos estão então na mesma relação de número que as magnitudes de relação.

Por meio deste teorema, nós podemos então encontrar a partir de momentos em relação a dois pontos, o momento em relação a todo outro ponto da mesma linha reta, e nós podemos encontrar igualmente a partir dos momentos em relação a três pontos, que não pertencem a uma mesma linha reta, o momento correspondente a todo outro ponto do mesmo plano; a partir dos momentos em relação a quatro pontos, que não pertencem a um mesmo plano o momento correspondente a todo outro ponto do espaço; ainda mais, nós podemos encontrar a partir do momento em relação a dois eixos, que se cortam, o momento em relação a todo outro que passa pelo mesmo ponto e que pertence a um mesmo plano; a partir dos momentos em relação a três eixos de um mesmo plano, que não passam por um ponto, o momento de todo outro eixo do mesmo plano; e nós podemos encontrar geralmente a partir dos momentos em relação a uma série de eixos, que não estão em nenhuma relação de número entre eles, o momento em relação a todo eixo que está numa certa relação de número com os eixos dados.

§ 124. Eu termino esta aplicação com a solução do exercício: encontrar a equação condicional que deve existir quando um sistema de forças age similarmente a uma simples força ou a um momento. Em ambos os casos, a soma S das forças poderá ser representada como produto de duas magnitudes elementares de primeiro escalão, e de lá resulta imediatamente então a equação

$$S.S = 0,$$

uma equação que jamais está satisfeita se S representa uma soma formal; porque então S se representa como soma de duas forças que não pertencem a um mesmo plano; sejam A e B estas duas forças, então

$$S = A + B,$$

tem-se então:
$$S.S = (A+B).(A+B) = 2AB,$$

porque, precisemos, $A.A$ e $B.B$ são nulos e $A.B$ é igual a $B.A$*) Como agora A e B não pertencem ao mesmo plano então $A.B$ não pode ser nulo, logo a equação

$$S.S = 0$$

---

*) A saber, porque A e B são magnitudes de segundo escalão, logo pares, que segundo o § 55 se podem permutar sem mudar o sinal.

é a equação necessária, mas também a equação condicional suficiente, no caso onde S representa uma força simples ou um momento simples; e S representará um momento se seu afastamento é nulo, no caso contrário S representará uma força não nula. Se

$$S = A + B + C + \ldots,$$

então

$$S.S = 2AB + 2AC + 2BC + \ldots,$$

logo é igual à soma dos produtos a dois fatores constituídos pelas partes*) donde se seguem imediatamente os teoremas:

> "Uma associação de forças age similarmente à uma força simples ou a um momento simples se e somente se a soma dos produtos a dois fatores, formados pelas forças, é nula."

Além disso:

> "Duas associações de forças podem agir similarmente somente se os produtos de dois fatores, formados pelas forças de um tem a mesma soma que os produtos formados pelas forças do outro."

Estes teoremas são ainda válidos se se introduz em todas partes, no lugar dos produtos de duas forças, suas sextas partes, a saber, as pirâmides que tem as forças como arestas opostas.

---

*) A saber, igual à soma simples, se se considera o produto $A.B$ e $B.A$ como estando formados de modos diferentes.

Capítulo Terceiro

Produto Regressivo

§ 125. O conceito que fazia de um produto um produto exterior era tal que cada parte de um fator, dependente do outro fator, podia ser negligenciado sem mudar o valor do produto, é por isso que estava também dado o fato que o produto de duas magnitudes dependentes é nulo. A magnitudes reais, isto é, as magnitudes que se representam como produtos que só contém produtos simples, eram então ditas "independentes uma da outra", se cada fator destas estava completamente fora do sistema determinado pelos fatores restantes, ou, para nos expressarmos de forma mais abstrata, se nenhuma magnitude pertencente ao sistema de uma das magnitudes pertence ao mesmo tempo ao sistema determinado por todas as outras. Como agora esta determinação, que faz de um produto um produto exterior, não faz parte do conceito do produto enquanto tal, deve então ser possível conservar o conceito geral de produto e contudo abandonar esta determinação ou substituir por outra. Para encontrar esta nova determinação, nós devemos — porque de acordo com ela o produto de duas magnitudes dependentes deve também poder ter um valor não nulo — examinar os diferentes graus de dependência. Se acontecer que dois sistemas de escalão superior sejam dependentes um do outro, haverá então magnitudes que pertencem ao mesmo tempo aos dois sistemas. Como agora cada sistema, que contém certas magnitudes, deve conter também todas as magnitudes dependentes destas, isto é, o sistema todo determinado por elas, portanto também o produto exterior destas magnitudes, então resulta que sistemas que contém certas magnitudes em comum conterão também em comum o sistema todo determinado por essas magnitudes, portanto também seu produto exterior; o grau de dependência poderá agora também ser determinado segundo o número de escalão deste sistema comum e nós poderemos dizer que dois sistemas são dependentes no m-ésimo grau um do outro se eles contém um sistema de m-ésimo escalão em comum, e nós poderemos dizer igualmente que são duas magnitudes reais dependentes no m-ésimo grau uma da outra se os sistemas determinados por elas o são, ou se elas podem se reduzir a um fator comum de m-ésimo escalão (mas não um fator de escalão superior). A saber, este último fato resulta do que precede pois segundo § 61 toda magnitude, que pertence a um sistema determinado por outra magnitude, pode também ser entendido como fator desta última magnitude.*) Agora a cada grau de dependência corresponde a uma maneira de multiplicar; nós reunimos todas estas formas de multiplicar sob o nome de multiplicação r e g r e s s i v a, e entendemos em particular por produto regressivo de m-ésimo escalão aquele onde, sem mudar seu valor, em cada fator pode ser suprimido somente uma parte que é tal que depende do outro fator num grau superior a m; e, para precisar, nós chamamos um produto regressivo de m-ésimo escalão, um produto r e a l, se os fatores dependem um do outro pelo menos no m-ésimo grau, ao contrário, nós o chamamos produto f o r m a l se eles dependem num grau inferior. O valor do produto regressivo é então precisamente igual àquele que permanece constante para as mudanças permitidas. É porém somente o produto real que nós examinamos aqui porque o produto formal exige ser tratado e designado diferentemente, e porque ele é ainda de uma importância

---

*) Nós poderíamos portanto dizer de duas magnitudes independentes que elas depende uma da outra no grau zero, isto é, nada dependentes.

claramente menor. O produto regressivo real tem agora um valor não nulo ou nulo, e precisamos que ele é nulo não apenas quando um fator é nulo, como em todo produto, mas também se os dois fatores dependem um do outro num grau superior que o escalão da multiplicação regressiva. A saber, este último fato resulta daquele que se pode então considerar um fator como soma onde uma parte é nula e a outra é o próprio fator, e da definição precedente se pode negligenciar esta parte, fazendo o produto nulo.

§ 126. Para poder dar o significado do produto regressivo real, nós devemos fazer depender do sistema ao qual os fatores pertencem, a anulação do produto, enquanto que até o presente nós fizemos depender este do sistema comum dos dois fatores o do grau de sua dependência mútua.

Para este fim nos propusemos a tarefa de: "Achar, se o sistema comum à duas magnitudes é dado, o sistema m a i s p r ó x i m o d e r e c o b r i m e n t o, isto é, o sistema mais baixo*) ao qual as duas magnitudes pertencem". Nós lembramos aqui que uma magnitude pertence a um sistema se e somente se ela está subordenada a outra magnitude que representa este sistema, isto é, se ela pode-se representar como fator exterior desta última magnitude. Logo se A e B são duas magnitudes, e se C representa seu sistema comum, então C pode-se representar como fator exterior de A e de B, então B por exemplo, pode ser reduzido à forma CD. Tomando C como o sistema comum de A e B, nós queremos dizer segundo § precedente que C contém todas as magnitudes que pertencem à A e à B, mas também que C não contém qualquer outra magnitude. De lá resulta que D não pode ter uma magnitude em comum com A, caso contrário, CD, isto é, B, teria também ainda magnitudes em comum com A que não pertencem ao sistema C, contrariando a hipótese. Como agora A e D são independentes um do outro, e como produto AD, enquanto produto exterior,

---

*) Por isto é necessário naturalmente entender o sistema que tem o menor número de escalão.

tem portanto um valor não nulo, então em primeiro lugar as magnitudes A e B serão subordenadas a esse produto AD onde A se apresenta imediatamente como fator exterior deste e onde os outros dois fatores da magnitude B ou CD, um deles, isto é C está contido em A e o outro se apresenta imediatamente no produto AD, logo o próprio B também pode ser representado como fator exterior deste produto. Mas resulta imediatamente que não há magnitude de escalão inferior, a qual as magnitudes A e B são subordinadas porque uma tal magnitude deve conter A e D como fator exterior, logo, como as duas são independentes uma da outra, conter também seu produto AD como fator exterior (§ 125). Logo AD representa o sistema mais próximo de recobrimento das magnitudes A e B, e a tarefa está realizada. Com isto está dado teorema:

> "Se duas magnitudes A e B tem uma magnitude C como o seu maior fator comum, e se se iguala uma das duas primeiras magnitudes, por exemplo B, ao produto exterior CD, então o produto da outra vezes a magnitude D, a saber, o produto AD, representa o sistema mais próximo de recobrimento."

Designando os números de escalão das quatro magnitudes A, B, C, D pelas minúsculas respectivas, e do sistema mais próximo de recobrimento por u, então nós temos u igual a $a + d$, ou, como $B = CD$ e logo $b = c + d$,

$$u = a + b - c,$$

ou,

$$u + c = a + b,$$

ou,

$$c = a + b - u,$$

isto é,

"O número de escalão de duas magnitudes são, unidos, iguais ao número de escalão de seu sistema comum unido àquele de seu sistema mais próximo de recobrimento;"

ou,

"A partir do número de escalão do sistema comum de duas magnitudes se encontra aquele de seu sistema mais próximo de recobrimento subtraindo o primeiro número de escalão da soma dos números de escalão correspondentes as magnitudes simples",

ou,

"A partir do número de escalão do sistema mais próximo de recobrimento de duas magnitudes se encontra aquele do seu sistema comum subtraindo o primeiro número de escalão da soma dos números de escalão das duas magnitudes."

Sob a última forma este teorema geral é particularmente conveniente para a aplicação, o que se vê imediatamente quando se tenta transferi-lo à geometria.*)

§ 127. De acordo com o § 125 o produto regressivo de dois valores não nulos tinha um valor real não nulo se e somente se o escalão de seu sistema comum era igual ao escalão da multiplicação regressiva,

---

*) Se por exemplo eu considero o plano como o sistema mais próximo de recobrimento de duas linhas, então o sistema comum será — porque este é, enquanto sistema elementar, de terceiro escalão e aqueles dos segundo — de escalão (2+2−3), isto é do primeiro escalão, e será portanto representado por um ponto ou por uma direção. Assim, nós temos também o teorema: "Duas L.r., que estão no mesmo plano, sem coincidir, ou bem se cortam em um único ponto, ou bem são paralelas." Se o espaço é pensado como o sistema mais próximo de recobrimento, então nós temos os teoremas: "dois planos que não coincidem, ou bem se cortam em uma L.r. ou bem são paralelos entre si"; "uma linha, que não está inteiramente em um plano, ou bem corta este em um ponto, ou bem lhe é paralela"; "dois planos, que não são paralelos, tem uma direção, mais somente uma, em comum".

ou, aplicando a lei demonstrada no parágrafo precedente, se o escalão do sistema mais próximo de recobrimento e da multiplicação regressiva são, unidos, iguais à soma dos escalões dos dois fatores. Se nós chamamos agora em geral o número, que completa o escalão da multiplicação regressiva à soma dos escalão dos dois fatores, o n ú m e r o d e r e l a ç ã o do produto regressivo ou da multiplicação regressiva, então resulta que o produto regressivo de dois valores não nulos é um valor real não nulo se e somente se o escalão do sistema mais próximo de recobrimento é igual ao número de relação do produto. Se o número de escalão do sistema comum era maior que o escalão da multiplicação regressiva, então o produto seria nulo de acordo com o §125, se ele era menor então o produto teria um valor puramente formal. Se agora os graus dos dois fatores permanecem iguais, então, se o escalão do sistema comum cresce, aquele do sistema mais próximo de recobrimento decrescerá e vice-versa, porque ambos tem uma soma constante, a saber, a soma dos escalões dos dois fatores. De lá resulta que um produto regressivo de dois valores não nulos se torna nulo se o escalão do sistema mais próximo de recobrimento é menor que o número de relação; e tem um valor formal, se o escalão é maior do que este número. Se então um sistema de h-ésimo escalão é dado, e se nós sabemos que todas as magnitudes tomadas em consideração pertence a este sistema enquanto sistema principal (ver §80), então nós estamos igualmente seguros que o produto regressivo, cujo número de relação é h terá um valor real. Nós chamamos então esta multiplicação regressiva de r e f e r e n t e ao sistema em questão, e nós chamamos este sistema o s i s t e m a d e r e l a ç ã o do produto*), e se os dois fatores pertencem ao mesmo tempo a este sistema de relação, então nós chamamos ainda este (seguindo a forma antiga de designar) o sistema principal do produto. Então nós podemos dizer que o produto regressivo é sempre real se os fatores pertencem ao sistema

---

*) O número de escalão deste produto é precisamente o número que nós chamamos acima o número de relação.

de relação, que ele tem ao mesmo tempo um valor não nulo se o sistema mais próximos de recobrimento dos fatores é também o sistema de relação do produto, e que ele é nulo se o sistema mais próximo de recobrimento dos dois fatores está subordenado ao sistema de relação do produto e é [então] de menor escalão.

§ 128. Segundo o § 55, vimos que o produto exterior de duas magnitudes não nulas é nulo se elas são dependentes uma da outra, isto é se o escalão de seu sistema mais próximo de recobrimento é menor que a soma dos escalões de seu fatores; ou, como nós podemos tomar para produto exterior como sistema de relação todo sistema ao qual os fatores são subordinados e cujo o número de escalão é maior ou igual a soma, então nós podemos dizer estendendo a lei do § precedente:

> "Um produto de dois valores não nulos é nulo se e somente se os fatores são dependentes um do outro, e se ao mesmo tempo seu sistema mais próximo de recobrimento é inferior ao sistema de relação."

Por isso é dado ao mesmo tempo que "um tal produto tem somente um valor não nulo se os dois fatores são independentes um do outro ou se o sistema mais próximo de recobrimento é o sistema de relação". E, para precisar, no primeiro caso o produto é exterior, no segundo caso é regressivo. Se as duas condições tem lugar ao mesmo tempo, isto é, os dois fatores são independentes um do outro e se seu sistema mais próximo de recobrimento é ao mesmo tempo o sistema de relação, então a multiplicação não pode ser tomada somente como uma multiplicação exterior, mas também como uma multiplicação regressiva de grau nulo. Assim, o segundo teorema do parágrafo precedente se estende ao teorema seguinte:

> "Se num produto de dois valores não nulos a soma dos escalões dos fatores é menor que o número de relação,

então o produto é exterior; se esta soma é maior, então o produto é regressivo, e, para precisar, o escalão é igual ao excedente do qual a soma ultrapassa o número de relação; se, enfim, esta soma é igual a este número, então o produto pode ser considerado também tanto como produto exterior ou como regressivo de escalão nulo."

Para a introdução do sistema de relação ou do sistema principal, nós temos então obtido a vantagem importante que ele não é mais necessário agora, uma vez que o sistema de relação é determinado como sistema fundamental, de determinar ainda em particular a forma de multiplicar para o produto de duas magnitudes; que é portanto também superficial distinguir a multiplicação exterior da multiplicação regressiva, ou de distinguir por um nome os graus diferentes da última.*)

§ 129. Para compreender agora o valor não nulo de um produto regressivo real em um conceito simples, nós devemos procurar para o produto dado, cujo valor é necessário determinar, todas as formas sob às quais ele pode ser representado, sem que o seu valor mude, por meio das leis formais da multiplicação tais como são dadas na definição. Isto que é então comum às todas essas formas representará o valor deste produto expressado por um conceito simples. A mudança de forma permitidas pela definição são primeiro

---

*) Ao mesmo tempo, nós obtivemos com isto a vantagem de uma aplicação mais fácil a teoria do espaço. Consideremos por exemplo o plano, portanto, um sistema elementar de terceiro escalão, como sistema fundamental, isto aparece em todo lugar em planimetria, então o produto de duas magnitudes elementares será nulo em relação a este sistema se e somente se elas dependem uma da outra, e ao mesmo tempo pertencem ao mesmo tempo a um sistema de segundo escalão, isto é, se elas têm pontos ou direções em comum e ao mesmo tempo pertencem a uma linha reta. Ainda, nós consideramos o espaço, isto é, portanto, um sistema elementar do quarto escalão, enquanto sistema principal, como isto aparece em estereometria, como tal, então o produto de duas magnitudes elementares em relação a este será nulo se e somente se elas estão no mesmo plano e ao mesmo tempo dependem uma da outra, isto é, tem pontos ou direções em comum; por exemplo, o produto de duas magnitudes de linha, que se cortam ou são paralelas entre elas, aquele de dois planos, se eles estão um dentro do outro, etc.

a mudança multiplicativa geral, que se pode mudar em uma relação inversa os fatores, e, segundo, a mudança particular, que se pode suprimir num fator uma parte que depende de outro fator de grau superior ao do escalão do produto regressivo; ou, para voltar ao sistema de relação, que se pode suprimir num fator uma parte que está contida no outro fator num sistema cujo o escalão é menor que o número de relação. Como caso mais simples se apresenta aquele onde um dos fatores representa o sistema de relação, o outro lhe é então subordinado, ou, expressado mais brevemente, onde o produto se apresenta sob f o r m a s u b o r d e n a d a. Como aqui o sistema mais próximo de recobrimento é sempre ao mesmo tempo o sistema de relação, então a algum dos fatores pode-se adjuntar uma parte não nula sem que o valor do produto seja mudado. A única mudança de formas que deixa o valor do produto invariante é então a mudança multiplicativa geral, a saber, a mudança tal que os fatores podem se trocar em relação inversa, que se pode então escrever

$$A . B = mA . \frac{A}{m},$$

em que m representa uma magnitude de número qualquer. Para todas as mudanças de forma permitidas, os sistemas de dois fatores permanecem então constante, e sua magnitude só se muda em relação inversa. A visão de conjunto dos dois sistemas, junto com o q u a n t u m a repartir entre os dois fatores de forma multiplicativa, forma então o valor deste produto.

§ 130. Se, no caso mais geral, A e B são os fatores do produto regressivo e se a magnitude C, onde c é o número de escalão representa o sistema comum dos dois fatores, então, se B é igual a CD, AD representará, segundo o § 126, o sistema mais próximo de recobrimento e onde também segundo § 128, se o produto não é nulo, o sistema de relação.*) Agora, nós mostramos no § 129 que então, fora a mudança multiplicativa geral, só é permitida a mudança de forma segundo a qual um dos fatores, *CD*, aumenta por uma parte que é dependente de um grau superior a *c* do outro fator *A*. É claro que esta parte não pode ser da mesma espécie que *CD*, pois caso contrário uma tal parte estaria no mesmo grau de dependência que o próprio *CD* com *A*; é necessário então supô-la de espécie diferente daquela que *CD*. Para a adição de magnitudes de espécies diferentes, nós já tínhamos estabelecidos um conceito real e um conceito formal, onde o primeiro se produz se as duas magnitudes que é necessário adicionar podem ser decompostas em fatores simples, de maneira tal que elas contém em comum todos os mesmos fatores, exceto um único. Como a adição formal aparecia somente como uma forma abreviada de escrever, então nós encontraremos já o significado do nosso produto levando em conta apenas a adição real, e supondo então que a parte que é necessário adicionar terá em comum com *CD* todos os fatores simples salvo um. Este único fator simples, pertencerá agora, porque a parte que é necessário adicionar deve depender de *A* em um grau superior ao do que *C*, necessariamente ao sistema *A* enquanto todos os fatores simples de *C* deverão necessariamente aparecer entre os fatores simples restantes. Esta parte deverá então ser representado sob a forma *CE*, onde *E* depende de *A*. Em consequência, o produto se apresentará agora na forma:

$$A.(CD+CE) \quad \text{ou} \quad A.C(D+E),$$

onde *E* depende de *A*. Comparemos agora os dois produtos:

$$A.CD = A.C(D+E),$$

---

*) Naturalmente nós supomos aqui que o produto não é nulo, porque se este é o caso, se ele é nulo, não se pode mais exigir procurar seu valor.

então AD representa o sistema mais próximo de recobrimento dos fatores do primeiro produto, $A(D+E)$ representa aquele para os fatores do segundo; e como E depende de A, então

$$AD = A(D+E),$$

então o sistema mais próximo de recobrimento é também o mesmo para os dois produtos. Fora esta mudança de formas, não resta mais que a mudança multiplicativa geral que é permitida, segundo a qual os fatores se mudam em uma relação inversa. Como assim o sistema de fatores não são mudados, como então o sistema comum e o sistema mais próximo de recobrimento, permanecem também os mesmos para esta mudança de forma, então os sistemas em questão permanecem geralmente os mesmos para toda mudança de forma do produto e eles pertencem portanto àquele que constitui o valor constante deste produto. Se se coloca o fator exterior em comum C no meio, de modo que o produto, tal como nós já o representamos já acima, se apresenta na forma

$$A.CD,$$

então o produto dos fatores exteriores AD dá o sistema mais próximo de recobrimento; agora, o fator do meio e o produto dos dois fatores exteriores AD representam então sistemas constantes. — Comparando as duas magnitudes C e AD igualmente segundo seu valor, nós não devemos somente levar em consideração as transformações pelas quais o valor dos fatores regressivos A e CD é modificado sem que aquele do seu produto $A.CD$ não o seja, mas igualmente as transformações que deixam invariável o valor do produto exterior CD e do sistema de seu primeiro fator. Mediante o primeiro gênero de transformações CD poderia crescer de uma parte CE, onde E depende de A, pelo segundo gênero D pode crescer de uma parte que depende de C, que é então, ao mesmo tempo dependente de A, porque C é subordenado a A. Se nós designamos então esta parte também por E, então nos dois casos o produto $A.CD$ se torna àquele que é igual $A.C(D+E)$. Como E depende agora de A, então

$$A(D+E) = AD,$$

então nos dois produtos o valor do fator do meio e o valor do produto dos dois fatores exteriores permanecem os mesmos. Por outro lado, para os dois gêneros de transformações somente a mudança de forma multiplicativa geral que é ainda aplicável, segundo a qual os fatores podem-se mudar em relação inversa. Se se aplica esta mudança para os dois gênero de transformações, então toda vez que um número é introduzido como multiplicador de um fator, o mesmo número deve ser introduzido como divisor de um dos outros; então também, se um dos três fatores do produto, por exemplo C, se torna m vezes maior, então é necessário que o produto dos outros dois deve se tornar m vezes menor, isto é, C e AD devem se mudar em relação inversa.*) Como agora por isto é dado ao mesmo tempo que o sistema permanece constante, então nós podemos expressar como resultado do desenvolvimento feito até o presente o teorema:

> "Se um produto regressivo é reduzido a expressão $A.CD$, onde o fator do meio C representa o sistema comum dos fatores A e CD do produto regressivo, então C e AD, isto é, o fator do meio e o produto dos fatores exteriores, só podem mudar em relação inversa se o produto total deve manter um valor constante."

§ 131. Para obter inteiramente o significado do produto regressivo, resta ainda responder a questão de se esses dois sistemas,

---

*) Se por exemplo A muda para mA, então CD mudará para $\frac{CD}{m}$ ou para $C\frac{D}{m}$; se ao mesmo tempo C muda para nC, então $\frac{D}{m}$ muda para $\frac{D}{mn}$; o produto dos fatores exteriores AD é então mudado para $\frac{AD}{m}$ enquanto C é mudado para nC.

que são representados pelo fator do meio e pelo produto dos fatores exteriores, junto com o q u a n t u m que é necessário repartir entre esses fatores de maneira multiplicativa, representa completamente aquilo que permanece constante para o valor inalterado do produto regressivo, ou dito de outra forma, se desde que as magnitudes C e AD mudem em relação inversa, o produto $A.CD$ mantenha sempre um valor constante, a condição que o fator do meio C, não deixe de representar o sistema comum dos fatores A e CD. Nós podemos demonstrar facilmente que este é de fato o caso se nós supomos ainda que os fatores regressivos mantêm o mesmo número de escalão. Para esse fim, sejam $A.CD$ e $A'.C'D'$ dois tais produtos, onde o fator do meio C ou C' representa o sistema comum dos dois fatores regressivos A e CD ou A' e $C'D'$. Nós supomos que AD muda em relação inversa com C quando da passagem de uma expressão a outra (pelo que já está dado o fato de que seus sistemas permanecem constantes) e que o número de escalão de A e aquele de CD permanecem os mesmos. Nós desejamos mostrar que os dois produtos $A.CD$ e $A'.C'D'$ são iguais. Primeiramente, nós podemos escrever o segundo produto na forma onde o fator do meio é o mesmo que no primeiro produto, por meio do que o produto dos dois fatores exteriores terá agora o mesmo valor nos dois produtos. Seja então o segundo produto transformado $A_1.CD_1$, então nós temos agora a hipótese mais simples que:

$$AD = A_1D_1,$$

e que A e A_1, bem como D e D_1 são do mesmo escalão; e só falta agora demonstrar que

$$A.CD = A_1.CD_1.$$

Mas é necessário que dois produtos exteriores iguais onde os fatores respectivos têm os mesmos números de escalão (como aqui AD

e A_1D_1) possam ser gerados um do outro por uma sequência de mudanças de formas que existem em parte pelo fato de que os fatores se mudam em relação inversa e em parte pelo fato de que um fator cresce por uma parte que depende do outro. Para o primeiro gênero de mudança é imediatamente claro que o valor do produto regressivo $A \cdot CD$ não muda mais. Para o segundo gênero, ou D pode aumentar por uma parte que depende de A ou A pode aumentar por uma parte que depende de D. Se então D se muda de início para $D+E$, onde E depende de A, então $A \cdot CD$ muda para $A \cdot C(D+E)$ ou para $A \cdot (CD + CE)$. Como aqui E depende de A, mas como C é subordenado à A, então depende de A num grau c, então CE depende de A num grau superior a c. Ele então pode ser suprimido enquanto parte do outro fator; o valor do produto então permanece o mesmo. Em segundo lugar, o fator A pode aumentar por uma parte dependente de D. Seja A igual a CF, então é necessário agora, se C deve sempre como nós supomos representar o sistema comum, o adicionar do fator A por uma parte dependente de D seja obtido pelo fato que C aumenta por uma parte dependente de D; isto deixará inalterado, pela mesma razão que o aumento de D anteriormente, o valor do produto total. Nós vemos então que, para todas as mudanças que deixam inalterado o valor do fator do meio e aquele do produto dos fatores exteriores, o valor do produto total permanece também inalterado; ou, retorcendo ainda um passo a mais, nós vemos que, se as magnitudes C e AD se mudam em relação inversa, o valor do produto $A \cdot CD$ não muda, a condição que o número de escalão de A e CD permanecem os mesmos. Reunindo desta forma este resultado e aquele do § precedente, nós podemos dizer que "o valor do produto regressivo está constituído, se os números de escalão dos fatores são dados, do sistema comum e do sistema mais próximo de recobrimento dos dois fatores, além do q u a n t u m que é necessário repartir entre os dois sistemas de maneira multiplicativa."

§ 132. Aqui o conceito de produto regressivo ainda depende do número de escalão, na medida em que segundo as determinações dadas até agora, dois produtos não podem ser considerados iguais quando seus fatores têm números de escalão diferentes. Esta dependência do conceito direcionada aos números do escalão introduz para ele uma restrição que traz prejuízo a simplicidade do conceito e que se opõem ao tratamento analítico. Suprimindo então esta restrição, nós determinamos que dois produtos regressivos de valor não nulo $A.CD$ e $A'.C'D'$, nos quais os dois últimos fatores estão ligados pela multiplicação exterior e onde o fator do meio representa o sistema comum dos dois fatores regressivos (A e CD ou A' e $C'D'$), são iguais um ao outro desde que o produto dos fatores exteriores e o fator do meio sejam iguais ou em relação inversa nas duas expressões, independentemente do fato de que os números de escalão dos fatores respectivos sejam ou não iguais.*) Para esta determinação, nós podemos notadamente reduzir cada produto regressivo à forma subordinada (ver o § 129). De fato, tem-se em consequência

$$A.CD = AD.C,$$

se no primeiro produto C e D são ligados pela multiplicação exterior A e CD são ligados pela multiplicação regressiva e aqui C representa o sistema comum dos dois fatores regressivos. Porque na última expressão AD pode ser concebido como primeiro fator, C como aquele do meio e a unidade como último fator que está ligado a C (segundo a [Seção I], Cap. 4) pela multiplicação exterior, onde C representa sempre o sistema comum. Entendida desta forma, a segunda expressão apresenta o mesmo produto dos fatores exteriores e o mesmo fator do meio que a primeira, e as duas expressões são então iguais entre si.

---

*) Nós temos o direito a uma tal definição estendida porque nada foi ainda determinado da comparação dos produtos regressivos com os números de escalão diferentes de seus fatores. Nós somos forçados a fazer isto, se nós desejamos conservar na ciência a simplicidade que lhe convém.

Eu devo ainda lembrar aqui, se o produto de fatores exteriores é de menor escalão do que o sistema da relação, então os dois produtos são nulos ao mesmo tempo (segundo § 127), sua igualdade é então preservada também neste caso. Suponhamos finalmente uma certa parte H do sistema principal como medida principal (§ 87), então nós podemos reduzir cada produto regressivo em relação a este sistema principal em forma tal que o primeiro fator é a medida principal. A saber, nós podemos reduzir, segundo o que foi dito anteriormente, cada tal produto, se ele tem um valor não nulo, à forma onde o primeiro fator representa o sistema de relação, ou aqui o sistema principal, e nós podemos então reduzi-lo também, porque nós podemos mudar em relação inversa os fatores, à forma tal que o primeiro fator é uma certa parte qualquer do sistema principal, logo é também a medida principal. Se o produto regressivo é nulo, então nós podemos pôr como desejarmos o primeiro fator com a condição que o segundo seja nulo, então neste caso também o produto pode ser reduzido à forma desejada. Nós chamamos, se um produto está reduzido a esta forma, o segundo fator deste de valor característico (específico), ou fator desta magnitude de produto em relação a medida principal H e nós chamamos o seu sistema, que é ao mesmo tempo o sistema comum aos dois fatores "o sistema característico desta magnitude"; se o número de escalão, isto é, o número de escalão do sistema comum dos dois fatores[*]), nós podemos tomá-lo como número de escalão da própria magnitude. E somente por esta maneira de considerar as coisas que o valor do produto regressivo reaparece em toda a sua simplicidade.

§ 133. Do conceito de produto regressivo, estabelecido no parágrafo precedente, nós podemos deduzir agora a lei de

---

[*]) Se a magnitude do produto é então de valor não nulo (e somente neste caso pode se falar de um número de escalão deste), então o número de escalão da magnitude do produto é igual ao escalão da magnitude regressiva.

permutabilidade. A saber, consideremos dois produtos de valores não nulos,

$$AB.AC \quad \text{e} \quad AC.AB,$$

onde o ponto indica a multiplicação regressiva, e a justaposição imediata a multiplicação exterior, e onde o fator A representa o sistema comum e portanto ABC ou ACB o sistema mais próximo de recobrimento ou o sistema de relação, então se tem segundo o § precedente

$$AB.AC = ABC.A,$$
$$AC.AB = ACB.A.$$

Os dois produtos são então iguais um ao outro ou opostos segundo que ABC e ACB sejam iguais ou opostos, isto é, quando os fatores exteriores B e C possam permutar com ou sem mudança de sinal. Agora se deve para a permutação dos dois fatores exteriores que se seguem (segundo o §55), mudar o sinal somente se (mais também sempre que) os números de escalão dos dois fatores são ímpares. Se poderá então permutar também os fatores do produto regressivo em questão com ou sem mudança de sinal, segundo que os números de escalão de B e C sejam ambos ao mesmo tempo ímpares ou não. Mas o número de escalão de B e C completam aqueles dos fatores regressivos AC e AB para dar o número de escalão do sistema de relação ABC. Chamamos então o número, que completa no número de escalão de uma magnitude para dar aquele do sistema de relação, número completante desta magnitude (em relação a este sistema), então nós temos a lei:

> "Os dois fatores de um produto regressivo permutam com ou sem mudança de sinal, segundo que os números completantes dos fatores sejam ambos ao mesmo tempo ímpares ou não."

Nisto repousa ao mesmo tempo o fato de que um fator que representa o sistema de relação pode se permutar sem mudança de sinal porque seu número completante é nulo, logo par. Esta lei corresponde àquela estabelecida no § 55 para a multiplicação exterior; é necessário ainda compará-la com o teorema do § 68 sobre a posição arbitrária da magnitude de número. Como aqui os números completantes tomam os lugares dos números de escalão de lá, parece ser geralmente oportuno aqui, para os outros teoremas da multiplicação exterior que se refere aos números de escalão, procurar aqui os teoremas correspondentes; o que, seguramente, só pode ser feito aqui em relação ao produto de dois fatores. O número de escalão de um produto exterior de valor não nulo era a soma dos números de escalão dos seus fatores. Para a multiplicação regressiva o número de escalão do sistema comum aos dois fatores é entendido (segundo o § 132) como o número de escalão da magnitude de produto se esta é de valor não nulo. Se a e b são os números de escalão dos fatores e h aquele do sistema de relação, que é aqui ao mesmo tempo o sistema mais próximo de recobrimento, então o número de escalão do sistema comum (g) é segundo o § 126 igual a $a+b-h$. Para introduzir aqui os números completantes, pode-se dar a equação a forma seguinte

$$h - g = h - a + h - b,$$

ou, se se designam os números completantes por a', b', g',

$$g' = a' + b',$$

isto é, o número completante de um produto regressivo de valor não nulo é a soma dos números completantes de seus fatores. Nos falta dar conta do caso onde o produto é nulo. Para a multiplicação regressiva, este caso se produzia (segundo o § 125), quando o sistema comum dos dois fatores fosse de escalão superior ao do escalão da multiplicação regressiva, isto é, $a + b - h$, logo se

$$g > a + b - h,$$

isto é,

$$h - a + h - b > h - g,$$

ou se

$$a' + b' > g',$$

e por outro lado somente se um dos fatores fosse nulo, isto é, o produto regressivo de dois valores não nulos é nulo se os números completantes dos dois fatores são, reunidos, maiores que o número completante do sistema comum dos dois fatores. Por outro lado, um produto exterior de dois valores não nulos era nulo se os números de escalão dos fatores são, unidos, maiores que àquele do sistema mais próximo de recobrimento dos dois fatores. Estas leis coincidem então para as duas formas de multiplicar se se troca o conceito de número de escalão por aquele de número completante e o conceito de sistema mais próximo de recobrimento por aquele de sistema comum; uma relação que, como veremos, conserva sua validade no desenvolvimento que se virá.

§ 134. O produto de três ou mais fatores, ao qual nós passamos agora, pode sempre ser reduzido a um produto de dois fatores sob a condição de que a multiplicação de dois fatores esteja também determinada para o caso em que dois destes fatores sejam novamente produtos. Como agora, se os fatores são novamente produtos regressivos, o sentido se sua multiplicação não está ainda determinado, então nós temos necessidade aqui de uma nova definição; e para sermos precisos, nós devemos determinar o significado de uma magnitude de produto qualquer enquanto primeiro fator e seu significado enquanto segundo fator. Se uma magnitude se apresenta como segundo fator, então nós queremos dizer que se multiplica p o r e l a, se ela se apresenta como primeiro fator, nós dizemos que e l a p r ó p r i a é multiplicada. Eu determino agora que "o fato de multiplicar por uma magnitude de produto, que é reduzida à forma subordinada, isto é, que é representada de forma que cada fator que segue está subordenado ao fator que precede, quer dizer multiplicar sucessivamente*) por seus fatores", e, ademais "multiplicar uma magnitude de produto que está reduzida à forma subordinada por uma magnitude qualquer quer dizer multiplicar o último fator da primeira magnitude pela segunda magnitude (sem modificar os outros fatores)". Para que o sentido da multiplicação inteira seja claro, é necessário aqui naturalmente que o escalão de cada uma das multiplicações particulares, aos quais a multiplicação é reduzida seja determinado. Eu vou mostrar em seguida que estas definições são suficientes para todo produto real. A saber, o produto se apresentará como um produto real de valor não nulo, se para as multiplicações particulares o escalão da multiplicação regressiva coincide com o grau de dependência; por outro lado, o produto será nulo se o grau de dependência ultrapassa o escalão da multiplicação para qualquer uma destas multiplicações, porque por causa disto um dos fatores se torna nulo. O produto só terá um significado formal se o grau de dependência é menor em qualquer parte que o escalão da multiplicação correspondente, sem que a relação inversa se produza em outra parte.

§ 135. Pôr em evidência o fato de que as definições estabelecidas são suficientes para o produto real, coincide com a demonstração do teorema que cada produto real se reduz à forma subordinada. De fato, segundo o § 132, o produto de dois fatores p u r o s (assim nós podemos chamar os fatores que não se apresentam mais como produtos regressivos) se reduz à forma subordinada. Se agora há um tal produto $A.B$ onde B é subordinado à A se adjunta um

---

*) Ligar sucessivamente com uma série de magnitudes, quer dizer, segundo o uso introduzido antes, ligar cada resultado da ligação com a magnitude seguinte.

terceiro fator puro que depende de B no c-ésimo grau, dependendo de A no $(c+d)$-ésimo e onde seu próprio número de escalão é $c+d+e$, então ele se representará sob a forma CDE, onde C é subordinado à B (logo também a A) e CD a A, e não há nenhuma outra dependência, quando se supõe aqui que c, d, e são os números de escalão de C, D, E. Se o produto é então um produto real de valor não nulo, isto é, o escalão da multiplicação coincide com o grau de dependência, pode se demonstrar que

$$A.B.CDE = AE.BD.C.$$

De fato, como aqui a magnitude do produto $A.B$ se apresenta sob a forma subordinada, então ela é multiplicada por uma outra magnitude CDE quando se multiplica o último fator por esta; então tem-se:
$$A.B.CDE = A.(B.CDE).$$

Mas como C está subordinado à B e c é o grau da multiplicação, $B.CDE$, é igual a $BDE.C$ (segundo o §132), logo $A.(B.CDE)$ é

$$= A.(BDE.C).$$

Como aqui C é subordinado à B, logo também à BDE, então se multiplica por $BDE.C$ segundo a primeira parte da definição (§134) multiplicando inicialmente por BDE e em seguida por C o resultado desta multiplicação. Mas como B e D, logo também BD, são subordinados à A e $(b+d)$ representa o grau da multiplicação, então $A.BDE$ é igual a $AE.BD$; a expressão acima é então

$$= AE.BD.C.$$

Essa expressão é de forma subordinada porque C está subordinada à B, logo também à BD, e porque BD o está à A, está então também à AE. Em consequência o produto progressivo de três fatores puros se reduz sempre a forma subordenada. Se agora se junta ainda um quarto fator, então se pode inicialmente reduzir os três primeiros a forma subordenada. Seja $A.B.C$ está forma. Se adjuntamos agora um quarto fator, então é necessário, para que o sentido da multiplicação seja definido, determinar qual grau de dependência deve ter com as três magnitudes A, B, C se o produto deve ter um valor real e não nulo; seja o quarto fator dependente no d-ésimo grau de C, de B no $(d+e)$-ésimo grau, de A no $(d+e+f)$-ésimo grau enquanto ele próprio tem por número de escalão $d+e+f+g$, então ele poderá ser representado sob a forma $DEFG$, onde D está subordenado à C, E à B, F à A, e onde d, e, f, g representam os números de escalão de D, E, F, G. Então pode-se mostrar que

$$A.B.C.DEFG = AG.BF.CE.D.$$

Porque tem-se

$$A.B.C.DEFG = A.B.(C.DEFG)$$
$$= A.B.(CDEF.D),$$

D sendo subordenado à C. Como $CEFG.D$ se apresenta agora sob a forma subordenada, então pode-se multiplicar progressivamente por estes fatores particulares, $CEFG$ e D; mais como C e E, logo também CE, são subordinados à B, B multiplicado por $CEFG$, dá a expressão $BFG.CE$. A expressão acima escrita é então

$$= A.(BFG.CE).D$$
$$= A.BFG.CE.D$$
$$= AG.BF.CE.D,$$

porque B e F, logo também BF, são subordinados à A. O produto progressivo de quatro fatores puros se apresenta então também sob a forma subordenada e pode-se ver já que resulta de forma totalmente semelhante que um produto progressivo de um número qualquer de fatores puros se reduz geralmente a forma subordenada. Se agora este é o caso, então a mesma coisa será válida para produtos reais quaisquer, porque, segundo as definições, a multiplicação geral se reduz a multiplicação progressiva de magnitudes puras, logo

"Todo produto real pode-se representar sob a forma subordenada."

As definições acima são suficientes então de fato para o produto real, e a forma subordinada, enquanto a forma mais simples a qual o produto real se reduz, determina o significado deste.

§ 136. Agora apresenta-se a nós a tarefa de reunir em uma lei principal simples as diferentes transformações que o produto regressivo admite segundo a representação desenvolvida até agora; uma lei a qual nós possamos sempre recorrer quando se trata de tais transformações. Para conseguir isto, é suficiente continuar as transformações desenvolvidas no parágrafo precedente e expressá-las em palavras. Tinha-se que

$$A.B.CDE = AE.BD.C,$$

se B é subordinado à A, C representa o sistema CDE tem em comum com B, logo também com A, se CD representa o sistema que CDE tem em comum com A, e se ademais a forma de multiplicar se é suposta tal que fornece, nas hipóteses dadas, um valor real não nulo. A saber, sob as mesmas hipóteses, tem-se igualmente

$$EDC.B.A = EA.DB.C.$$

Pois

$$EDC.B.A = (EDC.B).A$$
$$= (EDB.C).A;$$

e como *EDB.C* se apresenta sob a forma subordenada, então se a multiplica por *A* (segundo §134), multiplicando *C* por *A*; como *C* está subordenado à *A* segundo o §133, a ordem não tem importância aqui; obtêm-se então a última expressão

$$= EDB.(A.C);$$

como *A.C* está ainda reduzida a forma subordinada, então pode-se aqui multiplicar progressivamente por *A* e *C* e se obtém para a última expressão que é

$$= EA.DB.C.$$

A esta mesma forma se reduz agora à expressão

$$EDC.A.B \quad \text{ou} \quad EDC.(A.B);$$

a saber, como *EDC.A* é igual a *EA.DC* então tem-se para esta expressão

$$EDC.A.B = EA.DC.B$$
$$= EA.DB.C.$$

De lá resulta então que num produto de valor real não nulo pode-se multiplicar progressivamente por dois fatores c o m p a r á v e i s   e n t r e   s i*) numa ordem qualquer, ou também de uma vez por seu produto. Se c, d, e são os números de escalão de C, D, E, então tem-se suposto aqui (ver § precedente) que *ECD* depende no $(c+d)$-ésimo grau de *A* e no *c*-ésimo grau de *B*, e como nos dois produtos

$$EDC.A.B \quad \text{e} \quad EDC.B.A$$

---

*) Nós diremos que duas magnitudes são comparáveis entre elas se uma é subordinada a outra.

e como a forma de multiplicar é suposta real de valor não nulo, se o grau de dependência recém-descrito ocorre, então cada um dos dois produtos será nulo se mas somente se o grau de dependência aumenta, ou seja, se um destes produtos é nulo, o outro também deve ser nulo. Em consequência, a lei dada permanece ainda válida se o produto é tomado somente como produto real e, como esta lei pode se generalizar de 2 fatores comparáveis entre si a várias fatores, então nós temos o teorema:

> "Ao invés de multiplicar por um produto de fatores, comparáveis entre si, pode-se multiplicar progressivamente pelos fatores simples, e isto em uma ordem qualquer."

Fazendo isto, nós temos assumido as formas de multiplicar tais que o produto se apresenta para a mesma relação de dependência, sob todas as formas simultaneamente como um produto real. Esta lei exprime então uma ampliação da primeira parte da definição (§ 134), de que se pode, ao invés de multiplicar por um produto que se apresenta sob a forma subordinada, multiplicar progressivamente pelos fatores desta. A lei que generaliza a segunda parte da definição (§ 134), a saber, que se multiplica um produto de fatores, comparáveis entre si, por uma magnitude multiplicando o último fator por esta, resulta facilmente de maneira similar àquela da lei precedente, mas ela é de menor importância. A propósito, é claro que a lei mencionada acima dá ao mesmo tempo a lei do § 132 sobre o fator do meio, a saber

$$BA \cdot AC = BAC \cdot A,$$

porque pode-se, ao invés de multiplicar B progressivamente por A e por AC que lhe é superior, multiplicar também pela ordem inversa.

§ 137. Nós deixamos o conceito geral de produto regressivo e nós restringiremos a consideração do caso onde a multiplicação se reporta sempre ao mesmo sistema principal. Como todo tal produto se é reduzido a forma subordenada, conforme o § 132 tem como primeiro fator necessariamente ou uma magnitude que representa o sistema principal, ou uma que pode ser ao menos representada sob esta forma, resulta então que, se se aplica o método comunicado no § 135 a um produto de vários fatores que se reportam ao mesmo sistema principal, o produto pode se reduzir a forma onde todos os fatores exceto o último*) representando o sistema principal. Se nós reduzimos todos estes fatores precedentes, que representam o sistema principal, ao mesmo valor por meio da aplicação da mudança da forma multiplicativa geral, e se nós tomamos este valor como medida principal, então nós podemos chamar o último fator, como nós já temos constatado em relação a dois fatores no § 132 "valor característico (específico) ou fator característico da magnitude de produto em relação a esta medida principal" e nós podemos chamar o sistema deste valor "o sistema característico" da magnitude de produto, e tomar o número de escalão deste sistema como número de escalão da magnitude de produto ela própria. Ainda mais, nós podemos chamar as magnitudes que resultam da multiplicação regressiva de magnitudes puras (ver o § 135) magnitudes de relação, porque elas só tem um significado simples apenas em relação a um sistema ou a uma medida. Como valor característico de uma magnitude pura se apresenta naturalmente a própria magnitude. Aqui ainda é verdade aquilo que dissemos no § 128 sobre a designação da multiplicação por dois fatores, a saber, que é supérflua, uma vez que o sistema principal está determinado como sistema de relação, designar por uma sinal de multiplicação exterior a multiplicação regressiva ou

---

*) Seja por exemplo $H.A.B$ este produto, no qual H representa o sistema principal, onde precisemo-lo o produto dos dois primeiros fatores já foi reduzido a forma desejada; seja agora $B = CD$ onde, no caso onde o produto inteiro é de valor não nulo, AD representa o sistema principal. Então este produto inteiro é igual a $H.AD.C$, o que é da forma exigida. Se o produto inteiro é nulo, então pode-se colocar de forma arbitrária os primeiros fatores, somente se o último é nulo; então agora também o produto pode ser reduzido a forma exigida.

os diferentes graus da segunda.*) Por outro lado, uma nova distinção aparece aqui, a saber, aquela entre produtos p u r o s e m i s t o s. A saber, eu chamo produtos puros aqueles onde os fatores são sempre ligados pela mesma forma de multiplicar, isto é, ou unicamente pela multiplicação exterior (produtos exteriores), ou somente pela multiplicação regressiva se reportando ao mesmo sistema (produtos regressivos puros); por outro lado, eu chamo produtos mistos, aqueles onde os fatores são progressivamente ligados ou por duas formas de multiplicar (exterior e regressiva), ou unicamente por multiplicações regressivas, mas que se reportam a sistemas diferentes. Como os produtos puros e os produtos mistos estão submetidos a leis diferentes sua distinção é muito importante; se bem que uma distinção por sinal não seja necessária porque para número de escalão dos fatores, se o sistema principal está determinado como sistema de relação, já está sempre determinado se o produto é puro ou misto, uma tal distinção é, porém, muito cômoda em muitos casos. Por causa disso, eu vou me servir de pontos em tais casos para separar os fatores do produto puro e quero então determinar que, onde há pontos para designar a multiplicação, então por eles são sempre separados um do outro os fatores de um produto puro, se não há parênteses entre os quais eles estejam compreendidos ou se estão compreendidos entre os mesmos parênteses; então um produto de fatores imediatamente justapostos se apresentam cada vez em relação a estes pontos como um fator; por exemplo $AB.CD.EF$ significam um produto puro onde os fatores são AB, CD, EF.

---

*) Isto será completamente diferente para a multiplicação real geral, onde para ela os diferentes graus de dependência entre os seus fatores deveriam ser determinados, para os quais o produto seria ainda de valor não nulo. O produto de vários fatores seria então segundo seu gênero determinado por uma série de números que representaria seus graus de dependências; esta determinação seria então um complexo, e não representaria mais um conceito simples. E está é a razão pela qual nós omitimos aqui este caso geral.

§ 138. Nós podemos também generalizar agora a vários fatores os teoremas demonstrados para dois fatores no § 133. No que concerne inicialmente a permutabilidade então vê-se que para vários fatores também a posição de um fator que representa o sistema de relação não tem importância; e de lá resulta então em geral que para multiplicar duas magnitudes de produto é suficiente multiplicar seus valores característicos em relação a uma medida principal qualquer e juntar como fator a medida principal a este produto tantas vezes como aparece como fator nas duas magnitudes juntas; por exemplo $H^m A . H^n B$, onde H representa a medida principal, é igual a $H^m H^n A . B$ ou a $H^{m+n} A . B$. Com isto está então dado que duas magnitudes de produto, que estão juntas como fatores, são igualmente permutáveis com ou sem mudança de sinal segundo que os seus números completantes sejam ambos ao mesmo tempo ímpares ou não. Os teoremas seguintes no parágrafo em questão só podem ser estendidos a produtos regressivos p u r o s. A saber, como para dois fatores de um produto regressivo de valor não nulo, o número completante do produto é a soma dos números completantes dos fatores, então esta lei permanece válida se é um fator regressivo que se junta a este produto regressivo e se o produto tem ainda um valor não nulo; é imediatamente claro por uma dupla aplicação da lei demonstrada para 2 fatores que o número completante do produto total é a soma dos produtos completantes dos fatores, e assim sucessivamente para um número qualquer de fatores. Como ainda o produto de dois fatores se apresenta como um produto regressivo se e somente se a soma dos números de escalão é maior, isto é, se a soma dos números completantes é menor, que o número de escalão do sistema principal, então o produto não nulo de três ou mais fatores se apresentará como produto regressivo puro se e somente se a soma dos números completantes permanece sempre menor que o número de escalão do sistema principal, isto é, se a soma de todos os números completantes dos fatores permanece ainda menor que o número de escalão do sistema principal. Enfim, para estender também o teorema do §133 sobre anulação, lembramos que a soma dos números completantes de duas magnitudes, que tem o sistema de relação como sistema mais próximo de recobrimento e que apresenta então como produto um valor não nulo, é igual a um número completante de seu sistema comum; mas lembramos também que, se o sistema mais próximo de recobrimento é menor que o sistema de relação, e o produto é então nulo, o número de escalão de sistema comum é maior, seu número completante então menor, que a soma dos números completantes correspondentes aos fatores. Se agora se junta um fator, então o sistema comum a todos os fatores é aquele que o fator juntado, ele próprio, tem ainda em comum como o sistema comum de todos os fatores precedentes. Desde que o produto inteiro conserve então um valor não nulo, a soma de todos os números completantes é igual ao número completante do sistema comum de todos estes fatores; mas se o produto é nulo por um fator qualquer que se junte, sem que o fator juntado, ele próprio seja nulo, então o número completante do sistema comum se tornará menor, e permanecerá então menor, se há ainda novos fatores juntados, que a soma respectiva dos números completantes dos fatores. Um produto regressivo puro onde os fatores têm valores não nulos será então nulo se e somente se o número completante do sistema comum de todos os fatores é menor que a soma dos números completantes dos fatores. Resulta também da maneira de demonstrar que o valor característico, de tal produto se não é nulo, representa o sistema comum de todos os fatores. Reunindo agora as leis sobre os números completantes e adjuntando as leis respectivas sobre os números de escalão dos produtos exteriores, nós obtemos o teorema:

"Um produto de um número qualquer de fatores de valores não nulos é puro se ou os números de escalão ou os números completantes dos fatores são, reunidos, menores que o número de escalão do sistema principal, e, para precisar, no primeiro caso, é um produto exterior, no segundo, um produto regressivo, por outro lado, se nem um nem outro é o caso, é um produto misto. O produto puro, é nulo no primeiro caso se os números de escalão dos fatores são, reunidos, maiores que o número de escalão do sistema mais próximo de recobrimento dos fatores, nulo no segundo caso, se os números completantes dos fatores são, reunidos, maiores que o número completante do sistema comum dos fatores. Se o produto puro tem um valor não nulo, então o valor característico deste representa no primeiro caso, o sistema mais próximo de recobrimento, no segundo caso, o sistema comum; e no primeiro caso seu número de escalão é a soma dos números de escalão dos fatores, no segundo caso, seu número completante é a soma dos números completantes dos fatores."

§ 139. Nós chegamos agora a lei multiplicativa da reunião, isto é, nós examinamos se, e em que medida, pode se escrever

$$PQR = P(QR).$$

Resulta já do teorema do § 136 que esta lei não vale em geral para o produto misto de três fatores*); contudo nós queremos mostrar que ela é válida no sentido mais geral para o produto puro, logo mostrar que sempre se tem segundo a notação introduzida no § 137,

$$P.Q.R = P.(Q.R).$$

Inicialmente, é claro que, se a validade desta lei está demonstrada no caso em que P, Q, R são magnitudes puras, então ela também está

---

*) Porém se poderia dar casos onde, com ajuda do teorema § 136, nossa lei agora teria ainda uma aplicação; estes casos são tão esporádicos, as condições as quais eles se produzem tão complexas, que não resultaria nenhuma vantagem de sua enumeração.

demonstrada no caso em que estas magnitudes são todas ou parte delas magnitudes de relação. Pois, segundo o parágrafo precedente, é necessário multiplicar as magnitudes de relação uma por outra de forma tal que seus valores característicos sejam multiplicados um pelo outro em relação a uma mesma medida principal e que a medida principal seja juntada ao produto como fator, tantas vezes quanto ela está contida como fator nas duas magnitudes juntas. Como se pode então em geral segundo isto colocar num produto cada fator que representa a medida principal em qualquer lugar e como se pode colocá-la a vontade dentro ou fora dos parênteses, então resulta que a lei em questão, se vale para as magnitudes puras, vale também para as magnitudes de relação, logo vale em geral. Agora, ela vale inicialmente segundo as leis da multiplicação exterior, para os produtos exteriores de magnitudes puras, logo para os produtos exteriores em geral. Falta apenas demonstrar que vale também para o produto regressivo puro por magnitudes puras. Neste caso, é importante mostrar que P, Q, R se podem apresentar, se o produto regressivo tem um valor não nulo, sob as formas ABC, ABD, ADC, de modo que ao mesmo tempo $ABDC$ representa o sistema principal. Sejam d, c, b os números completantes das magnitudes P, Q, R respectivamente, então o número completante do produto ou do sistema comum A dos três fatores é igual segundo o §138 (no final), a soma destes números, logo igual a $b + c + d$; e se então a é o número de escalão deste sistema comum, então o número de escalão do sistema principal é igual a $a + b + c + d$. Dois dos fatores, por exemplo, P e Q terão segundo o mesmo teorema um sistema em comum logo o número completante é a soma dos números completantes destes fatores, logo aqui igual a $c + d$; o número de escalão deste sistema comum é, portanto, igual a $a + b$, este sistema poderá então ser representado por um produto AB onde B é de escalão b e independente de A. Da mesma forma, o sistema comum de P e R, será de escalão $(A + C)$, e ele conterá uma magnitude C de escalão c independente de A. E para precisar, é necessário então que C seja independente de AB; pois se fosse dependente, isto é, se C e AB tivessem uma magnitude qualquer em comum, então os três fatores P, Q e R conteriam esta magnitude, logo uma magnitude independente de A, o que é contrário a hipótese. Em consequência as três magnitudes A, B, C, independentes uma da outra, são agora subordinadas à magnitude P, logo também seu produto ABC. É necessário então que P possa se representar como produto onde um dos fatores é ABC; mas como ele próprio é de escalão $(a+b+c)$, então o outro fator que P contém, exceto ABC, será de escalão zero, isto é, uma simples magnitude de número, P se poderá então representar como um múltiplo de ABC. Enfim, Q e R terão em comum pela mesma razão um fator D independente de A e as magnitudes P, Q, R, se poderão então representar respectivamente como múltiplos de ABC, ABD e ADC; de fato, como para as magnitudes A, B, C, D somente os sistemas que eles representam estão determinados, elas próprias podem ser supostas então arbitrariamente grandes, então se poderá também supô-las, é fácil de ver, de forma tal que as magnitudes P, Q e R elas próprias sejam iguais a estes valores, logo

$$P.Q.R = ABC.ABD.ADC.$$

Como nós supomos que o produto total deve ser de valor não nulo, logo também por exemplo o produto $ABC.ABD$, então é necessário aqui que o sistema mais próximo de recobrimento, logo $ABCD$, seja ao mesmo tempo o sistema de relação. Donde este produto é igual a $ABCD.AB$; a expressão inteira é então

$$= ABCD.AB.ADC$$
$$= ABCD.ABDC.A.$$

Agora, o outro produto $P.(Q.R)$ se reduz à mesma forma; pois $Q.R$ ou $ABD.ADC$ é igual à $ABDC.AD$, logo

$$P.(Q.R) = ABC.(ABCD.AD).$$

Como $ABDC$ representa agora o sistema principal, então nós podemos segundo o §138 multiplicar os valores característicos entre si e juntar $ABDC$ como fator. Mas, nós sabemos que $ABC.AD$ é igual a $ABCD.A$, logo a expressão mencionada acima é

$$= ABCD.ABDC.A.$$

Como então os dois produtos $P.Q.R$ e $P.(Q.R)$ são iguais a mesma expressão, são iguais entre si. Nós supomos nesta forma de demonstrar que os produtos eram de valores não nulos. Agora, eles só podem se tornar nulos ao mesmo tempo, porque segundo §138, o fato de se tornar-se nulo este produto acontece se e somente se o sistema comum dos fatores de escalão superior [o número de escalão do sistema de relação menos] a soma dos números completantes, e porque este fato só pode acontecer para os dois produtos ao mesmo tempo. Logo para este caso também a igualdade dos dois produtos continua válida. A lei é então geralmente válida para as magnitudes puras, e em consequência, como vimos acima, ela deve ser válida agora também para as magnitudes de relação, de modo que, se tem em geral para a multiplicação pura

$$P.Q.R = P.(Q.R).$$

Enfim, como a lei da união, se ela é verdadeira para três fatores, deve ser verdadeira para um número qualquer de fatores (§3), então tem-se o teorema seguinte

"Os fatores de um produto puro podem se reagrupar de maneira arbitrária."

§ 140. Para a adição de magnitudes de relação, a lei de relação multiplicativa geral se apresenta como determinante para o conceito. Para isto, é suficiente reduzir as duas magnitudes à forma subordenada. Reduzidas às estas formas, as duas magnitudes podem então ser somadas se por um lado a medida principal aparece nas duas magnitudes o mesmo número de vezes como fator e se, por outro lado, as magnitudes elas próprias têm os mesmos números de escalão; e para precisar, se as adiciona então adicionando os valores característicos e juntando à soma a medida principal tantas vezes como fato quanto ela está contida como fator em cada um dos produtos*) A lei de relação geral é que

$$P.(Q+R) = P.Q + P.R,$$

e

$$(Q+R).P = Q.P + R.P.$$

Nós devemos demonstrar a validade desta lei inicialmente apenas para o caso em que as magnitudes P, Q, R são puras, porque a adjunção de fatores quaisquer que representem a medida principal a qual as magnitudes se reportam não podem mudar nunca. Nós supomos então em início que P, Q, R são magnitudes puras. Para reduzir as partes da soma

$$P.Q + P.R$$

à forma subordenada, seja $Q = AB$ onde A é subordenada à P mas onde PB representa o sistema principal ao qual se reporta a multiplicação e pode ser tomada igual à H; seja ainda $R = CD$ onde C é subordenada a P e onde PD representa o sistema principal. Como aqui D pode ser suposto arbitrariamente grande (se C é então

---

*) Esta determinação serve justamente de definição, pois nós entendemos como soma das duas magnitudes de relação a soma formada pela maneira indicada.

mudado em relação inversa com D), pode se supor também tal que

$$PD = PB = H.$$

Então tem-se

$$P.Q + P.R = HA + HC = H(A + C),$$

esta última segundo a definição. Agora, nós podemos reduzir também $P.(Q+R)$ à mesma forma. A saber, como PD é igual a PB, então resulta que D pode ser igualada à B, mas uma magnitude dependente de P, que nós queremos chamar de K; R, que era igual a CD, é então igual a $C(B+K)$, ou igual a $CB + CK$. Logo

$$P.(Q+R) = P.(AB + CB + CK).$$

Como K aqui depende de P, então CK depende de P em um grau superior ao de CB, então K não pode ser de produto não nulo com P, pode então ser suprimido segundo § 125. A expressão acima é então

$$= P.(AB + CB)$$
$$= P.(A + C)B.$$

Como A e C, logo $(A + C)$ também, são subordenados aqui à P, mas como PB ou H representa o sistema principal então a última expressão é ainda

$$= H(A + C).$$

As duas expressões que eram necessárias comparar $Q.(Q+R)$ e $P.Q + P.R$ são então iguais à mesma terceira, logo são também iguais entre si. Se ainda, a medida principal se junta agora várias vezes como fator a P, m vezes por exemplo, e também da mesma forma a Q e R, mas a estas últimas tantas vezes a cada uma de modo que ainda se possa somar por exemplo n vezes, então é como juntar H como fator, $(m+n)$ vezes a cada uma das duas expressões, elas permanecem então iguais se elas o eram antes. Agora, como finalmente se diz a mesma coisa das duas expressões $(Q+R).P$ e $Q.P+R.P$, então resulta que a lei de relação multiplicativa é também verdade em geral para os novos gêneros de adição e de multiplicação. Em consequência, todas as leis assim fundamentadas são agora igualmente verdadeiras, isto é,

> "Todas as leis, que expressam a relação da multiplicação com a adição e a subtração, são sempre válidas em geral para cada gênero de adição e de multiplicação determinados até agora."

§ 141. Resulta imediatamente para a divisão que ela é real somente se o divisor e o dividendo são comparáveis entre si, isto é, se o divisor é subordenado ao dividendo, ou inversamente. No primeiro caso, trata-se de uma divisão exterior, no segundo de uma divisão regressiva; então se os dois casos acontecem ao mesmo tempo, isto é, se o divisor e o dividendo são da mesma espécie, então a divisão pode ser considerada uma divisão exterior e também como uma divisão regressiva. Precisamos, estas determinações não são verdadeiras apenas se as magnitudes a ligar são magnitudes puras, mas também se elas são magnitudes de relação. No último caso, importa então que os valores característicos estejam na relação indicada enquanto que o sistema principal ao qual as duas magnitudes se reportam é o mesmo. Aqui pode-se produzir então o caso onde a medida principal aparece como fator mais frequentemente no divisor que no dividendo; o quociente se apresenta então como uma magnitude pura que é dividida várias vezes pela medida principal ou que é multiplicada por uma potência da medida principal onde o expoente é negativo. Nós tomamos então esta nova magnitude também como magnitude como relação e nós chamamos o expoente desta potência da medida principal, com o qual o valor principal de uma magnitude de relação está ligado multiplicativamente, o g r a u da magnitude de relação. A nova magnitude é assim uma magnitude de relação onde o grau é negativo, enquanto o grau da magnitude considerada antes era positivo, e a magnitude pura também pode ser tomada agora como magnitude de relação de grau zero. Para isto, é necessário que eu observe ainda que as magnitudes de escalão zero e as magnitudes que representam o sistema principal, isto é, a magnitude de escalão zero e h (se h é o número de escalão do sistema principal), podem ser entendidas de uma dupla maneira. A saber, "uma magnitude de escalão zero e de grau n pode ser considerada como uma magnitude de escalão h e de grau $(n-1)$", quando se concebe o valor característico desta magnitude, que é uma simples magnitude de número, multiplicado por um dos fatores que representam a medida principal e como quando se toma esse produto como o valor característico desta magnitude, com o que, seguramente, o grau desta decresce em 1. Da mesma forma, inversamente, "cada magnitude de escalão h e de grau n pode ser tomada como magnitude de escalão zero e de grau $(n+1)$". Em geral, nós preferimos considerar uma tal magnitude como magnitude de escalão zero. — Nos interessa agora examinar a unicidade do quociente. Para este fim, sejam A o dividendo, B o divisor como primeiro fator, C um valor do quociente, de modo que:

$$B \cdot C = A$$

e o quociente se apresenta na forma $\frac{A}{B}$. Agora, cada valor que, colocado no lugar de C, satisfaz essa equação poderá também ser considerado um valor particular deste quociente. Cada um destes valores, poderá ser gerado a partir do valor C por adição, e, precisemos, é necessário então que a parte adicionada à C se torne nula quando multiplicada por B, se o produto deve permanecer igual a *A*, e cada um das partes adicionadas deixará o produto também igual a *A*; agora nós podemos designar em geral por $\frac{0}{B}$ uma tal parte que dá zero se multiplicada por *B*, e podemos então dizer, se *C* é um valor particular do quociente e *B* o divisor, que o valor completo do quociente é igual a

$$C + \frac{0}{B},$$

tal como nós o temos feito já para a divisão exterior no § 62. Mas para isto, nos é necessário sempre lembrar que aqui $\frac{0}{B}$ deve ser necessariamente uma magnitude que deve ser somada a *C*, isto é, uma magnitude que é do mesmo escalão e que do mesmo grau de *C*. O quociente será então único se sob esta hipótese $\frac{0}{B}$ é sempre 0, isto é, não há outra magnitude *X* deste gênero, além do próprio zero, que dê zero quando multiplicada por *B*. Como o produto de uma magnitude de escalão zero, que ela própria não é nula, ou uma magnitude que represente o sistema principal, tem sempre um valor não nulo se outro fator tem um valor não nulo, então resulta que se *B* tem um valor não nulo e se além disso, ou *B* ele próprio ou também *X* é uma magnitude de escalão zero ou *h*, então *X* deve sempre ser nulo, se *B*.*X* deve ser nulo; neste caso também o quociente será então único; mas também em nenhum outro caso. Pois se duas magnitudes *B* e *X* são de escalão médio, isto é, se seus números de escalão se situam entre 0 e *h*, então *X*, sem ser nulo, poderá sempre ser tomado de forma que *B* e *X* sejam dependentes um do outro e seu sistema mais próximo de recobrimento não seja porém o sistema principal ele próprio. Em consequência, ele terá então segundo §128 um valor não nulo para *X* de modo que o produto por *B* dê zero, isto é, que o quociente não será único. Se o divisor é nulo, então o dividendo deverá, porque zero ligado a toda magnitude vista até o presente tem zero por produto, ser nulo se o quociente deve ser uma das magnitudes desenvolvidas até aqui; precisemos, cada uma destas magnitudes poderá então ser entendida como um valor particular do quociente. Se, ao contrário, o dividendo é uma magnitude de valor não nulo, enquanto o divisor é nulo, então o quociente se apresenta como uma magnitude de gênero completamente novo, que nós podemos designar como magnitude infinita, enquanto as magnitudes consideradas até agora se apresentavam como finitas. Resumamos agora os resultados que nós acabamos de obter, levando em conta ao mesmo tempo o fato que, se C é de escalão zero ou h, o dividendo e o divisor são da mesma espécie, então nós chegamos ao teorema:

> "O quociente representa um valor finito se e somente se o divisor tem um valor não nulo e se ao mesmo temo, ou ele próprio pode ser representado como magnitude de escalão zero*), ou ele é da mesma espécie que o dividendo. Se o dividendo e o divisor são nulos, então o quociente é qualquer valor finito. Se o divisor é nulo, o dividendo não nulo, então o quociente é infinito. Em todo outro caso, isto é, se o divisor não é nulo e se ao mesmo tempo o divisor e o quociente são ambos de escalão médio, o quociente é apenas determinado em partes, e para precisar, se obtém então a partir de um valor particular do quociente o valor geral adicionando ao valor particular a expressão geral de uma magnitude que dá zero se é multiplicada pelo divisor."

As expressões tais que o dividendo é a unidade enquanto o divisor representa uma magnitude de escalão não nulo, por exemplo, o quociente $\frac{1}{ab}$, então também aqui tem um interesse em particular. Se aqui $abcd$ ou H é a medida principal, então

$$\frac{1}{ab} = \frac{1}{H}(cd + \frac{0}{ab}),$$

---

*) Porque a magnitude de escalão h pode ser representada, nós o vimos acima, como magnitude de escalão 0.

onde $\frac{0}{ab}$ representa toda a magnitude do segundo escalão dependente de ab.

§ 142. Para completar a analogia entre a multiplicação exterior e a multiplicação regressiva pura, nos falta uma única consideração. A saber, para a multiplicação exterior todas as magnitudes de escalão superior podem-se representar como produtos de magnitudes do primeiro escalão, e as leis de sua ligação podem-se deduzir de maneira puramente formal das leis de ligações para as magnitudes de primeiro escalão. As magnitudes de primeiro escalão correspondem segundo o § 138 para a multiplicação regressiva às magnitudes cujo número completante é um, isto é, magnitudes de escalão $(h - 1)$ se o sistema de relação é o mesmo para todas as magnitudes e todos os produtos, e para precisar, é um sistema de escalão h. Por sua multiplicação se formam, segundo o § 138, magnitudes cujos números completantes são maiores que a unidade, isto é, cujos os números de escalão são então menores que $(h - 1)$. Para mostrar a analogia completa, é suficiente então mostrar apenas a analogia das leis para essas magnitudes de primeiro e de $(h - 1)$-ésimo escalão. Nós temos demonstrado a identidade destas leis na medida em que estas só representam as leis gerais de ligação dos quatro cálculos fundamentais (adição, subtração, multiplicação, divisão). Nós temos mostrado também que as leis da multiplicação exterior, enquanto tal, desde que elas sejam restritas apenas aos conceitos de número de escalão e de sistema comum, são também verdadeiras para a multiplicação regressiva, se reportando a um sistema principal fixado, se se introduz no lugar do conceito de número de escalão aquele de número completante e no lugar do conceito de sistema comum aquele de sistema mais próximo de recobrimento, e inversamente. Na medida onde o conceito de dependência, sobre o qual todas as leis particulares da multiplicação exterior se fundamentam como sobre sua raiz, e então determinado pelo conceito de sistema comum ou de sistema mais próximo de recobrimento, as leis da multiplicação exterior se transferirão também à multiplicação regressiva pura segundo este princípio. Mas o conceito de dependência, que se apresentava inicialmente para as magnitudes de primeiro escalão, estava na origem determinado de forma inteiramente de outra forma, e várias das leis desenvolvidas em seguida se baseiam nesta determinação original. A saber, na origem uma magnitude de primeiro escalão estava representada como dependente de uma série de magnitudes do primeiro escalão se ela podia se expressar como soma de partas que são da mesma espécie que estas magnitudes, ou, como nós expressamos mais tarde, se ela pode-se representar como soma múltipla destas magnitudes; e assim em geral nós chamamos várias magnitudes do primeiro escalão mutuamente dependentes se uma delas pode se representar como soma múltipla das restantes, e é apenas a partir de lá que resultava mediante o conceito original de sistema de n magnitudes de primeiro escalão que são dependentes uma da outra se e somente se elas estão contidas num sistema de escalão menor do que n, e mediante o conceito de multiplicação exterior que o produto de magnitudes dependentes, mas também só este é nulo. Para o nosso domínio, nos falta então procurar aquilo que é análogo a esta determinação original. Quando em primeiro lugar eram dadas num sistema de n-ésimo escalão n magnitudes do primeiro escalão cujo produto exterior não é nulo, então se mostrava que toda outra magnitude do primeiro escalão que pertencia a este sistema pode-se representar como soma múltipla das primeiras magnitudes. O teorema análogo se enunciará assim: Se num sistema de n-ésimo escalão, n magnitudes de $(n-1)$-ésimo escalão são dadas, cujo o produto regressivo que se reporta a este sistema não é nulo, então toda outra magnitude de escalão $(n-1)$ que pertence a este sistema pode-se representar como soma múltipla destas. A demonstração deste teorema resulta do §138. A saber, segundo o parágrafo mencionado cada $(n-1)$ dos n fatores, que tem a qualidade expressa no teorema, terão como sistema comum um sistema de primeiro escalão, enquanto que o conjunto dos n fatores não podem ter em comum um sistema de escalão não nulo se o produto deve ser de valor não nulo. No conjunto, haverá então n tais sistemas de primeiro escalão onde cada um dos $(n-1)$ estão sempre subordenados a um dos n fatores. Mais estes n sistemas do primeiro escalão deve ser independentes um do outro; pois se um deles fosse dependente dos $(n-1)$ outros, então deveria pertencer ao sistema condicionados por eles (segundo o conceito original de sistema); mas estes outros são subordenados a um dos n fatores, em consequência este primeiro sistema deveria ser também subordinado a este fator, mas este primeiro sistema é o sistema comum aos $(n-1)$ outros fatores, em consequência este sistema seria comum ao conjunto dos n fatores, logo o produto seria nulo segundo §138, contrariando a hipótese. Os n sistemas de primeiro escalão em questão são então de fato independente um do outro. Suponhamos agora n magnitudes de primeiro escalão quaisquer que pertencem a estes sistemas e que são então igualmente independentes um do outro; então em primeiro lugar cada um dos n fatores dados poderá se representar, porque $(n-1)$ destas magnitudes de primeiro escalão lhe são subordinadas e porque ele próprio é de escalão $(n-1)$, como múltiplo do produto exterior destas magnitudes; ainda cada magnitude de primeiro escalão, que pertence ao sistema principal (de escalão n), se poderá representar como soma múltipla destas n magnitudes de primeiro escalão, logo analogamente cada magnitude de escalão $(n-1)$ que pertence a este sistema principal se poderá se representar como produto exterior de $(n-1)$ de tais somas múltiplas. Mas o produto destas $(n-1)$ somas múltiplas se transforma multiplicando termo a termo em uma soma múltipla de produtos exteriores com $(n-1)$ fatores destas n magnitudes de primeiro escalão, em consequência também, porque estes produtos são da mesma espécie que os n fatores dados, em uma soma múltipla destes fatores. Nós temos então demonstrado o teorema enunciado acima. Mas com isto, nossa tarefa não está ainda completa. O essencial da multiplicação exterior enquanto exterior se baseava anteriormente sobre o teorema que o produto das magnitudes de primeiro escalão é nulo se e somente se uma delas pode se representar como soma múltipla das restantes; como nós não temos estendido este teorema a nosso domínio, a analogia não será ainda completa. Que um produto de magnitudes de escalão $(n-1)$ é sempre nulo, se um deles pode ser apresentar como soma múltipla dos outros, resulta imediatamente da lei sobre a multiplicação termo a termo, se se recorda ao mesmo tempo que o produto de duas magnitudes de escalão $(n-1)$ que são da mesma espécie é nulo. Para demonstrar também que o produto é nulo somente se um dos fatores pode se representar como soma múltipla dos outros, nós devemos demonstrar que, se algum produto não nulo de m fatores de escalão $(n-1)$ de um sistema principal de n-ésimo escalão se junta um fator do mesmo escalão $(n-1)$ que anula o produto, então este pode se representar como soma múltipla dos primeiros. Com o teorema geral do §138 está dado já que um produto de mais de n fatores deste gênero se anula, mas este fato resulta também imediatamente do teorema demonstrado anteriormente. Se ainda a n tais fatores, cujo produto tem um valor não nulo se junta a um fator do mesmo escalão, então este por um lado anulará sempre o produto, e por outro lado se representará como soma múltipla destes n fatores em questão, tal como nós demonstramos acima. Para demonstrar nosso teorema, só nos falta considerar o caso onde o número de fatores (m) é menor que o escalão do sistema principal (n), neste caso, nós podemos nos auxiliar para a demonstração de $(n-m)$ fatores de escalão $(n-1)$ que tem com os m fatores dados um produto de valor não nulo. Então o fator de escalão $(n-1)$, que deve se juntar ao produto dos m fatores dados (P) e que deve anular estes, se poderá representar segundo o teorema que acabamos de demonstrar como soma múltipla de todas as n magnitudes cujo produto tem um valor não nulo, isto é como soma onde uma parte (A) é uma soma múltipla dos m fatores dados e onde a outra parte (B) é uma soma múltipla dos fatores de que nós temos auxiliado, e falta demonstrar que este segunda parte é nula. Multiplicando agora o produto dos m fatores dados (P) por esta soma (A + B), nós podemos então suprimir a primeira parte A porque ela se apresenta como soma múltipla dos m primeiros fatores, dando então zero multiplicado por eles. Agora, como o produto desta soma e dos m fatores dados deve ser nulo, então como $P.(A+B)$ deve ser igual a zero, logo resulta agora que o produto de sua segunda parte com os m fatores dados deve também ser nulo; logo

$$P.B = 0.$$

Mas este segunda parter B é uma soma múltipla dos $(n - m)$ fatores de que nos auxiliamos; e nós podemos mostrar que os coeficientes desta soma múltipla devem ser todos nulos; logo que a soma ela própria é nula. Para este fim, se multiplica ao invés de pela soma múltipla B, por suas partes, se obtém então uma soma múltipla com os mesmos coeficientes e, para precisar, cada termo contém, além dos m fatores dados um dos fatores dos quais temos nos auxiliado. Para demonstrar agora que o coeficiente de qualquer um destes termos é nulo, é suficiente multiplicar também os dois membros, da equação acima, ou antes seus termos, pelos $(n - m - 1)$ fatores deles daqueles que nos tem auxiliado e que falta a este termo; logo é claro que então todos estes termos exceto aquele desaparecem e que a equação diz agora que este termo, logo também seu coeficiente, é nulo. Em consequência todos os coeficientes da soma múltipla B são nulos, logo ela própria é nula; o fator adjuntado que era igual a A + B [é] logo igual a A, isto é, uma soma múltipla dos m fatores dados, o que queríamos demonstrar. Juntando todos os resultados obtidos, nós temos o teorema:

"Um produto de magnitudes de escalão $(n-1)$ em relação a um sistema principal de n-ésimo escalão é nulo se e somente se uma das magnitudes pode se representar como soma múltipla das outras ."

Por esta lei se completa agora a analogia entre a multiplicação regressiva e a multiplicação exterior desde que o sistema de relação permaneça o mesmo e represente ao mesmo tempo o sistema principal ao qual pertencem todas as magnitudes levadas em consideração. E todas as leis da multiplicação exterior, se estendem de maneira similar extensamente, isto é que remontam aos conceitos gerais de ligação, ou os conceitos de sobreordenação e de subordenação de magnitudes e aquele de números de escalão, serão igualmente válidos para a multiplicação regressiva, se reportando ao sistema principal, isto é, se se permutam os conceitos de sobreordenação e de subordenação e se substitui o conceito de número de escalão por aquele de número completante. E como a adjunção de fatores que representam o sistema principal, a condição que se faça o mesmo número de vezes em todos os termos de uma equação, não modifica mais a equação, então estas leis são ainda válidas se no lugar de magnitudes puras se colocam as magnitudes de relação cujo sistema de relação é igualmente o sistema principal.

§ 143. Depois de ter exposto a completa analogia entre multiplicações exteriores e regressivas, desejo ainda fazer uma generalização na forma de considerar que apareceram até agora. A saber, se se tem várias magnitudes que são subordenadas ao mesmo sistema de escalão a e subordenadas a um mesmo sistema de escalão $(a+b)$, então pode-se representar estas magnitudes como produtos onde um fator (A) e de escalão a e o mesmo para todos, enquanto os outros fatores pertencem ao mesmo sistema, B, de escalão b, que é independente de A. Então é claro imediatamente que cada relação de número, que tem lugar entre os fatores que pertencem ao sistema B, deve ter lugar também entre as magnitudes originais (porque elas resultam por multiplicação por A das últimas) e inversamente, que cada relação de número que tem lugar entre estas últimas deve também ter lugar entre as primeiras (porque segundo o § 81 pode-se fazer desaparecer o fator A das equações que representam a relação de número em questão). Suponhamos particularmente magnitudes de escalão $(a+1)$, por exemplo $Ac, Ad, \ldots$ onde $c, d, \ldots$ pertencem ao sistema B, então entre $Ac, Ad, \ldots$ existirão as mesmas relações de número que entre $c, d, \ldots$, e inversamente. Fixemos então o conceito de produto de tais magnitudes $Ac, Ad, \ldots$ de modo que seja nulo se o produto das magnitudes correspondentes $c, d, \ldots$ o é; então se poderá transferir agora todos os conceitos e leis de magnitude do primeiro escalão, num sistema de escalão b, logo também todos os conceitos e leis de magnitudes de escalão superior num tal sistema, a essas magnitudes de escalão $(a + 1)$ e as magnitudes que são geradas da mesma forma a partir destas. Fazendo isto, se desenvolve uma série de novos conceitos dos quais eu desejo reunir aqui os mais importantes. Nós podemos chamar sistema duplo a reunião de dois sistemas tais que um seja subordenado ao outro, e podemos dizer que uma magnitude está ordenada em um sistema duplo, se ela está sobreordenada um dos dois sistemas, dos quais o sistema duplo é constituído, e subordenada ao outro. Nós podemos chamar o mais elevado dos dois sistemas dos quais o sistema duplo é constituído, o sistema superior, o mais baixo o sistema inferior. Então se vê como um produto que em relação a um sistema duplo de dois valores não nulos ordenados em um sistema duplo, é sempre nulo se, mais também se somente se, o sistema comum dos dois fatores é de escalão superior ao sistema inferior dos dois fatores e se ao mesmo tempo o sistema mais próximo de recobrimento é de sistema superior; vê-se ainda que um produto de valor não nulo se apresenta como exterior ao sistema duplo em questão se o sistema comum dos fatores é o sistema inferior, e como produto regressivo, se o sistema mais próximo de recobrimento é os sistema superior; vê-se enfim que este produto pode ser tomado ao mesmo tempo como exterior e regressivo, se as duas condições estão satisfeitas ao mesmo tempo. Assim se estende ao mesmo tempo o conceito de magnitude de relação, porque ela pode se apresentar agora sob a forma subordinada como produto de magnitudes, que representam três sistemas diferentes, ordenados entre eles, onde a primeira é o sistema superior, a última o sistema inferior e aquela do meio o sistema característico da magnitude. Para compreender então o valor característico de uma tal magnitude de relação, será necessário ter duas medidas, das quais uma pertence ao sistema superior e a outra ao sistema inferior; e é apenas em relação a uma tal medida dupla que esta nova magnitude de relação representará um valor característico determinado. Como as magnitudes de relação que se reportam a um sistema simples podem também ser consideradas como se se reportassem a um sistema duplo, onde o sistema inferior é de escalão zero, então se vê que o gênero de magnitudes novamente obtidas é de natureza mais geral e compreende o primeiro gênero como gênero particular. Como ainda as magnitudes de relação se apresentam como gênero de magnitude mais geral que as magnitudes elementares puras, e estas últimas eram um gênero de magnitude mais geral que as magnitudes de extensão pura, então em todo caso as magnitudes de relação formam o gênero de magnitudes mais geral a que chegamos neste estágio. Como ao mesmo tempo a multiplicação pura se apresenta também como a forma mais geral de multiplicar, para a qual as leis multiplicativas gerais e também a lei de reunião se mantém, então a representação teórica desta parte da *Ausdehnungslehre* se apresenta como completa na medida em que não se deseja considerar também as formas de multiplicar para as quais a lei de reunião não é mais válida.*) Passamos então as aplicações e só deixamos para o próximo capítulo o tratamento especial das relações de parentesco que parece

---

*) Eu procurei indicar no fim deste trabalho como tais produtos, que permitem porém também uma aplicação variada, devem ser tratados.

ser o mais cômodo para conectar entre elas o resultados obtidos nesta parte e esclarecer suas relações múltiplas.

§ 144. Inicialmente, para a geometria, os resultados seguintes provem do conceito geral: o produto de duas magnitudes de linha no plano é o ponto de interseção das duas linhas, ligado uma parte deste plano como fator; se, por exemplo, ab e ac, onde a, b, c representam pontos, são as magnitudes de linha, então seu produto é $abc \cdot a$; ainda, o produto de três magnitudes de linha no plano é igual a dupla área, considerada duas vezes como fator, do triângulo formado pelas linhas, multiplicado pelo produto pelos dos três quocientes que expressam quantas vezes cada lado está contido na magnitude de linha correspondente; pois se a, b, c são os 3 pontos em questão, e mab, nac, pbc, onde m, n, p são magnitudes de número, são as três magnitudes de linha, então o produto delas é

$$mnp \cdot abc \cdot abc.$$

O produto de duas magnitudes de plano no espaço é uma parte do lado de interseção multiplicada por uma parte do espaço, por exemplo $abc \cdot abd = abcd \cdot ab$, ainda o produto de três magnitudes de plano é o ponto de interseção dos três planos multiplicado por duas partes do espaço, por exemplo, $abc \cdot abd \cdot acd = abcd \cdot abcd \cdot a$. O produto de quatro magnitudes de plano representa 3 partes do espaço ligadas como fatores, por exemplo, $mabc \cdot nabd \cdot pacd \cdot qbcd = mnpq \cdot abcd \cdot abcd \cdot abcd$. Este último produto é nulo se uma das magnitudes $m, \ldots, q$ é nula ou se o sólido formado é nulo, isto é, se os quatro planos se cortam em um ponto, como isto é já dado pelo conceito. O produto de uma magnitude de linha e de uma magnitude de plano é uma parte do espaço multiplicada pelo ponto de interseção, por exemplo, $ab \cdot acd = abcd \cdot a$.

Eu estabeleci acima (§ 118) a relação entre o método para representar curvas e superfícies por equações em nossa ciência, e mostrei como, por exemplo, uma superfície pode ser representada como lugar geométrico de um ponto, entre os índices da qual (em relação a um sistema de direção qualquer) existe uma equação. Eu mostrei como a superfície também pode ser representada como envolvente de um plano variável ou antes de uma magnitude de plano, entre os índices da qual existe uma equação de n-ésimo grau e expliquei que a superfície envolvida é agora uma superfície de n-ésima classe; isto depende do fato que a equação entre os índices de um plano variável que envolve um ponto fixo, é então de primeiro grau. Com efeito, se a é este ponto e P o plano, então tem-se imediatamente no caso em que P passa por a a equação

$$P \cdot a = 0.$$

Se A, B, C, D são as quatro medidas de direção de terceiro escalão cuja soma múltipla é P e se um dos índices, por exemplo o índice de D, é $= 1$ (o que é sempre permitido, porque o valor da medida*) de P não tem importância), e se

$$P = xA + yB + zC + D,$$

então têm-se
$$0 = Pa = xAa + yBa + zCa + Da,$$

o que é uma equação de primeiro grau; em consequência o ponto se apresenta como se deve, como superfície de primeira classe. Se se deseja estabelecer a equação de um ponto que é determinado por três plano fixos ou, o que é o mesmo, se se deseja estabelecer a condição sob a qual um plano P passa pelo mesmo ponto que outros três A, B, C então têm-se imediatamente

$$P \cdot A \cdot B \cdot C = 0,$$

---

*) É assim que eu chamo a porção da magnitude, se seu sistema já está estabelecido.

uma equação que substitui completamente as equações extremamente complicadas as quais leva o método das coordenadas habituais.

§ 145. As equações para as curvas e a superfícies curvas como nós a temos representadas até agora, eram, como aquelas estabelecidas entre os índices da magnitude variável de natureza puramente aritmética e elas se reportavam sempre a certos sistemas de direção que não tinham nenhuma relação com a natureza da formação representada pela equação; e eram somente as equações do primeiro grau que nós representávamos sob uma forma puramente geométrica. Com efeito, se nós nos detemos no produto puro, eram somente aquelas [as equações do parágrafo precedente] que podiam ser representadas sob forma geométrica, porque a magnitude variável só podia neste caso ser apresentada uma única vez como fator, por outro lado, o produto misto nos oferece um meio excelente para representar as curvas e as superfícies de grau superior sob forma puramente geométrica. A saber, é imediatamente claro que, se nós obtemos uma equação qualquer entre magnitudes de extensão cujos termos são produtos mistos, o grau da equação em relação a uma das magnitudes (P) é sempre o mesmo que o número (m) que indica quantas vezes esta magnitude de extensão (P) se apresenta no máximo como fator num mesmo termo de valor não nulo, isto é, que esta equação é substituída por equações de número onde ao menos um tem, em relação ao índice da magnitude de extensão variável, um grau que é igual a esse número. Isto resulta imediatamente, porque para ter as equações de números substitutivas é suficiente colocar no lugar de cada magnitude a soma dos produtos de seus índices nas medidas de direção correspondentes e em seguida aplicar as leis de multiplicação para cada termo da equação dada multiplicando, ao invés de pela soma, pelas partes particulares e em seguida juntar cada vez numa única equação os termos que são da mesma espécie que o mesmo domínio de direção. É claro que os índices da magnitude variável P se apresentam como fatores num termo tantas vezes quanto P se apresenta como fator naquele do qual o primeiro termo resulta. Em consequência, o grau destas equações de índice não podem então jamais ser maior do que o número (m) acima mencionado. Mas ao menos uma destas também deve verdadeiramente ser de grau (m); porque senão seria necessário que todos os termos que resultam do termo, que está magnitude contém em maior número como fator, sejam nulos, logo seria necessário que o termo ele próprio fosse nulo também contra a hipótese. A validade do teorema enunciado acima está então demonstrada. Aqui, falta ainda observar que em geral a equação não determina somente o sistema da magnitude variável mas também seu valor de medida. Mas para a consideração habitual de curvas e superfícies, é só a determinação do sistema que importa*), embora o valor de medida não seja desprovido de interesse para a teoria. Se nós queremos então nos aproximar da maneira habitual de considerar as coisas, então nós devemos especializar a equação geral de modo que o valor de medida não seja assim determinado, isto é, que se uma magnitude de extensão qualquer satisfaz a equação (original) então toda outra magnitude que é da mesma espécie que ela, isto é, cujos índices são proporcionais àqueles da primeira, satisfaze também esta equação. É imediatamente claro que então todos os termos da equação da magnitude P devem se apresentar como fatores o mesmo número de vezes (m), e que então a equação de índices se torna também uma equação simétrica do mesmo grau, isto é, em todos os termos se apresentará como fator o mesmo número (m) de índices de P. Dividindo agora a equação pela m-ésima potência de um dos índices se obtém então (a condição que esse índice não seja

---

*) Por exemplo, se uma curva deve ser determinada como lugar geométrico de um ponto, então é somente a posição deste ponto que importa, não o peso que lhe é associado; ou se a curva deve ser entendida como envolvente de uma linha reta variável, então é somente a posição desta linha que importa, não seu comprimento, logo sempre o sistema, não o valor da medida.

nulo) a equação sob a forma habitual, sob a qual ela determina um domínio de grau m.

§ 146. Para tornar intuitivo o significado deste teorema, ainda desconhecido até o presente, que lança uma luz, apenas percebida até agora, sobre a relação das curvas e das superfícies, nós nos restringiremos às curvas de um plano, onde a consideração análoga de curvas no espaço e de superfícies curvas não requer outra explicação. Vê-se imediatamente que a equação geométrica representará uma curva somente se ela é substituída por uma equação aritmética, isto é, se ela, porque o plano é um sistema elementar de terceiro escalão, é igualmente de terceiro escalão. Por isto, resultam então do teorema geral do § precedente os teoremas especiais seguintes:

> "Se a posição de um ponto (p) no plano está restrita pelo fato que três pontos, que resultam por construção por régua do ponto (p) e uma série dada de linhas retas fixadas ou de pontos, se encontram em uma única linha reta (ou pelo fato que três tais linhas retas passam por um único ponto), então o lugar deste ponto (p) é uma curva algébrica cuja ordem se encontra simplesmente contando. A saber, é suficiente contar quantas vezes se retorna pelas construções supostas ao ponto variável p sem voltar a um outro ponto variável; o número (m) assim obtido é então o número de ordem da curva."

Aqui é claro que, se se retorna a um outro ponto variável pela geração do qual era necessário aplica o próprio p, n vezes, é a mesma coisa se se tivesse retornado n vezes ao próprio p. A demonstração consiste apenas no fato que eu mostro como resulta uma equação geométrica na qual p aparece tantas vezes como fator de um termo. A saber, cada construção pela régua num plano, consiste no fato de que, ou dois pontos são unidos por uma linha reta ou o ponto de interseção de duas retas é determinado; mas a reta entre dois pontos é o produto destes, e o ponto de interseção de duas retas, se o peso não importa, é igualmente seu produto; em consequência, para cada construção linear, para a qual um ponto ou uma linha é aplicada, posso substituir uma multiplicação por esse ponto ou por essa linha; os três pontos ou linhas, que resultam assim por construções lineares de casos dados e da magnitude variável se apresentarão então como seus produtos; e como esses três pontos fazem parte de uma linha reta ou as três linhas devem passar por um ponto, então isso quer dizer que seu produto é nulo, logo tem-se uma equação geométrica de um termo onde p se aparece como fator tantas vezes como ele é aplicado nas construções, a curva que se forma é então de mesma ordem. Do teorema precedente, se obtém o teorema correspondente para a curva envolvida por uma linha reta variável, se se trocam as expressões ponto e linha e se introduz no lugar da expressão "ordem", a expressão "classe". Eu quero ainda observar aqui que estes teoremas são válidos sem quaisquer restrições, se se lembra que o lugar de um ponto, cujas as coordenadas dependem uma da outra via uma equação de m-ésimo grau, pode ser considerado sem exceção como uma curva de m-ésima ordem; e isto é verdadeiro para qualquer forma que a curva tome, por exemplo se ela se torna um sistema de m linhas retas, e mesmo se um número qualquer dessas linhas coincidem.

§ 147. Para aplicar este teorema a um caso ainda mais particular, eu quero estabelecer a equação geométrica para as curvas de segunda ordem. Se p é o ponto variável, então tem-se como equação de segundo grau, se as letras minúsculas representam pontos e as letras maiúsculas linhas,

$$paBcDep = 0,$$

ou, expressado em palavras "se os lados de um triângulo giram ao redor de três pontos fixos a, b, c enquanto dois vértices se deslocam sobre duas linhas retas fixas B e D, então o terceiro vértices descreve uma seção cônica." A equação de uma seção cônica, que passa por cinco pontos a, b, c, d, e é

$$(pa \cdot bc)(pd \cdot ce)(db \cdot ae) = 0;$$

a saber, que é uma secção cônica resulta do teorema geral; que os cinco pontos a, b, c, d, e, fazem parte dela, resulta facilmente porque cada um deles, colocado no lugar p, verifica a equação. A saber, inicialmente é claro que, se se iguala a p a a ou a b, um fator, a saber, pa ou pb, resulta também nulo, logo o produto todo se torna nulo; então a e b são pontos da seção cônica, ainda mais, se p é igual a c então os dois primeiros fatores do produto total representa o ponto c logo o seu produto é nulo; se p é igual a b, então o primeiro fator do produto representa a magnitude b, o produto dos dois últimos fatores representa a magnitude bd, e bbd é nulo; se p é igual a e então o fator do meio representa a magnitude e, o produto dos outros dois representa a magnitude ae e eae é também nulo. Os 5 pontos então fazem todos parte da seção cônica e a tarefa de encontrar a equação de uma seção cônica determinada por 5 pontos está então resolvida. Aliás, a equação em questão representa nada mais do que a propriedade conhecida do hexágono místico.

§ 148. Eu não posso me ocupar aqui no desenvolvimento da nova teoria das curvas que é condicionada pelo teorema geral estabelecido por mim; devo me contentar aqui de ter estabelecido aqui o próprio teorema, em toda a sua generalidade, e de ter tornado intuitivo seu significado pela aplicação aos casos mais simples. Estou convicto que já por isto, a simplicidade e a generalidade excepcional deste teorema terão se tornado claras; porque, de fato, todos os teoremas que relacionam a dependência das curvas com as construções lineares decorrem com a maior simplicidade então que até agora sua dedução, efetuada que tornava estes teoremas conhecidos mediante teorias prolixas, e cada um destes teoremas exigia sua própria dedução. Aqui, é suficientemente claro, como pode se demonstrar sem dificuldade agora este teorema geral mesmo sem a ajuda da análise por mim aplicada; mas é somente por ela que o teorema resulta em sua claridade imediata, bem como tudo é encontrada por ele; e ao mesmo tempo esta análise oferece a vantagem muito importante de representar com a mesma simplicidade por equações as curvas determinadas pelas construções lineares. Como o teorema pode também ser estendido as curvas no espaço e a superfícies curvas, não requer uma explicação, porque o teorema geral do §145, faz já isto de uma forma bem mais geral para a ciência abstrata.

Capítulo Quarto

Parentesco

§ 149. Nós ligamos a representação dos parentescos ao conceito de degradação. Nós entendemos (§ 82) por degradação de uma magnitude A sobre um sistema fundamental G segundo um sistema diretor L, a magnitude A' que pertence ao sistema fundamental G e que dá por uma parte do sistema dirigente (L) o mesmo produto que a magnitude degradada (A), onde se supõe que G é independente de L e que o sistema LG representa o sistema principal ao qual o produto em questão se reporta. Nós fizemos esta explicação (no § 82) só para o caso onde se entendia por as magnitudes A, L, G as magnitudes de extensão puras e onde a multiplicação era exterior, logo onde A era subordenado ao sistema fundamental G. No § 108, nós estendemos está explicação introduzindo, no lugar de magnitudes de extensão, um gênero mais geral de magnitudes, as magnitudes elementares, e no § 142, nós indicamos uma generalização ainda mais estendida pelo fato de que se podia introduzir com as modificações e restrições necessárias, no lugar da multiplicação exterior, a multiplicação regressiva. Lembrando a determinação que duas magnitudes se dizem comparáveis entre si, se uma delas está subordinada a outra, nós podemos dizer: "Por degradação de uma magnitude pura A sobre um sistema fundamental G segundo o sistema diretor L nós entendemos a magnitude A' que está ordenada no sistema fundamental G e que dá, se é multiplicada por uma parte de L em relação ao sistema LG combinado os sistemas fundamental e diretor, o mesmo produto que a magnitude degradada A." Aqui é dado suposto que LG representa um produto exterior e que é o sistema principal ao qual pertence também a magnitude A e ao qual a multiplicação se reporta. Disto resulta imediatamente, no sentido mais geral a equação extremamente fácil

$$A' = \frac{LA \cdot G}{LG}.$$

De fato, como LA por definição é igual a LA', então tem-se também

$$LA \cdot G = LA' \cdot G;$$

e como aqui A' e G são por definição igualmente comparáveis entre si, então, segundo o §136, pode se permutar A' e G e se obtém então que a expressão do membro da direita é

$$= LG \cdot A'.$$

Assim, dividindo a equação obtida

$$LA \cdot G = LG \cdot A'$$

por LG, se demonstra agora a validade da equação abaixo

$$A' = \frac{LA \cdot G}{LG},$$

isto é,

"Se obtém a degradação de uma magnitude, se se multiplica sucessivamente o sistema diretor por ela e pelo sistema fundamental, e se se divide o resultado pelo produto do sistema diretor pelo sistema fundamental."

Assim temos resolvido de forma geral para as magnitudes puras o exercício formulado no §85, aquele de expressar analiticamente a degradação se a magnitude a degradar e o sentido de sua degradação, isto é, os sistemas fundamental e diretor são dados.

§150. Para as magnitudes de relação, nós devemos apenas determinar que sua degradação é encontrada se se degrada seu valor característico em relação a uma medida qualquer e esta medida, e se se introduz na expressão da magnitude de relação suas degradações no lugar de suas magnitudes. Se por exemplo, $H^3.A$ é a magnitude de relação, H sua medida principal e se H', A', são as degradações de H e A segundo um sistema de direção qualquer, então $H'^3.A'$ é a degradação da magnitude de relação $H^3.A$ segundo o mesmo sistema de direção. Resulta por outro lado da definição original que a degradação de uma magnitude de número bem como aquela de uma magnitude que represente o sistema principal LG é igual a própria magnitude degradada. De lá, segue-se que, se o sistema de relação de uma magnitude de relação coincide com o sistema principal LG, deve-se então, para degradar a magnitude de relação, degradar apenas seu valor característico, e que então para a degradação da magnitude de relação a definição da degradação, estabelecida para magnitudes puras, é ainda válida. Nós dizemos que a degradação é exterior ou regressiva segundo o produto LA seja exterior ou regressivo, isto é, segundo a magnitude a degradar seja de escalão inferior ou superior àquela do sistema fundamental. Se é do mesmo escalão, então LA pode ser compreendida como produto exterior e igualmente como produto regressivo, a degradação pode então ser chamada das duas formas.

§151. Se se chama ao sistema ao produto de duas magnitudes a c o m b i n a ç ã o*) de suas magnitudes ou de seus sistemas e se se chama o sistema da degradação a p r o j e ç ã o do sistema

---

*) Segundo este conceito, a combinação é indeterminada se o produto respectivo é nulo.

da magnitude degradada, então pode-se dizer que a projeção de um sistema é encontrada se se combina o sistema sucessivamente com o sistema diretor e o sistema fundamental. Definindo em seguida a projeção de um conjunto qualquer de elementos, onde o sistema estendido é do mesmo ou de menor escalão que o sistema fundamental, como conjunto das projeções dos seus elementos, nós temos o conceito ordinário de projeção, sob uma forma apenas um pouco maior; e se vê como a projeção só se distingue da degradação pelo valor da medida, enquanto o sistema é o mesmo. Para aplicar isto a geometria, nós desejamos inicialmente tomar como sistema fundamental uma linha G, como sistema diretor uma magnitude elementar de primeiro escalão l que é independente, isto é, como apenas o sistema importa, ou um ponto ou uma direção. A projeção de um ponto a é então a interseção da linha al com G (Fig. 13), enquanto que a degradação a' é igual a $\frac{la \cdot G}{lG}$. Se l é uma direção (ou um segmento com esta direção), então a projeção é a interseção de uma linha, traçada a partir de a nesta direção, com a linha fundamental G. Se o sistema fundamental é um ponto g, o sistema diretor uma linha L, então se projeta uma linha A ligando a interseção entre A e L a g (cf. Fig. 14)*). A degradação de uma parte desta linha, que nós designaremos igualmente por A é então representada pela equação

$$A' = \frac{LA \cdot g}{L \cdot g}.$$

Segundo esta analogia se poderá ter facilmente uma intuição da projeção de um ponto ou de uma linha se o sistema fundamental é um plano, o sistema diretor um ponto ou uma direção; e mais uma intuição da projeção de um ponto ou de um plano se os sistemas diretor e fundamental são linhas; finalmente uma intuição

---

*) Não se tem porém o habito de considerar como uma projeção a linha que se forma assim; somente, a analogia exige esta forma de considerar. A saber, a projeção é aqui uma projeção regressiva, ver acima.

da projeção de uma linha ou de um plano se o sistema fundamental é um ponto, o sistema diretor um plano. Se a magnitude a degradar é do mesmo escalão que o sistema fundamental, então se vê facilmente que a projeção de seu sistema é o sistema fundamental ele próprio, onde a essência da degradação consiste então apenas no valor da medida deste.

§ 152. Agora, nós devemos examinar também a validade das leis mostradas no quinto capítulo da primeira parte (a partir do § 81) para a forma de degradar que é tratada, para o conceito que acabamos de apresentar. Que estes teoremas sejam ainda válidos se se colocam magnitudes elementares no lugar das magnitudes de extensão, resulta já da completa concordância das leis que são válidas para os dois gêneros de magnitudes (ver § 100). Só falta mostrar a validade dos teoremas para a degradação regressiva, e ao mesmo tempo estes teoremas devem ser ainda estendidos de tal forma que se introduza também a multiplicação regressiva no lugar da multiplicação exterior. Comparando o andamento do desenvolvimento escolhido desde o § 81 nós podemos então inicialmente representar o teorema, dado no fim deste parágrafo para o produto regressivo, sob a forma seguinte:

> "Se os termos de uma equação são todos produtos regressivos de dois fatores, e onde ou o primeiro ou o último fator (L) é o mesmo em todos os termos, mas os fatores desiguais são subordenados ao mesmo sistema (G), e se este sistema (G) multiplicado pelo fator L dá o sistema principal, então pode-se suprimir o fator L em todos os termos."

De fato, os fatores desiguais se poderão então representar sob as formas $AG, BG, \ldots$, onde $A, B, \ldots$ são subordenados a L e onde os produtos são exteriores; então a equação se apresentará sob a forma

$$L.AG + L.BG + \ldots = 0,$$

ou como
$$L.AG = LG.A,$$

porque A é subordenado a L e a combinação de G e L representa o sistema principal, e como igualmente

$$L.BG = BG.B, \text{ etc.},$$

obtém-se
$$LG.A + LG.B + \ldots = 0,$$

isto é,
$$LG(A + B + \ldots) = 0,$$

como LG representa o sistema principal esta última equação só é satisfeita se
$$A + B + \ldots = 0,$$

logo também
$$(A + B + \ldots)G,$$

isto é,
$$AG + BG + \ldots$$

é igual a zero; o teorema está então demonstrado. Deste teorema resultam agora inteiramente da mesma forma que no § 82, os teoremas:

"Uma equação conserva sua validade se se degradam todos os seus termos no mesmo sentido"

e

"A degradação de uma soma é igual a soma das degradações das partes."

De fato, se se multiplica a equação dada termo a termo pelo sistema diretor L e se se substitui agora os termos da equação original por suas degradações sobre o mesmo sistema fundamental G (o que é permitido segundo a definição de degradação), se obtém a equação sob a forma tal que pode-se, segundo o teorema que acabamos de demonstrar suprimir, o fator L; assim o primeiro dos dois teoremas acima está demonstrado e então também o está o segundo que só representa outra expressão do mesmo teorema*).

§ 153. Os teoremas no § 84 estabelecem uma relação entre a degradação de um produto exterior e as degradações de seus fatores, e nós devemos estabelecer os teoremas correspondentes não somente para o caso onde o produto é regressivo mas também para aquele onde a degradação é regressiva. Se o produto é o produto regressivo, onde o sistema de relação é ao mesmo tempo o sistema principal da degradação e a degradação é sem restrição regressiva, isto é, não somente a degradação dos fatores do produto mas também em particular aquela do produto ele próprio, então o teorema apresentado no § 84, que a degradação de um produto é o produto das degradações de seus fatores, e ainda válida para o caso que acabamos de indicar porque a demonstração é exatamente a mesma que aquela do dito parágrafo. A saber, se A e B são os fatores do produto, L o sistema diretor, G o sistema fundamental, então o produto $L.(A.B)$ é um produto regressivo de três fatores em relação ao mesmo sistema principal; como se pode reagrupar aqui a vontade e permutar atentando ao sinal, então o valor do produto em questão não muda se se coloca no lugar de A e B as magnitudes que por ele dão o mesmo produto, logo por exemplo

---

*) O que corresponde ao teorema descrito no § 83 já existia antes segundo seu valor essencial, e pode-se então ser omitido aqui.

suas degradações A' e B' sobre o sistema fundamental G; tem-se então

$$L.(A'.B') = L.(A.B),$$

e como A' e B' enquanto degradações regressivas, são subordenadas ao sistema fundamental, então este também é o caso para seu sistema comum, isto é, seu produto, $A'.B'$ é então a degradação de $A.B$ sobre G segundo o sistema diretor L. Para o caso em questão a validade do teorema está então demonstrada; porém vê-se logo que este é geralmente válido desde que as degradações do produto e dos dois fatores sejam as três apenas ou regressivas ou exteriores, que o produto seja exterior ou que ele seja regressivo. Nós supomos de início que o produto tem um valor não nulo e que seus dois fatores são magnitudes puras; e, precisemos, nós queremos demonstrar a validade do teorema inicialmente no caso onde a degradação é sem restrição uma degradação exterior e onde o produto é regressivo. Sejam M e N os dois fatores deste produto, seja B seu sistema comum; então M e N podem-se representar como produtos exteriores sob as formas AB e BC; e, é necessário agora que ABC, como produto exterior, tenha um valor não nulo porque C não pode ter qualquer fator de escalão não nulo em comum com AB; pois se tivesse um tal fator em comum, então, como se vê em seguida, M e N também teriam em comum um sistema de escalão mais alto que B, contrariamente a hipótese. Ora, tem-se

$$M.N = AB.BC = ABC.B,$$

porque B e BC são fatores comparáveis entre si, que podem se permutar então segundo o §136, durante a multiplicação progressiva. Ora, nós temos suposto que a degradação é sem exceção exterior, não somente para os fatores M e N, mas também para o seu produto, isto é, para seu sistema comum B e seu sistema mais próximo de recobrimento ABC. Se A', B', C', M', N' são agora as degradações exteriores respectivas de A, B, C, M, N então (segundo o §84) $A'B'$, $B'C'$, $A'B'C'$ são as degradações de AB, BC, ABC. Ainda mais, como $M.N$ é igual a $ABC.B$ então segundo a definição estabelecida no §150, a degradação de $M.N$ é igual ao produto das degradações de ABC e B, logo igual a $A'B'C'.B'$. Ainda, tem-se

$$M'.N' = A'B'.B'C' = A'B'C'.B',$$

o produto das degradações $M'.N'$ é então igual a degradação do produto $M.N$. Assim a validade da lei dada acima está demonstrada no caso considerado. Só falta então demonstrar a manutenção desta lei no caso onde a degradação é sem exceção regressiva. A demonstração para este caso é exatamente a mesma para o caso em que acabamos de considerar se apenas se introduz segundo o princípio estabelecido no §142 no lugar da multiplicação exterior a multiplicação regressiva, em relação ao sistema principal da degradação e se se faz intervir as mudanças desenvolvidas que são condicionadas por esta introdução, notadamente é necessário reter que também é possível representar da mesma forma que se pode representar cada magnitude subordinada a outra como fator exterior desta última, toda magnitude que é subordinada a uma outra como fator regressivo a esta última em relação ao sistema principal. Porém, para lançar mais luz sob a forma desta mudança por meio de um exemplo suficientemente composto, eu quero fazer seguir aqui em detalhe a transcrição da demonstração mencionada acima. Sejam M e N os dois fatores dos produtos regressivos, B seu sistema mais próximo de recobrimento; então M e N enquanto produtos regressivos em relação ao sistema principal da degradação, podem-se representar[*] sob as formas AB e BC; e, para precisar, é necessário então que ABC enquanto produto regressivo em relação ao sistema principal da degradação tenha um valor não nulo, porque AB e C

---

[*] De fato, se S representa o sistema que completa o sistema de B ao sistema principal da degradação, então é suficientemente tomar $A = \frac{SM}{SB}$ e $C = \frac{NS}{BS}$.

não podem estar compreendidos em qualquer sistema menor que o sistema principal*); porque, se estivessem compreendidos num tal sistema então M e N seriam também, como é fácil de ver**), compreendidos num sistema de menor escalão que B contra a hipótese. Ora, tem-se

$$M . N = AB . BC = ABC . B,$$

porque B e BC são fatores comparáveis entre si, que se podem então permutar segundo o §136 durante a multiplicação progredida. Ora, nós temos suposto que a degradação é sem exceção regressiva não somente para os fatores M e N, mas também para o seu produto, isto é, para o seu sistema mais próximo de recobrimento B e para seu sistema comum ABC. Se agora A', B', C', M', N' são respectivamente as degradações regressivas de A, B, C, M, N então $A'B'$, $B'C'$, $A'B'C'$ são (segundo §153) as degradações de AB, BC e ABC. Ainda, como $M . N$ é igual a $ABC . B$ então, segundo a definição estabelecida no §150, a degradação de $M . N$ é igual ao produto das degradações de ABC e B, logo igual a $A'B'C' . B'$. Ainda mais, tem-se

$$M' . N' = A'B' . B'C' = A'B'C' . B',$$

logo o produto das degradações $M' . N'$ é igual a degradação do produto $M . N$. Assim, a validade da lei estabelecida acima está

---

*) Aqui a analogia não se revela muito clara a partir da expressão verbal. Se ela devesse aparecer claramente, então seria necessário dizer, no primeiro caso: "porque o sistema AB e C tem em comum não pode ser de escalão superior a 0"; e no segundo: "porque o sistema que compreende AB e C não pode ser de escalão inferior a h." Porque com efeito h designa o escalão do sistema principal.

**) A saber, se D representava o sistema que deveria compreender AB, ou M, e C e ser ao mesmo tempo de escalão inferior àquele do sistema principal, então C se poderia representar enquanto produto regressivo relativo ao sistema principal sob a forma $D . E$, e N seria $= B . C = B . (D . E)$, ou, porque este produto é puro, $= (B . D) . E$, onde o sistema mais próximo de recobrimento de B e D deve ser o sistema principal; o sistema comum das magnitudes B e D compreenderá então a magnitude N, e também a magnitude M, esta não somente compreende B mas também em D. O sistema comum de B e D compreende então M e N, mas é de menor escalão que B porque D não é o sistema principal e B e D tem como sistema mais próximo de recobrimento o sistema principal.

também demonstrada para este caso. Nós supusemos também para os dois casos que o produto a degradar tem um valor não nulo e que os fatores são magnitudes puras. Se o produto a degradar é nulo, então para demonstrar a validade da lei em questão, também para este caso, é suficiente mostrar que o produto das degradações dos dois fatores é também nulo. Se um dos fatores originários é nulo então sua degradação é também nula, logo também o produto das degradações. Mas se os dois fatores têm valores não nulos e se o produto é todavia nulo, como

$$M.N = ABC.B$$

e B não é nulo, mas como $ABC.B$ enquanto produto sob a forma ordenada só pode ser nulo se um dos fatores é nulo, então é necessário que ABC seja nulo, logo também sua degradação, isto é,

$$A'B'C' = 0$$

é necessário então também que $A'B'C'.B$, isto é $M'.N'$ ou o produto das degradações seja nulo. Neste caso também a degradação do produto permanece então igual ao produto das degradações dos fatores. Agora, para apresentar a lei em toda a sua generalidade, é suficiente suprimir a restrição, que os fatores do produto a degradar são magnitudes puras. Se estas são magnitudes de parentesco, onde o sistema de relação (K) é idêntico ao sistema de relação do produto regressivo, e se μ e ν são os números de grau das magnitudes de parentesco, M e N seus valores característicos em relação a medida K, então o produto se poderá representar sob a forma

$$K^\mu M . K^\nu N.$$

Ora, segundo o §138 este produto e igual a $K^{\mu+\nu}M.N$, ou, se $M.N$ é igual a $K.I$, igual a $K^{\mu+\nu}K.I$. Designemos as degradações por acentos e suponhamos estas como sendo sem exceção exteriores ou sem exceção regressivas, então a degradação do produto escrito acima é

$$= K'^{\mu+\nu} K' . I',$$
$$= K'^{\mu+\nu} M' . N',$$
$$= K'^{\mu} M' . K'^{\nu} N',$$

isto é, igual ao produto das degradações. Logo a lei é agora também valida se os fatores são fatores de relação onde o sistema de relação coincide com o sistema de relação do produto regressivo. De lá resulta agora que a lei é também válida para os produtos puros regressivos de um número qualquer de fatores. Depois de ter suprimido agora todas as restrições supérfluas, nós podemos estabelecer a lei em toda sua generalidade:

> "A degradação do produto é igual ao produto das degradações de seus fatores, se para todas as magnitudes a degradar, não somente o sentido da degradação, mas também o sistema da relação são os mesmos."

A saber, nós dizemos que o sentido da degradação de várias magnitudes é o mesmo, se não somente o sistema fundamental e o sistema diretor são os mesmos, mas igualmente se as degradações são todas exteriores ou todas regressivas.

§ 154. Do fato de que cada igualdade que existe entre as somas múltiplas de uma associação de magnitudes se mantém se se toma no lugar das magnitudes suas degradações, ou em outras palavras, do fato de que as degradações estão no mesmo parentesco de número que as magnitudes degradadas, resulta que o parentesco entre as degradações e as magnitudes degradadas e uma espécie particular de um parentesco mais geral que consiste em que os parentescos de números, existentes entre uma associação de magnitudes, são também válidas para as magnitudes correspondentes da segunda associação; e nós queremos então considerar este parentesco mais geral. Entretanto, este parentesco só resulta em toda sua simplicidade se o parentesco é uma relação mútua, isto é, se cada relação de número que tem lugar entre as magnitudes de uma das associações, existe também entre as magnitudes da outra associações; e nós chamamos a f i n s*) as tais associações de magnitudes correspondentes que estão entre si nesta relação mútua. Esta reciprocidade da relação ocasiona a lei que caracteriza em todos os lados cada relação simples, a saber, que, se duas associações A e B de magnitudes são afins com uma terceira associação C, então elas também o são entre si. Com efeito, como cada relação em A tem lugar também em B, e cada relação, tendo lugar em C, existe também em B, então é necessário também que em cada relação em A tenha lugar ao mesmo tempo em B e pela mesma razão que cada relação, existente em B, tenha lugar ao mesmo tempo em A, isto é, A e B são afins entre si. — Se coloca agora a questão de saber como formar geralmente a partir de uma associação qualquer de magnitudes, uma outra associação que está na mesma relação de número com a primeira, e em particular como formar uma tal associação para a qual esta relação é mútua, isto é, que é afim com a primeira. Se se tem na associação dada n magnitudes (do mesmo escalão) entre as quais não há relação de número, mas como somas múltiplas das quais se podem representar as outras magnitudes desta associação, então pode-se mostrar que para obter uma segunda associação que apresente as mesmas relações de número que a primeira, pode-se tomar na segunda associação n magnitudes quaisquer, que são do mesmo escalão entre si, como magnitudes correspondentes a estas n magnitudes, mas que agora se encontram para toda outra

---

*) O conceito de afinidade, tal como nós o estabelecemos aqui, coincide com o conceito de afinidade usual na medida em que, aplicada as mesmas magnitudes, representa também a mesma relação; seu conceito é aqui tomado mais geralmente na medida em que ele pode ser aplicado a outras magnitudes.

magnitude da primeira associação a magnitude correspondente na segunda representando a primeira magnitude como soma múltipla destas n magnitudes da primeira associação e pondo em seguida nesta soma múltipla no lugar destas n magnitudes as magnitudes correspondentes da segunda e pode-se mostrar também que esta relação é uma relação mútua, que as associações são então afins entre si, somente se e sempre se ao mesmo tempo as n magnitudes da segunda associação não admite relação de número entre elas. A validade desta afirmação repousa sobre o fato que, se n magnitudes não estão numa relação de número, isto é, se nenhuma delas pode-se representar como soma múltipla das outras, e se ao mesmo tempo uma soma múltipla destas n magnitudes deve ser nula, então necessariamente todos os coeficientes desta soma múltipla, tomados um depois do outro devem ser nulos; pois se um deles tivesse um valor não nulo então a magnitude a qual ele pertence poderia se representar como soma múltipla das magnitudes restantes, o que contradiz a hipótese. Deste teorema resulta imediatamente a validade da afirmação dita acima. Pois se $a, b, c, \ldots$ são magnitudes quaisquer da primeira associação entre as quais tem lugar uma relação de número

$$\alpha a + \beta b + \ldots = 0$$

e se se representam $a, b, \ldots$ como somas múltiplas destas n magnitudes da primeira associação $r_1, \ldots, r_n$, então esta equação pode-se representar sob a forma

$$\rho_1 r_1 + \rho_2 r_2 + \ldots = 0$$

na qual, segundo o teorema que acabamos de demonstrar, todos os coeficientes devem ser nulos; então

$$\rho_1 = 0, \ \rho_2 = 0, \ \ldots.$$

Estas magnitudes $\rho_1, \rho_2, \ldots$ só dependem dos coeficientes $\alpha, \beta, \ldots$ e dos coeficientes da somas múltiplas que representam $a, b, \ldots$. Se agora $a', b', \ldots$ e $r'_1, r'_2, \ldots$ são as magnitudes correspondentes da segunda associação, então $a', b', \ldots$ devem resultar de $a, b, \ldots$ pelo fato de se pôr, nas somas múltiplas que representam $a, b, \ldots$, no lugar de $r_1, r_2, \ldots$ as magnitudes correspondentes $r'_1, r'_2, \ldots$. Em consequência a expressão

$$\alpha a' + \beta b' + \ldots = \rho_1 r'_1 + \rho_2 r'_2 + \ldots$$

e então, como $\rho_1, \rho_2, \ldots$ são todos nulos, tomados um depois do outro, ela mesma deve ser nula, logo

$$\alpha a' + \beta b' + \ldots = 0,$$

isto é, entre as magnitudes da segunda associação cada relação de número que vale para as magnitudes da primeira permanece válida. Se agora as magnitudes $r'_1, \ldots, r'_n$ são tais que não há relação de números entre elas, então pode-se deduzir igualmente que a relação é então recíproca neste caso e as duas associações de magnitudes são afins entre si. Por outro lado, se existe uma relação de número entre as magnitudes de número $r'_1, \ldots, r'_n$ então é claro, esta relação não tendo lugar entre as magnitudes correspondentes da primeira associação, que não se pode concluir que uma relação, existente na segunda associação existe na primeira; neste caso a relação é somente unilateral.

§ 155. Se agora duas associações de magnitudes correspondentes são afins entre si, então os produtos de magnitudes de uma serão também afins aos produtos respectivamente formados, da outra, se somente a forma de multiplicar, pela qual estes produtos correspondentes são formados, é tomada na segunda associação no sentido que o produto se apresenta como nulo se e também somente se os fatores estão em uma relação de número entre si. A saber, se a multiplicação é tomada desta maneira então inicialmente entre os produtos diferentes, que podem-se formar a partir de n magnitudes $A_1, \ldots, A_n$ de uma das associações que não estão em qualquer relação de número entre si, nenhuma relação de número pode ter mais lugar; isto é, nenhum de seus produtos pode ser representados como soma múltipla dos produtos restantes. Pois, se se supusesse este último caso, então na equação que representa este produto, por exemplo $A_1 A_2 A_3$, como soma múltipla dos outros, se poderia multiplicar cada termo por todos os fatores $A_4, \ldots, A_n$ que o dito produto não contém; por esta multiplicação todos os produtos restantes, com exceção daquele que deve ser representado como soma múltipla dos outros, tornam-se agora nulos porque neles pelo menos um dos fatores juntados se encontrava já entre os fatores presentes, logo agora a igualdade entre os fatores a então também uma relação de número; obtém-se então a equação

$$A_1 A_2 \ldots A_n = 0,$$

isto é, entre $A_1, \ldots, A_n$ haveria uma relação de número, o que é contrário a hipótese. Se se considera agora ainda um produto $P.Q.R$, onde os fatores são magnitudes desta associação que se podem representar então como somas múltiplas de $A_1, \ldots, A_n$ então este produto também se representará, se se representa os fatores simples como soma múltiplas e se se multiplica termo a termo e se se ordena de uma forma conveniente os fatores dos termos simples, como soma múltipla dos produtos formados pelos fatores $A_1, \ldots, A_n$. Se agora se supõem na outra associação $A'_1, \ldots, A'_n$ como as magnitudes correspondentes de $A_1, \ldots, A_n$ e se se toma como magnitudes correspondentes a seus produtos $A_1 A_2 A_3$, etc. Os produtos dos fatores correspondentes $A'_1 A'_2 A'_3 \ldots$ (o que é permitido porque entre os produtos da primeira associação não há relação de número) então ao produto PQR corresponderá igualmente o produto

$P'Q'R'$ dos fatores correspondentes. Pois se obtém de PQR o produto $P'Q'R'$, depois que P, Q, R são representados como somas múltiplas de $A_1, \ldots, A_n$; e se se coloca no lugar de $A_1, \ldots, A_n$ as magnitudes correspondentes $A'_1, \ldots, A'_n$. A lei de multiplicação termo a termo é agora a mesma para os dois produtos; ainda cada produto entre $A_1, \ldots, A_n$ que contém fatores iguais e que é portanto nulo, tem também como produto correspondente um produto que é nulo; nisto é dado o fato que a mesma lei de permutabilidade tem lugar porque $(A+B)(A+B)$ ou $AB+BA$ são nulos em ambos os caso, e os fatores só são permutáveis mediante a uma mudança de sinal. De lá, resulta agora que, se PQR se representa como soma múltipla de produtos formados pelos fatores $A_1, \ldots, A_n$ se obtém $P'Q'R'$ colocando no lugar de $A_1, \ldots, A_n$ as magnitudes correspondentes $A'_1, \ldots, A'_n$ ou no lugar dos produtos formados pelos primeiros aqueles formados pelas segundos. Nisso repousa agora mediante a lei mencionada acima o fato que os produtos da segunda associação estão na mesma relação de número que os produtos correspondentes da primeira e que então, se as duas associações são afins entre si, os produtos de uma são também afins aos produtos correspondentes da outra.

§ 156. Dentre as maneiras de multiplicar consideradas até agora há apenas duas que satisfazem a condição expressa no parágrafo precedente, a saber, que o produto deve se representar como nulo se e somente se há uma relação de número entre os fatores; elas são, para precisar, primeiramente a multiplicação exterior de magnitudes de primeiro escalão e em segundo lugar a multiplicação regressiva de magnitudes de escalão $(n-1)$ num sistema principal de n-ésimo escalão e em relação a este. Que as outras formas de multiplicar que nós conhecemos até agora não satisfazem as condições do § precedente se torna-se rapidamente claro. Em verdade, a lei de parentesco representada neste parágrafo oferecerá um excelente meio para penetrar no significado de produto formal, que nós não examinamos até aqui; porém nós não desejamos, por tais considerações que nos engajariam em todo caso em pesquisas difíceis e intermináveis, reduzir o lugar de outros assuntos mais importantes; e nós nos ateremos então a estes dois casos aos quais nossa lei se aplica diretamente.

§ 157. Aplicando a lei apresentada no § 155 as duas formas de multiplicar dadas no § 156, nós obtemos dois gêneros principais de afinidade, a saber, a d i r e t a e a r e c í p r o c a, porque por um lado às magnitudes de primeiro escalão da associação correspondem às magnitudes de primeiro escalão da outra; e por outro lado às magnitudes do primeiro escalão da associação correspondem as magnitudes de escalão $(n-1)$ da outra, se toda associação tem como sistema principal um sistema de n-ésimo escalão. Nós podemos então formular o teorema principal da afinidade seguinte:

> "Se se toma para n magnitudes de primeiro escalão independentes entre si n magnitudes de primeiro escalão também independentes entre si ou n magnitudes de escalão $(n-1)$, que pertencem a um sistema de n-ésimo escalão mais onde o produto regressivo tem um valor não nulo, como magnitudes correspondentes, então as magnitudes formadas das magnitudes correspondentes pelas mesmas ligações fundamentais formam duas associações de magnitudes afins entre si, e toda equação fundamental que existe entre as magnitudes da associação permanece válida se se coloca no lugar destas magnitudes as magnitudes correspondentes da outra. No primeiro caso as duas associações dizem-se diretamente afins, no segundo reciprocamente afins."

Este teorema é de uma validade tão geral que ele compreende, como mostraremos mais tarde, os parentescos lineares mais gerais, tais como a colineação e a reciprocidade, e representa o conceito completo destes parentescos, que só resultam na forma habitual de ver de uma forma incompleta. Neste teorema repousa notadamente o fato que, se m magnitudes de associação pertencem a um sistema qualquer então as magnitudes correspondentes da outra associação pertencem também a um sistema do mesmo escalão no caso da afinidade direta, no caso da afinidade recíproca elas pertencem a um sistema de escalão completante, porque o produto destas é nulo ao mesmo tempo.

§ 158. Nós devemos agora representar a degradação como gênero particular da relação de número constante e de afinidade e indicar em que caso a parentesco geral se transforma neste parentesco particular.

Se em primeiro lugar entre as magnitudes de primeiro escalão de uma associação A existem as mesmas relações de número que aquelas existentes entre as magnitudes correspondentes de primeiro escalão de uma outra associação B, então se pergunta a que condições as duas associações devem estar submetidas se a primeira associação A deve ser ao mesmo tempo a degradação da segunda, B. Se nós chamarmos o sistema mais próximo de recobrimento, que compreende uma associação de magnitudes de primeiro escalão, o sistema desta associação, então é claro que A só pode ser a degradação de B se no sistema C que é comum aos sistemas das duas associações as magnitudes correspondentes as duas associações correspondem, isto é, se elas são iguais, como resulta imediatamente da ideia de degradação. Mas nós podemos mostrar também que, se esta condição é verdadeira, a associação A pode também sempre ser tomada pela degradação da associação B e que o sentido da degradação esta então determinado. Para demonstrar isto, nós podemos inicialmente representar o sistema B como combinação do sistema comum C e de um sistema que lhe é independente. Seja este sistema, que será então também independente da associação A, de m-ésimo escalão, isto é, que ele seja representado pelo produto exterior de m magnitudes de primeiro escalão $b_1 \ldots b_m$ que são todos independentes entre si. Se se supõem agora provisoriamente L como sistema diretor, e se $a_1 \ldots a_m$ são as magnitudes correspondentes às magnitudes $b_1 \ldots b_m$ da primeira associação A, então se obtém, se ao mesmo tempo $a_1 \ldots a_m$ são as degradações de $b_1 \ldots b_m$ segundo o sistema diretor L, as equações:

$$L . a_1 = L . b_1, \ldots, L . a_m = L . b_m,$$

ou

$$L . (a_1 - b_1) = 0, \ldots, L . (a_m - b_m) = 0;$$

isto é, as magnitudes $(a_1 - b_1), \ldots, (a_m - b_m)$ são subordenadas ao sistema diretor. Mas estas magnitudes são independentes não somente entre si mas também do sistema da associação A. Pois se uma tal dependência tivesse lugar, então uma soma múltipla das $a_1, \ldots, a_m$ e das outras magnitudes do primeiro escalão que pertencem a associação A, seria igual a uma soma múltipla das magnitudes $b_1, \ldots, b_m$, isto é, no sistema $b_1 b_2 \ldots b_m$ haveria uma magnitude que seria comum aos sistemas das duas associações, isto é, que pertenceriam ao sistema C, o que é contrário a hipótese, porque este produto é suposto ser independente de C. Como agora as magnitudes $(a_1 - b_1), \ldots, (a_m - b_m)$ são independentes entre si e subordenadas ao sistema L, então seu produto exterior é também subordenado a este sistema; e se nós supomos que o escalão do sistema diretor não é superior a m resulta agora então que L é representado por este produto, logo completamente determinado, ou, em outras palavras, o sentido da degradação está então determinada. Se nós igualamos então L a este produto, logo reciprocamente, resulta também a validade das equações

$$L . a_1 = L . b_1, \text{ etc.,}$$

e como L é independente do sistema de A então resulta que $a_1, \ldots, a_m$ são de fato as degradações de $b_1, \ldots, b_m$ sob o sistema A

segundo o sistema diretor L. Se se toma agora no sistema de B uma outra magnitude qualquer b de primeiro escalão, então esta se poderá representar como soma múltipla das magnitudes $b_1, \ldots, b_m$ e das magnitudes que pertencem ao sistema C. Então a magnitude correspondente a da primeira associação se poderá representar como soma múltipla correspondente das magnitudes correspondentes de sua associação, isto é, como soma múltipla correspondentes das degradações destas magnitudes, ou, ela própria é a degradação da primeira magnitude. Nós obtivemos assim o teorema:

> "Se entre as magnitudes de primeiro escalão de uma associação (A) tem lugar as mesmas relações de número existentes entre as magnitudes correspondentes de primeiro escalão de uma outra associação (B): então é necessário tomar a primeira associação (A) como degradação da segunda associação (B) se e somente se no sistema comum das duas associações as magnitudes correspondentes coincidem; e, de fato, o sentido da degradação esta completamente determinado."

Resulta como consequência imediata deste teorema que "de duas associações afins uma se representa como a degradação da outra se e somente se no sistema comum das duas associações duas magnitudes quaisquer correspondentes coincidem, e que então cada uma das duas associações pode ser tomada como degradação da outra."

§ 159. Para tornar claro com a ajuda das intuições geométricas os resultados obtidos, será suficiente considerarmos no plano associações afins de dois gêneros. É claro como se pode tomar agora para três magnitudes de ponto que não se encontram sobre uma linha reta (mas que podem também se tornar segmentos) três magnitudes de pontos quaisquer que não se encontram mais sobre uma linha reta como magnitudes correspondentes, e como se pode deduzir duas associações diretamente afins, tomando como magnitudes correspondentes as somas múltiplas formadas da mesma maneira que aquelas magnitudes, ou os produtos formados pela mesma maneira que estas somas. Da mesma forma, se obtém duas associações reciprocamente afins se se supõem, para três magnitudes elementares de primeiro escalão que não se encontram sobre uma linha reta, que três magnitudes de linha, cujas linhas determinam um triângulo como magnitudes correspondentes, e se se toma ainda como correspondentes duas magnitudes quaisquer geradas a partir delas pelas mesmas ligações fundamentais. É claro que aquilo que precede como no primeiro caso a três magnitudes de ponto da associação que se encontram sobre uma linha reta correspondem também três da outra que se encontram igualmente sobre uma linha reta, e da mesma forma a três magnitudes de linha de uma que passam por um mesmo ponto correspondem três da outra que passam igualmente por um mesmo ponto; como ainda no segundo caso a três magnitudes de ponto da associação que se encontram sobre uma linha reta, correspondem três magnitudes de linha da outra que passam por um único ponto, e inversamente. É necessário porém lembrar que as magnitudes de ponto podem se tornar também segmentos, que as magnitudes de linha podem se tornar superfícies.

§160. Nossa maneira de considerar as coisas até o presente se distingue da geométrica, habitual, pelo fato de que nós não consideramos os pontos em si mesmos, mas afetados de certos coeficientes de números que nós chamamos pesos; e isto era necessário para que eles pudessem se representar precisamente como magnitudes. O ponto em si se apresentava ou como uma tal magnitude de peso 1 ou como sistema ao qual a magnitude pertencia. Da mesma forma a linha, o plano, o espaço deviam, para serem representados como magnitudes, serem de valor de medida determinados e assim serem compreendidos como magnitudes de linha, magnitudes de plano e sólido limitado. É sobretudo, a primeira forma (o ponto compreendido como magnitude) que se distingue totalmente da maneira habitual de considerarmos as coisas. Agora, nos resta então em particular ainda assimilar esta diferença com as leis apresentadas neste capítulo. Nós ligamos esta consideração ao parentesco geral de afinidade, e em primeiro lugar dizemos relacionadas linearmente os sistemas correspondentes de duas associações afins, e, para precisar, se as associações são diretamente afins então nós chamamos relacionadas colinearmente as associações de seus sistemas e relacionadas reciprocamente se elas são reciprocamente afins; ou, para traduzir imediatamente estes conceitos a geometria dos pontos se duas associações de magnitudes (magnitudes elementares, magnitudes de linha, magnitudes de plano) são diretamente ou reciprocamente afins, então nós chamamos relacionadas colinearmente ou reciprocamente as associações dos sistemas que lhes pertencem (pontos, linhas, planos). Nós devemos mostrar agora que estes conceitos coincidem com os conceitos habitualmente entendidos por estes nomes. Möbius, o criador desta teoria geral de parentesco, estabeleceu como conceito de colineação* que, para dois espaços planos ou sólidos que estão neste parentesco, a todo ponto de um corresponde um ponto do outro de maneira tal que, se se traça no primeiro uma reta qualquer, de todos os pontos que são atingidos pela reta os pontos correspondentes da outra podem também estarem ligados por uma reta. Disto resulta levando em conta as leis apresentadas no parágrafo precedente que, de fato, os sistemas que pertencem as magnitudes correspondentes de duas associações diretamente afins formam duas associações colineares no sentido apresentado por Möbius; mas também inversamente pode-se mostrar que se dois espaços se apresentam relacionados colinearmente neste sentido,

---

*) No seu cálculo baricêntrico, § 217.

os pontos correspondentes podem também estar afetados de pesos tais que as associações de magnitudes assim formadas sejam afins entre si; ou, em outras palavras, que dois espaços que são colineares entre si segundo o princípio das mesmas construções, o são também segundo o princípio dos mesmos índices.

§ 161. Para demonstra isto inicialmente para o plano, devem-se tomar quatro pontos quaisquer num dos planos onde três não se encontram jamais sobre uma linha reta, e da mesma forma, também quatro tais pontos no outro, e se deve colocá-los em correspondência um com o outro, o que é permitido segundo o princípio das mesmas construções porque o quarto ponto não depende dos três primeiros por uma construção linear; agora em cada plano, pode-se adjuntar a três dos pontos pesos tais que o quarto ponto se apresente como soma das 3 magnitudes elementares assim formadas; pois se se supõem estes três pontos como elementos diretores então os três termos diretores do quarto ponto são as magnitudes elementares procuradas; se agora, se se supõem estes 3 pares de magnitudes elementares como sendo magnitudes correspondentes entre si de duas associações afins, então os dois quartos pontos são também magnitudes correspondentes das mesmas associações. Agora se obtém segundo o princípio da mesma construção linear de 4 pares de pontos correspondentes $ABCD$ e $A'B'C'D'$ de dois espaços planos colineares (Figs. 15 e 16) o novo par que faz se cruzar as linhas correspondentes $ABCD$ por um lado e $A'B'C'D'$ por outro. Porque um dos pontos de cruzamento pertencentes as duas retas de uma associação devem também ter como ponto correspondente o ponto que pertence às retas correspondentes da outra associação, logo o ponto de cruzamento das duas retas. Se agora as magnitudes elementares a, b, c, d e a', b', c', d' pertencentes a estes elementos são afins entre si, então os produtos $ab.cd$ e $a'b'.c'd'$ também o são (§ 157), e os elementos destes produtos, isto é, os pontos de cruzamentos acima mencionados são então também colineares segundo o princípio dos mesmos índices. Então dois elementos quaisquer, que se podem colocar como correspondentes no plano segundo o princípio da mesma construção são também correspondentes segundo o princípio dos mesmos índices.

§162. Por analogia pode-se demonstrar o teorema de espaços tomando apenas no lugar destes quatro pares de pontos cinco tais pares, dos quais quatro não se encontram jamais em um único plano. Então vê-se como segundo o princípio da mesma construção, a quatro pontos quaisquer de uma das associações que se encontram no mesmo plano devem também corresponder quatro pontos do outro que se encontra igualmente no mesmo plano. Pois é necessário que quatro pontos que pertencem ao mesmo plano se possam conectar de forma que suas linhas de ligação se cruzem; a este ponto de cruzamento devem então corresponder também um ponto de cruzamento das linhas de ligação correspondentes do outro espaço, logo estas linhas de ligação, logo também os pontos ligados por elas, devem pertencer a um plano. Se agora A, B, C, D, E e A', B', C', D', E' são os cinco pares de pontos correspondentes, então, segundo o princípio da mesma construção, à interseção do plano ABC com a linha reta DE corresponderá à interseção de $A'B'C'$ com $D'E'$. Nós podemos agora dar, exatamente da mesma maneira que antes, aos cinco pares de pontos pesos tais que as magnitudes elementares, assim formadas, a, b, c, d, e e a', b', c', d', e' são afins entre si; para fazer isto, é suficiente representar em cada associação um dos pontos como soma múltipla dos outros da mesma associação, e tomar estas múltiplas como as magnitudes elementares correspondentes. Então, segundo o §157, os produtos $abc.de$ e $a'b'c'.d'e'$ são também magnitudes correspondentes entre si destas associações afins; os elementos destes produtos, isto é, os pontos de interseção mencionados acima, são então também segundo o princípio dos mesmos índices colinearmente correspondentes. Assim, de novo, se 5 elementos quaisquer de uma das associações correspondem a 5 elementos da outra segundo os dois princípios, então também todo o sexto par de elementos onde se possa mostrar que eles se correspondem segundo o princípio da mesma construção se poderá mostrar como sendo correspondente também segundo o princípio dos mesmos índices.

Tem-se então demonstrado, de fato, a identidade dos dois princípios para os espaços, planos e sólidos. Para pontos de uma linha reta, o princípio das mesmas construções é suficiente somente se, para as construções, se saem da linha reta e se supõem então um par de pontos correspondentes fora dela; por outro lado, o princípio dos mesmos índices tem mesmo neste caso e ainda sempre uma aplicação direta.

§163. Seguindo o princípio da mesma construção, nós chamamos recíprocas entre si duas associações se a todo ponto da primeira associação corresponde uma reta da outra de maneira tal que, se se traça uma reta no plano da primeira associação, para todos os pontos que se encontram sobre esta reta as retas correspondentes da outra associação passam por um ponto, e inversamente para todas as retas da segunda associação que podem ser traçadas por um mesmo ponto os pontos correspondentes da primeira se encontram sobre uma linha reta. Da mesma forma, duas associações espaciais serão recíprocas entre si segundo o princípio da mesma construção se os planos da segunda associação que correspondem a todos os pontos na primeira se cortam em uma e uma mesma reta, e inversamente os pontos da primeira associação correspondentes a todos os planos que passam pela mesma linha reta e que pertencem a segunda associação podem ser conectados por uma linha reta. Não há quase necessidade de explicar que as formações assim recíprocas o são segundo o princípio dos mesmos índices, pois isto decorre inteiramente da mesma maneira que o resultado acima para a colineação.

§164. Se nós fizermos corresponder três pontos, que não se encontra sobre uma mesma linha reta, à três pontos que também não se encontram sobre uma mesma linha reta e formamos duas associações de magnitudes correspondentes mediante aos mesmos índices: então o peso de cada magnitude será a soma de seus 3 índices, logo os pesos de duas magnitudes correspondentes serão iguais; os pontos eles próprios se apresentam então também sempre como magnitudes correspondentes, e entre as associações de pontos correspondentes eles próprios há então afinidade. Resulta que, se a, b, c são três pontos pertencentes a uma linha reta e a', b', c' são três pontos seus correspondentes numa formação de pontos afins, então não somente a', b', c' pertencem também a uma linha reta, mas também da mesma forma os segmentos que se encontram entre eles devem ser proporcionais, pois se

$$ab = mbc,$$

onde m representa um número, então se terá também segundo a lei geral da afinidade

$$a'b' = mb'c',$$

e da hipótese a', b', c' devem ser também pontos se a, b, c o são. Nosso conceito de afinidade coincide então com o conceito habitual desta que é aplicada às mesmas magnitudes, a saber, aos pontos simples (do mesmo peso). A geração de associações de pontos afins resulta então mais claramente se nós introduzirmos coordenadas paralelas a base, ou, segundo a nossa maneira de denotar, se nós atribuímos a um ponto e dois segmentos de uma associação um ponto e dois segmentos como correspondentes na outra associação, e geramos em seguida as magnitudes correspondentes pelos mesmos índices: então o peso destas magnitudes será igual ao índice pertencente a este ponto, e será então igual a 1 se este índice é igual à unidade. Se então se traça em uma das formações a partir de um ponto dois segmentos, e na outra a partir do ponto correspondente dois segmentos correspondentes, e se se toma estes segmentos como medida de direção para os termos de direção do ponto pertencente a mesma formação, então os pontos correspondentes das duas associações tem sempre os mesmos pesos; e ao mesmo tempo de três pares de pontos correspondentes são assim determinados todos os outros pares de pontos correspondentes de duas formações de pontos afins.

§ 165. No que concerne as relações métricas de duas formações de pontos colineares, elas são expressas de uma maneira extremamente simples pelo fato que:

> "Toda equação fundamental que é independente dos valores da medida das magnitudes que ali aparecem, continua válida se se colocam no lugar das magnitudes, as magnitudes correspondentes de uma associação colinear."

A saber, como se pode colocar estes valores de medida de maneira tal que as duas associações de magnitudes se torne afins e como para as associações de magnitudes afins a validade deste teorema está demonstrada, vale agora sob esta condição também para as associações colineares. Uma consequência particular deste teorema geral que compreende em sua totalidade as relações métricas existentes entre as formações colineares, e por exemplo aquela onde todo quociente duplo entre quatro magnitudes A, B, C, D, que representa um valor numérico conserva também o mesmo valor numérico se se coloca no lugar de A, B, C, D, as magnitudes correspondentes A', B', C', D', de uma formação colinear parentesca; a saber, como tal quociente duplo se pode representar na forma

$$\frac{AB}{BC} \cdot \frac{CD}{DA} = m$$

é independente do valor de medida das 4 magnitudes A, B, C, D, porque cada uma aparece uma vez no numerador e uma vez no denominador; em consequência, se se iguala aquela ao número m esta equação conservará também sua validade se se coloca, no lugar das magnitudes A, B, C, D, suas magnitudes colinearmente correspondentes A', B', C', D', e tem-se então:

$$\frac{AB}{BC} \cdot \frac{CD}{DA} = \frac{A'B'}{B'C'} \cdot \frac{C'D'}{D'A'}.$$

Notadamente, se tem-se que, a, b, c, d, são pontos de uma linha reta e a', b', c', d', os pontos correspondentes

$$\frac{ab}{bc} \cdot \frac{cd}{da} = \frac{a'b'}{b'c'} \cdot \frac{c'd'}{d'a'}.$$

Da mesma forma tem-se que se A é uma linha, e b, c, d são pontos que pertencem ao mesmo plano que A e que se encontram eles próprios sobre a mesma linha reta

$$\frac{bA}{Ac} \cdot \frac{cd}{db} = \frac{b'A'}{A'c'} \cdot \frac{c'd'}{d'b'}.$$

Além disso, se A e C são linhas retas b e d são pontos, e se A, C, b, d pertencem ao mesmo plano então

$$\frac{Ab}{bC} \cdot \frac{Cd}{dA} = \frac{A'b'}{b'C'} \cdot \frac{C'd'}{d'A'}.$$

Ainda, se A e C são planos, b e d pontos, então

$$\frac{Ab}{bC} \cdot \frac{Cd}{dA} = \frac{A'B'}{b'C'} \cdot \frac{C'd'}{d'A'}.$$

Finalmente, se A, B, C, D são linhas no espaço, então

$$\frac{AB}{BC} \cdot \frac{CD}{DA} = \frac{A'B'}{B'C'} \cdot \frac{C'D'}{D'A'}.$$

As condições adicionadas correspondem a condição adicionada no teorema mais geral, a saber, que o quociente duplo deve representar um número.

§ 166. Como a colineação se relaciona à afinidade a projeção se relaciona à degradação, porque, como mostrado acima, para as magnitudes elementares o sistema de degradação representa a projeção. Todas as equações fundamentais que são independentes do valor de medida de suas magnitudes, permaneceram então também válidas se se coloca no lugar das magnitudes suas projeções; notadamente para a projeção todos os quocientes duplos conservaram também os mesmos valores. Com ainda as associações que podem se gerar uma da outra por degradação representa um gênero particular de afinidade, então as associações que se podem gerar uma da outra por projeção representaram agora um gênero particular de colineação, e, a saber, chamando associações perspectivas as associações que se podem gerar pela projeção, nós podemos estabelecer o teorema:

> "Duas associações colineares são associações perspectivas se e somente se na interseção dos dois sistemas aos quais as associações pertencem dois pontos correspondentes quaisquer coincidem; e o sentido da projeção está então determinado."

Esse teorema é precisamente uma transcrição do teorema estabelecido no § 158 para a degradação. Resultam notadamente também, que duas linhas colineares que não se encontram num plano são sempre perspectivas, porque elas não se cortam. Por fim, no mesmo caso, onde as associações colineares se tornam ao mesmo tempo afins, a projeção será idêntica à degradação; a saber, se a degradação e a magnitude degradada representam pontos, ou em geral, magnitudes elementares do primeiro escalão de pesos iguais. Este será o caso se o sistema diretor é um sistema de extensão (ou, em outras palavras, se, enquanto sistema elementar, tende ao infinito). Isto tinha lugar na primeira parte (§ 82), é por isso então que projeção e degradação coincidiram.

§ 167. Se nós perguntamos em geral quais equações são independentes do valor de medida de magnitudes de escalão não nulo que aparecem e que continuam então a existir para a projeção e em geral para a colineação, então elas são aquelas onde toda a magnitude de escalão não nulo aparece no mesmo termo tantas vezes como fator do denominador como fator do numerador, e somente os fatores que são comuns a todos os numeradores ou denominadores podem aparecer nos termos um número qualquer de vezes, se eles aparecem unicamente um mesmo número de vezes. A forma mais simples de uma tal equação é então

$$\frac{\alpha QA}{PA} + \frac{\beta QB}{PB} + \ldots = 0,$$

onde $\alpha, \beta, \ldots$ representam magnitudes de número e onde nós devemos supor, para que a equação tenha um sentido determinado, que os denominadores $PA, PB, \ldots$ são da mesma espécie, sem serem nulos. Supondo isto e tomando Q igual a unidade, é porque a equação se torna

$$\frac{\alpha A}{PA} + \frac{\beta B}{PB} + \ldots = 0,$$

então nós chamamos esta uma equação h a r m ô n i c a, $\alpha, \beta, \ldots$ os coeficientes harmônicos (pesos harmônicos), os sistemas de $A, B, \ldots$ os sistemas harmônicos, P o sistema de polos Entendendo por $A, B, \ldots$ sistemas simples, então nós escrevemos a equação também da seguinte forma:

$$\alpha A + \beta B + \ldots \overset{P}{=} 0,$$

e dizemos que a expressão $\alpha A + \beta B + \ldots$ é igual a zero em relação à P. A condição que as magnitudes $PA, PB, \ldots$ devem todos ser da mesma espécie, sem serem nulas, pode também ser expressa de tal sorte que para todos estes produtos o sistema mais próximo de recobrimento e o sistema comum dos fatores devem ser os mesmos. Se o sistema mais próximo de recobrimento deve ser o mesmo em todos então isto quer dizer que estes devem coincidir com o sistema mais próximo que compreende todas as magnitudes $P, A, B, \ldots$ isto é com o sistema principal da equação. Se o sistema comum em um destes produtos, logo também em todos, é de escalão zero, então os produtos são exteriores, e então, mas também somente então, os valores dos quocientes $\frac{\alpha A}{PA}$, etc. são magnitudes determinadas (§ 141). Neste caso, nós chamamos a equação harmônica uma e q u a ç ã o   h a r m ô n i c a d e   f o r m a   p u r a. Embora no outro caso os quocientes $\frac{\alpha A}{PA}$ só representam valores parcialmente determinados, o significado da equação harmônica permanece porém aqui determinado; nós queremos agora procurá-lo. Como $PA, PB, \ldots$, são da mesma espécie, sem serem nulos, então pode se supor para $A, B, \ldots$ valores de medida tais que:

$$PA = PB = \ldots;$$

então a equação se apresentará sob a forma:

$$\frac{\alpha A + \beta B + \ldots}{PA} = 0,$$

donde se obtém multiplicando por PA a equação absoluta

$$\alpha A + \beta B + \ldots = 0.$$

Multiplicando esta equação por P, obtém-se então

$$(\alpha + \beta + \ldots)AP = 0,$$

isto é,

$$\alpha + \beta + \ldots = 0$$

ou:

"Numa equação harmônica as somas dos coeficientes harmônicos são iguais nos dois membros."

Ao mesmo tempo, obtém-se também um meio para construir o valor σS que satisfaz a equação:

$$\alpha A + \beta B + \ldots \overset{P}{=} \sigma S,$$

isto é, para encontrar o coeficiente harmônico e o sistema harmônico deste termo; a saber, em primeiro lugar

$$\sigma = \alpha + \beta + \ldots,$$

em segundo lugar, se se faz crescer $A, B, \ldots$ de forma que os produtos por P sejam iguais entre si e se se supõem também que S cresce o mesmo tanto, segundo o que precede

$$\alpha A + \beta B + \ldots = \sigma S$$

ou

$$S = \frac{\alpha A + \beta B + \ldots}{\sigma},$$

porque S ela própria está determinada, a condição de que σ não seja nula*); o sistema de S está então também determinado, o

---

*) Se σ é nula, e $\alpha A + \beta B + \ldots = 0$, então S está totalmente indeterminada, como isto está implícito na ideia de equação harmônica. Se σ é nulo e $\alpha A + \beta B + \ldots$ representa um valor não nulo, então não há valor (finito) de S que satisfaça a equação; como agora $(\alpha A + \beta B + \ldots)P$ é também nulo, então é claro significado da equação harmônica está em consequência mostrado. Nós chamamos o sistema de S o centro de média harmônica entre os sistemas $A, B, \ldots$, em relação aos coeficientes dependentes $\alpha, \beta, \ldots$ e o sistema de polos P; e nós chamamos este sistema, ligado ao coeficiente harmônico $(\alpha + \beta + \ldots)$, a soma harmônica de $\alpha A, \beta B, \ldots$ em relação a P.

§ 168. No parágrafo precedente, nós temos mostrado que uma equação harmônica existe também como equação absoluta se se adjunta aos sistemas valores de medidas tais que seus produtos pelo sistema de polos sejam iguais entre si. Agora nós podemos concluir inversamente e dizer que "uma equação entre somas múltiplas de magnitudes, cujos os produtos por uma mesma magnitude P dão o mesmo valor, é uma equação harmônica se se tomam os coeficientes destas magnitudes como coeficientes harmônicos dos sistemas representados por eles, e o sistema de P como sistema de polos." De fato, seja

$$\alpha A + \beta B + \ldots = \sigma S$$

a equação dada, e seja

$$PA = PB = \ldots = PS,$$

então, dividindo por PS, à esquerda ao invés de dividir a soma se divide os termos, e colocando em seguida no lugar de PS as expressões que lhe são iguais, obtém-se a equação harmônica

$$\frac{\alpha A}{PA} + \frac{\beta P}{PB} + \ldots = \frac{\sigma S}{PS},$$

ou

$$\alpha A + \beta B + \ldots \overset{P}{=} 0,$$

---

que o sistema que corresponde a esta soma não mais satisfaz a condição de ter com P um produto de valor não nulo.

onde $A, B, \ldots$ só representam sistemas simples. Mediante estes teoremas se identificam agora facilmente as transformações onde uma equação harmônica que se apresenta sob a forma pura é suscetível. Em primeiro lugar, é imediatamente claro que se pode combinar exteriormente de um lado todos os sistemas harmônicos, do outro lado o sistema de polos com um sistema L que depende do sistema principal da equação original, sem que a equação deixe de ser uma equação harmônica. Pois se

$$\alpha A + \beta B + \ldots = 0$$

e

$$PA = PB = \ldots,$$

então, se L é independente de PA e PA é tal como nós o temos suposto um produto exterior, é claro que

$$LPA = LPB = \ldots,$$

que LP pode então também ser tomado como sistema de polos, e ainda que

$$\alpha AL + \beta BL + \ldots = 0$$

e

$$PAL = PBL = \ldots,$$

onde esta equação combinada com L é ainda harmônica em relação ao mesmo sistema de polos P. Incomparavelmente mais importantes que estas transformações são aquelas em que não se desvia do sistema principal da equação original. A saber, se se toma P igual à $Q.R$, seja que $Q.R$ represente um produto exterior ou que represente um produto regressivo em relação ao sistema principal da equação, então o produto $Q.R.A$ será um produto puro ou (segundo o § 139) igual à $Q.(R.A)$ porque $P.A$ pode ser considerado como um produto exterior ou também como regressivo de escalão nulo. Se então se multiplica a equação original

$$\alpha A + \beta B + \ldots = 0,$$

ao qual pertencem as equações condicionais

$$P.A = P.B = \ldots,$$

ou

$$Q.(R.A) = Q.(R.B) = \ldots,$$

por *R*, então se obtém

$$\alpha RA + \beta RB + \ldots = 0,$$

que é harmônica em relação à *Q* via as equações condicionais. Logo:

> "Se se representa o sistema de polos de uma equação harmônica pura como combinação, seja exterior, seja regressiva em relação ao sistema principal da equação: então a equação permanece uma equação harmônica pura se se combina um dos termos da combinação com o sistema harmônico, tomando o outro como sistema de polos e deixando inalterado todo o resto."

Para ter uma visão de conjunto da generalidade deste teorema e da riqueza de relações que contém, nós devemos considerar também as equações harmônicas que não se apresentam sob forma pura.

§ 169. Dada a equação

$$\alpha A + \beta B + \ldots = 0,$$

com as equações condicionais

$$PA = PB = \ldots,$$

e os produtos *PA*, etc. sendo regressivos; então a equação harmônica que resulta pode se representar sob forma pura. De fato, se E representa o sistema, que é comum aos fatores de cada um destes produtos, então P se poderá representar como produto exterior sob a forma QE, e tem-se

$$PA = QE \cdot A = QA \cdot E;$$

logo as equações condicionais se transformam em

$$QA \cdot E = QB \cdot E = \ldots,$$

ou como E é subordenado à QA, etc., em

$$QA = QB = \ldots,$$

onde QA, etc. são os produtos exteriores; e a equação é então também harmônica em relação à Q, isto é,

$$\alpha A + \beta B + \ldots \stackrel{Q}{=} 0,$$

e ela está agora representada sob forma pura. Então "uma equação harmônica não pura oferece sempre um sistema (E) que é comum a todos os sistemas harmônicos e ao sistema de polos deste (P) e se pode representar a equação sob forma pura tomando como sistema de polos um sistema qualquer (Q) cuja combinação exterior com este sistema comum (E) fornece o sistema de polos original (P)".

Como se pode deduzir agora das equações condicionais que acabamos de encontrar

$$QA = QB = \ldots$$

para o caso em que $A, B, \ldots$ tem o sistema comum E e onde E_1 está subordenado a E, as novas equações condicionais

$$QA \cdot E_1 = QB \ldots E_1 = \ldots,$$

ou, como E_1 está também subordenada à $A, B, \ldots$, as equações condicionais

$$QE_1 \cdot A = QE_1 \cdot B = \ldots,$$

então resulta que a mesma equação é ainda harmônica em relação à QE_1. Disto segue-se que se pode combinar numa equação harmônica pura o sistema de polos com um sistema que está subordinado a todos os sistemas harmônicos e tomar esta combinação como sistema de polos ou mais geralmente:

"Se os sistemas harmônicos de uma equação têm em comum um sistema de escalão não nulo, então pode-se mudar a vontade o sistema de polos a condição de que o sistema mais próximo que cobre este sistema comum e o sistema de polos permanece o mesmo."

Se nós supomos ainda que em uma equação harmônica pura o sistema de polos não está subordinado ao sistema R mais próximo que recobre todos os sistemas harmônicos, mas que só há um só sistema E em comum com este e que se pode então representar sob a forma QE onde Q é independente deste sistema mais próximo de recobrimento, então pode-se tomar ainda, no lugar das equações condicionais

$$QEA = QEB = \ldots,$$

pois Q é independente do sistema mais próximo que cobre os fatores $EA, EB, \ldots$, segundo §81 suprimindo o fator Q considerar as equações

$$EA = EB = \ldots,$$

isto é, a equação é também harmônica em relação à *E*; como se pode também combinar exteriormente *E* agora de novo com todo o sistema independente de *R* segundo §168, então nós temos o teorema:

> "Numa equação harmônica pura pode-se mudar a vontade o sistema de polos de maneira tal que o sistema que ele tem em comum com o sistema mais próximo que cobre todos os sistemas harmônicos permanecem o mesmo."

Este teorema corresponde àquele que precede e se pode, se se deseja, apresentá-lo a uma forma totalmente análoga. Também vê-se facilmente, como se poderia combinando estas duas leis deduzir uma lei mais geral que porém só tem uma importância menor por causa da sua forma confusa*).

§170. Graças a estes teoremas nós podemos agora representar o teorema do §168 de uma forma ainda um pouco mais simples e mais cômodas para as aplicações. A saber, se nós tomamos a designação então escolhida, nós podemos também pôr na equação harmônica

$$\alpha RA + \beta RB + \ldots \stackrel{Q}{=} 0,$$

segundo os dois teoremas do parágrafo precedente, *QR* no lugar de *Q*, isto é, colocar *P*, e temos então o teorema:

> "Numa equação harmônica pura pode-se combinar sem mudança do sistema de polos os termos harmônicos com cada sistema ordenado no sistema de polos."

---

*) Esta lei poderia ser expressa aproximadamente da seguinte forma: se se combina um sistema de polos variável com o sistema mais próximo de recobrimento dos sistemas harmônicos e se além disso o sistema mais próximo de recobrimento desta combinação e de todos os sistemas harmônicos permanece constante, então a equação harmônica enquanto tal se mantém em relação a este sistema de polos variável.

Neste teorema repousam todos os teoremas sobre os *centres de moyennes harmoniques* que P o n c e l e t estabeleceu*). De fato, se se tem por exemplo num plano o centro de média harmônica de várias linhas em relação a certos coeficientes harmônicos e um ponto do plano como polos e se se traça por este ponto uma linha reta, então entre os pontos de interseção desta linha com as primeiras segundo o teorema que acabamos de dar existirá em relação ao mesmo polo também a mesma equação harmônica; ou, em outras palavras, se se traça por um ponto fixo uma reta variável que corta uma série de n retas fixas do mesmo plano e se se determina em relação a este ponto tomado como polo o centro de média harmônica entre os pontos de interseção afetados de coeficientes harmônicos constantes, então este se encontra sobre uma reta fixa e para ser preciso, esta reta é o centro de média harmônica entre as n retas em relação ao mesmo polo e aos mesmo coeficientes harmônicos. Se por um lado, tem-se em relação a um eixo o centro de média harmônica entre uma série de n pontos do mesmo plano e se se traçam linhas retas por um ponto qualquer de um eixo e estes n pontos, então segundo o teorema mencionado existe entre eles em relação ao eixo a mesma equação harmônica que entre os n pontos. Ou, se se liga um ponto variável pertencente a uma reta fixa a n pontos fixos do mesmo plano, então o centro de média harmônica destas n linhas de ligação em relação a esta reta tomada como eixo e em relação a uma série de coeficientes constantes que pertencem a estes pontos, passa por um ponto fixo e, precisando, este ponto é o centro de média harmônica dos n pontos dados em relação ao mesmo ponto. — Se se deseja representar a segunda expressão em toda sua generalidade, nós obtemos a nova forma seguinte do teorema estabelecido acima:

---

*) Na sua *Mémoire sur les centres de moyennes harmoniques*, terceiro volume do jornal de C r e l l e [págs. 213-272]. — Eu tentei estender esta teoria de P o n c e l e t no estudo "Theorie der Centralen" que está publicado no volume 24 do mesmo jornal.

"Se se combina um sistema variável R, ordenado em um sistema fixo P tomado como sistema de polos com n sistemas fixos, $A, B, \ldots$ onde cada um combinado com o sistema de polos fornece o sistema principal: então o centro de média harmônica destas n combinações em relação a n coeficientes fixos dependentes $\alpha, \beta, \ldots$, cuja soma não é nula e em relação a este sistema de polos P está ordenado em um sistema fixo Q e, precisando, este sistema fixo Q é o centro de média harmônica dos n sistemas fixos $A, B, \ldots$ em relação aos mesmo coeficientes $\alpha, \beta, \ldots$ e ao mesmo sistema de polos P."

Esta expressão com uma precisão perfeita resulta da primeira (estabelecida no parágrafo precedente) e se nos servimos do teorema onde o sistema de polos, os sistemas harmônicos, onde cada um combinado com o sistema de polos fornece o sistema principal, e os coeficientes harmônicos dependentes, cuja soma não deve ser nula, são dados, então o centro de média harmônica está sempre determinado. — A última determinação nestes teoremas, a saber, o fato que o sistema fixo Q aos quais o centro de médias harmônicas são ordenados, se apresenta ele próprio como centro de média harmônica falta na representação de P o n c e l e t, e as expressões encontradas aqui apresentam então, sendo dado que segundo o §167 o centro de média harmônica pode ser facilmente construído, relações geométricas ao mesmo tempo novas e simples.

§171. Eu quero concluir esta apresentação com uma das mais belas aplicações que pode se fazer da ciência tratada, a saber, pela aplicação as configurações cristalinas. Porém, eu vou me restringir aqui a comunicar os resultados, deixando ao leitor a tarefa de os deduzir. Como se sabe, cada uma das configurações cristalinas representam uma sistema de planos cujas posições são variáveis mas cujas direções são constantes; isto é, no lugar de cada plano que intervém numa configuração cristalina pode intervir também aquele que lhe é paralelo sem que a configuração cristalina como tal seja mudado. Nós podemos assim expressar a dependência existente entre as direções destes planos por meio dos conceitos determinados pela nossa ciência:

> "Se se considera quatro superfícies de um cristal sem mudar suas direções de tal maneira que encerrem um espaço*) e se se tomam três das partes assim decompostas como medidas de direção, então toda outra superfície do cristal pode se expressar de forma racional como soma múltipla destas medidas de direção."

Que a expressão é racional repousa sobre o fato que os índices podem se representar como frações racionais e logo como números i n t e i r o s, pois só a relação importa. Nós observamos ainda que aqui em geral são os planos cujos índices podem se expressar por números inteiros os menores que intervém mais frequentemente no cristal, e que é já extremamente raro que os índices de uma superfície do cristal se podem apenas representar por números inteiros entre os quais se encontram aqueles que são maiores que 7. Notadamente, o plano que corta, visto que suas 3 projeções no sentido do sistema de direção dão as 3 medidas de direção, pode-se representar como soma das medidas da direção, isto é, que seus índices são 1, 1, 1.

E x e r c í c i o. Dados em relação a 4 planos A, B, C, D, onde o último é aquele que corta os índices de quatro outros planos Q_1, Q_2, Q_3, Q e os índices de um plano P, encontre os índices x, y, z de P se Q_1, Q_2, Q_3 e Q são considerados como os planos originários e, para precisar, Q como aquele que corta.

---

*) Aqui já está dado o fato de que as superfícies não devem ter arestas paralelas.

S o l u ç ã o . Se x, y, z se referem a Q_1, Q_2, Q_3 tem-se:

$$x = \frac{P \cdot Q_2 \cdot Q_3}{Q \cdot Q_2 \cdot Q_3}, \quad y = \frac{Q_1 \cdot P \cdot Q_3}{Q_1 \cdot Q \cdot Q_3}, \quad z = \frac{Q_1 \cdot Q_2 \cdot P}{Q_1 \cdot Q_2 \cdot Q}.$$

Esta resolução, que resulta*) mais facilmente das leis da nossa análise, se apresenta sob forma extremamente simples, embora pelo método analítico usual a fórmula final e os termos intermediários se apresentam sob formas muito complicadas. Desta resolução decorre imediatamente o teorema:

"Se uma série de planos se pode deduzir sob forma racional da maneira indicada de 4 planos que encerram um espaço, então a mesma série de planos se pode

---

*) A saber, P_1, P_2, P_3 são as partes de Q_1, Q_2, Q_3 que se cortam em Q, então deve-se procurar os índices x, y, z que verificam a equação

$$P = xP_1 + yP_2 + zP_3.$$

Seja agora $P_1 = uQ_1$, $P_2 = vQ_2$, $P_3 = wQ_3$, logo

1) $\qquad Q = uQ_1 + vQ_2 + wQ_3,$

e ainda

2) $\qquad P = x'Q_1 + y'Q_2 + z'Q_3,$

então seja também

$$P = \frac{x'}{u}P_1 + \frac{y'}{v}P_2 + \frac{z'}{w}P_3,$$

logo

$$x = \frac{x'}{u}, \text{ etc.}$$

Agora de 1)

$$u = \frac{Q \cdot Q_2 \cdot Q_3}{Q_1 \cdot Q_2 \cdot Q_3},$$

e de 2)

$$x' = \frac{P \cdot Q_2 \cdot Q_3}{Q_1 \cdot Q_2 \cdot Q_3},$$

logo

$$x = \frac{x'}{u} = \frac{P \cdot Q_2 \cdot Q_3}{Q \cdot Q_2 \cdot Q_3}, \ldots$$

também deduzir sob forma racional de todos os outros quatro planos desta série que encerram um espaço."

Toda aresta da configuração cristalina se apresenta como produto das superfícies que a formam, e assim resulta a solução do exercício: "se os índices de duas superfícies P, P_1 são dados em relação a quatro planos A, B, C, D onde o último é aquele que corta, então encontrar sua aresta como soma múltipla das arestas formadas pelos planos A, B, C e delimitados por D". Se A, B, C representam as superfícies delimitada por D, obtêm-se como índices desta aresta as expressões:

$$\frac{P.P_1.C}{A.B.C}, \frac{A.P.P_1}{A.B.C}, \frac{P_1.B.P}{A.B.C},$$

que se referem*) as arestas representadas pelos produtos AB, BC, CA. Disto decorre, pois pode-se tomar 4 superfícies quaisquer de cristal que delimitam um espaço para superfícies fundamentais, o teorema:

"Se se consideram 3 arestas de um cristal, que não se encontram num mesmo plano, num ponto inicial comum sem mudar suas direções e se se tomam como pontos finais suas intersecções com uma superfície qualquer do cristal, então toda outra aresta do cristal se pode expressar sob forma racional como soma múltipla destes segmentos."

---

*) A saber,
$$\frac{P.P_1.C}{A.B.C} A.B$$
é a projeção de $P.P_1$ sobre $A.B$ segundo C, etc. e de lá resulta

$$P.P_1 = \frac{P.P_1.C}{A.B.C}A.B + \frac{A.P.P_1}{A.B.C}B.C + \frac{P_1.B.P}{A.B.C}C.A;$$

onde AB, BC, CA representam as três arestas que se situam entre A, B, C e são limitadas pelo plano D; pois sejam c, a, b estas três arestas, então as superfícies bc, ca, ab serão proporcionais as 3 superfícies A, B, C (porque estas são as metades daquelas) e AB, BC, CA serão então proporcionais aos produtos $bc.ca, ca.ab, ab.bc$, isto é, aos produtos $abc.c, abc.a, abc.b$ ou as magnitudes c, a, b e estas magnitudes podem então ser colocadas no lugar destes produtos.

Como o plano D que intercepta fornece para as três arestas a, b, c os mesmos produtos, então se poderá também representar toda magnitude p, que está representada como soma múltipla de a, b, c, como soma múltipla harmônica de a, b, c em relação a D. Assim, tem-se o teorema:

> "Se se tomam 3 arestas de uma configuração cristalina e uma superfície desta (sem que a combinação das 3 arestas ou da superfície com uma delas seja zero), então toda outra aresta do cristal se pode expressar sob forma racional como soma múltipla harmônica destas arestas em relação a este plano."

Esta lei é interessante porque ela exprime de forma pura a relação das direções (sem levar em conta hipotéticos valores de medida). Da mesma forma, resulta facilmente, pois as superfícies ab, bc, ca dão o mesmo produto com aresta $a + b + c$, o teorema:

> "Se se tomam três superfícies de uma configuração cristalina e uma aresta desta (sem que a combinação das 3 superfícies ou da aresta com uma delas seja nula), então toda outra superfície do cristal se pode representar sob forma racional como soma múltipla harmônica destas superfícies em relação a esta aresta."

Como todas as magnitudes de extensão no espaço podem ser tomadas como magnitudes elementares que pertencem ao plano no infinito, então as degradações sobre um plano fundamental qualquer segundo um ponto dirigente qualquer representarão um sistema afim ao primeiro e entre elas existirão então exatamente as mesmas equações que entre as magnitudes regressivas; e inversamente, toda equação que existe entre as degradações existirá também entre as magnitudes regressivas e a associação destas degradações representará então fielmente todas as relações existentes na configuração cristalina; as superfícies do cristal serão representadas pelas magnitudes de linha, as arestas do cristal pelas magnitudes de ponto, ou, na medida onde as duas são dadas apenas em relação às suas direções, por linhas e pontos. Esta representação no plano, pois ela reproduz perfeitamente e fielmente tudo que há de essencial nas configurações cristalinas e não conserva o acidental, convém então particularmente bem para organizar as configurações cristalinas no plano.

Estas alusões devem ser suficientes para mostrar também em relação a este aspecto a fecundidade desta nova análise.

Observação sobre os produtos abertos.

Na representação dada acima, eu me limitei antes de mais nada a produtos tais que os fatores se podem agrupar a vontade a produtos particulares sem mudar o produto total (§ 143); e esta restrição me pareceu ser necessária para que a matéria já de toda forma variada se mantenha mais coerente e para que o leitor não seja fatigado pela aparição incessante de novos conceitos. Ainda, os produtos para os quais esta condição não é mais verdadeira exigem um tratamento inteiramente diferente, magnitudes novas e complicadas surgem, se bem que estas magnitudes permitem ricas aplicações, notadamente em mecânica e óptica, esta aplicação, porém não pode ser tornada inteiramente intuitiva aqui porque para fazer isto haveria agora necessidade de leis que serão desenvolvidas na parte que virá. Porém, eu quero pelo menos explicar aqui por meio de um exemplo a forma de tratá-los, e ao mesmo tempo indicar as relações de magnitudes interessantes que surgem aqui. Até agora era somente o produto misto (§ 139) que não estava submetido à lei de reunião, embora a relação multiplicativa geral com a adição com a qual pode-se pôr termos simples no lugar do fator decomposto e adicionar os produtos simples assim formados permanece válida para esta. Mas esta relação também se apresenta aqui como muito exclusiva na medida em que os produtos mistos dos quais um único fator é diferente, enquanto os outros são da mesma espécie, podem ser reunidos segundo um único produto, mas não aqueles onde há mais de um único fator que é de uma espécie diferente, a menos que estes fatores de diferentes espécies estejam já reunidos num produto. Na supressão desta exclusividade repousa agora o princípio do tratamento destes produtos. Seja $A_1P . B_1 + A_2P . B_2$ uma tal soma de dois produtos mistos, onde P é o fator comum e os dois últimos fatores não podem ser reunidos em um único produto; não se pode então igualmente colocar no seu lugar de $\mp(A_1B_1 + A_2B_2) . P$; mas se nós desejamos introduzir uma tal expressão, como a analogia da multiplicação o exige, então é necessário que designemos o lugar de P no produto onde ele deve entrar. Seja este lugar designado por parênteses deixados vazios, tais que

$$[A( ) . B]P = AP . B$$

e

$$[A_1( ) . B_1 + A_2( ) . B_2 + \ldots]P = A_1P . B_1 + A_2P . B_2 + \ldots,$$

e se chamará produto aberto um produto com um lugar deixado vazio. Se são vários fatores que se juntam onde somente um deve entrar na lacuna, então este último pode ser indicado pelos mesmos parênteses pelos quais a lacuna é designada. Se há duas ou mais lacunas no produto, então é necessário que as designações dos parênteses sejam diferentes se vários fatores devem entrar neles. Nós consideramos porém aqui somente o produto com uma única lacuna, onde a soma está formalmente determinada pelo fato que a relação multiplicativa permanece válida. Nós devemos então igualar duas somas de produtos abertos, visto que elas são apenas determinadas segundo seu conceito via sua multiplicação por outras magnitudes se e somente se multiplicadas por uma magnitude qualquer mas as duas pela mesma, elas dão o mesmo produto*). Importa então determinar as relações constantes entre as magnitudes, que aparecem nessa expressão de soma que nós podemos supor variáveis se precisamente o valor da soma deve permanecer constante. Quanto mais simples e mais intuitiva sejam vistas as relações constantes, mais simples e mais intuitivas será o conceito desta soma, conceito que pode precisamente ser tomado pelo conjunto desta relações constantes elas próprias. Estas relações constantes podem se representar muito facilmente como relações de número em relação a um sistema de direção tomado como base. A saber, é suficiente então representar todas as magnitudes nesta expressão de soma S, bem como a magnitude P pela qual é necessário multiplicar, como somas múltiplas das medidas de direção de mesmo escalão, depois de organizar o produto SP igualmente como soma múltipla de medidas de direção; neste produto o coeficiente de cada medida de direção (segundo § 89) será então constante qualquer que seja a mudança de magnitudes em S se precisamente este produto ou esta soma múltipla, as quais isto se refere deve permanecer constante. Todo qual coeficiente pode por sua vez ser representado como soma múltipla dos índices da magnitude P; e como para cada valor determinado destes índices esta soma múltipla deve permanecer constante, então nela também o coeficiente de cada índice de P deve ser constante. Agora, é imediatamente claro que as relações constantes entre as magnitudes em S estão assim completamente representadas, porque delas resultam necessariamente a persistência da expressão de soma.

---

*) Mesmo se somente para toda a magnitude de escalão dado, onde então o valor da soma permanece ao mesmo tempo dependendo do número de escalão.

Explicamos isto por um exemplo. Seja

$$S = e_1(\,).\,e_1 + e_2(\,).\,e_2 + \ldots = \sum [e(\,).\,e],$$

a soma que é necessária tratar onde $e_1, e_2, \ldots$ representam os segmentos no espaço e onde na última designação o sinal de soma se refere aos índices diferentes $1, 2, \ldots$. É claro que se os segmentos e não pertence a um único plano, a magnitude P que deve ser multiplicada por esta soma deve ser do segundo escalão, isto é uma superfície, desde que os produtos de termos simples devem permanecer somáveis sem serem nulos. Sejam agora a, b, c as medidas de direção de primeiro escalão do sistema de direção que foi tomado como base, com bc, ca, ab as medidas de direção de segundo escalão e

$$e = \alpha a + \beta b + \gamma c,$$
$$P = xbc + yca + zab,$$

então tem-se:

$$SP = \sum (eP\,.\,e) = \sum (eP\,.\,(\alpha a + \beta b + \gamma c)).$$

Aqui é necessário que os índices pertencentes as medidas de direção a, b, c da expressão inteira sejam constantes; isto é, é necessário que

$$\sum (eP\,.\,\alpha), \quad \sum (eP\,.\,\beta), \quad \sum (eP\,.\,\gamma)$$

sejam constantes para todo valor de x, y, z, onde

$$eP = abc(\alpha x + \beta y + \gamma z).$$

Daqui resultam as seis magnitudes constantes seguintes:

(1) $$\begin{cases} \sum(\alpha^2), \quad \sum(\beta^2), \quad \sum(\gamma^2), \\ \sum(\beta\gamma), \quad \sum(\gamma\alpha), \quad \sum(\alpha\beta). \end{cases}$$

Designemos estas 6 magnitudes respectivamente por

$$A, \quad B, \quad C,$$
$$A', \quad B', \quad C';$$

então tem-se que

(2) $$\begin{cases} PS = abc(Ax + C'y + B'z)a \\ + abc(C'x + By + A'z)b \\ + abc(B'x + A'y + Cz)c \end{cases}$$

Esta soma S tem então um valor constante se e somente se em relação a um sistema de direção fixo qualquer estas 6 magnitudes de número permanecem constantes. Certamente, nós temos agora determinado as relações constantes que devem existir entre as magnitudes que aparecem nesta soma se a soma deve permanecer constante; porém o conceito simples desta soma não foi ainda encontrado ainda porque nestas relações foi introduzido um elemento totalmente estrangeiro e sem qualquer relação com o conceito desta soma, a saber, o sistema de direção tomado como base. Estas 6 magnitudes só servem então para a transmissão para os sistemas de direção dados, enquanto o conceito simples da soma está ainda a ser realizado. Para nós nos aproximarmos da solução deste problema nós podemos tentar inicialmente reduzir esta soma ao número mais pequeno possível de termos. Como esta soma apresenta 3 índices, então a primeira vista esta soma parece redutível a dois termos porque há 6 equações para a determinação dos 6 índices destes segmentos; porém é fácil de ver, se nem todas as magnitudes em S pertencem ao mesmo plano, não se pode escolher estes seis índices de modo que as 6 equações sejam satisfeitas. Pois, como o sistema de direção é arbitrário, então ele pode ser tomado também de tal maneira que os seus dois segmentos de direção coincidam com duas medidas de direção, por exemplo com a e b; então é claro que

$$SP = aP.a + bP.b$$

representa sempre um segmento do plano ab; seria necessário então que o termo de SP que pertence ao terceiro eixo c seja sempre nulo, isto é, B', A', C deveriam ser nulos. Porém C que representa as somas dos quadrados de γ só pode ser nulo se todos os valores de γ são nulos, isto é, se todos os valores e pertencem ao plano ab. A soma S não pode então se reduzir a um número de termos reais menores do que três. Mas como três segmentos apresentam nove índices, então estes não serão determinados por estas 6 equações mas deixaram então lugar a três determinações de número. Para reduzir agora a 3 termos uma soma dada S da forma $\sum [e(\,).e]$ onde as diferentes magnitudes e não devem pertencer a um mesmo plano, isto é, A, B, C representam sempre valores (positivos) não nulos, nós voltamos a equação (2). Tomemos aqui

$$P = ab,$$

isto é,

$$x = y = 0, \quad z = 1,$$

então tem-se

$$SP = S(ab) = abc(B'a + A'b + Cc).$$

Como aqui C não pode ser nulo, então $S(ab)$ nunca é paralela ao plano ab. Como a suposição do sistema de direção é arbitrária nós podemos então, a condição que os três eixos de direção sejam independentes um do outro, supor o terceiro eixo de direção c paralelo à $S(ab)$. Então

$$A' = B' = 0$$

e $S(ab)$ é igual a $abc \cdot Cc$. Como o valor de medida c é também arbitrário, e C positivo, pode-se então se supor c de forma tal que C seja iguais à 1*); então tem-se

$$S(ab) = abc \cdot c.$$

Se ainda se toma agora

$$P = ca, \quad z = x = 0, \quad y = 1,$$

então tem-se**)

$$S(ca) = abc(C'a + Bb),$$

o que se deve encontrar necessariamente no plano ab mas, como B não pode ser zero, é independente de a. Como b pode ser agora suposto arbitrariamente no plano ab a condição que ele permaneça independente de a então pode-se tomar b ele próprio paralelo a esta expressão $S(ca)$. Tem-se então $C' = 0$ logo $A' = B' = C' = 0$, e $S(ca)$ é igual a $abcB \cdot b$ ou, se supomos ainda o valor de medida de b de forma que B seja igual a um,

$$S(ca) = abc \cdot b.$$

Enfim, $S(bc)$ é igual a $abcA \cdot a$ ou, se se supõe a de forma tal que A seja igual a um,

$$S(bc) = abc \cdot a.$$

---

*) Para este fim, basta pôr $\frac{c}{\sqrt{C}}$ no lugar de c, então γ^2 muda para $\frac{\gamma^2}{C}$ e $\sum(\gamma^2)$ para $\frac{\sum(\gamma^2)}{C}$, isto é, para 1.

**) Porque A' é igual à zero.

As equações condicionais, que nós assim percebemos, são então

(3) $$\begin{cases} A' = B' = C' = 0, \\ A = B = C = 1; \end{cases}$$

de onde se segue

(4) $$S = a(\,).\,a + b(\,).\,b + c(\,).\,c.$$

Da maneira indicada essa soma está então reduzida de fato a três termos reais; e para as magnitudes c, b, a temos as equações

(5) $$\begin{cases} S(ab) = abc.\,c, \\ S(ca) = abc.\,b, \\ S(bc) = abc.\,a. \end{cases}$$

Se chegará diretamente à estas equações (5) se se supõe que esta soma pode se reduzir a três termos. Pois, se a, b, c são os segmentos pertencentes a estes termos, tem-se imediatamente de (4) via a multiplicação por ab, ca, bc as equações (5). Se se considere uma destas equações, por exemplo a primeira, então ela é independente do valor de medida do fator (ab) pelo qual S é multiplicada; se se considera então uma magnitude qualquer, paralela à ab igual a Q, então tem-se

(6) $$SQ = Qc.\,c = (c(\,).\,c)Q,$$

e como Q podia originariamente ser tomada arbitrariamente, então toda a magnitude c que satisfaz esta equação para um Q qualquer poderá ser tomada como um dos três segmentos aos quais S se pode reduzir; então Q ele próprio é o plano dos dois outros, e nele um dos dois segmentos restantes pode ainda ser suposto de direção arbitrária, mediante o qual tudo está então determinado.

Esta suposição arbitrária da direção do plano Q e da direção de um dos segmentos nele que toma o lugar das 3 determinações de número a supor arbitrariamente como discutido acima. Para completar agora o conceito, devemos estabelecer a relação entre três tais segmentos quaisquer; isto será feito estabelecendo a equação da superfície cujos suportes de pontos são estes segmentos que são tomados no mesmo ponto inicial e em relação a 3 segmentos quaisquer aos quais S pode ser reduzida. Se p é este suporte e se na equação (6), p é colocado no lugar de c, tem-se

(7) $$SQ = Qp \cdot p.$$

Se agora

$$p = xa + yb + zc,$$
$$S = a(\,)\cdot a + b(\,)\cdot b + c(\,)\cdot c,$$
$$Q = x'bc + y'ca + z'ab,$$

então tem-se
$$SQ = abc \cdot (x'a + y'b + z'c).$$

De (7) resulta então que $x'a + y'b + z'c$ é paralelo a p, isto é, que $x' : y' : z' = x : y : z$. Como agora na equação (7) toda magnitude paralela a Q pode ser tomada no lugar de Q, então nós podemos agora pôr

$$Q = xbc + yca + zab,$$

então nós obtemos de (7),

$$abc = Qp = (x^2 + y^2 + z^2)abc,$$

isto é,

(8) $$x^2 + y^2 + z^2 = 1.$$

Mas isto é agora a equação de um elipsóide onde as medidas fundamentais a, b, c são os raios conjugados*). Chamando uma expressão tal como $a(\,)\,.\,a$ um quadrado aberto de a, nós podemos então apresentar os resultados obtidos no teorema seguinte:

> Uma soma de quadrados abertos no espaço é igual à soma dos quadrados abertos de três raios conjugados quaisquer que pertencem a um elipsóide constante.

Como este elipsóide é então a exata expressão desta soma, logo nós podemos dizer também que esta soma é uma magnitude tal que representa um elipsóide e que ela própria pode ser pensada como elipsóide. Desta maneira o conceito desta soma que, ao começo, só se apresentava formalmente é agora remetida ao seu significado real. Nós nos fixamos agora a tarefa de encontrar a equação do elipsóide que pertence a uma expressão de soma dada

$$S = \sum (e(\,)\,.\,e).$$

Para este fim, é necessário apenas eliminar p ou Q na equação (7),

$$SQ = pQ \cdot p,$$

onde p é o suporte de um ponto da superfície e Q, como ele representa o plano dos raios conjugados que pertencem a p, é paralela ao plano tangente, para representar no primeiro caso (se p é eliminado) o elipsóide como aquele que é envolvido, nós podemos

---

*) Se se entende por x', y', z' as próprias coordenadas, que pertencem aos índices x, y, z então tem-se $x' = xa, \ldots$, ou $x = \frac{x'}{a}, \ldots$ e a equação (8) será então

$$\frac{x'^2}{a^2} + \frac{y'^2}{b^2} + \frac{z'^2}{c^2} = 1,$$

que é a forma habitual de um elipsóide.

no servir o método mencionado no §144, segundo o qual o valor de medida pode ser suposto de tal maneira que, se Q é colocado na posição do plano tangente, seu desvio da origem dos suportes é uma magnitude constante que nós podemos igualar a unidade. Mas este desvio é igual a pQ, logo pQ é igual a unidade. Se se multiplica então a equação acima por Q, tem-se

$$SQ \cdot Q = pQ \cdot pQ = 1,$$

que é a equação geométrica do elipsóide como superfície envolvida. Mas tem-se

$$SQ \cdot Q = \sum (eQ \cdot e) \cdot Q = \sum (eQ)^2,$$

e a equação do elipsóide é então

(9) $$\sum (eQ)^2 = 1.$$

Se se deseja referir esta equação a um sistema de direção dado a, b, c então se supõe

$$Q = xbc + yca + zab,$$

e

$$e = \alpha a + \beta b + \gamma c,$$

então

$$eQ = (\alpha x + \beta y + \gamma z),$$

se abc (a medida principal) é igual a unidade, e tem-se então

$$\sum (\alpha x + \beta y + \gamma z)^2 = 1$$

ou, mantendo a designação escrita acima

$$Ax^2 + By^2 + Cz^2 + 2A'yz + 2B'zx + 2C'xy = 1.$$

Até agora nós consideramos apenas a soma de quadrados abertos. Se nós levarmos em consideração também as diferenças, então os elipsóides podem também tornar-se hiperboloides e nós chegamos agora ao conceito geral de uma magnitude que é representada no espaço por uma superfície, no plano por uma curva de segunda ordem, e nós podemos chamar, como ela se apresenta originalmente como elipsoide ou elipse, magnitude elíptica. Porém, não parece ser necessário explicar ainda isto porque a abordagem do desenvolvimento ulterior não oferece mais dificuldades. Ainda, percebe-se facilmente como o desenvolvimento inteiro poderia ter sido feito sem ter que recorrer a sistemas de coordenadas arbitrários; e eu apenas escolhi o caminho tomado para fazer entrever ao mesmo tempo geralmente a forma de tratar os produtos abertos.

Tabela de Figuras

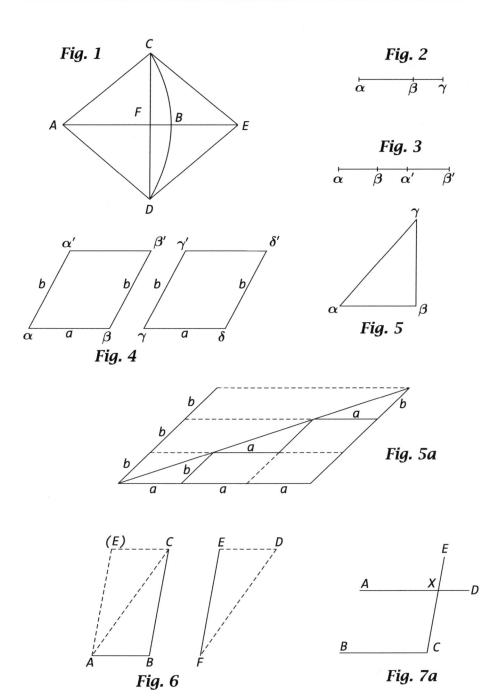

Fig. 7b

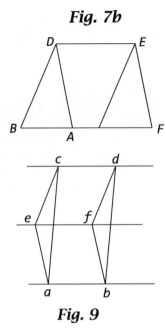

Fig. 9

Fig. 8

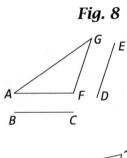

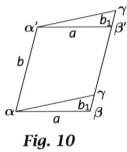

Fig. 10

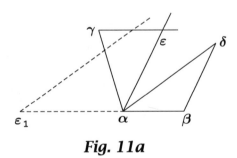

Fig. 11a

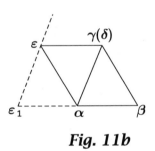

Fig. 11b

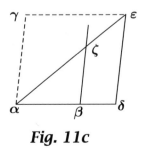

Fig. 11c

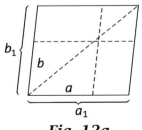

Fig. 12a

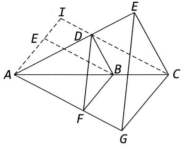

Fig. 12b

Fig. 13

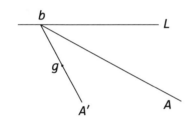

Fig. 14

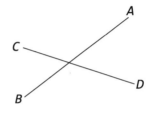

Fig. 15

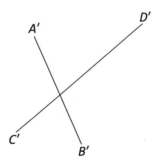

Fig. 16

Conteúdo

	Página
Prefácio.	I
Introdução.	XIII
A. Dedução do Conceito da Matemática Pura.	XIII
B. Dedução do Conceito da Ausdehnungslehre.	XV
C. Exposição do Conceito da Ausdehnungslehre.	XX
D. Forma de Apresentação.	XXIII
Esboço da Teoria Geral das Formas.	1–15

§ 1. Conceito de igualdade. — § 2. Conceito de ligação. — § 3. Concordância de termos. — § 4. Permutabilidade dos termos, conceito de ligação simples. — § 5. Ligações sintética e analítica. — § 6. Unicidade da análise, adição e subtração. — § 7. Formas indiferente e analítica. — § 8. Adição e subtração de formas de mesma espécie. — § 9. Ligações de escalões diferentes, multiplicação. — § 10. Leis gerais da multiplicação. — § 11. Leis da divisão. § 12. Conceito real de multiplicação.

Seção Primeira. Magnitude de Extensão.

Capítulo Primeiro.

Adição e Subtração de Extensões Simples de Primeiro Escalão.	19–55
A. Desenvolvimento teórico.	19–39

§ 13. 14. Estrutura extensiva, deslocamento e o sistema de primeiro escalão. — § 15. Adição e subtração de deslocamentos de mesma espécie. — § 16. Sistemas de escalão superior. — § 17-19. Adição e subtração de deslocamentos de espécies diferentes. — § 20. Independência dos sistemas de escalão superior.

B. Aplicações. 39-55

§ 21-23. Insustentabilidade dos anteriores fundamentos da geometria e a tentativa de estabelecer uma nova fundamentação. — § 24. Exercícios e teoremas geométricos, o centro de vários pontos. — § 25. Leis fundamentais da mecânica de Newton. — § 26. Movimento total, movimento do centro de gravidade. — § 27. Observações acerca da aplicabilidade da nova análise.

Capítulo Segundo.

Multiplicação Exterior de Segmentos. 57-87

§ 28-30. Geração do desenvolvimento em geometria, consideração preparatória.

A. Desenvolvimento teórico. 61-73

§ 31. Geração de extensões de escalões superiores. — § 32. Extensões de escalões superiores como produtos. — § 33. 34. Lei fundamental da multiplicação exterior. — § 35. 36. Leis principais da multiplicação exterior.

B. Aplicações. 73-87

§ 37-40. Lei da mudança de sinal em permutando os fatores espaciais. — § 41. Momento estático. — § 42, 43. Teoremas sobre o momento total, equilíbrio de corpos sólidos. — § 44. Lei da permutação confirmada pela estática. — § 45, 46. Solução das equações algébricas de primeira grau com várias incógnitas.

Capítulo Terceiro.

Ligação de Magnitudes de Extensão de Escalões Mais Elevados. 89-110

A. Desenvolvimento teórico. 89-104

§ 47. 48. Soma de extensões em um domínio de escalão imediatamente superior. — § 49. 50. Validade das leis de adição para esta nova soma. — § 51. Soma formal ou magnitude de soma. — § 52, 53. Multiplicação das magnitudes de extensão. —

§ 54, 55. Leis principais da multiplicação exterior.

B. Aplicações. 104–110

§ 56. Geração do desenvolvimento no espaço. — § 57. Conceito geral de momento total. — § 58. Dependência dos momentos.

Capítulo Quarto.

Divisão Exterior, Magnitude de Número. 111–142

A. Desenvolvimento teórico. 111–136

§ 60. Conceito de divisão exterior. — § 61, 62. Realidade e ambiguidade do quociente. — § 63, 64. Expressão para o quociente único. — § 65, 66. Conceito do quociente de duas magnitudes de mesma espécie. — § 67. Proporção. — § 68. Magnitude de número, produto desta por uma magnitude de extensão. — § 69, 70. Produto de várias magnitudes de número. — § 71. Validade de todas as leis da multiplicação e da divisão aritmética para magnitudes de número. — § 72. Adição de magnitudes de número. — § 73. Relação desta adição com a multiplicação. Lei geral.

B. Aplicações. 136–142

§ 74. Magnitude de número em geometria. — § 75–79. Representação puramente geométrica de proporções em geometria.

Capítulo Quinto.

Equações, Projeções. 143–162

A. Desenvolvimento teórico. 143–157

§ 80. Dedução de novas equações via multiplicação a partir de uma dada. § 81. Restituição da equação original. — § 82. Projeção ou degradação, degradação de uma soma. — § 83. Degradação, quando se anula e quando se torna impossível. — § 84. Degradação do produto e do quociente, lei geral. — § 85. Expressão analítica da degradação. — § 86. Dedução de uma associação de equações que substitui a equação original. — § 87. Sistemas de direções (sistemas de coordenadas), domínio de direção, medida de direção, medida principal. — § 88. Partes de direção, índice. — § 89. Equações entre as partes de direção e entre os índices. — § 91. Degradação de uma equação no sentido de um sistema de direção. Expressão do índice.

B. Aplicações. 157–162

§ 91. Degradação em geometria. — § 92. Mudança de coordenadas. — § 93. Eliminação de uma incógnita das equações de graus mais elevados.

Seção Segunda. Magnitude Elementar.

Capítulo Primeiro.

Adição e Subtração de Magnitudes Elementares de Primeiro Escalão. 165–184

A. Desenvolvimento teórico. 165–168

§ 94. Lei sobre a soma dos segmentos que são tirados de um elemento variável com uma série de elementos fixos. — § 95. Desvio de um elemento, de uma associação elementar, peso. — § 96. Conceito de magnitudes elementares e de sua soma. — § 97. Multiplicação dessas magnitudes. — § 98. Magnitude elementar como elemento múltiplo. — § 99. A magnitude elementar de peso nulo é um segmento. — § 100. Soma de um segmento e de um elemento simples ou múltiplo.

B. Aplicações. 176–184

§ 101. Centro de uma associação de pontos. — § 102. O centro como eixo. — § 103. Centro de gravidade, eixo de equilíbrio. — § 104. Magnetismo, eixo magnético. — § 105. Aplicação ao cálculo diferencial.

Capítulo Segundo.

Multiplicação Exterior, Divisão e Degradação de Magnitudes Elementares. 185–226

A. Desenvolvimento teórico. 185–203

§ 106. Em que medida o segmento pode ser entendido como produto. — § 107. Sistemas elementares. — § 108. Produto exterior de magnitudes elementares determinado formalmente. — § 109. Realização deste produto, afastamento, magnitude elementar rígida. — § 110. Formação de ângulo. — § 111. Comparação da formação de ângulo com este produto, extensão da magnitude elementar. — § 112. As magnitudes elementares iguais têm o mesmo afastamento. — § 113. Soma de magnitudes elementares.

B. Aplicações. 204-226

§ 114. Magnitudes elementares no espaço, magnitudes de linha, magnitudes de plano. — §115. Produtos e somas destas magnitudes. — § 116. 117. Sistemas de direção para as magnitudes elementares. § 118. Mudança de coordenadas. — § 119. Equação do plano. — § 120. O momento estático como desvio. — § 121. Novo caminho para o tratamento da estática. — § 122. Lei geral para o equilíbrio. — § 123. Relação geral entre os momentos estáticos. — § 124. Quando uma associação de forças age identicamente a uma força particular.

Capítulo Terceiro.

Produto Regressivo. 227-281

A. Desenvolvimento teórico. 227-274

§ 125. Explicação formal do produto regressivo; grau da dependência e da multiplicação. — § 126. Relação entre o sistema comum e o sistema mais próximo de recobrimento. — § 127. Introdução do sistema de relação. — § 128. Assim é dado a uniformidade da multiplicação exterior e a multiplicação regressiva. — § 129. O produto regressivo sob a forma subordinada. — § 130-132. Significado real do produto regressivo; valor característico específico deste em relação à uma medida principal. — § 133. Introdução dos números completantes. — § 134. Multiplicação de produtos que se apresentam sob a forma subordinada. — § 135. Todo produto real se reduz à uma forma subordinada. — § 136. Multiplicação de magnitudes comparáveis entre si. — § 137. Valor característico de um produto regressivo de vários fatores; produto puro e produto misto. — § 138. Lei para os números completantes de produtos puros. — § 139. Os fatores de um produto puro se agrupam de uma maneira qualquer. — § 140. Relação com à adição e à subtração. — § 141. Divisão em relação a um sistema; grau da magnitude de relação. — § 142. Analogia completa entre multiplicação exterior e multiplicação regressiva. — § 143. Sistema duplo e produto relacionado a este.

B. Aplicações. 274-281

§ 144. Produto regressivo em geometria. — § 145. Teorema geral sobre as curvas e superfícies algébricas. — § 146-148. Teorema geral sobre as curvas planas e sua aplicação às seções cônicas.

Capítulo Quarto.

Parentesco. 283-339

§ 149-151. Conceito geral de degradação (exterior e regressiva) e de projeção. — § 152. Degradação da soma. — § 153. Degradação do produto. — § 154. Afinidade. Formação das associações afins. — § 155. 156. Correspondência de produtos de magnitudes correspondentes de duas associações afins. — § 157. Afinidade direta e recíproca, teorema geral. — § 158. Relação entre degradação e afinidade. — § 159. Afinidade em geometria. — § 160. Parentesco linear, colineação e reciprocidade segundo o princípio dos mesmos índices. — § 161. 162. Colineação segundo o princípio dos mesmos índices e segundo o princípio da mesma construção. Identidade dos dois conceitos. — § 163. Identidade e reciprocidade segundo os dois princípios. — § 164. Identidade do conceito de afinidade segundo os dois princípios para as associações de pontos. — § 165. Relações métricas de duas formações de pontos colineares. — § 166. Relação entre colineação e projeção. (Perspectividade). — § 167. Equações harmônicas, construção do centro harmônico. Soma harmônica, coeficientes harmônicos, sistema de polos. — § 168. Transformação de equações harmônicas puras. — § 169. Transformação do sistema de polos de uma equação harmônica. — § 170. Transformações de equações harmônicas onde o sistema de polos permanece inalterado. Teorema geral sobre o centro harmônico. — § 171. Aplicação às configurações cristalinas. — Observação sobre os produtos abertos.

Glossário Alemão-Português

abgeschattete Größe — *magnitude degrada*, 147
abhängig — *dependente*, 34
abhängig *m*-ten Grade — *dependente no m-ésimo grau*, 228
abhängig von andern Elementargröße — *dependente de outras magnitudes elementares*, 187
Abhängigkeit (Begriff der -) — *conceito de dependência*, 34
Abhängigkeit (gegenseitigen -) — *dependência mútua*, 229
Abhängigkeitsgrade — *grau de dependência*, 253
Abhängigkeitsverhältniß — *relação de dependência*, 251
Ableiten — *deduzir, derivar*, 151
Ableitungsweise — *forma de deduzir*, 201
abschatten (in demselben Sinne -) — *degradar no mesmo sentido*, 150
abschatten — *degradar*, 148
Abschattung (äußeren -) — *degradação exterior*, 290
Abschattung (eingewandte -) — *degradação regressiva*, 287
Abschattung (geometrischen -) — *degradação geométrica*, 215
Abschattung (Projektion) — *degradação (projeção)*, 147
Abschattung (Sinn ihrer -) — *sentido de sua degradação*, 285
Abschattung eines Faktors — *degradação de um fator*, 148
Abschattung eines Größe — *degradação de uma magnitude*, 146
Abschattung eines Produkts — *degradação de um produto*, 148
Abschattung eines Quotients — *degradação de um quociente*, 150
Abschnitt — *Seção*, 81
absolut — *absoluto*, 40
absolut gleich — *absolutamente igual*, 42
abweichen — *desviam, desvio*, 169, 200

Abweichung (gegenseitige -) — *desvio mútuo*, 181

Abweichung (konstante -) — *desvio constante*, 174

Abweichung — *desvio*, 47

Abweichung der Elementargröße — *desvio de uma magnitude elementar*, 186

Abweichung eines Elementes — *desvio de um elemento*, 168

Abweichungsgleichung — *equação do desvio*, 201

Abweichungswerth — *valor do desvio*, 174

abzusondern — *separar*, 253

Addition — *adição*, 8

Addition (algebraische -) — *adição algébrica*, 60

Addition (formale -) — *adição formal*, 236

Addition (realen -) — *adição real*, 14

Addition (wahre -) — *adição verdadeira*, 96

Addition der ungleichartigen Größen — *adição de magnitudes de espécies diferentes*, 236

Addition des Gleichartigen — *adição do homogêneo*, 15

Addition einer starren Elementargröße — *adição de uma magnitude elementar rígida*, 203

Addition von Kräften — *adição de forças*, 52

Additionszeichen — *sinal de adição*, 13

Aenderungsarten — *formas de mudança*, 27

affin — *afim*, 295

Affinität — *afinidade*, 300

Affinität (direkten -) — *afinidade direta*, 300

Affinität (reciproken -) — *afinidade recíproca*, 300

Aggregat — *agregado*, 144

ähnlich und ähnlich liegend — *semelhantes e em posição semelhante*, 140

Ähnlichkeitslehre — *teoria das semelhanças*, 136

Ähnlichkeitspunkt — *ponto de semelhança*, 140

Algebra — *álgebra*, 84

Analyse (gewöhnliche -) — *análise ordinária*, 215

Analyse des Endlichen — *análise do finito*, 115

analytische Verknüpfung (Eindeutige -) — *unicidade da ligação analítica*, 30

Anderungsweise — *forma de mudança*, 29

Aneinanderschreiben — *justaposição*, 34

Anfangselement — *elemento inicial*, 21

Anfangspunkt — *ponto inicial*, 59
angehören — *pertencer*, 31
Anordnung — *ordem*, 199
anschaulich — *intuitivo*, 90
Anschaulichkeit — *evidência*, 98
Anschauung (geometrische -) — *intuição geométrica*, 26
Anwendbarkeit — *aplicabilidade*, 87
Anwendung (wiederholte -) — *aplicação reiterada*, 12
Anzahl (gerade -) — *número par*, 70
Aufgeben — *abandono*, 136
Auflösung — *solução, resolução*, 46, 76
Auflösung der Stücke in kleinere Stücke — *resolução de partes em partes menores*, 99
aufzufassen — *interpretar*, 98
Ausdehnung (begränzte -) — *extensão limitada*, 65
Ausdehnung (unabhängige -) — *extensão independente*, 126
Ausdehnung (unendlich kleiner -) — *extensão infinitamente pequena*, 52
Ausdehnung derselben Gattung — *extensão de mesma espécie*, 61
Ausdehnung erster Stufe (einfache -) — *extensão simples de primeiro escalão*, 22
Ausdehnung höherer Stufe — *extensão de escalão superior*, 97
Ausdehnung n-ter Stufe — *extensão de n-ésimo escalão*, 62
Ausdehnung zweiter Stufe — *extensão de segundo escalão*, 61
Ausdehnungsgebilde (einfaches -) — *formação de extensão simples*, 22
Ausdehnungsgebilde (entsprechende -) — *formação da extensão correspondente*, 196
Ausdehnungsgebilde erster Stufe — *formação da extensão de primeiro escalão*, 21
Ausdehnungsglieder — *termo de extensão*, 201
Ausdehnungsgröße — *magnitude de extensão*, 22
Ausdehnungsgröße (formelle -) — *magnitude de extensão formal*, 200
Ausdehnungsgröße (gleichartige -) — *magnitude de extensão de mesma espécie*, 62
Ausdehnungsgröße (höhere -) — *magnitude de extensão superior*, 89
Ausdehnungsgröße (ungleichartige -) — *magnitude de extensão de espécies diferentes*, 90
Ausdehnungsgröße beliebiger Stufe — *magnitude de extensão de escalão qualquer*, 62
Ausdehnungsgröße gerader Stufe — *magnitude de extensão de escalão par*, 103
Ausdehnungsgrößen höherer Stufen — *magnitudes de extensão de escalões mais elevados*, 90
Ausdehnungßystem — *sistema de extensão*, 188

ausreichend — *suficiente*, 31
äußere Division — *divisão exterior*, 111
äußere Multiplikation — *multiplicação exterior*, 84
äußere Multiplikation der Elementargrößen — *multiplicação exterior de magnitudes elementares*, 188
äußere Multiplikation der Strecken — *multiplicação exterior de segmentos*, 57
Ausweichung — *afastamento*, 191
Auszeichnung — *menção*, 209
Axe — *eixo*, 80
Axe (magnetische -) — *eixo magnético*, 182

Bahn (gebrochene -) — *trajetória quebrada*, 105
barycentrische — *baricentro*, 210
Bedeutung (formelle -) — *significado formal*, 97
Bedeutung (konkrete -) — *significado concreto*, 98
Bedeutung (reale -) — *significado real*, 337
Bedingung — *condição*, 49
Bedingungsgleichung — *equação condicional*, 83
begränzte — *delimitado, limitado, finito*, 326
Begriff (abstrakte -) — *conceito abstrato*, 19
Begriff (allgemeinen -) — *conceito geral*, 1
Begriff (formelle -) — *conceito formal*, 9
Begriff (reale -) — *conceito real*, 10
Begriffsbestimmung — *determinação conceitual*, 11
Begriffseinheit — *unidade conceitual*, 191
Begriffsumfang — *escopo do conceito*, 174
behaftet — *afetado*, 168
behaftet (einer bestimmten Zahlengröße -) — *magnitude de número afetada por um número*, 168
behaftet (Gewichten -) — *peso afetado*, 170
Beharrungsgesetz — *lei de persistência*, 52
Behauptung — *afirmação*, 39
Benennung — *denominação*, 22
Bereich — *domínio*, 98
Berührungspunkt — *ponto de contato*, 183
Beschleunigung — *aceleração*, 184

Beschränktheit — *restrição*, 42
Bewegung (fortgesetzte -) — *movimento contínuo*, 50
Bewegung (mitgetheilte -) — *movimento comunicado*, 82
Bewegung des Schwerpunktes — *movimento do centro de gravidade*, 55
bezeichnet (entgegengesetzt -) — *de sinais contrários*, 58
Beziehung — *relação*, 14
Beziehungsgesetz — *lei da relação*, 64
Beziehungsgesetz (allgemeine -) — *lei geral da relação*, 15
Beziehungsgesetz (allgemeine multiplikative -) — *lei da relação geral multiplicativa*, 68
Beziehungsgröße — *magnitude de relação*, 224
Beziehungspunkt — *ponto de relação, ponto de referência*, 80
Beziehungßystem — *sistema de relação*, 232
Beziehungszahl — *número de relação*, 232
Bruch — *fração*, 86

Darstellung (elementare oder konkrete -) — *representação elementar ou concreta*, 169
Definition (formellen -) — *definição formal*, 90
denkbar — *imaginável*, 42
Diagonale — *diagonal*, 78
Disharmonie — *dissonância*, 60
Dividend — *dividendo*, 13
Division (arithmetischen -) — *divisão aritmética*, 115
Division (äußere -) — *divisão exterior*, 111
Doppelmaß — *medida dupla*, 273
Doppelquotient — *quociente duplo*, 310
Doppelsystem — *sistema duplo*, 272
Drehungspunkt — *ponto de rotação*, 84
Dreieck — *triângulo*, 138
Druck — *pressão*, 180
Durchschnitt — *interseção*, 75
Durchschnitt (veränderliche ebene -) — *seção plana variável*, 115

Ebene (unendliche -) — *plano infinito*, 26
Ebene (unveränderliche -) — *plano invariável*, 107
Ebene (veränderliche -) — *plano variável*, 275
Ebenengröße — *magnitude de plano*, 204

Ecke — *vértice*, 139
Eckgebilde — *formação de ângulo*, 193
eigenthümliches — *particular*, 39
Eindeutigkeit — *unicidade*, 7
Eindeutigkeit der Analyse — *unicidade da análise*, 7
Eindeutigkeit des Quotienten — *unicidade deste quociente*, 131
Einfachheit (der Gleichheit -) — *simplicidade da igualdade*, 2
eingeordnet — *ordenado*, 272
eingeordneten (einander -) — *comparáveis entre si*, 250
eingeordneten Systeme — *sistema ordenado*, 321
eingeschlossene Winkel — *ângulo formado*, 76
Einheit — *unidade, uniformidade*, 351
einzeln — *particular, singular, sozinho*, 31
Element (Aneinandergranzende -) — *elemento vizinho*, 32
Element (Anfangs- -) — *elemento inicial*, 21
Element (End- -) — *elemento final*, 21
Element (Gränz- -) — *elemento extremidade*, 23
Element (inneres -) — *elemento interior*, 197
Element (unendlich entferntes -) — *elemento de distância infinita*, 175
Element (vielfaches -) — *elemento múltiplo*, 172
Element (zwischen -) — *elementos situados entre*, 192
Elementargröße — *magnitude elementar*, 169
Elementargröße (gleichartiger -) — *magnitude elementare de mesma espécie*, 172
Elementargröße (starre -) — *magnitude elementar rígida*, 191
Elementargröße erster Stufe — *magnitude elementar de primeiro escalão*, 189
Elementargröße höherer Stufe — *magnitude elementar de escalão superior*, 191
Elementargröße *n*-ter Stufe — *magnitude elementar de n-ésimo escalão*, 191
Elementarsystem — *sistema elementar (conceito de -)*, 188
Elementarsystem (bedingtes -) — *sistema elementar condicionado*, 191
Elementarsystem *n*-ter Stufe — *sistema elementar de n-ésimo escalão*, 187
Elementarverein — *associação elementar*, 168
Elementenpaar — *par de elementos*, 308
Elementenreihe — *série de elementos*, 31
Ellipse — *elipse*, 339
Ellipsoid — *elipsoide*, 339

Endelement — *elemento final*, 21
Endpunkt — *ponto final*, 74
entgegengesetzt — *oposto, inverso*, 10
entsprechend — *correspondente, respectivo*, 192, 285
entsprechend (einander -) — *mutuamente correspondentes*, 31
Entwickelung (Theoretische -) — *desenvolvimento teórico*, 347
Entwicklung (genetischer -) — *desenvolvimento genérico*, 165
ergänzend — *completante*, 144
Ergänzzahl — *número completante*, 243
Erklärung — *explicação*, 111
Erzeugung (einfache -) — *geração simples*, 61
Erzeugung (stetige -) — *geração contínua*, 23
Exponent — *expoente*, 262

Faktor (angränzender -) — *fator vizinho*, 68
Faktor (angrenzender -) — *fator adjacente*, 102
Faktor (äußere -) — *fator exterior*, 229
Faktor (eigentümlicher -) — *fator característico*, 252
Faktor (einander folgende -) — *fator consecutivo*, 66
Faktor (einfacher -) — *fator simples*, 69
Faktor (eingewandter -) — *fator regressivo*, 237
Faktor (gemeinschaftlichen -) — *fator comum*, 90
Faktor eines Produktes — *fator de um produto*, 13
Faktor *n*-ter Stufe — *fator de n-ésimo escalão*, 90
Faktorenreihe — *série de fatores*, 67
Faktorenzahl — *número de fatores*, 70
Figur (geschlossenen -) — *figura fechada*, 59
Fläche (gebrochene -) — *superfície quebrada*, 105
Fläche (umhüllte -) — *superfície envolvida*, 338
Flächeninhalt — *área*, 274
Flächeninhaltslehre — *teoria das áreas*, 137
Flächenraum — *superfície*, 58
Flächenraum (absolute -) — *superfície absoluta*, 77
Flächenraum (gesammte -) — *superfície total*, 58
Flächenraum (gleich dem -) — *superfície igual*, 105
Flächenraum (ungleicher -) — *superfície diferente*, 104

Forderung — *postulado*, 41
Form (analytische -) — *forma analítica*, 9
Form (gleichartige -) — *forma de mesma espécie*, 347
Form (indifferenten -) — *forma indiferente*, 9
Form (negative -) — *forma negativa*, 9
Form (rein analytische -) — *forma analítica pura*, 9
Form der Unterordnung — *forma subordenada*, 235
Formänderungen — *mudança de forma*, 234
formellen Summe — *soma formal*, 98
Formveränderung — *modificação de forma*, 190
Fortschreitend — *sucessivamente, progressivamente*, 31
Fortschreitungsgesetz — *lei do prolongamento*, 41
Fortsetzung (stetiger -) — *processo contínuo*, 192
Fuß — *pé*, 75

Ganze — *todo, inteiro*, 9
Gattungen der Ausdehnung — *espécie da extensão*, 61
Gebilde (räumliche -) — *formação espacial*, 45
Gebilde höherer Stufen — *formação de escalão superior*, 21
Gefolgszahl — *número sequencial*, 198
Gefolgszahl aus n Elementen — *número sequencial de n elementos*, 198
gegenläufig — *avançando em sentidos opostos*, 42
gegenseitige (Beziehung eine -) — *relação mútua*, 295
Gegenseitigkeit der Beziehung — *reciprocidade da relação*, 29
Gegenwirkung — *reação*, 52
gegliedert (Faktor als -) — *[fator] constituído de vários termos*, 186
Gehalt — *conteúdo*, 137
geltenden Werth — *valor não nulo*, 64
gemeinschaftliche Systeme — *sistema comum*, 228
gemischten — *misto*, 136
gemischten Produkten — *produto misto*, 253
genommen (einzeln -) — *tomados um depois do outro*, 296
Geometrie (analytischen -) — *geometria analítica*, 209
Gesammtabweichung — *desvio total*, 47
Gesammtabweichung eines Elementarvereins — *desvio total de uma associação elementar*, 168

Gesammtausweichung — *afastamento total*, 223
Gesammtbewegung — *movimento total*, 53
Gesammtkraft — *força total*, 52
Gesammtmoment — *momento total*, 81
Gesammtwerth — *valor total*, 99
Gesammtwirkung — *ação total*, 223
Geschwindigkeit — *velocidade*, 52
Gesetz (statisches -) — *lei estática*, 223
Gesetz der Affinität (allgemeinen -) — *lei geral da afinidade*, 309
Gesetz des Zeichenwechsels — *lei da mudança de sinal*, 76
Gesetzmäßigkeit — *regularidade, conformidade*, 34
Gewicht — *peso*, 168
Gewicht (harmonische -) — *peso harmônicos*, 313
Gewicht (physische -) — *peso físico*, 180
Gewicht (zugehörige -) — *peso afetado*, 168
Gewicht des Elementarvereins — *peso da associação elementar*, 168
Gewichtswerthe — *valor do peso*, 176
gleich — *igual (conceito de)*, 1
gleich (vollkommen -) — *completamente igual*, 42
gleich bezeichnet — *de mesmo sinal*, 75
gleich und gleichläufig — *igual e síncrono*, 43
gleichartige — *mesma espécie*, 10
gleichartige Form — *forma de mesma espécie*, 347
Gleichgewicht — *equilíbrio*, 83
Gleichgewicht fester Körper — *equilíbrio de corpos sólidos*, 348
Gleichheit — *igualdade*, 1
Gleichheit und Verschiedenheit — *igualdade e diversidade*, 1
gleichläufig — *síncrono*, 43
Gleichung (absolute -) — *equação absoluta*, 314
Gleichung (algebraische -) — *equação algébrica*, 60
Gleichung (arithmetische -) — *equação aritmética*, 215
Gleichung (barycentrische -) — *equação baricêntrica*, 211
gleichung (Bedingungs- -) — *equação condicional*, 83
Gleichung (geometrische -) — *equação geométrica*, 278
Gleichung (harmonische -) — *equação harmônica*, 314

Gleichung (hervorgehende -) — *equação resultante*, 106
gleichung (Moment- -) — *equação do momento*, 83
Gleichung (reine harmonische -) — *equação harmônica pura*, 318
Gleichung (richtige -) — *equação verdadeira*, 149
Gleichung (unreine harmonische -) — *equação harmônica não pura*, 319
Gleichung (ursprüngliche -) — *equação original*, 151
Gleichung der Ebene — *equação do plano*, 214
Gleichung ersten Grades mit n Unbekannten — *equação de primeiro grau com n incógnitas*, 85
Gleichung höheren Grades — *equação de escalão superior*, 144
Gleichung m-ten Grades — *equação de m-ésimo grau*, 212
Gleichung n-ter Stufe — *equação de n-ésimo escalão*, 143
Gleichwirken, gleichwirkend — *agir similarmente*, 217, 223
Gleichwirkens (Begriff des) — *ação igual (conceito de)*, 220
Glied (einer Gleichung) — *termo de uma equação*, 143
Glied (gleichartiges -) — *termo de mesma espécie*, 152
Glied (reelles -) — *termo real*, 333
Glied (unbestimmtes -) — *termo indefinido*, 114
Glied der ersten Verknüpfung — *membro da primeira espécie de ligação*, 11
Glied n-ter Stufe — *termo de n-ésimo escalão*, 153
Grad (einer Beziehungsgröße) — *grau de uma magnitude de relação*, 263
Grad der Abhängigkeit — *grau de dependência*, 228
Gradzahl — *número de grau*, 293
Gränzelement — *elemento extremidade*, 23
Größe höherer Stufe — *magnitude de escalão superior*, 266
Größe (abgeschattete -) — *magnitude degrada*, 147
Größe (abhängige -) — *magnitude dependente*, 261
größe (Ausdehnungs- -) — *magnitude de extensão*, 22
größe (Ebenen- -) — *magnitude de plano*, 204
Größe (elliptische -) — *magnitude elíptica*, 339
Größe (endliche -) — *magnitude finita*, 265
Größe (gleichartige -) — *magnitude de mesma espécie*, 10
Größe (inkommensurable -) — *magnitude incomensurável*, 136
Größe (konstante -) — *magnitude constante*, 167
größe (Kraft- -) — *magnitude de força*, 220

größe (Linien- -) — *magnitude de linha*, 204
Größe (negative -) — *magnitude negativa*, 10
Größe (partiell unbestimmte -) — *magnitude parcialmente indeterminada*, 115
größe (Plan- -) — *magnitude plana*, 204
Größe (positive -) — *magnitude positiva*, 10
Größe (projicirte oder abgeschattete -) — *magnitude projetada ou degradada*, 146
größe (Punkt- -) — *magnitude de ponto*, 303
Größe (räumliche -) — *magnitude espacial*, 136
Größe (reine -) — *magnitude pura*, 252
Größe (unendliche -) — *magnitude infinita*, 265
Größe (ungleichartige -) — *magnitudes de espécies diferentes*, 84
Größe null-ter Stufe — *magnitude de escalão zero*, 263
Größe von niederer Stufe — *magnitude de escalão inferior*, 230
Grundänderung — *mudança fundamental*, 22
Grundbeziehung — *relação fundamental*, 90
Grundeigenschaft — *propriedade fundamental*, 42
Grundfläche — *superfície fundamental*, 326
Grundgesetz — *lei fundamental*, 12
Grundgleichung — *equação fundamental*, 300
Grundlage der Geometrie — *fundamentos da geometria*, 348
Grundmaß — *medida fundamental*, 208
Grundrechnung — *cálculo fundamental*, 266
Grundrichtung — *direção fundamental*, 45
Grundseite — *base*, 74
Grundsystem — *sistema fundamental*, 146
Grundverknüpfung — *ligação fundamental*, 150
Gruppe (von *m* Elementen) — *grupo de m elementos*, 32

Halbmeßer (konjugierter -) — *raio conjugado*, 337
harmonische Gleichung — *equação harmônica*, 314
harmonischer Koeffizient — *coeficiente harmônico*, 315
Hauptgattung — *gênero principal*, 300
Hauptgesetz — *lei principal*, 52
Hauptmaß — *medida principal*, 154
Hauptsystem — *sistema principal*, 144
Hauptsystem (einer Gleichung) — *sistema principal de uma equação*, 144

Hauptsystem (eines Produkts) — *sistema principal de um produto*, 232
Hinienglied — *consequente (membro)*, 2
hinzutreten von Zahlenfaktoren — *adjunção de fatores de número*, 186
Höhe — *altura*, 199
Höhenseite — *lado da altura*, 74
Hülfsgröße — *magnitude subsidiária*, 121
Hyperboloid — *hiperboloide*, 339

indifferente Form — *forma indiferente*, 9
Ineinanderschauen — *intuição mútua*, 191
Integration — *integração*, 114
Intensität — *intensidade*, 181
Intensität (magnetische- -) — *intensidade magnética*, 181
Irrationalität (Begriff der -) — *conceito de irracionalidade*, 117

Kante — *aresta*, 73
Kante (gegenüberliegende -) — *aresta oposta*, 226
Kegelschnitt — *seção cônica*, 280
Klammerbezeichnung — *designação de parênteses*, 329
Klasse — *classe*, 279
Klasse (m-ten -) — *m-ésima classe*, 156
Koeffizient — *coeficiente*, 85
Koeffizientensumme — *soma de coeficientes*, 168
Kollineation — *colineação*, 300
Kombination der Größen — *combinação de magnitudes*, 288
Konstant — *constante*, 167
Konstantbleiben — *constância*, 99
Konstante (unbestimmte -) — *constante indeterminada*, 114
Konstruktion — *construção*, 278
Konstruktion (absolut gleiche -) — *construção absolutamente igual*, 43
Konstruktion (entgegengesetze -) — *construção oposta*, 43
Konstruktion (gleiche und gleichläufge -) — *construção igual e síncrona*, 43
Konstruktion (lineäre -) — *construção linear*, 279
Koordinaten — *coordenadas*, 155
Koordinatenaxe — *eixo de coordenadas*, 154
Koordinatenbehandlung — *tratamento de coordenadas*, 213

Koordinatenbestimmung — *determinação de coordenadas*, 208

Koordinatengleichung — *equação de coordenadas*, 213

Koordinatenmethode — *método de coordenadas*, 276

Koordinatensystem — *sistema de coordenadas*, 154

Koordinatenverwandlung — *mudança de coordenadas*, 158

Kopf — *cabeça*, 75

Körper — *corpo*, 75

Körperraum — *volume, corpo sólido*, 83

Kraft (bewegenden -) — *força motriz*, 52

Kraft (einfache -) — *força simples*, 223

Kraft (einwirkende -) — *força operante*, 51

Kraft (einwirkende magnetische -) — *força magnética que age*, 182

Kraft (einwolinende -) — *força inerente*, 51

Kraft (einzelne -) — *força singular, força particular*, 52, 351

kraft (Gesammt- -) — *força total*, 52

Kraft (inneres -) — *força interior*, 81

Kraft (mitgetheilte -) — *força comunicada*, 50

Kraft (Widerstand leistende -) — *força resistente*, 83

Kräftepaar — *par de forças*, 220

Kraftgröße — *magnitude de força*, 220

Kraftsumme — *soma de forças*, 221

Kraftsystem — *sistema de forças*, 225

kreuzen — *se cruzar*, 306

Kreuzpunkt — *ponto de cruzamento*, 306

Krystall — *cristal*, 324

Krystallfläche — *superfície de um cristal*, 324

Krystallgestalt — *configuração cristalina*, 324

Krystallkante — *aresta de um cristal*, 326

Kunstausdruck — *expressão artificial*, 179

Kurve — *curva*, 159

Kurve (algebraische -) — *curva algébrica*, 278

Kurve m-ter Ordnung — *curva de m-ésima ordem*, 279

Lage — *situação, posição*, 4

Länge (Begriff der -) — *conceito de comprimento*, 141

Länge (festgehaltener -) — *comprimento fixado*, 47

langgestreckt — *estindido*, 213
Leitpunkt — *ponto dirigente*, 327
Leitsystem — *sistema diretor, sistema dirigente*, 146, 283
Linie (gebrochene-) — *linha quebrada*, 58
Liniengröße — *magnitude de linha*, 204
Linienpaare — *par de linhas*, 139

Magnet — *íman*, 181
magnetisch — *magnético*, 181
Magnetismus — *magnetismo*, 181
Maß — *medida*, 52
Maße — *massa*, 52
Maßeneinheit — *unidade de massa*, 52
Maßwerth — *valor da medida*, 275
Materie — *matéria*, 50
Mehrfache — *múltiplo*, 109
Meßkunde — *geometria prática*, 137
Mitte (harmonische -) — *centro harmônico*, 352
Mitte (mehrerer Punkte -) — *centro de uma série de pontos*, 49
Mittelaxe — *eixo central*, 178
Mittelpunkt — *ponto central*, 178
Mittelzwischen (harmonische -) — *centro de média harmônica*, 316
mögliche [Abschattung] — *[degradação] possível*, 147
Moment (Begriff des -) — *conceito de momento*, 80
moment (Gesammt- -) — *momento total*, 81
Moment einer Bewegung — *momento do movimento*, 81
Moment einer Kraft — *momento de uma força*, 80
Momentgleichung — *equação do momento*, 83
multipliciren (fortschreitend -) — *multiplicar progressivamente*, 248
multipliciren mit — *multiplicar por*, 246
Multiplikation (äußere -) — *multiplicação exterior*, 84
Multiplikation (eingewandte -) — *multiplicação regressiva*, 228
Multiplikation (eingewandte nullten Grades -) — *multiplicação regressiva de grau nulo*, 233
Multiplikation (einzelne -) — *multiplicação particular*, 246

Multiplikation (fortschreitende -) — *multiplicação sucessiva, multiplicação progressiva*, 97, 130
Multiplikation (reine -) — *multiplicação pura*, 259
Multiplikation (reine eingewandte -) — *multiplicação regressiva pura*, 266
Multiplikationsweise — *maneira de multiplicar, forma de multiplicar*, 228, 234

nächst höher — *mais elevado*, 11
nächstfolgend — *seguinte*, 39
nächstumfaßendes System — *sistema de escalão superior*, 27
Negatives — *negativo, conceito de negativo*, 24
Nenner — *denominador*, 86
Null — *nulo, zero*, 9
Nullwerden — *se anulam*, 25
Nullwerth — *valor nulo*, 147

Oberfläche — *superfície*, 40
Oberfläche (algebraische -) — *superfície algébrica*, 352
Oberfläche *m*-ter Klasse — *superfície de m-ésima classe*, 212
Obersystem — *sistema superior*, 272
offenes Produkt — *produto aberto*, 329
Öffnungszeichen — *sinal de abertura*, 3
Optik — *óptica*, 328
Ordnung — *ordem*, 279
Ordnung (vielter -) — *de mesma ordem*, 279
Ordnung (von Faktoren) — *ordem dos fatores*, 215
Ordnung (von Gliedern) — *ordem dos termos*, 4
Ordnung (von Koeffizienten) — *ordem dos coeficientes*, 198
Ordnung der Koeffizienten ändern — *mudar a ordem dos coeficientes*, 198
Ordnungszahl — *número de ordem*, 278
Ort — *lugar*, 20

parallel — *paralelo*, 22
Parallelentheorie — *teoria das paralelas*, 40
Parallelepipedum — *paralelepípedo*, 60
Parallelismus — *paralelismo*, 22
Parallelkoordinaten — *coordenadas paralelas*, 211

Perpendikel — *perpendicular*, 78
perspektivischer Verein — *associação perspectiva*, 312
Perspektivität — *perspectiva*, 312
Plangröße — *magnitude plana*, 204
Planimetrie — *planimetria*, 234
Polsystem — *sistema de polos*, 313
Postulat — *postulado*, 46
Potenz — *potência*, 262
Potenziren — *potência*, 12
Princip der Entwickelung — *princípio de desenvolvimento*, 140
Princip der gleichen Konstruktionen — *princípio das mesmas construções*, 306
Princip der gleichen Zeiger — *princípio dos mesmos índices*, 306
Princip der Konstanten Flächenräume — *princípio das superfícies constantes*, 107
Prisma — *prisma*, 115
Produkt (algebraisches -) — *produto algébrico*, 77
Produkt (äußere -) — *produto exterior*, 80
Produkt (dividirtes -) — *produto dividido*, 198
Produkt (eingewandte -) — *produto regressivo*, 228
Produkt (eingewandtes bezngliches -) — *produto regressivo relativo*, 292
Produkt (eingewandtes reines -) — *produto regressivo puro*, 254
Produkt (entsprechendes-) — *produto respectivo*, 285
Produkt (formales -) — *produto formal*, 228
Produkt (fortschreitendes -) — *produto progressivo*, 128
Produkt (ganzes -) — *produto inteiro*, 252
Produkt (gemischtes -) — *produto misto*, 253
Produkt (offenes -) — *produto aberto*, 329
Produkt (reales -) — *produto real*, 228
Produkt (reines -) — *produto puro*, 253
Produkt Elementargrößen (äußeres -) — *produto exterior de magnitudes elementares*, 186
Produkt *m*-ter Stufe (eingewandtes -) — *produto regressivo de m-ésimo escalão*, 228
Produkt *n*-ter Stufe (äußeres-) — *produto exterior de n-ésimo escalão*, 97
Produkt von Elementargrößen — *produto de magnitudes elementares*, 191
Produkt zweier Ausdehnungen — *produto de duas extensões*, 99
Produkt zweier reiner Faktoren — *produto de dois fatores puros*, 70
Produktgröße — *magnitude de produto*, 242

projiciren — *projetado*, 146
proportion — *proporção*, 51
Proportionalität — *proporcionalidade*, 141
Punkt (befestiger -) — *ponto fixo*, 83
Punkt (einfacher -) — *ponto simples*, 183
Punkt (einzelner -) — *ponto singular*, 47
Punkt (erzeugender -) — *ponto gerador*, 20
Punkt (veränderlicher -) — *ponto variável*, 177
Punkt (vielfacher -) — *ponto múltiplo*, 219
Punktepaar — *par de pontos*, 308
Punktgröße — *magnitude de ponto*, 303
Punktreihe — *série de pontos*, 47
Punktträger — *suporte de pontos*, 337
Punktverein — *associação de pontos*, 53
Pyramide (dreiseitige -) — *pirâmide trirretangular*, 199

Quadrat — *quadrado*, 77
Quadrat (offenes -) — *quadrado aberto*, 337
Quantum — *quantum, porção*, 235, 275

Realdefinition — *definição real*, 12
Rechnungsform — *forma de cálculo*, 86
Rechnungsmethode — *método de cálculo*, 183
Reciprocität — *reciprocidade*, 29
reciprok — *recíproco*, 48
reciprok affin — *reciprocamente afim*, 300
Reihenfolge — *ordem requerida*, 206
Richimaß — *medida de direção*, 154
Richimaß (ergänzendes -) — *medida de direção de escalão completante*, 156
Richimaß *m*-ter Stufe — *medida de direção do n-ésimo escalão*, 154
Richtaxen (Koordinatenaxe) — *eixo de direção (eixo de coordenadas)*, 154
Richtebene — *plano de direção*, 158
Richtelement — *elemento de direção*, 210
Richtgebiet — *domínio de direção*, 155
Richtgebiet (ergänzendes -) — *domínio de direção completante*, 155
Richtgebiet *m*-ter Stufe — *domínio de direção de m-ésimo escalão*, 156

Richtigkeit — *validade*, 7
Richtstück — *partes de direção*, 155
Richtsystem — *sistema de direção*, 155
Richtsystem (allegemeines -) — *sistema de direção geral*, 211
Richtsystem (barycentrisches -) — *sistema de direção baricentro*, 210

Scheitel — *vértice*, 78
Scheitelwinkel — *ângulo oposto ao vértice*, 78
Schlußfolge — *conclusão*, 6
Schlußreihe — *série de conclusões*, 121
schneiden — *corte*, 139
schweben — *flutuar*, 180
schweben — *maneira de escrever*, 99
Sechseck (mystisches -) — *hexágono místico*, 280
Seite (bewegte -) — *lado movido*, 59
Seite (die Bewegung messende -) — *lado que mede o movimento*, 59
Seite (schliessende -) — *lado que fecha*, 105
Seitenpaar — *par de lados*, 140
Selbständigkeit — *independência*, 19
Sinn (entgegengesetzter -) — *sentido oposto, sentido inverso*, 10
Sinus — *seno*, 76
Sonderung — *separação*, 1
Spath — *paralelepípedo, Spath*, 60
Spatheck — *paralelogramo, Spatheck*, 57
starr — *rígido*, 191
Stellung — *posição*, 54
Stellung (willkührliche -) — *posição arbitrária*, 74
Stereometrie — *estereometria*, 234
stetig aneinander gelegt — *unido continuamente*, 23
stetig aneinandergränzende Elemente — *elementos contíguos*, 21
stetig angelegt — *colocado continuamente*, 24
stetige Änderung (Begriff der -) — *mudança do contínuo*, 32
Strecke (abhängige -) — *segmento dependente*, 72
Strecke (gleichartige -) — *segmento de mesma espécie*, 24
Strecke (unabhängige -) — *segmento independente*, 153
Strecke (ungleichartige -) — *segmento de espécie diferente*, 65

Streckenpaar — *par de segmentos*, 139
Streckensumme — *soma de segmentos*, 34
Stufe (ergänzende -) — *escalão completante*, 301
Stufe (gerade -) — *escalão par*, 103
Stufe (ungerade -) — *escalão ímpar*, 103
Stufe (von niederer -) — *de menor escalão*, 233
Stufensurmne — *soma de escalões*, 112
Stufenzahl — *número de escalão*, 103
Stufenzahl (einer Größe) — *número de escalão (de uma magnitude)*, 231
Stufenzahl (gerade -) — *número de escalão par*, 112
Stufenzahl (ungerade -) — *número de escalão ímpar*, 112
substituieren — *substituir*, 7
Substitution — *substituição*, 54
subtrahieren — *subsidiário*, 121
Subtraktion — *subtração*, 8
Subtraktionszeichen — *sinal de subtração*, 13
Summationsgesetz — *lei da adição*, 52
Summe (algebraische -) — *adição algébrica*, 60
Summe (arithmetische -) — *adição aritmética*, 9
Summe (formelle -) — *soma formal*, 98
Summe (geometrische -) — *soma geométrica*, 105
Summe (harmonische -) — *soma harmônica*, 316
Summe (reale -) — *adição real*, 221
Summe von Ausdehnungen — *Soma de extensões*, 348
Summe von Kräften — *soma de forças*, 223
Summe von Stücken — *soma de partes*, 70
Summenausdruck — *expressão de soma*, 330
Summenelement — *elemento soma*, 173
Summengröße — *magnitude de soma*, 97
Summenpunkt — *ponto soma*, 181
Summenwerth — *valor da soma*, 222
synthetische Glieder — *membro sintético*, 7
synthetische verknüpftung — *ligação sintética*, 5
System (affines -) — *sistema afim*, 327
System (eigenthümliches -) — *sistema característico*, 242

System (eingeordneten -) — *sistema ordenado*, 321
System (festes -) — *sistema fixo*, 323
System (Gebiet) erster Stufe — *sistema (domínio) de primeiro escalão*, 22
System (gemeinschaftliches -) — *sistema comum*, 228
System (harmonisches -) — *sistema harmônico*, 315
System (umfaßendes -) — *sistema estendido*, 286
System (unabhängiges -) — *sistema independente*, 145
System (veränderliches -) — *sistema variável*, 323
System dieses Vereins — *sistema de uma associação*, 301
System höherer Stufe — *sistema de escalão mais elevado*, 39
System kollinear verwandt — *sistemas relacionadas colinearmente*, 305
System lineär verwandt — *sistemas relacionadas linearmente*, 305
System *m*-ter Stufe — *sistema de m-ésimo escalão*, 36
System nächst höherer Stufe — *sistema de escalão mais elevado*, 97
System vierter Stufe — *sistema de quarto escalão*, 98

Tangentialebene — *plano tangente*, 337
Theil (entsprechender -) — *parte correspondente*, 126
Theil (gleichartiger -) — *parte de mesma espécie*, 62
Theilchen — *partícula*, 51
Theilchen (einzelne -) — *partícula singular*, 52
Theilchen (materielle -) — *partícula material*, 52
Theorie der Kräftepaare — *teoria dos pares de forças*, 220
Theorie des Magnetismus — *teoria do magnetismo*, 181
Träger — *suporte*, 336
Trigonometrie — *trigonometria*, 137

übergeordnet — *sobreordenado*, 272
Uberordnung — *sobreordenação*, 271
Uberschuß — *excedente*, 234
umfaßendes System — *sistema estendido*, 286
umgekehrt — *inverso*, 5
umgekehrtes Zeichen — *sinal inverso*, 5
Umgestaltung — *transformação*, 39
Umhülle — *envolvente*, 275
umhüllen — *envolvido*, 275

Umordnung — *reorganização*, 3
Umwandlung (fortschreitende -) — *transformação progressiva*, 94
unabhängig (von einander -) — *independente um do outro*, 116
Unbekannte — *incógnita*, 83
Ungleichheit — *desigualdade*, 29
unmögliche [Abschattung] — *[degradação] impossível*, 147
Unterordnung — *subordenação*, 271
Unterschied (realer -) — *diferença real*, 3
Untersystem — *sistema inferior*, 272
unveränderliche Ebene — *plano invariável*, 107
Ursprüngliches — *origem, originário*, 63
Ursprungselement — *elemento originário*, 67
Urteil — *julgamento*, 2

veränderliche ebene Durchschnitt — *seção plana variável*, 115
Veränderliches — *variável*, 76
Verbindungsstrecke — *segmento que liga, segmento de comunicação*, 30, 82
Verein — *sucessão*, 197
Verein (affiner -) — *associação afim*, 295
Verein (direckt affiner -) — *associação diretamente afim*, 300
Verein (kollinearer -) — *associação colinear*, 310
Verein (perspektivischer -) — *associação perspectiva*, 312
Verein (räumlicher -) — *associação espacial*, 308
Verein (reciprok affiner -) — *associação reciprocamente afim*, 300
Verein von Gleichungen — *associação de equações*, 151
Verein von Größen — *associação de magnitudes*, 301
Verein von Größen (affiner -) — *associação de magnitudes afins*, 295
Verein von Kräften — *série de forças, sociação de forças*, 221, 223
Verein von Punkten — *associação de pontos*, 82
Vereinbarkeit der Faktoren — *compatibilidade de fatores*, 14
Vereinbarkeit der Glieder — *concordância de termos*, 347
Verfahren (analytisches -) — *processo analítico*, 5
Verfahren (geometrisches -) — *processo geométrico*, 136
Verfahren (umgekehrtes -) — *procedimento inverso*, 166
Verfahrensart — *maneira de agir*, 38
Verfahrensart (analytische -) — *processo analítico*, 9

Verkleinerung — *diminuição*, 116
verknüpfen (fortschreitend -) — *ligar sucessivamente*, 246
Verknüpfung — *ligação*, 2
Verknüpfung (analytische -) — *ligação analítica*, 5
Verknüpfung (auflösende -) — *ligação resultante*, 5
Verknüpfung (eindeutige -) — *ligação única*, 7
Verknüpfung (Eindeutigkeit der -) — *unicidade da ligação*, 30
Verknüpfung (einfache -) — *ligação simples*, 10
Verknüpfung (Glied der ersten -) — *membro da primeira espécie de ligação*, 11
Verknüpfung (mehrgliedrige -) — *ligação de vários membros*, 3
Verknüpfung (multiplikative -) — *ligação multiplicativa*, 13
Verknüpfung (synthetische -) — *ligação sintética*, 5
Verknüpfung (ursprüngliche -) — *ligação original*, 5
Verknüpfung dritter Stufe — *ligação de terceiro escalão*, 12
Verknüpfung erster Stufe — *ligação de primeiro escalão*, 12
Verknüpfung nächst höherer Stufe — *ligação de escalão mais elevado*, 11
Verknüpfung zweiter Stufe — *ligação de segundo escalão*, 12
Verknüpfungsart — *espécie de ligação*, 5
Verknüpfungsglied — *membro da ligação*, 2
Verknüpfungsweise — *maneira de ligar*, 96
Verknüpfungszeichen — *sinal de ligação*, 26
Verschiedenartig — *espécie diferente (de -)*, 65
Verschiedenheit — *diversidade, diferença*, 104
Vertauschbarkeit — *permutabilidade*, 4
Vertauschbarkeit der Faktoren — *permutabilidade dos fatores*, 13
Vertauschbarkeit der Glieder — *permutabilidade dos membros*, 4
vertauschen — *permutar*, 4
Vertauschung — *permutação*, 77
Vertauschungsgesetz — *lei de permutação*, 69
Vervielfachung — *multiplicação*, 350
verwandt (kollinear -) — *relacionado colinearmente*, 305
verwandt (lineär -) — *relacionado linearmente*, 305
verwandt (reciprok -) — *relacionado reciprocamente*, 305
Verwandtschaft — *parentesco*, 283
Verwandtschaft (allgemeine -) — *parentesco geral*, 301

Verwandtschaft (besondere -) — *parentesco particular*, 301
Verwandtschaft (lineäre -) — *parentesco linear*, 300
Verwandtschaftsbeziehung — *relação de parentesco*, 223
Verwandtschaftsgesetz — *lei de parentesco*, 299
Verwandtschaftssystem — *sistema de parentesco*, 215
Verwandtschaftstheorie — *teoria de parentesco*, 305
Verwandtschaftstheorie (allgemeinen -) — *teoria geral de parentesco*, 305
Verwandtschaftsverhältnis — *relação de parentesco*, 273
Vieleck — *polígono*, 140
Vielfachengleichung — *equação múltipla*, 109
Vielfachensumme — *soma múltipla*, 109
Vielfachensumme (harmonische -) — *soma múltipla harmônica*, 327
Vielfaches — *múltiplo*, 49
vielfaches Element — *elemento múltiplo*, 172
Viereck — *quadrilátero*, 40
voraussetzen — *suposição*, 1
Voraussetzung — *hipótese*, 7
Vorderglied — *antecedente (membro)*, 2

Wahrscheinlichkeitsrechnung — *cálculo de probabilidades*, 168
Weglassung — *supressão*, 91
Werth — *valor*, 9
Werth (absoluter -) — *valor absoluto*, 67
Werth (besonderer -) — *valor particular*, 114
Werth (eigenthümlicher (specifischer) -) — *valor característico (específico)*, 242
Werth (entgegengesetzter -) — *valor oposto*, 112
Werth (geltender -) — *valor definido, valor não nulo*, 64
Werth (gleichartiger -) — *valor da mesma espécie*, 90
Widerstand — *resistência*, 83
Wiederholung — *reiteração*, 12
Wievielfaches — *número de vezes*, 271
Winkel (entgegengesetzter -) — *ângulo oposto*, 78
Winkelräume — *espaço angular*, 78
wirken — *agir*, 38
Wirkung — *ação*, 52
Wirkungslinie der Kraft — *linha de ação da força*, 80

Wissenschaft (abstrakte -) — *ciência abstrata*, 20

Zahl (diskrete -) — *número discreto*, 137
Zahl (ganze -) — *número inteiro*, 9
Zahl (negative -) — *número negativo*, 9
Zahl (positive -) — *número positivo*, 9
Zahl (ungerade -) — *número ímpar*, 70
Zahlenbestimmung — *determinação de número*, 333
Zahlengleichung — *equação numérica*, 160
Zahlengröße — *magnitude de número*, 127
Zahlenkoeffizient — *coeficiente numérico*, 85
Zahlenrelation — *relação de número*, 223
Zahlenverhältnis (Diskrete -) — *relações numéricas discretas*, 136
Zähler — *numerador*, 86
Zeichen (analytisches -) — *sinal analítico*, 7
Zeichen (minus -) — *sinal menos*, 149
Zeichen (synthetisches -) — *sinal sintético*, 7
Zeichen (ursprüngliches -) — *sinal original*, 149
Zeichenbestimmung — *determinação de sinal*, 67
Zeichengesetz — *lei dos sinais*, 58
Zeichenwechsel (vertauschbar) — *mudança de sinal*, 73
Zeichenwechsel vertauscheri lassen (ohne -) — *permutar com mudança de sinal*, 103
Zeiger (Anzahl der -) — *número de índices*, 212
Zeiger einer Größe — *índice de uma magnitude*, 155
zeigergleichung — *equação de índice*, 277
Zeitraum — *espaço de tempo*, 82
Zentrum — *centro*, 49
zerstückt [Faktor] — *[fator] decomposto*, 70
Zirkel — *compasso*, 46
zunächststehender Faktor — *fator vizinho*, 69
Zusammendenken — *pensar em conjunto*, 89
zusammenfallen — *coincidir*, 49
zusammenfaßen — *reunir, agrupar*, 10, 351
Zusammenfaßung — *reunião, reagrupamento*, 99, 170
Zusammenfaßungsgesetz — *lei da reunião*, 256

zusammenorden — *arranjar*, 215
Zusammenschauung — *visão de conjunto*, 235
Zusammenschreiben — *justaposição*, 12
zusammenwirken — *concorrer*, 220
Zuwuchs — *aumentar*, 240
Zweideutigkeit — *ambiguidade*, 8
Zwischenelement — *elemento intermediário*, 194

Glossário Português-Alemão

ação — *Wirkung*, 52
abandono — *Aufgeben*, 136
absolutamente igual — *absolut gleich*, 42
absoluto — *absolut*, 40
ação igual (conceito de -) — *Begriff des Gleichwirkens*, 220
ação total — *Gesammtwirkung*, 223
aceleração — *Beschleunigung*, 184
adição — *Addition*, 8
adição algébrica — *algebraische Addition, algebraische Summe*, 60
adição aritmética — *arithmetische Summe*, 9
adição de forças — *Addition von Kräften*, 52
adição de magnitudes de espécies diferentes — *Addition der ungleichartigen Größen*, 236
adição de uma magnitude elementar rígida — *Addition einer starren Elementargröße*, 203
adição do homogêneo — *Addition des Gleichartigen*, 15
adição formal — *formale Addition*, 236
adição real — *realen Addition, reale Summe*, 14, 221
adição verdadeira — *wahre Addition*, 96
adjunção de fatores de número — *hinzutreten von Zahlenfaktoren*, 186
afastamento — *Ausweichung*, 191
afastamento total — *Gesammtausweichung*, 223
afetado — *behaftet*, 168
afim — *affin*, 295
afinidade — *Affinität*, 300
afinidade direta — *direkten Affinität*, 300

afinidade recíproca — *Affinität (reciproken -)*, 300
afirmação — *Behauptung*, 39
agir — *wirken*, 38
agir similarmente — *Gleichwirken, gleichwirkend*, 217, 223
agregado — *Aggregat*, 144
agrupar — *zusammenfaßen*, 351
álgebra — *Algebra*, 84
altura — *Höhe*, 199
ambiguidade — *Zweideutigkeit*, 8
análise do finito — *Analyse des Endlichen*, 115
análise ordinária — *gewöhnliche Analyse*, 215
ângulos formado — *eingeschlossener Winkel*, 76
ângulo oposto — *entgegengesetzter Winkel*, 78
ângulo oposto ao vértice — *Scheitelwinkel*, 78
antecedente (membro) — *Vorderglied*, 2
anulam (se -) — *Nullwerden*, 25
aplicação reiterada — *wiederholte Anwendung*, 12
aplicabilidade — *Anwendbarkeit*, 87
área — *Flächeninhalt*, 274
aresta — *Kante*, 73
aresta de um cristal — *Krystallkante*, 326
aresta oposta — *gegenüberliegende Kante*, 226
arranjar — *zusammenorden*, 215
associação afim — *affiner Verein*, 295
associação colinear — *kollinearer Verein*, 310
associação de equações — *Verein von Gleichungen*, 151
associação de forças — *Verein von Kräften*, 223
associação de magnitudes — *Verein von Größen*, 301
associação de magnitudes afins — *Verein von Größen (affiner -)*, 295
associação de pontos — *Punktverein, Verein von Punkten*, 53, 82
associação diretamente afim — *direckt affiner Verein*, 300
associação elementar — *Elementarverein*, 168
associação espacial — *räumlicher Verein*, 308
associação perspectiva — *perspektivischer Verein*, 312
associação reciprocamente afim — *reciprok affiner Verein*, 300

aumentar — *Zuwuchs*, 240
avançando em sentidos opostos — *gegenläufig*, 42

baricentro — *barycentrische*, 210
base — *Grundseite, Grundzahl*, 74

cabeça — *Kopf*, 75
cálculo de probabilidades — *Wahrscheinlichkeitsrechnung*, 168
cálculo fundamental — *Grundrechnung*, 266
centro — *Mitte, Zentrum*, 49
centro de gravidade (movimento do -) — *Bewegung des Schwerpunktes*, 55
centro de média harmônica — *harmonische Mittelzwischen*, 316
centro de uma série de pontos — *mehrerer Punkte Mitte*, 49
centro harmônico — *harmonische Mitte*, 352
ciência abstrata — *abstrakte Wissenschaft*, 20
classe — *Klasse*, 279
coeficiente — *Koeffizient*, 85
coeficiente harmônico — *harmonischer Koeffizient*, 315
coeficiente numérico — *Zahlenkoeffizient*, 85
coincidir — *zusammenfallen*, 49
colineação — *Kollineation*, 300
colocado continuamente — *stetig angelegt*, 24
combinação de magnitudes — *Kombination der Größen*, 288
comparáveis entre si — *einander eingeordneten*, 250
compasso — *Zirkel*, 46
compatibilidade de fatores — *Vereinbarkeit der Faktoren*, 14
completamente igual — *vollkommen gleich*, 42
completante — *ergänzend*, 144
comprimento fixado — *festgehaltener Länge*, 47
conceito abstrato — *abstrakte Begriff*, 19
conceito de comprimento — *Begriff der Länge*, 141
conceito de irracionalidade — *Begriff der Irrationalität*, 117
conceito formal — *formelle Begriff*, 9
conceito geral — *allgemeinen Begriffe*, 1
conceito real — *reale Begriff*, 10
conclusão — *Schlußfolge*, 6

concordância de termos — *Vereinbarkeit der Glieder*, 347

concorrer — *zusammenwirken*, 220

condição — *Bedingung*, 49

configuração cristalina — *Krystallgestalt*, 324

conformidade — *Gesetzmäßigkeit*, 34

consequente (membro) — *Hinienglied*, 2

constância — *Konstantbleiben*, 99

constante — *Konstant*, 167

constante indeterminada — *unbestimmte Konstante*, 114

construção — *Konstruktion*, 278

construção absolutamente igual — *absolut gleiche Konstruktion*, 43

construção igual e síncrona — *gleiche und gleichläufge Konstruktion*, 43

construção linear — *lineäre Konstruktion*, 279

construção oposta — *entgegengesetze Konstruktion*, 43

conteúdo — *Inhalt, Gehalt*, 137

coordenadas — *Koordinaten*, 155

coordenadas paralelas — *Parallelkoordinaten*, 211

corpo — *Körper*, 75

corpo sólido — *Körperraum*, 83

correspondente — *entsprechend*, 192

corte — *schneiden*, 139

cristal — *Krystall*, 324

cruzar (se -) — *kreuzen*, 306

curva — *Kurve*, 159

curva algébrica — *algebraische Kurve*, 278

curva de *m*-ésima ordem — *Kurve m-ter Ordnung*, 279

decomposto [fator] — *zerstückt [Faktor]*, 70

deduzir (forma de -) — *Ableitungsweise*, 201

definição formal — *formellen Definition*, 90

definição real — *Realdefinition*, 12

degradação (projeção) — *Abschattung (Projektion)*, 147

degradação de um quociente — *Abschattung eines Quotients*, 150

degradação exterior — *äußeren Abschattung*, 290

degradação geométrica — *geometrischen Abschattung*, 215

degradação regressiva — *eingewandte Abschattung*, 287

degradar — *abschatten*, 148

degradar no mesmo sentido — *in demselben Sinne abschatten*, 150

delimitado — *begränzte*, 326

denominação — *Benennung*, 22

denominador — *Nenner*, 86

dependência mútua — *gegenseitigen Abhängigkeit*, 229

dependente — *abhängig*, 34

dependente de outras magnitudes elementares — *abhängig von andern Elementargrößen*, 187

dependente no m-ésimo grau — *abhängig m-ten Grade*, 228

derivar — *Ableiten*, 151

desenvolvimento genérico — *genetischer Entwicklung*, 165

desenvolvimento teórico — *Theoretische Entwickelung*, 347

designação de parênteses — *Klammerbezeichnung*, 329

desigualdade — *Ungleichheit*, 29

desviam — *abweichen*, 169

desvio — *Abweichung, abweichen*, 47, 200

desvio constante — *konstante Abweichung*, 174

desvio de um elemento — *Abweichung eines Elementes*, 168

desvio de uma magnitude elementar — *Abweichung der Elementargröße*, 186

desvio mútuo — *gegenseitige Abweichung*, 181

desvio total — *Gesammtabweichung*, 47

desvio total de uma associação elementar — *Gesammtabweichung eines Elementarvereins*, 168

determinação conceitual — *Begriffsbestimmung*, 11

determinação de coordenadas — *Koordinatenbestimmung*, 208

determinação de número — *Zahlenbestimmung*, 333

determinação de sinal — *Zeichenbestimmung*, 67

diagonal — *Diagonale*, 78

diferença — *Differenz, Verschiedenheit*, 104

diferença real — *realer Unterschied*, 3

diminuição — *Verkleinerung*, 116

direção fundamental — *Grundrichtung*, 45

dissonância — *Disharmonie*, 60

dividendo — *Dividend*, 13

divisão aritmética — *arithmetischen Division*, 115

divisão exterior — *äußere Division*, 111

domínio — *Bereich*, 98

domínio de direção — *Richtgebiet*, 155

domínio de direção completante — *ergänzendes Richtgebiet*, 155

domínio de direção de m-ésimo escalão — *Richtgebiet m-ter Stufe*, 156

eixo — *Axe*, 80

eixo central — *Mittelaxe*, 178

eixo de coordenadas — *Koordinatenaxe*, 154

eixo de direção (eixo de coordenadas) — *Richtaxen (Koordinatenaxe)*, 154

eixo magnético — *magnetische Axe*, 182

elemento de direção — *Richtelement*, 210

elemento de distância infinita — *unendlich entferntes Element*, 175

elemento extremidade — *Gränzelement*, 23

elemento final — *Endelement*, 21

elemento inicial — *Anfangselement*, 21

elemento interior — *inneres Element*, 197

elemento intermediário — *Zwischenelement*, 194

elemento múltiplo — *vielfaches Element*, 172

elemento originário — *Ursprungselement*, 67

elemento soma — *Summenelement*, 173

elemento vizinho — *Aneinandergranzende Elemente*, 32

elementos contíguos — *stetig aneinandergränzende Elemente*, 21

elementos situados entre — *zwischen denselben beiden Elementen*, 192

elipse — *Ellipse*, 339

elipsoide — *Ellipsoid*, 339

envolvente — *Umhülle*, 275

envolvido — *umhüllen*, 275

equação absoluta — *absolute Gleichung*, 314

equação algébrica — *algebraische Gleichung*, 60

equação aritmética — *arithmetische Gleichung*, 215

equação baricêntrica — *barycentrische Gleichung*, 211

equação condicional — *Bedingungsgleichung*, 83

equação de coordenadas — *Koordinatengleichung*, 213

equação de escalão superior — *Gleichung höheren Grades*, 144 equação de índice — *zeigergleichung*, 277

equação de *m*-ésimo grau — *Gleichung m-ten Grades*, 212

equação de *n*-ésimo escalão — *Gleichung n-ter Stufe*, 143

equação de primeiro grau com *n* incógnitas — *Gleichung ersten Grades mit n Unbekannten*, 85

equação do desvio — *Abweichungsgleichung*, 201

equação do momento — *Momentgleichung*, 83

equação do plano — *Gleichung der Ebene*, 214

equação fundamental — *Grundgleichung*, 300

equação geométrica — *geometrische Gleichung*, 278

equação harmônica — *harmonische Gleichung*, 314

equação harmônica não pura — *unreine harmonische Gleichung*, 319

equação harmônica pura — *reine harmonische Gleichung*, 318

equação múltipla — *Vielfachengleichung*, 109

equação numérica — *Zahlengleichung*, 160

equação original — *ursprüngliche Gleichung*, 151

equação resultante — *hervorgehende Gleichung*, 106

equação verdadeira — *richtige Gleichung*, 149

equilíbrio — *Gleichgewicht*, 83

equilíbrio de corpos sólidos — *Gleichgewicht fester Körper*, 348

escalão ímpar — *ungerade Stufe*, 103

escalão completante — *ergänzende Stufe*, 301

escalão par — *gerade Stufe*, 103

escopo do conceito — *Begriffsumfang*, 174

espécie de ligação — *Verknüpfungsart*, 5

espécie diferente (de -) — *Verschiedenartig*, 65

espaço angular — *Winkelräume*, 78

espaço de tempo — *Zeitraum*, 82

espécie da extensão — *Gattungen der Ausdehnung*, 61

estendido — *langgestreckt*, 213

estereometria — *Stereometrie*, 234

evidência — *Anschaulichkeit*, 98

excedente — *Uberschuß*, 234

explicação — *Erklärung*, 111

expoente — *Exponent*, 262

expressão artificial — *Kunstausdruck*, 179

expressão de soma — *Summenausdruck*, 330

extensão de escalão superior — *Ausdehnung höherer Stufe*, 97

extensão de mesma espécie — *Ausdehnung derselben Gattung*, 61

extensão de n-ésimo escalão — *Ausdehnung n-ter Stufe*, 62

extensão de primeiro escalão (formação da –) — *Ausdehnungsgebilde erster Stufe*, 21

extensão de segundo escalão — *Ausdehnung zweiter Stufe*, 61

extensão independente — *unabhängige Ausdehnung*, 126

extensão infinitamente pequena — *unendlich kleiner Ausdehnung*, 52

extensão limitada — *begränzte Ausdehnung*, 65

extensão simples de primeiro escalão — *einfache Ausdehnung erster Stufe*, 22

fator adjacente — *angrenzender Faktor*, 102

fator característico — *eigentümlicher Faktor*, 252

fator como constituído de vários termos — *Faktor als gegliedert*, 186

fator comum — *gemeinschaftlichen Faktor*, 90

fator consecutivo — *einander folgende Faktor*, 66

fator de n-ésimo escalão — *Faktor n-ter Stufe*, 90

fator de um produto — *Faktoren eines Produktes*, 13

fator exterior — *äußere Faktor*, 229

fator regressivo — *eingewandter Faktor*, 237

fator simples — *einfacher Faktor*, 69

fator vizinho — *angränzender Faktor, zunächststehender Faktor*, 68, 69

figura fechada — *geschlossenen Figur*, 59

flutuar — *schweben*, 180

força comunicada — *mitgetheilte Kraft*, 50

força inerente — *einwolinende Kraft*, 51

força interior — *inneres Kraft*, 81

força magnética que age — *einwirkende magnetische Kraft*, 182

força motriz — *bewegenden Kraft*, 52

força operante — *einwirkende Kraft*, 51

força particular — *einzelne Kraft*, 351

força resistente — *Widerstand leistende Kraft*, 83

força simples — *einfache Kraft*, 223

força singular — *einzelne Kraft*, 52

força total — *Gesammtkraft*, 52

forma analítica — *analytische Form*, 9
forma analítica pura — *rein analytische Form*, 9
forma de cálculo — *Rechnungsform*, 86
forma de mesma espécie — *gleichartige Form*, 347
forma de mudança — *Aenderungsarten. Aenderungsweise*, 27, 29
forma de multiplicar — *Multiplikationsweise*, 234
forma indiferente — *indifferente Form*, 9
forma negativa — *negative Form*, 9
forma subordenada — *Form der Unterordnung*, 235
formação da extensão correspondente — *entsprechende Ausdehnungsgebilde*, 196
formação de ângulo — *Eckgebilde*, 193
formação de escalão superior — *Gebilde höherer Stufen*, 21
formação de extensão simples — *einfaches Ausdehnungsgebilde*, 22
formação espacial — *räumliche Gebilde*, 45
fração — *Bruch*, 86
fundamentos da geometria — *Grundlage der Geometrie*, 348

gênero principal — *Hauptgattung*, 300
geometria analítica — *analytischen Geometrie*, 209
geometria prática — *Meßkunde*, 137
geração contínua — *stetige Erzeugung*, 23
geração simples — *einfache Erzeugung*, 61
grau de dependência — *Grad der Abhängigkeit*, 228
grau de uma magnitude de relação — *einer Beziehungsgröße Grad*, 263
grupo de *m* elementos — *Gruppe (von m Elementen)*, 32

hexágono místico — *mystisches Sechseck*, 280
hiperboloide — *Hyperboloid*, 339
hipótese — *Voraussetzung*, 7

igual (conceito de) — *gleich*, 1
igual e síncrono — *gleich und gleichläufig*, 43
igualdade — *Gleichheit*, 1
igualdade e diversidade — *Gleichheit und Verschiedenheit*, 1
imaginável — *denkbar*, 42
íman — *Magnet*, 181

impossível [degradação] — *unmögliche [Abschattung]*, 147

incógnita — *Unbekannte*, 83

independência — *Selbständigkeit*, 19

independente um do outro — *von einander unabhängig*, 116

índice de uma magnitude — *Zeiger einer Größe*, 155

integração — *Intensität*, 114

inteiro — *Ganze*, 9

intensidade — *magnetische intensität*, 181

intensidade magnética — *magnetische intensität*, 181

interpretar — *aufzufassen*, 98

interseção — *Durchschnitt*, 75

intuição mútua — *Ineinanderschauen*, 191

intuição geométrica — *geometrische Anschauung*, 26

intuitivo — *anschaulich*, 90

inverso — *umgekehrt, entgegengesetzt*, 5, 10

julgamento — *Urteil*, 2

justaposição — *Zusammenschreiben, Aneinanderschreiben*, 12, 34

lado da altura — *Höhenseite*, 74

lado movido — *bewegte Seite*, 59

lado que fecha — *schliessende Seite*, 105

lado que mede o movimento — *die Bewegung messende Seite*, 59

lei da adição — *Summationsgesetz*, 52

lei da mudança de sinal — *Gesetz des Zeichenwechsels*, 76

lei da relação — *Beziehungsgesetz*, 64

lei da relação geral multiplicativa — *allgemeine multiplikative Beziehungsgesetz*, 68

lei da reunião — *Zusammenfaßungsgesetz*, 256

lei de parentesco — *Verwandtschaftsgesetz*, 299

lei de permutação — *Vertauschungsgesetz*, 69

lei de persistência — *Beharrungsgesetz*, 52

lei do prolongamento — *Fortschreitungsgesetz*, 41

lei dos sinais — *Zeichengesetz*, 58

lei estática — *statisches Gesetz*, 223

lei fundamental — *Grundgesetz*, 12

lei geral da afinidade — *allgemeinen Gesetz der Affinität*, 309 lei geral da relação — *allgemeine Beziehungsgesetz*, 15

lei principal — *Hauptgesetz*, 52

ligação (membros da primeira espécie de -) — *Glied der ersten Verknüpfung* , 11

ligação — *Verknüpfens, Verknüpfung*, 2

ligação analítica (unicidade da -) — *Eindeutige analytische Verknüpfung*, 30

ligação analítica — *analytische Verknüpfung*, 5

ligação de escalão mais elevado — *Verknüpfung nächst höherer Stufe*, 11

ligação de primeiro escalão — *Verknüpfung erster Stufe*, 12

ligação de segundo escalão — *Verknüpfung zweiter Stufe*, 12

ligação de terceiro escalão — *Verknüpfung dritter Stufe*, 12

ligação de vários membros — *mehrgliedrige Verknüpfung*, 3

ligação fundamental — *Grundverknüpfung*, 150

ligação multiplicativa — *multiplikative Verknüpfung*, 13

ligação original — *ursprüngliche Verknüpfung*, 5

ligação resultante — *auflösende Verknüpfung*, 5

ligação simples — *einfache Verknüpfung*, 10

ligação sintética — *synthetische verknüpftung*, 5

ligação única — *eindeutige Verknüpfung*, 7

ligar sucessivamente — *fortschreitend verknüpfen*, 246

linha de ação da força — *Wirkungslinie der Kraft*, 80

linha quebrada — *gebrochene Linie*, 58

lugar — *Ort*, 20

m-ésima classe — *Klasse (m-ten -)*, 156

magnético — *magnetisch*, 181

magnetismo — *Magnetismus*, 181

magnitude (degradação de uma -) — *Abschattung einer Größe*, 146

magnitude constante — *konstante Größe*, 167

magnitude de escalão inferior — *Größe von niederer Stufe*, 230

magnitude de escalão superior — *Größe höherer Stufe*, 266

magnitude de escalão zero — *Größe null-ter Stufe*, 263

magnitude de extensão — *Ausdehnungsgröße*, 22

magnitude de extensão de escalão par — *Ausdehnungsgröße gerader Stufe*, 103

magnitude de extensão de escalão qualquer — *Ausdehnungsgröße beliebiger Stufe*, 62

magnitude de extensão de escalões mais elevados — *Ausdehnungsgrößen höherer Stufen*, 90 magnitude de extensão de espécies diferentes — *ungleichartige Ausdehnungsgröße*, 90

magnitude de extensão de mesma espécie — *gleichartige Ausdehnungsgröße*, 62

magnitude de extensão formal — *formelle Ausdehnungsgröße*, 200

magnitude de extensão superior — *höhere Ausdehnungsgröße*, 89

magnitude de força — *Kraftgröße*, 220

magnitude de linha — *Liniengröße*, 204

magnitude de mesma espécie — *gleichartige Größe*, 10

magnitude de número — *Zahlengröße*, 127

magnitude de número afetada por um número — *einer bestimmten Zahlengröße behaftet*, 168

magnitude de plano — *Ebenengröße*, 204

magnitude de ponto — *Punktgröße*, 303

magnitude de produto — *Produktgröße*, 242

magnitude de relação — *Beziehungsgröße*, 224

magnitude de soma — *Summengröße*, 97

magnitude degrada — *abgeschattete Größe*, 147

magnitude dependente — *abhängige Größe*, 261

magnitude elementar — *Elementargröße*, 169

magnitude elementar de *n*-ésimo escalão — *Elementargröße n-ter Stufe*, 191

magnitude elementar de escalão superior — *Elementargröße von höherer Stufe*, 191

magnitude elementar de primeiro escalão — *Elementargröße erster Stufe*, 189

magnitude elementar rígida — *starre Elementargröße*, 191

magnitude elíptica — *elliptische Größe*, 339

magnitude espacial — *räumliche Größe*, 136

magnitude finita — *endliche Größe*, 265

magnitude incomensurável — *inkommensurable Größe*, 136

magnitude infinita — *unendliche Größe*, 265

magnitude negativa — *negative Größe*, 10

magnitude parcialmente indeterminada — *partiell unbestimmte Größe*, 115

magnitude plana — *Plangröße*, 204

magnitude positiva — *positive Größe*, 10

magnitude projetada ou degradada — *projicirte oder abgeschattete Größe*, 146

magnitude pura — *reine Größe*, 252

magnitude subsidiária — *Hülfsgröße*, 121

magnitudes de espécies diferentes — *ungleichartige Größe*, 84

mais elevado — *nächst höher*, 11
maneira de agir — *Verfahrensart*, 38
maneira de escrever — *schweben*, 99
maneira de ligar — *Verknüpfungsweise*, 96
maneira de multiplicar — *Multiplikationsweise*, 228
massa — *Maße*, 52
matéria — *Materie*, 50
medida — *Maß*, 52
medida de direção — *Richimaß*, 154
medida de direção de escalão completante — *ergänzendes Richimaß*, 156
medida de direção do *n*-ésimo escalão — *Richimaß m-ter Stufe*, 154
medida dupla — *Doppelmaß*, 273
medida fundamental — *Grundmaß*, 208
medida principal — *Hauptmaß*, 154
membro da ligação — *Verknüpfungsglied*, 2
membro da primeira espécie de ligação — *Glied der ersten Verknüpfung*, 11
membro sintético — *synthetische Glieder*, 7
menção — *Auszeichnung*, 209
menor escalão (de -) — *von niederer Stufe*, 233
mesma espécie — *gleichartige*, 10
mesma ordem (de -) — *vielter Ordnung*, 279
método de cálculo — *Rechnungsmethode*, 183
método de coordenadas — *Koordinatenmethode*, 276
misto — *gemischten*, 136
mmagnitude elementare de mesma espécie — *gleichartiger Elementargröße*, 172
modificação de forma — *Formveränderung*, 190
momento (conceito de -) — *Begriff des Moment*, 80
momento de uma força — *Moment einer Kraft*, 80
momento do movimento — *Moment einer Bewegung*, 81
momento total — *Gesammtmoment*, 81
movimento comunicado — *mitgetheilte Bewegung*, 82
movimento contínuo — *fortgesetzte Bewegung*, 50
movimento total — *Gesammtbewegung*, 53
mudança de coordenadas — *Koordinatenverwandlung*, 158
mudança de forma — *Formänderungen*, 234

mudança de sinal (permutável) — *Zeichenwechsel (vertauschbar)*, 73
mudança do contínuo — *Begriff der stetige Änderung*, 32
mudança fundamental — *Grundänderung*, 22
mudar a ordem dos coeficientes — *Ordnung der Koeffizienten ändern*, 198
multiplicação — *Multiplikation, Vervielfachung*, 350
multiplicação exterior — *äußere Multiplikation*, 84
multiplicação exterior de magnitudes elementares — *äußere Multiplikation der Elementargrößen*, 188
multiplicação exterior de segmentos — *äußere Multiplikation der Strecken*, 57
multiplicação particular — *einzelne Multiplikation*, 246
multiplicação progressiva — *fortschreitende Multiplikation*, 130
multiplicação pura — *reine Multiplikation*, 259
multiplicação regressiva — *eingewandte Multiplikation*, 228
multiplicação regressiva de grau nulo — *eingewandte nullten Grades Multiplikation*, 233
multiplicação regressiva pura — *reine eingewandte Multiplikation*, 266
multiplicação sucessiva — *fortschreitende Multiplikation*, 97, 130
multiplicar por — *multipliciren mit*, 246
multiplicar progressivamente — *fortschreitend multipliciren*, 248
múltiplo — *Vielfaches, Mehrfache*, 49, 109
mutuamente correspondentes — *einander entsprechend*, 31

número discreto — *diskrete Zahl*, 137
negativo (conceito de) — *Negatives*, 24
numerador — *Zähler*, 86
número completante — *Ergänzzahl*, 243
número de escalão — *Stufenzahl*, 103
número de escalão (de uma magnitude) — *Stufenzahl (einer Größe)*, 231
número de escalão ímpar — *ungerade Stufenzahl*, 112
número de escalão par — *gerade Stufenzahl*, 112
número de fatores — *Faktorenzahl*, 70
número de grau — *Gradzahl*, 293
número de índices — *Anzahl der Zeiger*, 212
número de ordem — *Ordnungszahl*, 278
número de relação — *Beziehungszahl*, 232
número de vezes — *Wievielfaches*, 271
número ímpar — *ungerade Zahl*, 70

número inteiro — *ganze Zahl*, 9
número negativo — *negative Zahl*, 9
número par — *gerade Anzahl*, 70
número positivo — *positive Zahl*, 9
número sequencial — *Gefolgszahl*, 198
número sequencial de *n* elementos — *Gefolgszahl aus n Elementen*, 198

óptica — *Optik*, 328
ordem — *Anordnung, Ordnung*, 199, 279
ordem dos coeficientes — *Ordnung (von Koeffizienten)*, 198
ordem dos fatores — *Ordnung (von Faktoren)*, 215
ordem dos termos — *Ordnung (von Gliedern)*, 4
ordem requerida — *Reihenfolge*, 206
ordenado — *eingeordnet*, 272
originário — *Ursprüngliches*, 63

par de elementos — *Elementenpaar*, 308
par de forças — *Kräftepaar*, 220
par de lados — *Seitenpaar*, 140
par de linhas — *Linienpaare*, 139
par de pontos — *Punktepaar*, 308
par de segmentos — *Streckenpaar*, 139
paralelepípedo — *Parallelepipedum*, 60
paralelepípedo, Spath — *Spath*, 60
paralelismo — *Parallelismus*, 22
paralelo — *parallel*, 22
paralelogramo, Spatheck — *Spatheck*, 57
parentesco — *Verwandtschaft*, 283
parentesco geral — *allgemeine Verwandtschaft*, 301
parentesco linear — *lineäre Verwandtschaft*, 300
parentesco particular — *besondere Verwandtschaft*, 301
partícula — *Theilchen*, 51
partícula material — *materielle Theilchen*, 52
partícula singular — *einzelne Theilchen*, 52
parte correspondente — *entsprechender Theil*, 126
parte de mesma espécie — *gleichartiger Theil*, 62

partes de direção — *Richtstück*, 155
particular — *eigenthümliches*, 39
pé — *Fuß*, 75
pensar em conjunto — *Zusammendenken*, 89
permutação — *Vertauschung*, 77
permutabilidade — *Vertauschbarkeit*, 4
permutabilidade dos fatores — *Vertauschbarkeit der Faktoren*, 13
permutabilidade dos membros — *Vertauschbarkeit der Glieder*, 4
permutar — *vertauschen*, 4
permutar com mudança de sinal — *ohne Zeichenwechsel vertauscheri lassen*, 103
perpendicular — *Perpendikel*, 78
perspectiva — *Perspektivität*, 312
pertencer — *angehören*, 31
peso — *Gewicht*, 168
peso afetado — *Gewichten behafteten*, 170
peso afetado — *zugehörige Gewicht*, 168
peso da associação elementar — *Gewicht des Elementarvereins*, 168
peso físico — *physische Gewicht*, 180
peso harmônico — *harmonische Gewicht*, 313
pirâmide trirretangular — *dreiseitige Pyramide*, 199
planimetria — *Planimetrie*, 234
plano de direção — *Richtebene*, 158
plano infinito — *unendliche Ebene*, 26
plano invariável — *unveränderliche Ebene*, 107
plano tangente — *Tangentialebene*, 337
plano variável — *veränderliche Ebene*, 275
polígono — *Vieleck*, 140
ponto central — *Mittelpunkt*, 178
ponto de contato — *Berührungspunkt*, 183
ponto de cruzamento — *Kreuzpunkt*, 306
ponto de rotação — *Drehungspunkt*, 84
ponto dirigente — *Leitpunkt*, 327
ponto final — *Endpunkt*, 74
ponto fixo — *befestiger Punkt*, 83
ponto gerador — *erzeugender Punkt*, 20

ponto inicial — *Anfangspunkt*, 59
ponto múltiplo — *vielfacher Punkt*, 219
ponto simples — *einfacher Punkt*, 183
ponto singular — *einzelner Punkt*, 47
ponto soma — *Summenpunkt*, 181
ponto variável — *veränderlicher Punkt*, 177
porção — *Quantum*, 275
posição — *Lage, Stellung*, 4, 54
posição arbitrária — *willkührliche Stellung*, 74
possível [degradação]— *mögliche [Abschattung]*, 147
postulado — *Forderung, Postulat*, 46
postulado — *Forderung, Postulat*, 41
potência — *Potenziren*, 12
potência — *Potenz*, 262
pressão — *Druck*, 180
princípio das mesmas construções — *Princip der gleichen Konstruktionen*, 306
princípio das superfícies constantes — *Princip der Konstanten Flächenräume*, 107
princípio de desenvolvimento — *Princip der Entwickelung*, 140
princípio dos mesmos índices — *Princip der gleichen Zeiger*, 306
prisma — *Prisma*, 115
procedimento inverso — *umgekehrtes Verfahren*, 166
processo analítico — *analytisches Verfahren, analytische Verfahrensart*, 5, 9
processo contínuo — *stetiger Fortsetzung*, 192
processo geométrico — *geometrisches Verfahren*, 136
produto (degradação de um -) — *Abschattung eines Produkts*, 148
produto aberto — *offenes Produkt*, 329
produto algébrico — *algebraisches Produkt*, 77
produto de dois fatores puros — *Produkt zweier reiner Faktoren*, 70
produto de duas extensões — *Produkt zweier Ausdehnungen*, 99
produto de magnitudes elementares — *Produkt von Elementargrößen*, 191
produto dividido — *dividirtes Produkt*, 198
produto exterior — *äußere Produkt*, 80
produto exterior de *n*-ésimo escalão — *Produkt n-ter Stufe (äußeres-)*, 97
produto exterior de magnitudes elementares — *äußeres Produkt Elementargrößen*, 186
produto formal — *formales Produkt*, 228

produto inteiro — *ganzes Produkt*, 252

produto misto — *gemischten Produkten*, 253

produto progressivo — *fortschreitendes Produkt*, 128

produto puro — *reines Produkt*, 253

produto real — *reales Produkt*, 228

produto regressivo — *eingewandte Produkt*, 228

produto regressivo de m-ésimo escalão — *eingewandtes Produkt m-ter Stufe*, 228

produto regressivo puro — *eingewandtes reines Produkt*, 254

produto regressivo relativo — *eingewandtes bezngliches Produkt*, 292

produto respectivo — *entsprechendes Produkt*, 285

progressivamente — *Fortschreitend*, 31

projetado — *projiciren*, 146

proporção — *proportion*, 51

proporcionalidade — *Proportionalität*, 141

propriedade fundamental — *Grundeigenschaft*, 42

quadrado — *Quadrat*, 77

quadrado aberto — *offenes Quadrat*, 337

quadrilátero — *Viereck*, 40

quantum — *Quantum*, 235

quociente duplo — *Doppelquotient*, 310

raio conjugado — *konjugierter Halbmeßer*, 337

reação — *Gegenwirkung*, 52

reagrupamento — *Zusammenfaßung*, 170

recíproco — *reciprok*, 48

reciprocamente afim — *reciprok affin*, 300

reciprocidade — *Reciprocität*, 29

reciprocidade da relação — *Gegenseitigkeit der Beziehung*, 29

referência (ponto de -) — *Beziehungspunkt*, 80

reiteração — *Wiederholung*, 12

relação — *Beziehung*, 14

relação de número — *Zahlenrelation*, 223

relação de parentesco — *Verwandtschaftsbeziehung, Verwandtschaftsverhältnis*, 223, 273

relação fundamental — *Grundbeziehung*, 90

relação mútua — *Beziehung eine gegenseitige*, 295

relações numéricas discretas — *Diskrete Zahlenverhältnis*, 136
relacionado colinearmente — *kollinear verwandt*, 305
relacionado linearmente — *lineär verwandt*, 305
relacionado reciprocamente — *reciprok verwandt*, 305
reorganização — *Umordnung*, 3
representação elementar ou concreta — *elementare oder konkrete Darstellung*, 169
resistência — *Widerstand*, 83
resolução — *Auflösung*, 76
resolução de partes em partes menores — *Auflösung der Stücke in kleinere Stücke*, 99
respectivo — *entsprechend*, 285
restrição — *Beschränktheit*, 42
reunião — *Zusammenfaßung*, 99
reunir — *zusammenfaßen*, 10
rígido — *starr*, 191

Seção — *Abschnitt*, 81
seção cônica — *Kegelschnitt*, 280
seção plana variável — *veränderliche ebene Durchschnitt*, 115
segmento de comunicação — *Verbindungsstrecke*, 82
segmento de espécie diferente — *ungleichartige Strecke*, 65
segmento de mesma espécie — *gleichartige Strecke*, 24
segmento dependente — *abhängige Strecke*, 72
segmento independente — *unabhängige Strecke*, 153
segmento que liga — *Verbindungsstrecke*, 30
seguinte — *nächstfolgend*, 39
semelhança (ponto de -) — *Ähnlichkeitspunkt*, 140
semelhantes e em posição semelhante — *ähnlich und ähnlich liegend*, 140
seno — *Sinus*, 76
sentido de sua degradação — *Sinn ihrer Abschattung*, 285
sentido inverso — *entgegengesetzter Sinn*, 10
separação — *Sonderung*, 1
separar — *abzusondern*, 253
série de conclusões — *Schlußreihe*, 121
série de elementos — *Elementenreihe*, 31
série de fatores — *Faktorenreihe*, 67
série de forças — *Verein von Kräften*, 221

série de pontos — *Punktreihe*, 47
significado concreto — *konkrete Bedeutung*, 98
significado formal — *formelle Bedeutung*, 97
significado real — *reale Bedeutung*, 337
simplicidade da igualdade — *der Gleichheit Einfachheit*, 2
sinais contrários (de -) — *entgegengesetzt bezeichnet*, 58
sinal (de mesmo -) — *gleich bezeichnet*, 75
sinal analítico — *analytisches Zeichen*, 7
sinal de abertura — *Öffnungszeichen*, 3
sinal de adição — *Additionszeichen*, 13
sinal de ligação — *Verknüpfungszeichen*, 26
sinal de subtração — *Subtraktionszeichen*, 13
sinal inverso — *umgekehrtes Zeichen*, 5
sinal menos — *minus Zeichen*, 149
sinal original — *ursprüngliches Zeichen*, 149
sinal sintético — *synthetisches Zeichen*, 7
síncrono — *gleichläufig*, 43
sistema (domínio) de primeiro escalão — *System (Gebiet) erster Stufe*, 22
sistema afim — *affines System*, 327
sistema característico — *eigenthümliches System*, 242
sistema comum — *gemeinschaftliche Systeme*, 228
sistema de coordenadas — *Koordinatensystem*, 154
sistema de direção — *Richtsystem*, 155
sistema de direção baricentro — *barycentrisches Richtsystem*, 210
sistema de direção geral — *allegemeines Richtsystem*, 211
sistema de escalão mais elevado — *System höherer Stufe*, 39
sistema de escalão mais elevado — *System nächst höherer Stufe*, 97
sistema de escalão superior — *nächstumfaßendes System*, 27
sistema de extensão — *Ausdehnungsystem*, 188
sistema de forças — *Kraftsystem*, 225
sistema de m-ésimo escalão — *System m-ter Stufe*, 36
sistema de parentesco — *Verwandtschaftssystem*, 215
sistema de polos — *Polsystem*, 313
sistema de quarto escalão — *System vierter Stufe*, 98
sistema de relação — *Beziehungsystem*, 232

sistema de uma associação — *System dieses Vereins*, 301
sistema diretor — *Leitsystem*, 146
sistema dirigente — *Leitsystem*, 283
sistema duplo — *Doppelsystem*, 272
sistema elementar — *Elementarsystem*, 188
sistema elementar condicionado — *bedingtes Elementarsystem*, 191
sistema estendido — *umfaßendes System*, 286
sistema fixo — *festes System*, 323
sistema fundamental — *Grundsystem*, 146
sistema harmônico — *harmonisches System*, 315
sistema independente — *unabhängiges System*, 145
sistema inferior — *Untersystem*, 272
sistema ordenado — *eingeordneten System*, 321
sistema principal — *Hauptsystem*, 144
sistema principal de um produto — *eines Produkts Hauptsystem*, 232
sistema principal de uma equação — *einer Gleichung Hauptsystem*, 144
sistema superior — *Obersystem*, 272
sistema variável — *veränderliches System*, 323
sistemas relacionadas colinearmente — *System kollinear verwandt*, 305
sistemas relacionadas linearmente — *System lineär verwandt*, 305
sobreordenação — *Überordnung*, 271
sobreordenado — *übergeordnet*, 272
solução — *Auflösung*, 46
soma de coeficientes — *Koeffizientensumme*, 168
soma de escalões — *Stufensurmne*, 112
Soma de extensões — *Summe von Ausdehnungen*, 348
soma de forças — *Kraftsumme, Summe von Kräften*, 221, 223
soma de partes — *Summe von Stücken*, 70
soma de segmentos — *Streckensumme*, 34
soma formal — *formellen Summe*, 98
soma geométrica — *geometrische Summe*, 105
soma harmônica — *harmonische Summe*, 316
soma múltipla — *Vielfachensumme*, 109
soma múltipla harmônica — *Vielfachensumme (harmonische -)*, 327
sozinho — *einzeln*, 31

subordenação — *Unterordnung*, 271

subsidiário — *subtrahieren*, 121

substituição — *Substitution*, 54

substituir — *substituieren*, 7

subtração — *Subtraktion*, 8

sucessão — *Verein*, 197

suficiente — *ausreichend*, 31

superfície — *Oberfläche*, 40

superfície algébrica — *algebraische Oberfläche*, 352

superfície de *m*-ésima classe — *Oberfläche m-ter Klasse*, 212

superfície de um cristal — *Krystallfläche*, 324

superfície quebrada — *gebrochene Fläche*, 105

superfície — *Flächenraum*, 58

superfície absoluta — *absolute Flächenraum*, 77

superfície diferente — *ungleicher Flächenraum*, 104

superfície igual — *gleich dem Flächenraum*, 105

superfície total — *gesammte Flächenraum*, 58

superfície envolvida — *umhüllte Fläche*, 338

superfície fundamental — *Grundfläche*, 326

suporte — *Träger*, 336

suporte de pontos — *Punktträger*, 337

suposição — *voraussetzen*, 1

supressão — *Weglassung*, 91

teoria das áreas — *Flächeninhaltslehre*, 137

teoria das paralelas — *Parallelentheorie*, 40

teoria das semelhanças — *Ähnlichkeitslehre*, 136

teoria de parentesco — *Verwandtschaftstheorie*, 305

teoria do magnetismo — *Theorie des Magnetismus*, 181

teoria dos pares de forças — *Theorie der Kräftepaare*, 220

teoria geral de parentesco — *allgemeinen Verwandtschaftstheorie*, 305

termo de extensão — *Ausdehnungsglieder*, 201

termo de mesma espécie — *gleichartiges Glied*, 152

termo de *n*-ésimo escalão — *Glied n-ter Stufe*, 153

termo de uma equação — *einer Gleichung Glied*, 143

termo indefinido — *unbestimmtes Glied*, 114

termo real — *reelles Glied*, 333
tomados um depois do outro — *einzeln genommen*, 296
trajetória quebrada — *gebrochene Bahn*, 105
transformação — *Umgestaltung*, 39
transformação progressiva — *fortschreitende Umwandlung*, 94
tratamento de coordenadas — *Koordinatenbehandlung*, 213
triângulo — *Dreieck*, 138
trigonometria — *Trigonometrie*, 137

unicidade — *Eindeutigkeit*, 7
unicidade da análise — *Eindeutigkeit der Analyse*, 7
unicidade da ligação — *Eindeutigkeit der Verknüpfung*, 30
unicidade do quociente — *Eindeutigkeit des Quotienten*, 131
unidade conceitual — *Begriffseinheit*, 191
unidade de massa — *Masseneinheit*, 52
unido continuamente — *stetig aneinander gelegt*, 23
uniformidade — *Einheit*, 351

validade — *Richtigkeit*, 7
valor — *Werth*, 9
valor absoluto — *absoluter Werth*, 67
valor característico (específico) — *eigenthümlicher Werth (specifischer)*, 242
valor da medida — *Maßwerth*, 275
valor da mesma espécie — *gleichartiger Werth*, 90
valor da soma — *Summenwerth*, 222
valor do desvio — *Abweichungswerth*, 174
valor do peso — *Gewichtswerthe*, 176
valor não nulo — *geltenden Werth*, 64
valor nulo — *Nullwerth*, 147
valor oposto — *entgegengesetzter Werth*, 112
valor particular — *besonderer Werth*, 114
valor total — *Gesammtwerth*, 99
variável — *Veränderliches*, 76
velocidade — *Geschwindigkeit*, 52
vértice — *Scheitel, Ecke*, 78, 139
visão de conjunto — *Zusammenschauung*, 235

zero — *Null*, 9

Impresso na Prime Graph
em papel offset 75 g/m^2
fonte utilizada venturis2
janeiro / 2024